武汉市政府城市地质调查专项资金计划项目

武汉城市地质

WUHAN CHENGSHI DIZHI

武汉市测绘研究院　编著

内容提要

在武汉都市发展区城市地质调查和大量翔实地质数据的基础上，本书系统介绍了武汉城市地质环境、地质资源、地质灾害和信息化建设等方面的工作成果。书中内容全面新颖，具有基础性和公益性，可供武汉城市安全、国土规划、环境保护、城市建设与管理等部门的技术人员参考。

本书可作为水文地质、工程地质、环境地质、岩土工程、计算机等专业本科生、研究生和专业技术从业人员的参考用书。

图书在版编目(CIP)数据

武汉城市地质/武汉市测绘研究院编著. —武汉：中国地质大学出版社有限责任公司，2018.10
ISBN 978-7-5625-4420-3

Ⅰ.①武…
Ⅱ.①武…
Ⅲ.①城市地质环境-武汉
Ⅳ.①X321.263.1

中国版本图书馆CIP数据核字(2018)第231688号

武汉城市地质 武汉市测绘研究院 **编著**

责任编辑：舒立霞 组稿：张晓红 责任校对：徐蕾蕾

出版发行：中国地质大学出版社(武汉市洪山区鲁磨路388号) 邮编：430074
电 话：(027)67883511 传 真：(027)67883580 E-mail：cbb@cug.edu.cn
经 销：全国新华书店 http://cugp.cug.edu.cn

开本：880毫米×1230毫米 1/16 字数：689千字 印张：21.5 插页：1
版次：2018年10月第1版 印次：2018年10月第1次印刷
印刷：武汉市籍缘印刷厂

ISBN 978-7-5625-4420-3 定价：298.00元

《武汉城市地质》编委会

前　言

党的十八大报告提出，要全面落实经济建设、政治建设、文化建设、社会建设、生态文明建设五位一体的总体布局，把“绿色发展”作为五大发展理念之一，要着重解决人与自然的和谐问题，倡导尊重自然、顺应自然、保护自然，树立“绿水青山就是金山银山”的强烈意识，把生态文明建设融入经济建设、政治建设、文化建设、社会建设各方面和全过程，实现中华民族永续发展。在新一届武汉市委、武汉市人民政府的带领下，武汉正向建设国家中心城市的目标奋力迈进。在全面建成小康社会的关键时期，武汉将加快建设“现代化、国际化、生态化”的发展目标，同时叠加了多重国家战略。武汉，这座东方的“芝加哥”，必将成为中部崛起的支点、长江经济带的支撑。江汉汇流、两江四岸、三镇鼎立、湖泊密布，是武汉城市格局之魂。天元之位、九省通衢，是武汉城市区位之魂。武汉市总体生态环境良好，水资源、地质景观资源丰富，但同时也是一个地质环境、地质条件复杂脆弱的地区。武汉市早期居于古云梦泽的边缘，纵观全市，深厚软土多处分布，多条岩溶条带贯穿城区，地质环境复杂，存在岩溶地面塌陷、软土地面沉降、滑坡、崩塌、不稳定斜坡、河湖崩岸、老黏土胀缩变形等环境地质问题等。总体上看，武汉地质环境有恶化的趋势。城市的土地利用、资源开发、城市废弃物处理、城市地质灾害的防治等有关地质问题日益凸显，城市化和与生态环境保护之间存在着各种矛盾。

“十二五”期间，按照市人民政府的统一部署，武汉市国土资源和规划局开始组织实施武汉城市地质调查工作。作为一项基础性、前期性、公益性的工作，武汉城市地质调查以服务于武汉城市规划、建设和管理为目标，以先进城市地质学理念为指导，围绕制约城市可持续发展的地质构造、地质资源、地质环境等综合因素，在广泛收集、整理、分析已有各类城市地质资料的基础上，采用地质学、地球物理、地球化学、钻探、遥感、监测、测试和信息技术等多学科和多方法手段，查明武汉城市地质环境条件，提出与城市发展和建设相关的自然资源的优化配置与合理利用、地质灾害防治、地质环境保护和生态环境整治等方面的对策和建议，为城乡规划、城市建设、国土资源规划管理以及城市的可持续发展提供基础地学信息平台和科学决策依据，对武汉城市安全和社会经济的发展具有重要的战略意义。

在工作开展过程中，武汉市国土资源和规划局围绕“武汉特色、国内领先、国际一流”的目标，按照“突出亮点、彰显特色”的要求以及“按时、保质、规范、创新”的工作思路，认真组织实施。武汉市国土资源和规划局责成武汉市测绘研究院为总体实施单位，编制工作实施方案和总体设计书，对项目实施过程进行全过程管控。通过公开招标，中国地质大学(武汉)、湖北省地质调查院、湖北省地质环境总站、湖北省地球物理勘察技术研究院、武汉市勘察设计有限公司、武汉地质工程勘察院、武汉中地数码集团等单位承担了相关专项调查、专题研究工作。经过5年的不懈努力，完成了武汉都市发展区3 469.02km^{2}范围内的基础地质、水文地质、工程地质、环境地质的野外调查工作，完成了地下空间开发利用适宜性评价与研究、垃圾处理场适宜性评价与研究、第四纪地质专题调查与研究、基于GIS的地质灾害风险评价、浅层地热能资源调查与评价、水资源专题调查与评价等的研究工作，建立了智慧武汉·地质信息管理与服务平台。在总体实施单位和各承担单位的通力合作下，共编制成果报告60余册、基础和专题图件1600余幅。

武汉城市地质调查工作是一项复杂的系统工程。在各专项、专题等技术报告的基础上，经多方征求专家意见和综合研究，武汉市测绘研究院组织编写了《武汉城市地质调查与研究报告》，针对政务工作者又编制了《武汉城市地质调查报告(政务版)》。在此基础上，我们组织编写了本书，阐述了武汉都市发展区的区域地质、水文地质、工程地质、环境地质、地质资源、地质灾害与城市安全及城市地质信息平台建设等方面的问题。书中以本次地质调查取得的地质成果为中心，编写中参考了《武汉城市地质调查与研究报告》(2016)、《第四纪地质专题调查与研究》(2015)、《武汉都市发展区基岩地质调查专项成果报告》(2016)、《武汉都市发展区水文地质调查与勘探专项报告》(2015)、《武汉都市发展区环境地质专项调查总报告》(2015)、《武汉城市地质调查浅层地热能资源调查与评价专题成果报告》(2016)、《武汉都市发展区基于GIS的地质灾害风险评价专题成果报告》(2016)、《地下空间开发利用适宜性研究》(2013)等多个报告。书中有可能存在引用了他人文献内容而没有在参考文献中列出的情况，在此深表歉意。本书在编写过程中得到了武汉市国土资源和规划局及各分局、项目各承担单位等的大力帮助和支持，得到了行业专家们的指导，在此一并表示感谢！

因时间仓促，编写组人员水平有限，全书存在的不足之处，敬请批评指正。

编著者

2018年1月

目　录

第一章　概　况

第一节　自然地理

武汉，简称“汉”，也称“江城”，是湖北省省会，位于中国经济地理中心，江汉平原东部，长江中游与长江、汉水交汇处。地理坐标为东经 113°41′—115°05′，北纬 29°58′—31°22′。东端在新洲区柳河乡将军山，西端为蔡甸区成功乡窑湾村，南端在江夏区湖泗乡刘均堡村，北端至黄陂区蔡店乡下段家田村。市区由隔江鼎立的武昌、汉口、汉阳三镇组成，通称“武汉三镇”。周边与黄石、鄂州、大冶、咸宁、嘉鱼、洪湖、仙桃、汉川、孝感、大悟、红安、麻城等 12 个市、县接壤，形似一只自西向东的彩蝶，如图 1-1 所示。

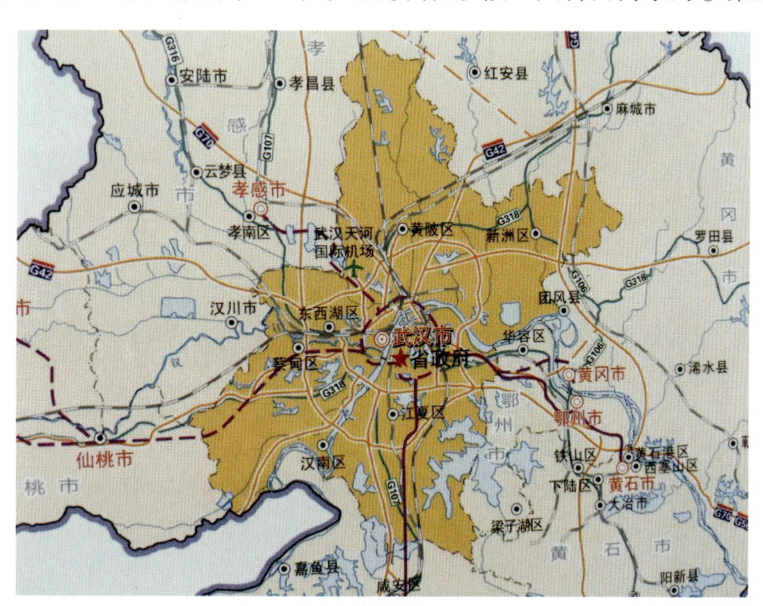

图 1-1　武汉地理位置示意图

武汉都市发展区位于武汉中心地带，包括 1 个主城区（包括江岸、江汉、硚口、汉阳、武昌、青山和洪山 7 个城区）、2 个市级开发区（武汉经济技术开发区、东湖高新技术开发区）以及 6 个新城区（东西湖区、黄陂区、新洲区、蔡甸区、汉南区、江夏区），总面积约 3 469.02km^2，如图 1-2 所示。本书主要介绍围绕武汉都市发展区地质调查评价等方面开展的工作。

武汉交通四通八达，历来有“九省通衢”之称，东去上海，西抵重庆，南下广州，北上北京，距离均在 1000km 左右。武汉是全国铁路主枢纽之一，与长沙、郑州、洛阳、南昌、九江、合肥、南京等大中城市相距 700km 以内，与京、津、沪、穗（广州）、渝、西安等特大城市均相距在 1200km 左右，京广、京九、武大、汉丹 4 条铁路干线在武汉交汇。国道 106、107、316、318 和京珠、沪蓉高速公路在武汉交汇。武汉港是我国内河最大的港口之一，货轮可直达俄罗斯、日本、韩国、东南亚及中国港澳地区。武汉也是我国重要的航空指挥中心和航空港之一。

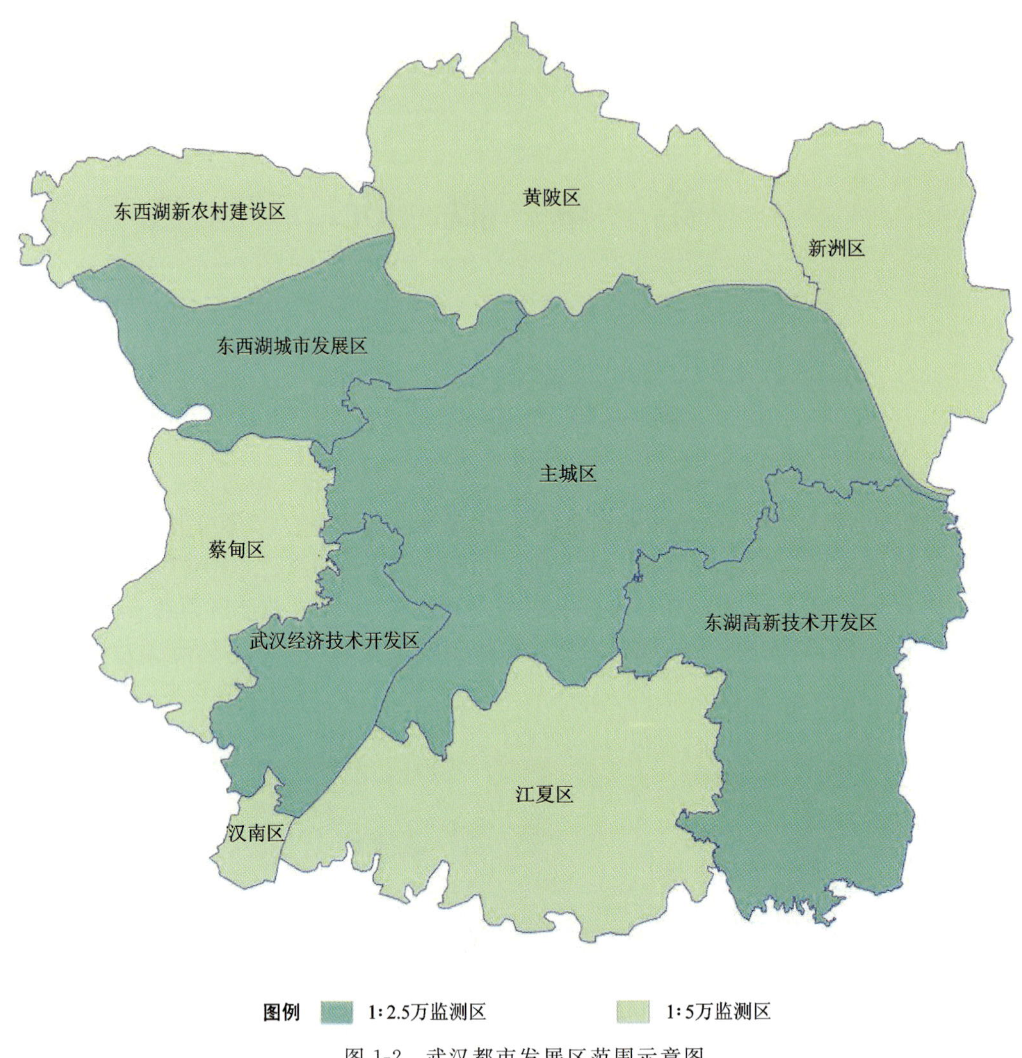

图 1-2　武汉都市发展区范围示意图

第二节　水文气象

武汉四季分明，夏天湿热，冬天干冷，属中副亚热带过渡的湿热季风气候。市区冬季受寒潮影响，多为西北风，夏季多为南风，风向具有明显的季节变化。历年平均风速为 2.4m/s，最大风速可达 27.9m/s（1956-3-6 和 1960-5-17），大于八级风的年平均天数为 8.2 天，最多 16 天，最少 1 天。多年平均雾日数 32.9 天。

武汉市区年平均气温为 15.8～17.0℃，一般一月份最冷，月平均气温 2.0～5.0℃，极端最低气温 －13.1℃（2002 年 1 月）。全年无霜期 230～260 天。7 月、8 月为最热月份，月平均气温 29.0℃，盛夏最高气温常在 35.0℃以上，极端最高气温 41.3℃（2006 年 8 月），相对湿度最高达 80%，是我国南方夏季高温中心之一。

武汉市区雨量丰沛，多年平均降雨量 1 204.5mm，历年最大年降雨量 2 262.0mm，最大月降雨量 820.1mm（1987 年 6 月），最大日降雨量 317.4mm（1959-6-9），最小年降雨量 575.9mm。雨量集中在 4—8 月份，以 6 月份最多。

武汉市水系发育，江河纵横，河港沟渠交织，湖泊库塘星布。主要河流有长江、汉江，次为府河、巡司河、滠水、倒水、举水等;主要湖泊有东湖、汤逊湖、官莲湖、南太子湖、珠山湖等50多个,面积大于 $0.05km^2$ 的湖泊有166个,素有“百湖之市”的美誉。水库共272座,其中大型水库3座,中型水库6座,小型水库263座。

第三节 社会经济

武汉作为湖北省省会城市,是全国15个副省级城市之一,是我国重要的工业基地,是首批沿江对外开放的城市之一,是外商投资中部热点地区和首选城市。拥有汽车、电子信息、钢铁、装备制造、食品烟草、能源及环保、石油化工、日用轻工、建材、生物医药、纺织服装等完整的工业体系。

2015年4月5日,国务院批复了关于长江中游城市群发展规划。国务院指出,推动长江中游城市群发展,对于依托黄金水道推动长江经济带发展、加快中部地区全面崛起、探索新型城镇化道路、促进区域一体化发展具有重大意义。武汉城市圈曾是国内的老工业基地,工业基础雄厚。作为国家中部崛起战略的试验田,武汉城市圈依托武汉的货运优势,新工业、通信、机械等都有很好的发展。我国即将组织实施《长江经济带发展规划纲要》,武汉作为长江经济带中游重要节点城市,既可以获得上游资源,又可承接下游产业转移,进一步促进高新科技和外贸增长,进入新的经济社会发展模式。

2016年全年地区生产总值11 912.61亿元,比上年增长7.8%。其中,第一产业增加值390.62亿元,增长3.4%;第二产业增加值5 227.05亿元,增长5.7%;第三产业增加值6 294.94亿元,增长9.9%。第一产业增加值占地区生产总值的比重为3.3%,第二产业增加值比重为43.9%,第三产业增加值比重为52.8%,比上年提高1.8个百分点。三次产业对全区生产总值增长贡献率分别为1.4%、33.7%和64.9%。按常住人口计算,全年人均地区生产总值111 469元,比上年增长6.2%。

2016年末,全市常住人口1 076.62万人,比上年增加15.85万人,其中,城镇人口858.82万人。常住人口城镇化率为79.77%,比上年提高0.36个百分点。户籍人口833.84万人,增加4.57万人,其中,农业人口235.65万人,非农业人口598.19万人。全年出生人口9.5万人,出生率为11.48‰;死亡人口4.5万人,死亡率为5.44‰;自然增长率为6.03‰。人口净迁移率为−0.29‰。

第四节 武汉城市地质工作

城市的形成、演化与发展是人类与自然环境相互作用的结果。城市从开始就表现为对自然地质地理环境、土地、淡水及矿物能源等环境要素的高度依赖。城市发展既依赖于自然环境的各种地质环境要素,同时,又对其产生深刻影响,其影响的反馈结果是地质环境对城市发展形成了制约条件。城市的建设与发展是在地球表层的基础上进行的,城市建设与发展所需的多种资源也取自地球表层,城市的性质不同,所处的自然条件、区位条件不同,对城市地质工作的要求也就不同。不同类型的城市、同一城市的不同发展阶段,对城市地质工作的需求不同,城市地质所发挥的作用也不同。城市地质工作是城市建设发展的基础性、先行性工作,贯穿于城市建设发展的始终。

城市地质工作在城市建设发展的选址布局、规划建设、运行完善和转型升级等不同阶段分别承担着不同的作用。在选址布局阶段,首先要回答约束性地质条件的存在问题,其次是要解决保证性条件的可靠程度问题;在规划建设阶段,回答具备约束性地质条件的性质、规模、危险性、影响范围等问题和保证性地质条件的品质、数量等;在运行完善阶段,一是要回答自然资源和环境的承载力的问题,确定城市规模和扩张速率,二是要回答各项地质因素受自然和受城市建设发展影响变化趋势问题;在转型升级阶段,重点解决前期城市功能运行过程中对环境造成的负面影响问题,回答在转型区域内的地质资源环境质量问题，支撑新一轮的选址布局。因此，开展城市地质调查工作，既可以解决城市建设对资源环境的需求问题，也可以解决城市建设发展对资源环境的副作用影响问题。同时，随着城市地质工作程度深化与提高，城市建设发展更加安全，城市更加贴近和谐宜居的标准。

任何一座城市，必须拥有健全的生命支撑系统和安全保障系统。城市地质工作既是城市规划、建设和管理的依据之一，也是城市安全的基本保障。城市地质的核心是人与居住地质环境的和谐，它与城市安全、经济的发展关系密切。国土资发〔2017〕104 号文件中提出了开展城市地质工作总目标，即到 2020 年，完成城市地质调查示范，基本形成与新型城镇化发展相适应的现代地质工作体系，基本建立城市地质资源环境规划、管理、保护与合理利用的制度体系，探索形成城市地下空间资源系统化、产业化、绿色化开发利用模式；到 2025 年，实现地级以上城市地质工作全覆盖，建立系统完备的地下空间资源开发利用管理制度，基本构建地质工作与新型城镇化发展深度融合的体制机制，地质工作服务保障更加有力，创新引领作用更加凸显。该文件对加强城市地质基础工作、主动服务城市开发建设、积极推动地质资源绿色开发利用、健全完善城市地质安全监测预警体系几个方面作了具体要求。

我国城市地质工作始于 20 世纪 50 年代末，至今有半个多世纪。武汉在不断城市化大发展过程中，城市地质工作起到了重要作用，对城市地质的需求逐步增强。城市地质工作取得的成果资料，增强了城市规划、建设和管理的科学性、指导性，提升了武汉建设国家中心城市服务水平。武汉地质工作程度相对较高，开展了系列基础地质调查、专题研究和工程勘察工作。

一、基础地质调查

以湖北省地质局等单位为代表的地质工作者们，从 20 世纪 50 年代起，一直在湖北省开展广泛的地质调查工作，积累了大量的区域地质、矿产地质、水文地质、地热地质、工程地质、环境地质、灾害地质、区域地球物理、地球化学和专题研究等资料。

1. 区域地质调查

自 20 世纪 50 年代至 21 世纪初，陆续完成了覆盖武汉市范围的 1∶20 万、1∶10 万区域地质调查[《湖北省区域地质图(1∶20 万)》(武汉幅)、《湖北省区域地质图(1∶10 万)》(武汉幅)]，覆盖主城区的 1∶5 万区域地质调查[《武汉市基岩地质图(1∶5 万)》]，同时开展了矿产资源勘查，并完成了 1∶10 万成矿区划、《2006～2015 年武汉市矿产资源总体规划》等多项调查与研究工作。

上述区域地质调查工作基本查明了调查区地层、构造、岩浆活动、矿产特征，初步建立了调查区地层系统，确定了地质构造轮廓。尤其是 1∶5 万武汉市区域地质调查成果可利用程度较高，所采集的岩石薄片、古生物化石、岩组样真实可靠，经过检查评价后即可使用；在系统清理区内岩石地层单位的基础上，建立了武汉地区地层层序，进行了岩石地层单位、年代地层、生物地层单位的对比划分；对调查区第四系进行了研究，新建 5 个组一级岩石地层单位；对武汉地区的构造特征、褶皱形态、断裂性质及其分布进行了描述，确定晚更新世存在较明显的断裂活动。上述成果为本次工作研究武汉地区新构造运动规律及地壳稳定性方面提供了重要参考资料。

近年完成的“1∶5 万汉阳县幅、武汉市幅、阳逻镇幅、金口镇幅、武昌县幅、豹子澥幅区域地质调查”项目，通过调查调查区地质、构造特征以及环境地质与灾害地质问题，评价其对人类生存与发展的影响，为国土开发整治、环境地质问题与地质灾害防治，以及城市规划、建设、管理服务提供地质科学决策依据。该项目应用数字化填图等新方法、新技术，取得的大量地面调查、物探、钻探、遥感等原始资料经评价后可以被充分利用。

2. 环境地质调查与监测

武汉水文地质工程地质大队、鄂东北地质大队在20世纪80年代中期至90年代对武汉市主城区作了1∶5万环境地质调查，对武汉市环境地质问题及地质环境质量进行了较为全面系统的分析和评价，在基本查明武汉市区不良土体、地下水超量开采区、地下水质现状和滑坡、塌陷、堤基管涌和地基不均匀沉陷等地质环境质量要素的基础上，采用定性与半定量相结合的方法，进行了地质环境质量分区。论据比较充分，有较高的实用价值。但从现在城市建设的角度，对区内环境地质问题的形成、发生和发展的有关环境地质背景、人类活动方式与规模等还需作深入的机理分析。另外，在不同时期针对武汉市环境地质问题与地质灾害，如岩溶地面塌陷、水土污染、区域地壳稳定性等方面曾开展过专题研究，但资料较为零星。2006年湖北省地质调查院历时两年完成了“武汉城市圈地质环境评价”专题科研项目，在查阅大量以往成果资料的基础上结合实地调查，对武汉城市圈地质环境质量、地质环境承载力、城市建设用地适宜性进行了评价和分区。

近年来，武汉市完成了较多地质灾害调查、区划及防治工作，其中尤以《武汉市地质灾害防治规划(2004—2015)》资料最为齐全，研究程度也较高，可供城市地质调查项目应用。

3. 水文地质调查

自20世纪70年代以来，湖北省水文地质大队、武汉水文地质工程地质大队先后开展了不同比例尺的水文地质调查工作。1971年完成了1∶10万湖北省武汉市区域水文地质工程地质勘察；1977年完成了1∶20万武汉幅区域水文地质普查，覆盖了整个调查区；1989年、1990年武汉水文地质工程地质大队分别完成了1∶10万、1∶5万武汉主城区水文地质调查。初步查明武汉市埋藏有较丰富的地下水资源，其中以松散岩类孔隙水资源分布最广，其次为碳酸盐岩溶裂隙水资源，并对地下水的补给、径流、排泄条件及地下水质量、资源量等进行了评价。

总的来讲，武汉主城区研究程度较高，城区外围研究程度低，水文地质勘探资料缺乏，因此，含水岩组的划分及其富水程度等水文地质界线均较粗略，只反映一般规律，对部分地段的隐伏岩溶裂隙水的赋存条件缺乏研究。

4. 工程地质调查

20世纪80年代后武汉水文地质工程地质大队开展了1∶10万、1∶5万武汉市城市工程地质调查，较深入详细地论证了城区类的工程地质条件和工程地质问题，按岩性组合、时空分布规律及工程地质特性等条件，归纳了4个岩体工程地质类型，12个工程地质亚类，并对工程地质类型进行了分区，划分出3个工程地质类型区、16个工程地质类型段；同时研究了不同区域地基对建筑物的适应性。总体上主城区工作程度较高，可利用价值较高，开发区和新城区较低。

5. 矿产资源勘查

武汉地区矿产勘查工作始于20世纪50年代，先后有孝感地质局等单位对调查区黏土矿、褐铁矿、煤矿等作过调查。但这些矿点，有的品位低，规模小，不具工业价值，有的则因城市范围的扩展，矿点所在地开发为住宅区，从而失去了工业意义。20世纪60年代后湖北省非金属公司、冶金部门开展了汉阳县大军山石英砂岩矿、武昌长山玻璃石英砂岩矿、武昌乌龙泉石灰石白云石矿和武昌八分山北段玻璃石英砂岩矿等矿区的详查及勘探工作。1965年湖北省地质局区测队完成了涵盖全区的1∶20万武汉市幅矿产调查工作，1985—1990年湖北省区域地质矿产调查所又分别进行了1∶10万、1∶5万矿产资源普查，初步查明了武汉地区建筑石英砂岩、耐火黏土、砖瓦黏土以及石灰岩、白云岩等16种矿产资源，各类矿床(点)85处，并对区内矿产资源进行了系统总结。90年代武汉水文地质工程地质大队先后完成了武汉市马鞍山饮用天然矿泉水水源地勘查、汉阳区阳逻湾饮用天然矿泉水水源地勘查、武汉市清泉饮用天然矿泉水水源地勘查等。这些成果资料均为本次调查提供了重要资料。2004 年中国冶勘总局中南地质勘查院对武汉市江夏区乌龙泉石灰岩白云岩矿区矿产资源储量进行地质检测工作。2009 年中国地质大学(武汉)编制了《武汉市矿产资源总体规划(2006—2015)》。

上述资料对调查区矿产资源的时空分布、成矿规律和成矿地质条件进行了较为详细的论述,限于调查区固体矿产规模以小型为主,勘查程度总体偏低,关于调查区固体矿产资源的开发利用条件和状况主要以《武汉市矿产资源总体规划(2006—2015)》最为详实。矿泉水资源为调查区较为优势的矿种,多已利用,勘查程度均达到勘探级别,资料可利用程度高。总体看来,调查区地质矿产资源方面已有资料在本次调查评价过程中可利用程度较好。

6. 区域地球物理调查

湖北省地球物理勘探大队于 1973 年完成了汉口地区重力构造普查工作,划分了两个不同的地质构造界线,即黄石路口一线以南为一背斜,以北为一向斜构造,构造线方位大致北北西向;1983—1985 年完成了武汉地区航空磁测普查,推断长度大于 20km 断裂有 3 条,长度大于 10km 断裂有 7 条,发现了 4 处隐伏的玄武岩层;1986 年完成了武汉幅 1∶20 万区域重力编图;1988 年完成了 1∶10 万武汉市物探推断地质构造研究项目,圈出了白垩纪—第三纪(古近纪+新近纪)盆地 4 个,推断不同断裂构造 19 条,推断了第四系厚度变化,编制了推断地质图。武汉水文地质工程地质大队于 1985 年完成了武汉地区直流电法资料的整理研究。湖北省区域地质矿产调查所于 1990 年完成了武汉市 1∶5 万地面放射性伽马调查,系统测量了武汉市陆地放射性伽马强度,总结了各类地层、岩石、土壤、路面和其他一些物质的放射性强度变化特征,圈定了 255 处放射性异常,划分了 4 种不同强度的辐射区。以上资料对武汉市城市深部地质构造、第四系调查有较高的利用价值。

7. 区域地球化学调查

1990 年湖北区域地质矿产调查所完成了武汉市 1∶5 万环境土壤地球化学调查,编制了 12 种元素的地球化学图和综合成果图件,确定了各级土壤污染标准,划分出了 30 余处中度以上的污染异常,并首次发现镉沿长江冲积带的天然富集性污染,并对武汉市周边湖泊环境现状进行了专题研究。这些资料对武汉市环境地质调查有着重要参考价值。

武汉市农业生态地球化学调查工作始于 1999 年,主要为湖北省地质调查院承担的“湖北省江汉平原多目标地球化学调查”“湖北省武汉地区区域生态环境地球化学评价研究”和“湖北省江汉流域经济区农业地质调查”项目。“湖北省江汉平原多目标地球化学调查”是中国地质调查局开展农业生态多目标地球化学调查的试点项目,1999 年开始,2001 年底结束。调查面积 8800km^2,并在调查基础上展开了异常检查、农业生态、城市生态、湖泊生态地球化学的初步评价工作。项目创新性地制定了一套完整的多目标生态农业区域地球化学调查技术方法。

“湖北武汉地区区域生态环境地球化学评价研究”是在“湖北省江汉平原多目标地球化学调查”工作的基础上,由中国地质调查局开展区域生态地球化学评价的试点项目,2002 年开始,2003 年底结束,由湖北省地质调查院与中国地质大学(武汉)合作完成。项目研究了长江镉的分布状态、迁移演化机理以及生态效应;研究了城区汞、镉、铅的分布、富集趋势、迁移转化特征;研究了重金属在武汉各类湖泊中的富集特征以及未来的演变趋势;研究了农业土壤养分及有益微量元素全量、有效态在不同母质土壤中存在着比较复杂的关系,取得了多方面的科学成果。

“湖北省江汉流域经济区农业地质调查”属湖北省人民政府与国土资源部合作项目,项目工作时间 2004—2010 年,调查范围涉及全武汉市。项目通过 1∶25 万多目标区域地球化学调查、区域和局部生态地球化学评价及总体综合研究等层次工作,查明了调查区内农作物的营养元素、有益微量元素,以及环境有害元素(镉、砷、汞、铅等)的区域分布状况,基本摸清了调查区土壤“情况”;首次发现在湖北省重要农业经济区存在大量的富硒土壤资源。同时,项目研究评价了城区、农田生态地球化学环境,发现了重金属在江河系统中的迁移、大气干湿沉降、城市污水排放等是生态环境恶化的重要因素。

二、专题研究

湖北区域地质矿产调查所遥感站在20世纪80年代后期采用遥感技术对武汉市区域构造稳定性评价的应用进行了专题研究。通过专题研究，较系统地研究总结了武汉地区地质构造的基本特征，基本查明了断裂构造展布和发育规律，新发现了一些断裂和活动构造迹象，进一步确定了武汉地区几条主要断裂在地表通过的具体位置，并着重注意了活动断裂的研究。确定武汉市区属构造基本稳定区，但在基本稳定区内又有较不稳定因素存在。研究的成果对本次城市调查具有指导意义。但由于该专题研究是以遥感方法综合分析得出的成果，对活动断裂及区域稳定性研究偏重于定性研究，在定量评价方面有待今后进一步研究。

2003—2005年武汉市勘测设计研究院联合中国地震局地球物理研究所，开展了武汉市主城区地震动参数小区划研究。通过资料收集、补充调查测试，开展了地震动参数分区评价，提供了综合研究报告，以及主城区工程地质图、砂层顶面覆盖层等厚度图、基岩顶面覆盖层等厚度图、地貌及第四纪地质图、地震动参数小区划图等。这些成果在武汉城市发展中已使用了十年，为武汉市的工程建设抗震设计提供了技术依据。

2006年湖北省地质调查院历时两年完成了“武汉城市圈地质环境评价”专题科研项目，专题在查阅大量以往成果资料的基础上结合实地调查，对武汉城市圈地质环境质量、地质环境承载力、城市建设用地适宜性进行了评价和分区。该成果为本次环境地质专项调查工作提供了新的工作思路。

2007年武汉市勘测设计研究院开展了“武汉市主城区地下空间地质资源专项规划评估”研究。通过收集主城区历史地质资料，结合武汉市主城区地下空间综合利用专项规划，分析研究了武汉市主城区基础地质、工程地质、水文地质条件，统计分析了岩土层的物理力学性质和热物理性质，开展了场地类别的划分。针对影响地下空间开发的主要地质问题进行了地下空间开发利用适宜性分区评价，提出了地下空间开发的工法建议，开展了17个规划片区的地下空间规划评估工作。

2009年武汉市勘测设计研究院开展了“《武汉市抗震防灾规划》修编城市用地专题研究（2009—2020）”项目。通过资料收集、补充调查、钻探取样测试等，开展了地震地质环境和场地环境评价、地震工程地质条件评价、城市用地抗震防灾类型分区、工程抗震土地利用评价、抗震适宜性评价及分区。编制了专题研究报告，提供了武汉市都市发展区地震工程地质图、抗震适宜性分区图、抗震防灾类型分区图等。

2010年武汉市勘测设计研究院开展了“武汉市都市发展区规划用地地质环境调查与评价”专题研究。通过收集整理历史地质资料、补充地质调查和勘察等工作手段，对研究区的水文地质、工程地质、环境地质条件进行了系统分析和研究，以岩土体工程地质类型及物理力学特征为主控因素开展了工程地质分区研究，按照《城乡用地评定标准》开展了定性和半定量评价，按照层次分析法和模糊综合评判方法等建立了地质环境质量评价体系和评价模型，提出了对城乡规划用地选择的建议，以及对不良地质问题与地质灾害的防治建议。提供了研究报告以及都市发展区软土等厚度图、覆盖层等厚度图、规划用地工程建设适宜性评价图等，为城乡规划的编制、重大工程的选址决策等提供了宏观依据。

三、工程勘察

历年来武汉市开展了大量的基于建设项目的工程勘察工作。如：过长江、汉江等的桥梁隧道岩土工程勘察，过湖泊的南太子湖大桥、野芷湖大桥、东湖隧道等岩土工程勘察，三环线等大型市政道路的岩土工程勘察，轨道交通岩土工程勘察和工程地质调查等，这些工程项目采用了不同勘探工程手段，获取了大量的隐伏地层分布、断裂构造、水文地质、岩土物理特性等数据，为本次城市地质调查提供了较好的资料，完全可以搜集利用，为进一步作好武汉城市调查奠定了坚实的基础。

武汉市勘测设计研究院1997年建成了“武汉市工程地质信息系统”，该系统数据中心不仅录入了本单位的所有市政、房建、管道等勘察资料，还通过与武汉市建设工程设计审查办公室和武汉市城建档案馆等单位联系，对武汉市其他单位开展的勘察资料进行了收集整理和入库。目前已收录工程勘察钻孔资料近30万个，包含工程地质、水文地质、工程物探、岩土水试验成果等大量信息资源，为研究武汉市地貌第四纪地质、岩土体工程地质特征和工程地质分区、水文地质条件等提供了翔实的资料。

“十二五”期间武汉市开展的城市地质调查工作主要以都市发展区为主，调查面积达3469km²，范围涉及主城区、东湖新技术开发区、武汉经济技术开发区、东西湖区全境，以及黄陂区、江夏区、新洲区、蔡甸区和汉南区部分范围，工作时间自2012—2015年，工作内容以三维地质结构调查为基础，以地质环境、城市安全、地质资源为重点，紧扣服务经济建设、社会发展、防灾减灾等主题，包括“4个专项调查”：环境地质调查、基础地质调查、工程地质调查与勘探、水文地质调查与勘探；“6个专题研究”：地下空间开发利用适宜性评价与研究、垃圾处理场适宜性评价与研究、第四纪地质专题调查与研究、基于GIS的地质灾害风险评价、浅层地热能资源调查与评价、水资源专题调查与评价；“1个系统平台”：智慧武汉·地质信息管理与服务平台。共编制了各类成果报告达60余册、基础和专题图件1600余幅，信息化建库钻孔数量达22.5万多个，数据量达1TB。成果已用于武汉市总规修编、长江新城的规划选址、地下空间专项规划、第四期轨道交通规划、地面沉降防控、地下水环境监测、地质灾害防治等工作中，对武汉市当前经济社会发展起到了重要的支撑作用。取得的主要成果有：

（1）首次完成了1∶5万武汉都市发展区、1∶2.5万中心城区和开发区的三维地质结构调查，编制了地质图、基岩地质图、水文地质图、工程地质图、环境地质图等系列图件。

（2）查明了武汉都市发展区第四纪地质特征、基岩地质特征及主要断裂活动性，系统厘清了武汉都市发展区的褶皱、断裂及盆地构造系统，重构了区域地质构造发展史。

（3）查明了武汉都市发展区各水文地质单元的边界条件、含水岩组的水文地质结构和水文地质参数、地下水的补径排条件以及地下水水质、水温和水理性质等。

（4）查明了武汉都市发展区工程地质条件，建立了武汉地区标准地层表，划分了工程地质分区。对武汉都市发展区的工程建设适宜性进行了评价，判定武汉都市发展区适宜建设区占总面积的41%，较适宜建设区占33%。

（5）圈定了4处富硒土壤资源分布区，划定了6处应急水源地。重点评价了瓠子山斜方薄皮木植物群、八分山白云洞岩溶地貌等21处地质景观资源点，其中新洲区阳逻化石木、武汉两江汇以及东湖等6处为国家级地质遗迹景观资源。

（6）分析了武汉都市发展区浅层地温场的分布、地层热响应特征，对浅层地热能适宜性进行了评价，编制了武汉都市发展区地下水和地埋管浅层地热能开发利用适宜性分区图。

（7）基本查明了都市发展区内地质灾害现状，进行了武汉都市发展区地质灾害易发程度分区和防控分区。其中，主城区地质灾害和地质环境问题以岩溶地面塌陷、地面沉降、水土污染为主，新城区以滑坡、崩塌、固体废弃物污染为主。

（8）初步查明了都市发展区水土污染现状。其中，汉口地区以汞为主的重金属污染区、武昌区-东湖-南湖综合污染区、武钢工业区重金属污染区、葛店化工区汞污染区等为污染成片区，污染程度较高，对生态环境的负面影响严重。

（9）根据地质环境质量状况，对城市规划建设、地质资源保护、地质灾害防治等工作提出了建议。

（10）建立了地质信息管理与服务平台，将各类城市地质成果纳入科学化、规范化、信息化管理范畴。开发了专业版、政务版和公众版3个版本供专业技术人员、政务工作者、社会大众等使用。

第二章　区域地质

第一节　地形地貌

一、地貌类型

武汉地区降水充沛，河湖密布，流水作用是区内最普遍的一种外营力，流水地貌十分发育。流水作用的方式可分为片蚀(剥蚀)和线状侵蚀(河流侵蚀)两类，其塑造的地貌形态各异。在构造隆起区以侵蚀剥蚀作用为主，而相对沉降区则以堆积作用为主，由此形成以下9种地貌类型。

(一)剥蚀丘陵(残丘)

剥蚀丘陵主要分布在武昌、汉阳，少数见于东西湖的吴家山、柏泉，面积约80km^2。一般绝对标高100m以上，相对高差60～90m，最高点八分山标高272.30m。山脊线波状起伏，受构造线控制呈北西西-南东东向条带状断续分布，含美娘山—扁担山—锅顶山—龟山—蛇山—洪山—喻家山—石门峰—顶冠峰，其中又可分为南、北两列：南列为美娘山—锅顶山—凤凰山—蛇山—洪山—珞珈山—南望山—喻家山—马鞍山，北列为汤家山—赫山—龟山—小龟山—狮子山—团山—大龟山。山体由前第四纪地层组成，山脊多由硬度大的泥盆纪石英砂岩和二叠纪硅质岩类构成，坡麓则由抗风化能力较弱的志留纪砂质页岩及第四纪残坡积物等组成。除磨山为向斜山外，其余大都为向斜构造的翼部，呈单斜山特征。丘顶多呈浑圆状，山坡平缓而呈凹形，坡度20°～35°，山坡的两侧大都不对称，北陡南缓。坡脚及山间谷地堆积有5～10m厚的残坡积物。这种向斜成山、背斜成谷地形倒置说明该区曾经历了长期的风化剥蚀过程。

(二)剥蚀堆积丘陵

剥蚀堆积丘陵在区内呈东西向分布于中部及南部，山顶一般绝对标高在60～100m间，相对高差在30～40m间，如关山、铁箕山、狮子山、睡虎山等；丘顶浑圆，山坡较平缓，坡角10°～20°；山顶基岩出露，多为泥盆纪石英砂岩、二叠纪硅质岩和志留纪砂质页岩。山坡多为残坡积物。其坡积物多呈椭圆形之片状分布；局部以孤立残丘形式展布于岗状平原上，冲沟亦有发育。

(三)风积丘陵

风积丘陵主要分布在武昌地区的青山、凤凰山等地。海拔高度在58～70m之间，相对高差8～12m。大多位于山丘的上部，丘顶浑圆，山坡坡角在15°～25°间。

（四）剥蚀堆积岗状平原

剥蚀堆积岗状平原大片分布于长江、汉江以南，北部、东部地区亦有小片存在，由中更新世洪冲积层棕红色黏土、亚黏土、黏土夹砾石组成，绝对标高在35～45m，相对高差在5～15m之间，并有残丘分布于平原中。平原局部地段与一级阶地呈陡坎接触，其陡坎高度在5～10m。由于坳沟发育，地形多受坳沟控制，具明显岗状地形特征，其谷地与岗地分布的规律受河流和湖泊控制。一般岗地与谷地长轴方向垂直湖岸线，或平行于小河流，垂直于长江流向。

（五）剥蚀堆积波状平原

剥蚀堆积波状平原主要位于西南部及北部，似团块状分布，具二面临湖水的特征，由晚更新世冲积层黄褐色黏土、亚黏土及砂、砾石层组成。一般绝对标高在25～32m，多呈波状起伏，波峰与波谷高差2～3m，属区内二级阶地，较一级阶地高3～4m，阶地前缘部分地段不明显，沟谷发育，一般切割深度在5m以下。

（六）河流堆积平原

河流堆积平原沿长江、汉江两岸以条带状或椭圆形呈不对称型分布，尤以东部长江下游及西部汉江上游地段分布最广，主要由全新世冲积层亚黏土、亚砂土、淤泥质黏土、细粉砂及砂、卵石层组成。绝对标高在20～22m，高出江水面1～7m。冲沟不甚发育，台面平坦开阔，宽窄不一，微向江心倾斜。汉江、长江岸边均有河漫滩发育以及塌岸存在。其中以长江岸边河漫滩发育最大，宽为2.3km，长为7.3km。于长江江心由南至北有铁板洲、白沙洲、天兴洲等沙洲分布，洲面宽窄不一。尤以天兴洲最大，长12km，宽2km，地面标高20～22m，据岩性及高程判定，可能是长江南岸一级阶地，后经崩裂与流水冲刷作用形成今日河心洲之假象。此洲已围堤改观，但部分地段仍遭洪水吞没。

（七）湖泊堆积平原

湖泊堆积平原多呈环带状分布于湖滨，具体分布于两种地带：一是现代湖泊周围，二是湖泊消失的低洼地区，如东西湖地段的湖积平原即属此类。由全新世湖积、湖冲积杏黄色亚黏土、淤泥质亚黏土组成，地面十分低洼平坦，微向湖心倾斜，由于受湖汊切割，多形成几何形体，宽窄数百米乃至数千米不等，一般标高在17～20m间，高出湖水面1～5m。湖泊周围湖漫滩、沼泽地发育，其湖漫滩、沼泽地以鸭儿湖、汤逊湖、武湖为最发育。湖泊宽窄不等，形状大小各异，呈现多种几何形体，以武湖南岸宽3km、长3.3km的湖漫滩和长2.3km、宽2km的沼泽地为最大，水草丛生，一般雨水期易受湖水上涨而淹没。另东湖、南湖有湖蚀崖地质现象的存在，可能与生成因素有关。

（八）河道地貌

区内河流有长江、汉江以及府河、巡司河、黄孝河等，现着重对长江、汉江两大河流的水域地貌进行论述。

1. 长江

境内流程78.5km，江面宽850～3000m，最窄为650m，据武汉关所测最高水位29.73m(1954)，最低水位8.78m，流量最大为76 100m^3/s，最小为5170m^3/s。江中除有白沙洲、天兴洲分布外，无大的沙洲露出水面。

由于河流的水流作用，河漫滩以及两边陡、缓坡岸均较发育，而陡缓坡岸以江的东段较南段发育，在天兴洲河段则北部缓坡岸甚为发育，其北河道以堆积作用渐行淤塞，南部河道以冲刷作用切割较深，致使主航线由北道转向南河道，系长江水流作用方向的改变以及新构造运动的差异性，导致长江逐渐南移所形成。

江底沉积物由细砂、中砂、粗砂、砾石等组成。其中细砂厚度为3.35～10.71m，上部为灰黄色，疏松颗粒较均匀，在汉口江岸最大厚度为15m；下部为深灰色薄层亚黏土，局部夹砾石，厚度达18.5m，成分以石英颗粒为主，含有云母片及黑色颗粒(淤泥或黑色矿物)。中砂厚1.62～4.20m，为灰褐色，以石英颗粒为主，夹较多小砾石、云母片及黑色颗粒，在武汉长江二桥附近最厚达11.50m。粗砂厚2～13.12m，为灰黑色，以石英颗粒为主，夹较多砾石、云母片。砾石厚1～1.50m，为深灰色—绿灰色，砾石主要由石英岩、石英砂岩、灰岩、燧石和火成岩组成，磨圆度较差，呈次棱角状，直径一般为2～5cm，最大直径为10～15cm。沉积物的结构特征，与物质来源的丰度、水动力作用条件等密切相关。沉积物的分布以长江东段较南段厚且均匀，由江心至两侧有逐渐变厚之势。河道个别地段的沉积物组成高河漫滩亦有高出一级阶地1～3m的现象存在。东部长江切割最深，白浒山附近标高为－16.8m；南部江底切割深度为－2.2m，河槽切割深度由南西至北东有渐降之势。

2. 汉江

由汉川江家河入本区至龟山与长江汇合，境内流程67km，江面一般宽200～350m。河道曲折多变，由于河流的水流作用，其两边陡、缓坡岸均有发育，尤以汉江西段较东段发育，并以河曲南岸具河漫滩的沉积特征。江底沉积物上部为粉砂夹黏土，中部为细砂和黏土，下部为砾石等。其中粉砂夹黏性土厚1.5～2.84m，为灰黄色，成分以石英颗粒为主，含少许云母片及黑色矿物颗粒。细砂夹薄层黏性土，厚1～2.10m，为灰黑色，以石英颗粒为主，夹极少砾石、云母片。砾石厚0.6～3.80m，由石英砂岩、灰岩等组成，磨圆度较差，呈次棱角状，直径0.5cm左右。如汉江铁桥所见河床剖面为灰黄色黏土夹粉砂，厚5.6～9.3m；中部为亚黏土，厚15.4～22.4m；下部为砾石，厚3.6～5.5m。由于物源较丰富，堆积速率高，混合作用较弱，所以沉积物具有明显的层理。沉积物的分布以汉江东段较西段厚且均匀。东段与龟山汉江切割最深，为7.7m；西部切割深度为4.6m，河槽切割深度由东至西呈递减之势。

汉江险要地段护岸较多，基本上控制了河道的自由发育。仅钟家村至武汉长江二桥一带河道南移的幅度较大，其他地段近20余年河道南移不甚明显，为江的南岸护壁所致。

无论长江或汉江，由于河流侵蚀、堆积作用形成河流缓坡岸即发展成河漫滩，而陡坡岸代表河流的向下侵蚀过程。侵蚀、堆积作用决定河流的活力大小。而河流的活力受河床纵比降及气候变化所控制。当河流的活力大于阻力则发生侵蚀作用，反之发生堆积作用。所以，影响侵蚀与堆积作用的主要因素是活力。

影响河道地貌发育的因素颇多，即有内因与外因两个方面。内因属新构造运动，区内多级阶地的发育过程、规模以及河道变迁(长江沿蛇山北侧近东西向分布，经洪山西侧，呈北东向流去的埋藏古河道等)，是新构造运动的性质、强度不同所致。外因为沟谷与水流作用，而且沟谷发育与地面组成物质相异，水量大小不同，导致侵蚀作用的规模不一。大小不同的河流在地质构造、岩性、降水的相互作用下，形成相异的河道地貌，如长江、汉江、府河等。

(九)湖泊地貌

区内湖泊分布范围较大，湖泊密布。湖水面积为509.41km^2，湖泊总数为73个，而面积在30km^{2}以上的大湖有6个，6～30km^{2}的湖泊1个，其余为1km^{2}以下的湖泊。

围湖造田，致使湖泊面积缩小，也是湖泊面积变化大的主要原因。1959年前，主要湖泊的中水位之水域面积为788.3km^2，到1975年只有209.2km^2，即减少了579.1km^2，其减缩比为73.5%。湖泊地貌与湖泊-流水地貌十分发育。

由于沿江建闸，使江湖切断后，湖水变化平缓，水位涨落主要决定平原湖区降水与补给量的大小。全年水位升降幅度多在1～2m以内，个别年份渍水严重时，全年水位升降幅度超过3～4m。

二、地貌分区

地貌类型的确定，依据下面两种分类方法。

(1)按地貌成因分类。按照区内地貌特点，采用外营力成因划分原则，这主要是考虑外营力有一定的地带性分布规律，其形成的地貌类型具明显的形态特征，在空间上又有区域性特点。据此，区内地貌成因可分为湖泊成因地貌、湖泊-流水成因地貌、流水成因地貌等。而湖泊、流水成因之地貌，亦属堆积作用与剥蚀作用所形成的地貌类型。

(2)按地貌形态分类。依据绝对高程与相对高程指标进行形态类型划分。按照我国山岳分类原则，绝对高程小于 500m 者定为丘陵。而区内地形高程均在 300m 以下，最高点八分山绝对高程仅 272.30m。因此，按照区内实际情况，将区内划分为中丘、低丘、平原、水域等地貌形态类型。绝对高程大于 100m 者划为中丘；高程小于 100m 而大于 60m 者划分为低丘；高程 60m 以下者划为平原。

按照地貌成因和形态两种方法，武汉市都市发展区可划分出以下 4 个地貌区(图 2-1)。

(一)冲湖积平原区(Ⅰ)

该地貌单元为长江、汉江冲积一级阶地。主要分布于长江、汉江两岸。海拔 18～22m，按其成因类型的不同又可进一步分为 3 个亚区：冲积平原、湖积平原和冲-湖积平原。

冲积平原包括长江、汉江两岸的河漫滩及一些江心洲等，海拔 19～22m，高出长江平均水位(19m)约 3m，低于长江最高水位(29.73m)7～10m。地面由江堤向外侧微缓倾斜，坡度小于 3°。由全新统冲积黏性土、粉土、粉细砂及砂砾石组成。

湖积平原主要分布在工作区内大型湖泊沿岸，海拔 18～20m，由全新统湖积黏性土、淤泥质土和淤泥组成，高出湖面不足 1m，地面向湖心微斜。

冲-湖积平原主要分布于冲积平原与湖积平原之间的地带，海拔 18～20m，它是由河流和湖泊交替作用而形成的，组成物质主要是全新统黏性土。

(二)冲积堆积平原区(Ⅱ)

该地貌单元为长江、汉江冲积二级阶地。仅见于青山、东西湖一带及汉南区蚂蚁河两岸，地面标高为 22～25m，地层由上更新统的黏性土与砂性土组成。

(三)剥蚀堆积平原区(Ⅲ)

该地貌单元海拔 25～45m，主要分布在武昌、汉阳、蔡甸、江夏、新洲及黄陂等地。位于平原湖区与残丘之间，地形波状起伏，垄岗与坳沟相间分布，组成地层主要为中更新统黏性土(老黏土)，地表冲沟发育，大都是由于地壳上升期间被坳沟切割而致。

(四)剥蚀丘陵区(Ⅳ)

该地貌单元主要分布在武汉市主城区(零散分布)、江夏及蔡甸等地。在市区三大镇中较零散分布，其海拔高程 50～80m，相对高度 10～40m，坡度 10°～30°不等。山顶多呈穹形，主要由志留纪砂页岩、泥盆纪石英砂岩和二叠纪硅质岩组成。

从整体上看，武汉地区自北而南有相互平行的 3 列低山丘陵带，在平面上呈北西西向或近东西向条带状断续排列。物质成分上主要由志留纪砂页岩、泥盆纪石英砂岩和二叠纪硅质岩等组成，海拔高度为

50～200m。低山丘陵从构造上看，除磨山为向斜山外，其余皆为单斜，其南北两侧不对称，北坡较陡，南坡较缓。山顶多呈椭圆形或穹形，山坡呈凹形坡。其中，高程在100m以下的丘陵丘顶浑圆、丘坡和缓，一般坡角为15°～30°，坡麓发育有坡积裙；海拔高于100m以上的山顶呈孤山状，例如磨山、洪山、喻家山、大军山、八分山、介子山等。低山丘陵在垂直方向上发育三级剥夷面，海拔分别为50～70m、70～150m和150～200m。

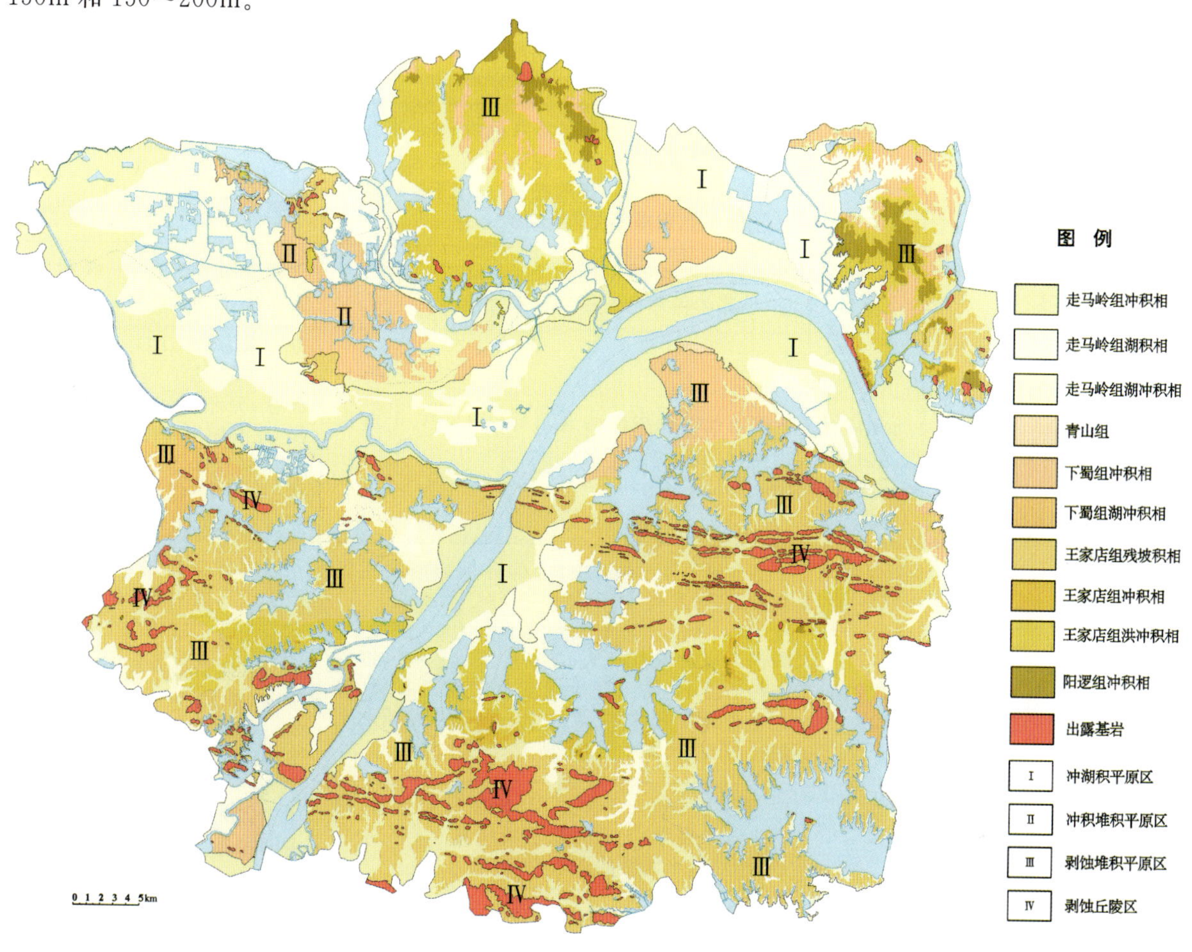

图2-1　武汉市都市发展区地貌分区

第二节　地　层

以襄(樊)-广(济)断裂为界，武汉都市发展区可分为两个区域大地单元。该断裂以北的凤凰山一带属秦岭-大别地层单元，地层简单，出露南华系、白垩系—古近系、第四系；断层以南隶属于扬子地层区下扬子地层的大冶地层小区，地表出露志留系、泥盆系、石炭系、二叠系、三叠系海相沉积盖层及侏罗系、白垩系、古近系、新近系、第四系。武汉都市发展区缺失奥陶系、寒武系。以地层地质年代和基本层序为主，综合考虑成因、接触关系、分布范围等，武汉都市发展区地层可划分成28组组级地层单位(表2-1)。它们经历从元古界到新生界、从南华系到第四系，经过近8亿年，从海相沉积过渡到陆相沉积的地球演化。变质岩仅在新洲凤凰山一带偶有零星出露，属南华系武当岩群。

岩浆侵入岩零星分布于东湖高新区东南部牛山湖一带，火山岩包括武当岩群和上白垩统—古新统公安寨组中的玄武岩。总体上看，武汉都市发展区范围内变质岩、岩浆岩分布少，绝大部分为沉积岩。所有岩层中，上白垩统—古新统公安寨组碎屑岩分布最广，面积约为1 624.04km²，占总面积的46.82%。第四系堆积物分布最广，出露面积约为2 414.78km²(不含水域)，占总面积的69.6%。

表 2-1　武汉都市发展区地层单元特征

界	系	统	组	特征	位置
新生界	第四系	全新统	走马岭组 Qhz	主要为灰褐色砂砾层、中细砂、粉砂与粉砂质黏土，局部为灰褐色黏土、灰黑色淤泥质黏土	主要分布在长江、汉江两侧及现代湖泊中
		更新统	青山组 Qp_3q	主要为灰黄色、黄褐色含铁锰质黏质粉砂土或均质粉砂土、灰褐色沙、灰黄色黏土组合	主要在青山镇一带，风成砂丘
			下蜀组 Qp_3x	分布于沉降区及其周缘的青灰色砾砂层、青灰色中细砂与灰黄色粉砂质亚黏土互层、灰黄色含铁锰结核黏土夹少量粉砂质黏土；分布于低阶地部位的杏黄色、黄褐色含铁锰结核	主要沿长江、汉江流域两侧分布，构成二级、三级阶地，分布零星
			辛安渡组 Qp_2x	下部为河湖相沉积砾卵石，中部以中粗砂为主，上部为褐黄色—棕红色黏性土	主要分布于二级、三级阶地。无露头，仅见于部分钻孔中
			王家店组 Qp_2w	下部为残坡积成因的含角砾红土，中、上部为洪冲积成因的红土	分布最为广泛：①残坡积组合序列主要见于现代剥蚀山丘周缘，分布范围有限；②残坡积-冲洪积组合序列主要见于现代剥蚀山丘外围中-高岗地、丘陵上；③冲洪积组合序列分布于低岗地上
			东西湖组 Qp_1d	下部含砾石粗砂层，中、上部分别为河湖相沉积粉细砂、黏性土	东西湖区分布最广泛。主要隐伏于三级阶地
			阳逻组 Qp_1y	下部为浅灰色中粗砾石层、浅灰黄色中—细砂与粉质黏土层；上部为浅灰色中粗砾石层、棕红色含砾黏土层、棕红色中—细砂与粉质黏土层—棕红色(细小网纹)黏土	零星分布。长江北阳逻等地呈高基座阶地产出，江南仅断续见于豹澥—流芳—刘家湾—硃山湖一线及大屋陈等地
	新近系	中新统	广华寺组 N_1g	中下部为一套杂色黏土岩、粉砂质黏土岩，局部夹细砂条带，上部为杂色粉质黏土岩与杂色砾岩互层，半固结的泥岩砂岩	阳逻以北地区可见零星露头，东西湖区、青草湖等地有分布
	古近系	上白垩统—古新统	公安寨组 K_2E_1g	以棕色、紫红色为主的杂色碎屑岩系，由砾岩、砂岩、粉砂岩、泥岩组成，局部见玄武岩	在黄陂、后湖、阳逻、金口一带有少量零星露头，多见于钻孔中。基岩分布面积达1 430.196 km^2，占武汉都市发展区总面积的41.23%，分布最广
中生界	白垩系				
	侏罗系	下统	王龙滩组 T_3J_1w	下部以灰白色、灰黄色厚层状不等粒和中细粒石英杂砂岩为主，上部以灰白色、灰黄色厚层状中细粒石英砂岩为主，夹含碳泥质粉砂岩。多为沉积岩，岩浆岩零星出露。结束海相沉积，随后进入陆相演化阶段	分布在江夏区和东湖高新区的梁子湖、牛山湖一带
	三叠系	上统			
		中统	蒲圻组 T_2p	紫红色泥质粉砂岩、粉砂质泥岩夹黄绿色含钙质粉砂岩、含铁质结核粉砂质泥岩	主要分布在东湖高新区东南角梁子湖一带
			嘉陵江组 $T_{1-2}j$	下部和上部为浅灰色、灰色中—厚层状白云岩夹岩溶角砾岩，中部为灰色薄—中层状灰泥岩夹白云质灰岩。岩溶较发育	大片分布于东湖高新区牛山湖一带，在南湖等地零星分布在向斜核部
		下统	大冶组 T_1d	底部为黄绿色页岩夹灰泥岩；下部为灰色中厚层状砂屑灰岩夹薄层灰泥岩；中部为薄层状灰泥岩，生物扰动构造发育；上部为厚层状亮晶砂屑灰岩、颗粒灰岩、鲕粒灰岩、白云质灰岩等。岩溶较发育	露头仅见于江夏区蒋家山、郑店东侧以及东湖高新区光谷二路西侧，多见于钻孔中

续表 2-1

界	系	统	组	特征	位置
古生界	二叠系	上统	大隆组 P_3d	深灰色薄层硅质岩夹含碳质页岩，向上硅质岩泥质含量增多，局部夹灰白色页岩	地表主要见于江夏区园井山、郑家山、将军山、灵山、象鼻山以及骡子山—锦绣山一带，其他零星见于蔡甸白鹤泉、汉阳龟山南侧、武昌蛇山北侧、东湖高新区石门峰—纱帽峰—横山—八叠山—彭家山，多沿褶皱翼部呈带状分布。多见于钻孔中
			龙潭组 P_3l	下部为深灰色、灰黑色含碳质页岩、含铁含粉砂水云母页岩夹煤线，上部为灰黄色、灰白色中—厚层状含铁中—细粒岩屑石英砂岩、含粉砂质页岩	
		中统	孤峰组 P_2g	下部为灰色、深灰色薄层状含硅质泥岩、极薄层状硅质岩夹少量碳硅质页岩，上部为灰色、浅灰色中—厚层状硅质岩	
			茅口组 P_2m	深灰色、灰白色燧石结核灰岩，厚层生物碎屑灰岩	
			栖霞组 P_2q	下部为深灰色中—厚层状生物屑灰岩、瘤状碳质灰岩夹碳质页岩，中上部为深灰色中层状含生物屑微细晶灰岩夹燧石条带，上部为深灰、灰色燧石结核灰岩、厚层状生物碎屑灰岩组成。岩溶较发育	
		下统	梁山组 P_1l	深灰色、灰黑色碳质页岩夹煤线，向上夹灰岩透镜体	
			船山组 P_1c	浅灰色、灰色中厚层状灰泥岩、球粒灰岩	
	石炭系	上统	黄龙组 C_2h	浅灰色、灰色厚层至块状灰泥岩、生物屑灰岩、白云质灰泥岩	与泥盆系相伴出露，分布于白云洞、花山、龙泉山等地的低丘区，地表分布面积小，总计不足 2km^2，除南部乌龙泉一带出露较清楚外，其他地方零星出露。多见于钻孔中
			大埔组 $C_{1-2}d$	浅灰色、灰色厚层状白云岩、角砾岩、生物屑微晶白云岩、泥晶白云岩。白云岩、角砾岩多位于底部	
		下统	和州组 C_1h	灰黄色、灰绿色中—厚层状细粒石英砂岩、粉砂岩、页岩，局部夹生物屑灰岩透镜体。岩层中常含菱铁矿结核	
			高骊山组 C_1g	灰白色、浅黄色黏土岩、粉砂质黏土岩、粉砂岩，夹细粒石英砂岩、碳质页岩或煤线，岩层中常含菱铁矿、铁锰结核	
	泥盆系	上统	黄家蹬组 D_3h	灰黄色、浅灰白色薄—中层状石英细砂岩、粉砂岩、浅灰白色黏土岩（页岩），中上部常夹灰黄色、浅灰白色中—厚层状细粒石英岩状砂岩，局部层位砂岩底部含砾石	多与云台观组岩石同时出现
			云台观组 $D_{2-3}y$	浅灰白色中—厚层状中—细粒石英砂岩、含赤铁矿细砂岩夹含砾石英砂岩；上部夹灰黄色粉砂质页岩	与志留系相伴出露，多沿褶皱翼部呈带状分布于中西部地区。鼓架山一带厚 26.24m，汉阳锅顶山厚约 92.26m
	志留系	下统	坟头组 S_1f	黄绿色页岩、粉砂质页岩夹薄层状粉砂岩、少量薄层细砂岩，磨山、纸坊等地顶部发育一套砖红色中厚层状细砂岩夹粉砂质页岩	分布广泛，占总面积的 26%，是除上白垩统—古新统外分布最广的地层。分布于中部的美娘山、洪山、喻家山、磨山、鼓架山、白浒山一线和南部的大军山、八分山、龙泉山一线，形成残丘-低丘地貌
元古界	南华系		武当岩群 Nh_1w	灰白色、浅黄色绢云变粒岩、绢云石英片岩。原为火山碎屑岩，后变质形成变质岩	零星分布于襄-广断裂以北的凤凰山一带

注：本表是在湖北省地球物理勘察技术研究院编制的武汉都市发展区基岩地质图的基础上整理而成。

第三节　地质构造

一、构造单元

武汉都市发展区位于秦岭-大别造山带与扬子台地汇聚地带，基岩构造变形强烈，变质基底主要是晋宁期构造-热事件的结果，沉积盖层区主要是印支期—燕山期构造事件的结果，滨太平洋活动阶段造就了一系列断陷盆地。新构造运动的差异性明显，第四系堆积类型及厚度差别大，造成现今多种阶地类型和多种地貌形态共生的特点。

发生于三叠纪晚期的印支造山运动，奠定了北部大别造山带与南部扬子台褶带的主体构造格架；燕山期滨太平洋活动，造成北东向断裂体系、断陷火山盆地和侵入岩浆活动的叠加；喜马拉雅期陆内演化形成了区内断、坳陷盆地沉积，成就了复杂的地质构造格局。以主造山期构造格架为基础，结合不同阶段地史发展演化特征，划分构造单元(表 2-2)，它们的分布如图 2-2 所示。

表 2-2　大地构造单元

	Ⅰ级	Ⅱ级
华南板块	南秦岭复合造山带Ⅰ	武当-随州陆内裂谷 $Ⅰ_1$
		新洲上叠断陷盆地($Ⅰ_3$)
	扬子陆块Ⅱ	下扬子台坪 $Ⅱ_2$
		扬子周缘前陆盆地

(一)襄-广断裂

该断裂是分隔大别造山带和扬子陆块的区域性大断裂。襄樊以东断裂走向北西，倾向北东，倾角60°～80°，构造破碎带宽 50～100m，断裂沿线形成的宽大的挤压破碎角砾岩带、糜棱岩带和断错形成的构造岩块混杂出露。襄-广断裂为长期活动的继承性断裂，挽近期以来具张扭性活动，历经多次构造性质的演化和压—张—压多次力学性质转化。断裂附近有玄武岩分布，第四纪以来断裂继承性活动明显，沿断裂带有地震活动，如黄冈 1633 年 4 月发生 4.7 级地震。另据地震台 1959—1985 年监测记录，襄阳张集、安陆青龙、广济的田镇等发生过 3.2 级地震，沿断裂带有地下热水分布或温泉出露(随州新阳温泉及马口煤田矿坑热水)，说明该断裂具有多期活动性。2006 年 10 月 27 日 18 时 52 分 6 秒，沿断裂在湖北省随州市三里岗地段发生 ML4.7 级地震，再次证实了该断裂的长期活动性。地形形变测量(《武汉市汉口地区重力构造普查报告》,1973)及现代地貌变化特点表明，断裂仍处于北升南降运动中。

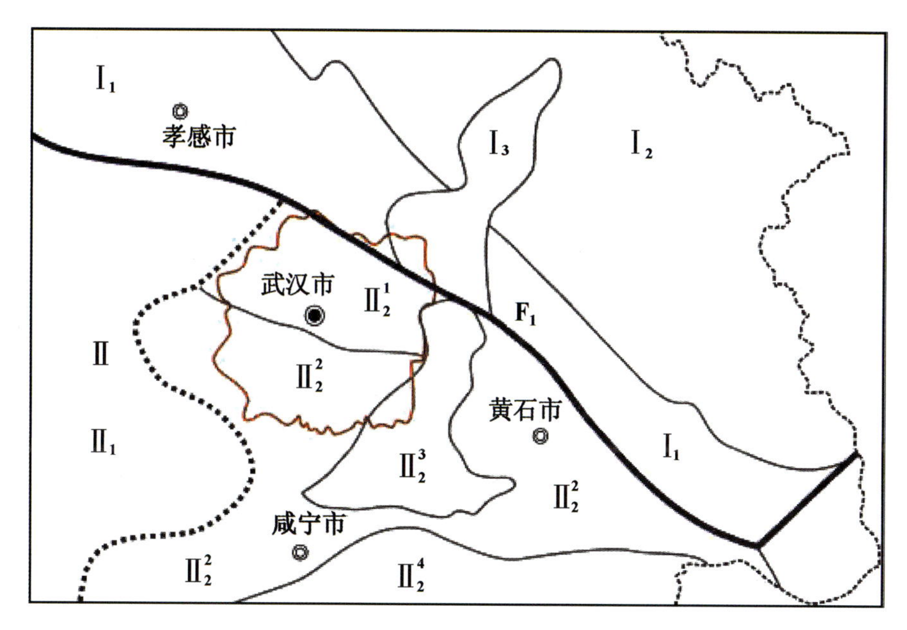

图 2-2　区域大地构造单元示意图

Ⅰ.南秦岭复合造山带；I_1.武当-随州陆内裂谷；I_2.桐柏-大别高压变质折返带；I_3.新洲上叠断陷(凹陷)盆地；Ⅱ.扬子陆块；II_1.江汉上叠盆地；II_2.下扬子台坪；II_2^1.武汉-黄梅台缘褶冲带；II_2^2.黄石-咸宁台褶带；II_2^3.上叠梁子湖断陷(凹陷)盆地；II_2^4.通城-鄂州上叠岩浆弧；F_1.襄-广断裂

襄-广断裂在测区被掩盖，其确切位置及特征历来存在较大争议。

根据收集到的钻孔资料，在横店寅田村之东、李家大湖西侧施工的钻孔上部见白垩纪棕红色、灰绿色砂岩，下部为深灰色短柱状灰岩(P_2q)，属于扬子地台，说明襄-广断裂在该处以北。在黄陂东部有4个钻孔见基岩为南华系武当岩群，说明襄-广断裂在其以南。在涨渡湖西南的凤凰山、龙王咀等地发现多处零星分布的白云钠长石英片岩，在陶家大湖南经钻孔验证仍属该类变质岩石，经区域对比应属南华系武当岩群。长江南岸白浒镇有盖层泥盆纪地层出露，其中表现出十分明显的大断裂的多种迹象；而在稍南的白浒山则为正常的沉积地层，指示白浒镇为断裂带的南部边缘。由此较为明确地限定了襄-广断裂在地表通过的位置，即位于白浒镇至陶家大湖之间的区域。

从磁法平面图(图 2-3)上看，本区东北黄陂—阳逻一线附近沿北西方向有一条由正负伴生的局部异常组成的线性异常带。负异常带以东为升高的正值波动磁场区，与地表已出露的元古界变质岩地层对应；负异常带以西是多个呈北西向排布的局部正异常群，反映了火成岩岩浆的活动，并形成北西向玄武岩和变质岩混合的磁异常带。此带以西磁场平稳，地表也出露扬子地台区的沉积地层。

在重磁电等物理场也均有所显示，重力场主要表现为紧密的梯级带，青山隐伏玄武岩致使梯级带向南绕曲；航磁异常连续分布于该断裂带上，两侧场值北高南低，呈阶梯状下降；电测深平面 ρ_S 和 ρ_Z 等值线特征反映有与重力场相似的高低阻分异带。

如图 2-4 所示的剩余重力异常图中，天河机场—天兴洲—阳逻电厂一线，存在明显的重力梯度带；据构造断裂通过部位物性特点，地层破碎，地层密度相对变小，重力异常呈现密集的重力梯度带等特征，推测该位置为襄-广断裂通过部位。

根据物探剖面工作，该断裂近地表比较陡立，向深部逐渐变缓，总体向北倾斜。

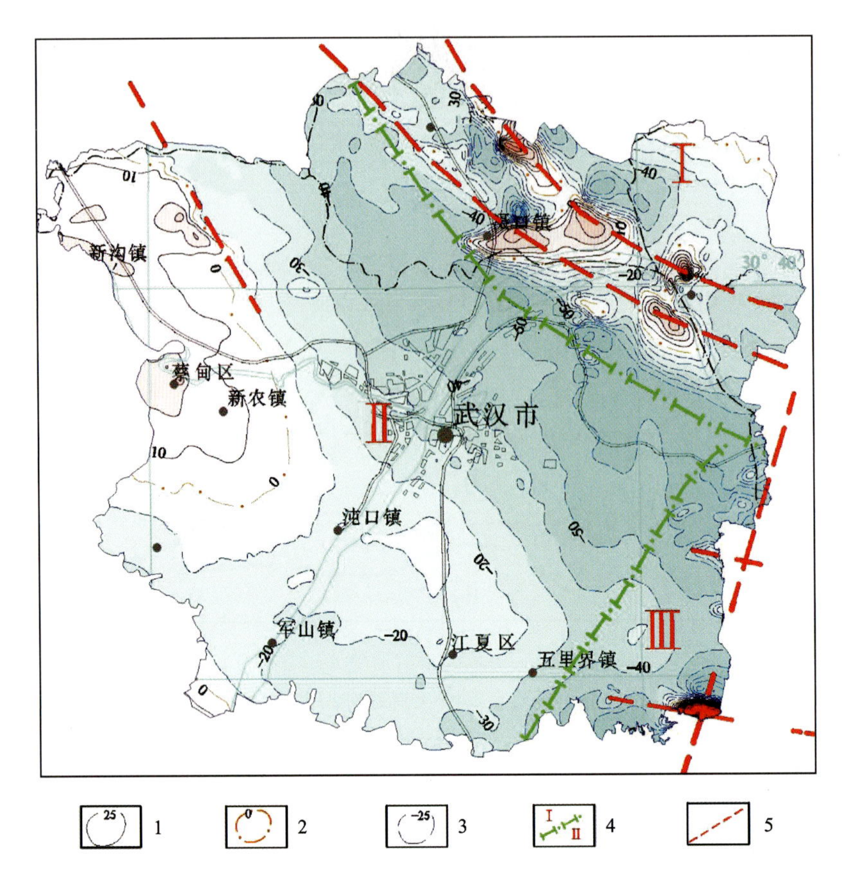

图 2-3 武汉都市发展区磁法 ΔT 化极上延 0.5km 等值线及推断断裂图

1.正等值线及标注；2.零等值线及标注；3.负等值线及标注；4.磁场分区及编号；5.断裂

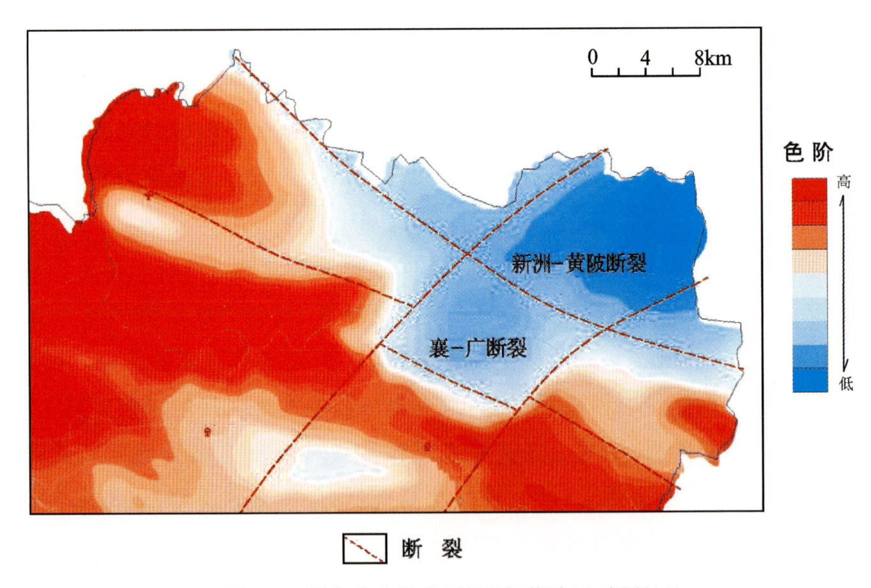

图 2-4 剩余重力异常平面图(黄陂区、新洲区)

(二)龙泉山隐伏断裂

该断裂为物探推测隐伏断裂(《1：20 万武汉市幅区域重力编图及说明书》,1986),近东西向,大部分被第四系掩盖，出露地段可见切割志留纪—三叠纪地层。断层性质为正断层，断裂面倾向南，倾角70°～80°，带内硅化、褐铁矿化、碎裂岩化发育。两侧褶皱样式明显改变。

布格重力异常图(图2-5)中，武昌火车站以南—豹澥以南一线，北西西向存在明显的重力梯度带；据构造断裂通过部位物性特点，地层破碎，地层密度相对变小，重力异常呈现密集的重力梯度带等特征，推测该位置为断层通过部位，结合地质资料推测该断层为龙泉山隐伏断裂所在部位。

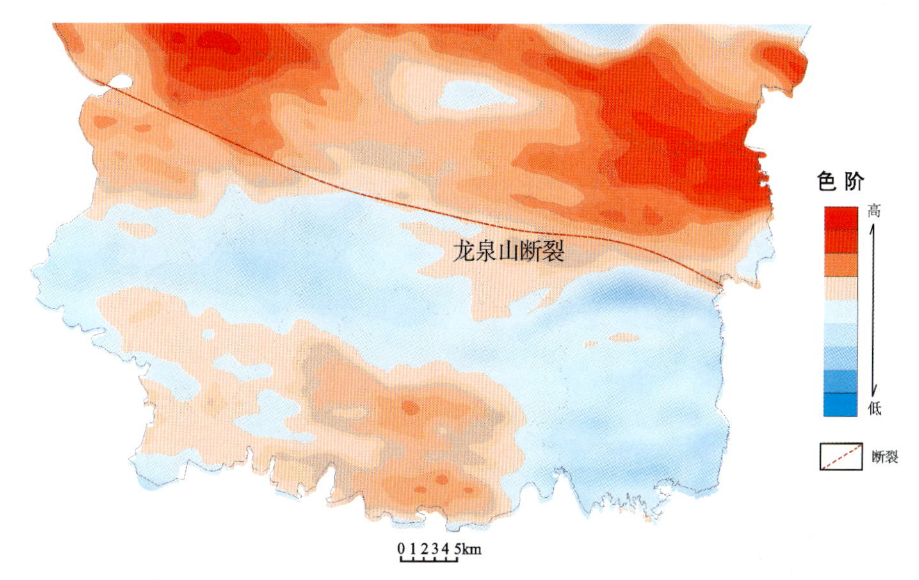

图2-5 剩余重力异常平面图(蔡甸区、中心城区、东湖高新区)

(三)麻城-团风断裂

该断裂属商城-麻城-通城构造带的一部分，是郯庐断裂系重要的一员，是我国东部地区新华夏系的一个主要强震带。该构造带北起安徽、河南两省南部，中间穿越武汉城市圈，经麻城、团风、咸宁、通山，然后进入江西、湖南省境，圈内长约280km。该断裂实由一系列平行或斜列的断层组成，长江以北表现较明显，前白垩纪时期，断裂以压剪性活动为特征，发育较宽的糜棱岩、硅化岩带。断裂带内及旁侧有燕山期花岗岩分布，并经受强烈的动力变质作用。白垩纪—第三纪时期，在区域引张作用的影响下，该断裂控制了麻城-新洲断陷盆地的形成，并接受巨厚的陆相红色碎屑的堆积。断裂沿线有溢流的玄武岩分布。挽近期以来，断裂活动迹象明显，构造带仍受北西西向和南南东向新华夏系应力场的较强挤压，麻城槽地中的红层出现轴向北北东向褶皱。第四纪时期，断裂继承性复活，两侧地形反差极大，水系特征、河流阶地高程明显不同，水准测量地壳垂直变形大，基本显示张剪性特征。历史上湖北省内沿断裂曾发生两次5级以上地震。樊口到咸宁段被第四系覆盖，卫片解译和物探资料表明有一系列北北东向断裂存在。咸宁、通山一带北北东向断裂发育，是麻团断裂南延部分，在空间上组成斜列的断裂组合。塘口、石门、东流等断裂的构造特征表现为发育明显的碎裂岩、挤压片理、构造透镜体，对褶皱、地层造成偏斜和位错，因此属压剪性。近期仍有一定的活动性，咸宁一带尚有温泉出露。

二、深部构造

以襄-广基底式大断裂与麻团活动性大断裂交汇于武汉东，构成武汉地区地壳基本结构面。与之相配套的规模较大的压性、扭性断裂结构面分属北西—北西西向切穿基底的昆仑断裂系、北西—东西—北东向深入基底内部的扬子断裂系、北北东向切穿沉积盖层的郯庐断裂系、北东向切穿红层深入盖层的江汉断裂系，控制了不同时代地层的发育、地貌轮廓和地震活动。

从重力推断图(图 2-6)可以看出，武汉都市发展区范围内主要断裂构造呈北东向、北西西向两个方向分布，断裂分布位置重力异常等值线图上呈现重力梯度带。深部断裂基本特征介绍如下。

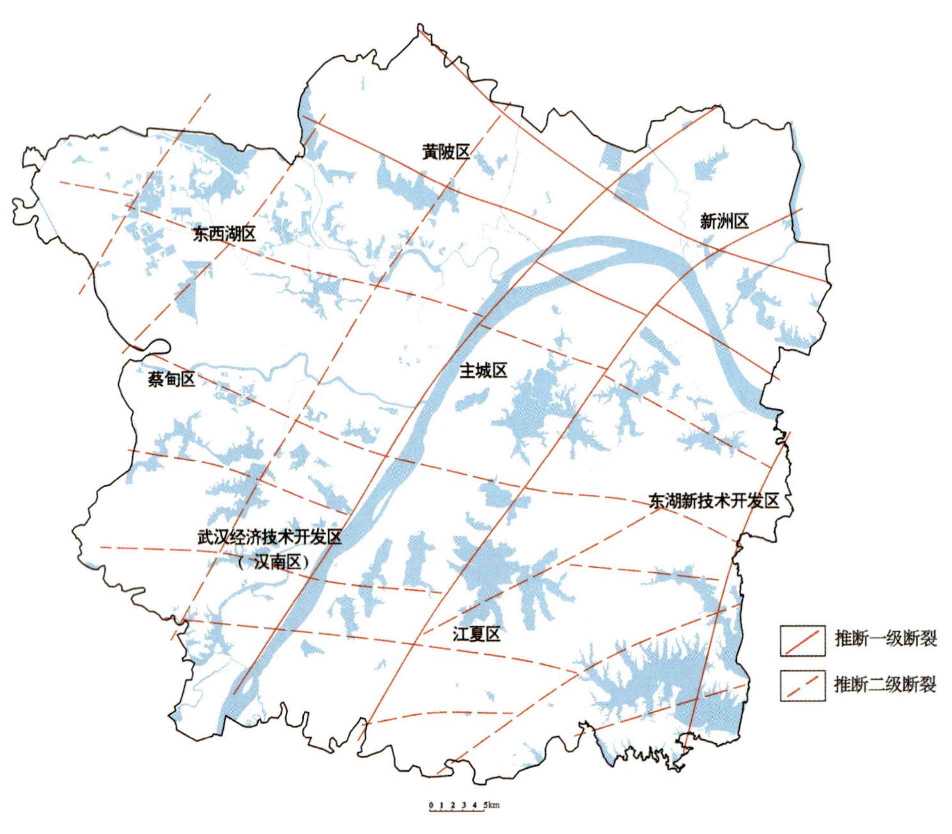

图 2-6　重力推断深部断裂分布图

(一)襄-广断裂

该断裂在研究区内隐伏，是分隔大别造山带和扬子地块的区域性大断裂。在图 2-6 中，沿襄-广断裂分布位置呈现高磁异常，重力异常呈现明显的重力梯度带。从重磁异常图上，可以大致确定该断裂的通过部位。如图 2-7 所示，地震测线 2014-DZ1010 位于新洲区长江以北陶家大湖以南，殷店街附近。从图 2-8 中可以看出，襄-广断裂通过部位小断裂比较发育，中间的一条发育较深的断裂推测为襄-广断裂的通过部位，向南倾斜，倾角约 50°。

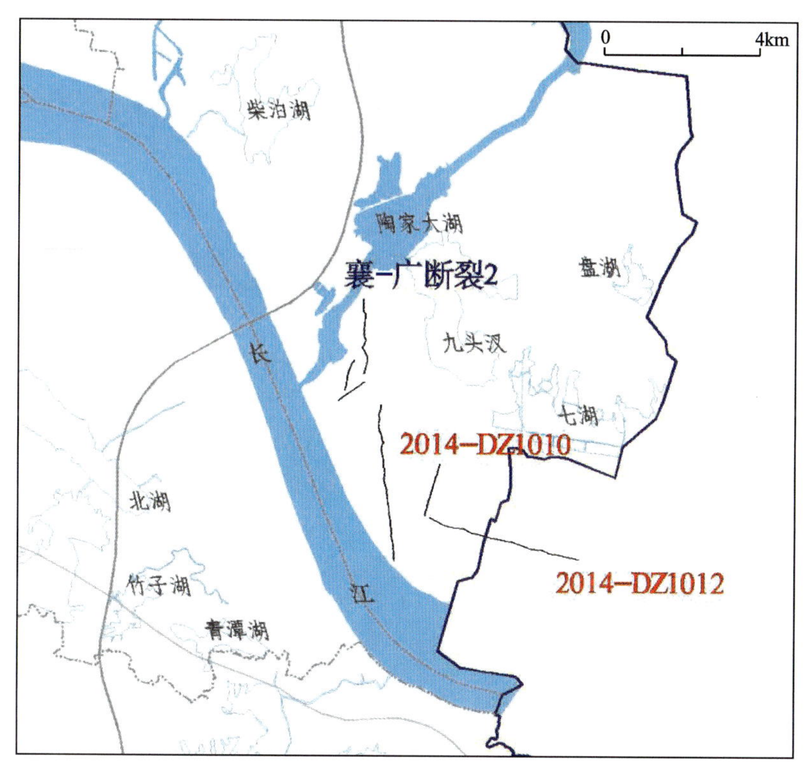

图 2-7　新洲区部分电法及地震剖面位置

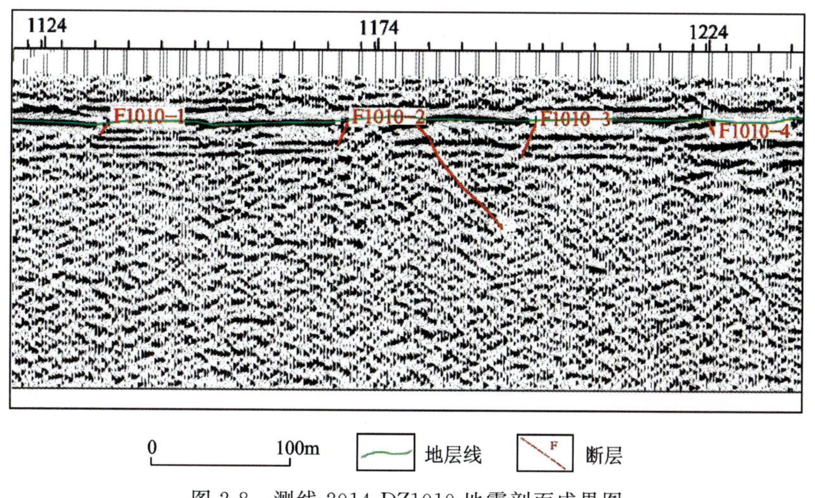

图 2-8　测线 2014-DZ1010 地震剖面成果图

地震测线 2014-DZ1012 与测线 2014-DZ1010 处于大致相同的位置，相距约 1km 左右。从图 2-9 地震剖面成果图中，基岩面反射非常清晰，呈现同相轴连续分布状态；其下部的同相轴错动，与弧形反射均为断层所在位置的反映。从图中可以看出襄-广断裂通过部位地震剖面存在诸多小的断点，剖面图中断裂延伸较大，显示该断裂向南倾斜，倾角 45°。

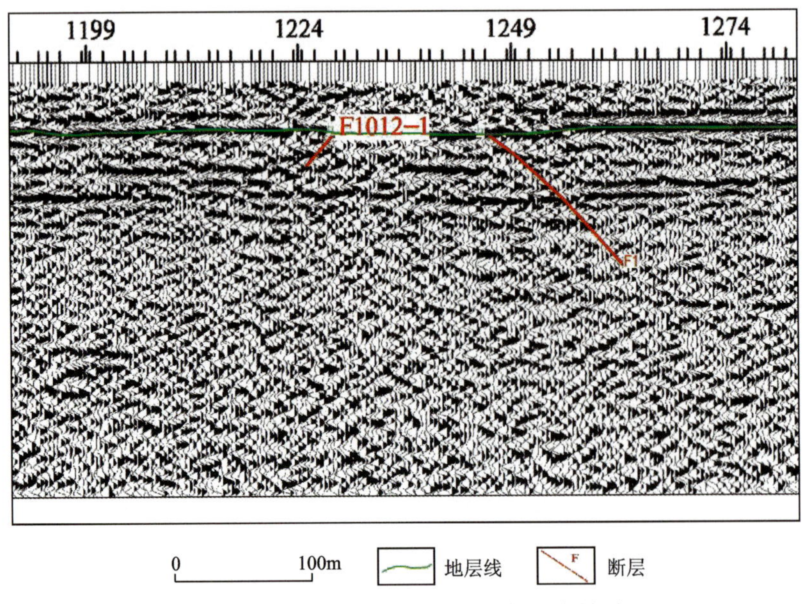

图 2-9　测线 2014-DZ1012 地震剖面成果图

（二）新洲-黄陂断裂

该断裂呈北西向展布，测区内隐伏，可能与襄-广断裂归并。新城-黄陂断裂是分隔桐柏-大别中间隆起与武当-随州褶皱带的区域性大断裂，由数条断层组成，总体倾向北东。断裂带内构造角砾岩、碎裂岩、糜棱岩等动力变质岩发育，总体显压性或压剪性特征。挽近时期断裂复活明显，表现为变质岩群逆冲在白垩系—古近系之上，并因断裂活动造成近断裂附近红层发生显著褶皱；第四纪，断裂两侧表现为不均衡的断块运动，北侧总体显示上升趋势，南侧则表现为轻度的向南掀斜的特点；近代，仍有一定的活动性，断裂附近有弱震发生。

剩余重力异常成果图（图 2-10）中，重力梯度带所在处，为襄-广断裂、新城-黄陂断裂通过部位。

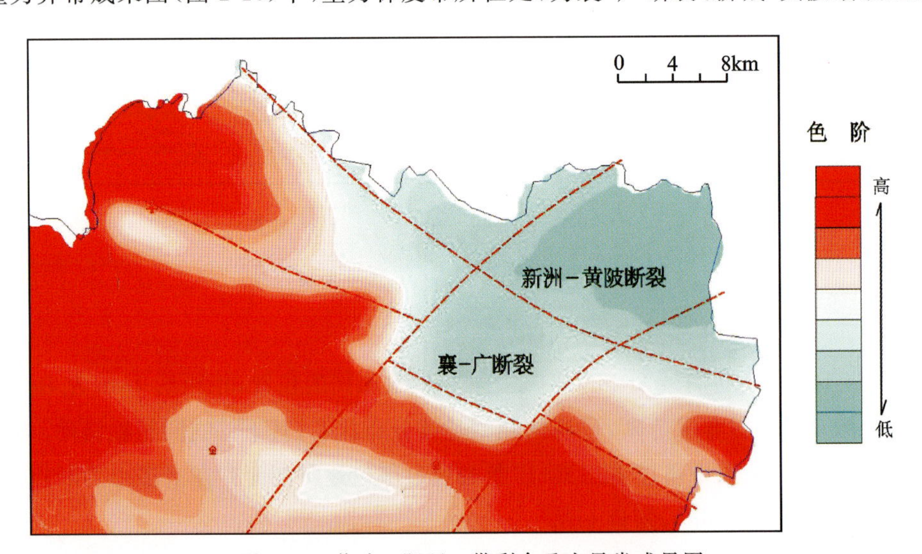

图 2-10　黄陂—阳逻一带剩余重力异常成果图

（三）乌龙泉断裂

该断裂为近东西向断裂，大部分被第四系掩盖，出露地段可见切割志留纪—三叠纪地层。断裂带由2～3条相互平行的次级断裂组成，断层性质为正断层，断裂面倾向南，倾角70°左右，带内硅化、褐铁矿化、碎裂岩化发育。该断裂可能为鄂东南地区毛铺-两剑桥断裂的西段，是北东向团麻断裂断开所致。

乌龙泉断裂为正断层，断层两盘之间的最大断距为5m左右，断层近乎垂直陡立发育，视倾角在60°～80°之间，断层走向近东西向。

（四）武汉-洪湖断裂（长江断裂）

该断裂大体沿长江展布，走向北东30°。断裂通过武汉分割龟、蛇二山，切穿泥盆纪—早三叠世地层，航磁反映明显。第四纪以来，断裂控制着长江槽谷的生成和发展。近代沿断裂带时有地震发生，1972年3月断裂北端发生2.7级地震，1974年3月南端嘉鱼曾发生过3.8级和3.9级地震。

长江断裂为正断层，断层两盘之间的最大断距为5m左右，断层近乎垂直陡立发育，视倾角在40°～80°之间，断层走向北北东向。

（五）汤逊湖断裂

该断裂北东向断裂，为本区推测的较大断裂，出露地段由一系列相互平行的小断裂组成，断裂面倾向西，倾角40°～50°，断裂以右行平移性质为主，剖面上表现为正断裂性质。

如图2-11所示，东湖高新区东部边界位置，ΔT化极磁异常成果图显示，从南到北，存在一组正负伴生磁异常。结合地质资料推测该磁异常由大小不等的隐伏岩浆岩引起。岩浆岩分布与断裂构造等存在相应关系；将该串珠状磁异常中心相连，其方向为北北东向，推测该异常所在部位为团-麻断裂或其中一支的通过部位。

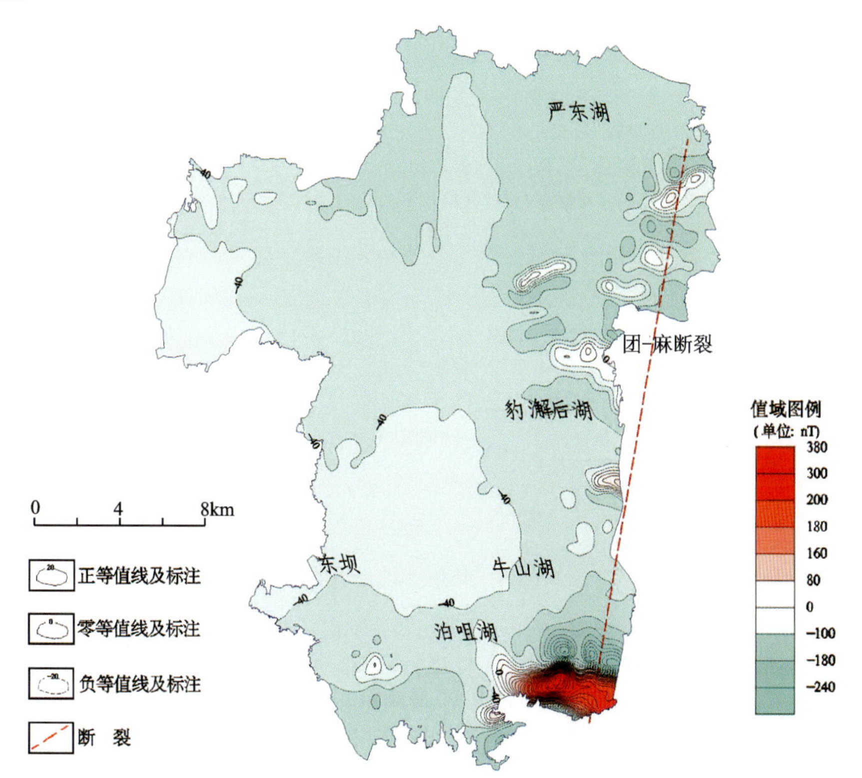

图2-11　东湖高新区ΔT化极磁异常成果图

团-麻断裂为正断层，断层两盘之间的最大断距为5m左右，断层近乎垂直陡立发育，视倾角在70°～80°之间，断层走向近南北向。

三、基岩构造

（一）褶皱构造

区内褶皱构造较发育，总体为线状褶皱，呈北西-南东走向，局部近东西向，少数呈北东向。背斜较宽阔，一般隐伏地下，构成山间谷地；向斜狭窄，构成残丘骨架，表现隔槽式组合特征。大致沿大集、沌口、流芳岭一线为界，以北褶皱形成紧闭同斜线状类型，长宽比大，轴面北倾，形态规整（图2-12、图2-13），坚硬的石英砂岩中发育稀疏的轴面劈理，而薄层状的硅质岩、页岩等内部次级小褶皱发育，常见有褶断现象；以南褶皱相对开阔（图2-14），形态不协调，枢纽在垂向上波状起伏，造成褶皱倾伏和扬起，使得走向上核部地层发生变化，褶皱宽度也相应变化，并发育次级小褶皱。向南褶皱逐渐由倒转变为正常，变形强度逐渐减弱，轴面劈理不发育，形成开阔褶皱。规模较大、出露相对完整的褶皱主要有：

（1）团鱼山-青山复式向斜（ZZ1）：位于团鱼山—丰荷山—青山一线，呈北西西向展布，长约40km，宽3～3.5km，向斜西端于睡虎山一带扬起，该复式向斜的中央构造为团鱼山-青山向斜，核部为三叠系大冶组，局部被白垩系—古近系“红层”覆盖。北翼发育两条规模较大的北西向走向断层，南翼由次一级岱家山背斜（ZZ2）、戴家湖背斜（ZZ4）、井岗山向斜（ZZ3）和楠木桥向斜（ZZ5）构成。

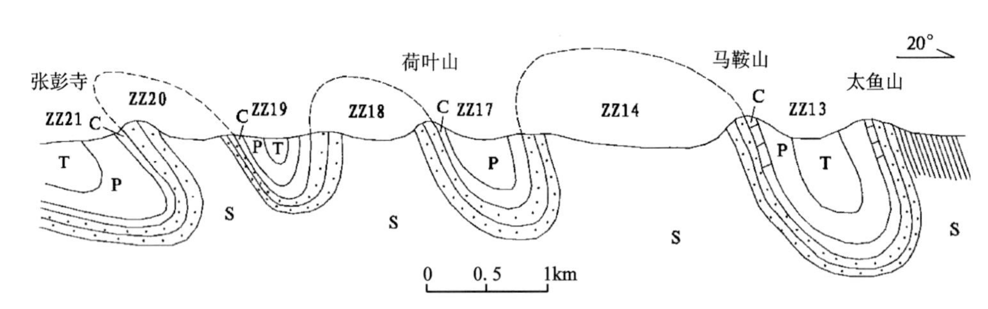

图2-12 太鱼山—张彭寺构造剖面示意图

S.志留纪地层；D.泥盆纪地层；C.石炭纪地层；P.二叠纪地层；T.三叠纪地层；ZZ13.大桥倒转向斜；ZZ14.锅顶山-王家店背斜；ZZ17.荷叶山向斜；ZZ18.大王山背斜；ZZ19.新隆-豹子澥向斜；ZZ20.百镰湖-庙岭背斜；ZZ21.沌口隐伏向斜

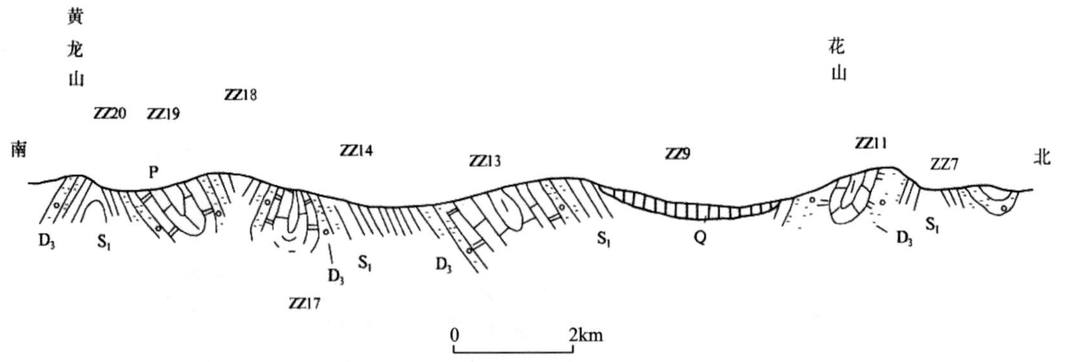

图2-13 花山—黄龙山构造剖面示意图

S.志留纪地层；D.泥盆纪地层；P.二叠纪地层；Q.第四系；ZZ7.何董村背斜；ZZ9.驼子店扇形背斜；ZZ11.花山向斜；ZZ13.大桥倒转向斜；ZZ14.锅顶山-王家店背斜；ZZ17.荷叶山向斜；ZZ18.大王山背斜；ZZ19.新隆-豹子澥向斜；ZZ20.百镰湖-庙岭背斜

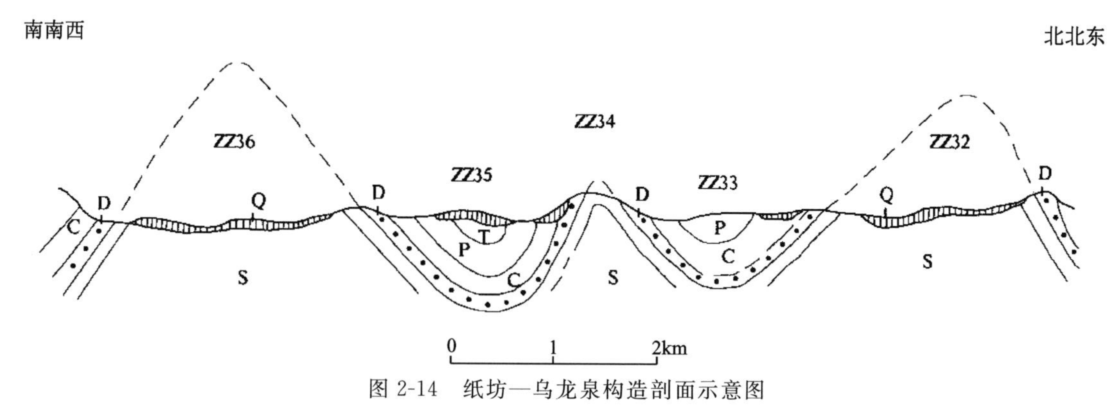

图 2-14 纸坊—乌龙泉构造剖面示意图

ZZ32.横山-纸坊背斜;ZZ33.青龙山向斜;ZZ34.烧山背斜;ZZ35.金口-官家畈向斜;ZZ36.纱帽-翰林山背斜

(2)汉口-新界复式背斜(ZZ6):复背斜北起柏泉-北湖,南至吴家山-新店,东西长约50km,宽6~12km。东湖以西为汉口-东湖倒转背斜,背斜开阔,核部为志留系,两翼由泥盆系—二叠系组成。背斜轴部被白垩系—古近系覆盖。北翼正常,倾向北,倾角45°~85°;南翼倒转,倾角60°~70°。东湖以东背斜分为两支,北支为何董村背斜(ZZ7);南支为驼子店扇形背斜(ZZ9),并发育次一级短轴背、向斜,主要有白浒山向斜(ZZ12)、鼓架山向斜(ZZ10)、磨山向斜(ZZ8)等。

(3)大桥倒转向斜(ZZ13):西起慈惠农场,经琴断口码头、长江大桥、珞珈山、金鸡山,东被药水湖淹没。大桥倒转向斜呈北西西向,是区内出露较好的褶皱之一,珞珈山以东多有基岩露头。核部为三叠纪—二叠纪地层,两翼为石炭纪—志留纪地层,褶轴北倾,倾角50°~70°。北翼地层倒转;南翼正常,倾向北,倾角52°~75°,沿褶皱带发育顺层褶断,造成地层重复或缺失;同时多受后期北北东向、北西向断层错断破坏。褶皱东端发育次级小褶皱。

(4)锅顶山-王家店背斜(ZZ14):该背斜西起蔡甸北,西延至东西湖被白垩系—古近系“红层”覆盖;向东经锅顶山南、武昌大东门、华中科技大学,至下汤。东段在王家店西分为两支,北支至方家湾一带倾伏,南支至下汤被药水湖淹没。核部由早志留世页岩构成,两翼为中晚泥盆世砂岩,产状北倾,南翼倒转,倾角50°~75°。该背斜多被掩盖,在珞珈山—营盘山、石门峰、长岭山—梨山等地有翼部地层出露。

(5)新隆-豹子澥复式倒转向斜(ZZ19):西起蔡甸南,经新隆、北太子湖、关山,至豹子澥,东被药水湖、五四湖淹没。长约60km,宽2~6km,中段大多隐伏地下,东段在关山—梨山段零星有翼部地层出露。核部为三叠纪地层,两翼为二叠纪—志留纪地层,轴面北倾,倾角陡,为60°~75°。

(6)百镰湖-庙岭倒转背斜(ZZ20):西起百镰湖,经插耳山、华中农业大学、豹子澥南,至庙岭镇,西端延出图外,东端掩伏于红盆下,呈北西西向展布,中段略向南西凸出呈弧形。宽1.5~3km,长约65km,除有少量北西向、北(北)东向断层切割外,形态完整,中段多隐伏。核部为志留纪地层,两翼为泥盆纪—二叠纪地层,轴面北倾,倾角在45°~75°不等。

(7)龙泉山倒转背斜(ZZ26):在测区南部汤逊湖和梁子后湖之间的龙泉山一带出露较好,向西经大桥乡、石咀镇,至伏牛山段则基本隐伏。核部为志留纪地层,两翼为泥盆系—二叠系,龙泉山一带地层均倾向北北东,南翼地层倒转,褶皱轴面北倾,东段倾角缓,在25°~40°间,向西变陡,倾角在40°~50°间。在基岩地质图上龙泉山以西的隐伏段褶皱出现起伏、分叉及受后期断裂切割破坏的现象,造成形态复杂。

(8)大军山向斜(ZZ31):位于测区西南角,西起官莲湖,经大军山,至风灯山,呈北西西向,东段受北东向构造改造向北东偏转。因枢纽波状起伏,褶皱宽度及核部地层均有所变化,核部以三叠系大冶组为主,其次有二叠系—泥盆系,两翼为二叠系—志留系。两翼产状正常,倾角大多在30°~50°间,形成开阔褶皱,西段局部倒转,轴面南倾,倾角陡。

(9)横山-纸坊背斜(ZZ32):位于测区西南角,西起蛇子头山,经罐山、羊子山,至八分山一线,西段呈北西西向,东段受密集的北东向构造破坏,轴迹弧形扭曲。核部地层为志留纪页岩,两翼为泥盆纪砂岩。翼部产状正常，倾角在 20°～50°间。纸坊以东发育次一级短轴背、向斜，主要有纸坊倾伏背斜(ZZ32)、青龙山向斜(ZZ33)、烧山背斜(ZZ34)等。

(10)金口-官家畈向斜(ZZ35)：西起蚂蚁山，东至官家畈，出露长 27km。褶皱呈北西西向，枢纽起伏，枢纽西端在蚂蚁山扬起，东端被第四系覆盖。核部由三叠纪灰岩构成，向西至扬起端各地层渐次封闭。两翼由泥盆纪至二叠纪灰岩构成，北翼倾向南西，倾角在 35°～75°不等；南翼倾向北北东，局部倾向北北西，倾角 20°～40°。南北两侧尚有一系列背、向斜，其褶皱相互平行。

(11)纱帽-翰林山(猫耳洞背斜)背斜(ZZ36)：该背斜西起汉南纱帽，东至翰林山，褶皱呈北西西向，枢纽西端扬起，多被第四系覆盖隐伏，东端倾伏，出露较好。背斜开阔，核部为志留纪地层，两翼由泥盆纪至二叠纪地层构成，北翼倾向北北东，局部倾向北北西，倾角 25°～55°，南翼倾向南西，倾角在 25°～65°不等。

其他褶皱及特征参见《武汉都市发展区基岩地质调查专项成果报告》(2016)。武汉都市发展区基岩构造纲要图见图 2-15。

(二)断裂构造

武汉都市发展区断裂构造较为发育，在地质时期不同的应力场作用下，形成现今以北西向和北东向为主的断裂体系。地表断裂以区域地质调查资料为主，隐伏断裂参考了物探资料。部分推测断裂是编图时根据钻孔资料和图面结构进行推断的。

1. 印支期—燕山期逆冲推覆断裂系统

印支期—燕山期，在扬子板块向北俯冲到华北板块之下的背景下，区域主应力场以北东-南西向的挤压应力为主，形成了一系列北西向线状褶皱，并伴生由北向南的逆冲推覆断裂系，有北西西—近东西向、北东向及北西向等几组。

测区北西西—近东西向断裂有白浒山断裂 F24、九峰断裂 F28、岱家山断裂 F31、座山断裂等，该类走向断层为顺层褶断及顺层推覆性质，以逆断层为主，造成地层缺失。断面一般倾向北，倾角在 35°～60°间。多出现在紧闭向斜的近核部或两翼，常见多条规模不等的断层相伴出现，并伴生有大量牵引褶曲、小褶皱等现象。规模较大，多隐伏，并常被后期断裂错移破坏。

北东向与北西向断层组成一组共轭断裂，前者多见，具逆冲及平移性质，造成地层错移，因受褶皱后期应力张弛及燕山期运动影响，现地表一般表现为正断层特征。部分断层因后期北北东向断裂改造，或归并为规模较大的北北东向断层的一部分。该组较为发育，局部地段密集出现，但一般规模较小，相对早期的走向断层更易识别。

北西向断层走向 300°～340°，断面多倾向北东，倾角陡，有时近直立。一般北东盘向南东方向错移，错距达 200～1000m，且被后期北北东向断层错断，具挤压性质，后期表现为张性，为正断层，有梁湾断裂 F6、周湾断裂 F9、丁姑山断层 F27 等。北东向断层走向 NE30°～40°，倾向南东，倾角陡立，大多为右行扭动，方向与北北东向断层一致，目前一般表现为正断层性质，测区有伏牛山断裂 F10、神山断裂 F37、陈傅士断裂 F40、罗汉肚子断裂 F45 等断裂。

其中，梁湾断裂 F6 发育断层破碎带，带宽约 10m，主要由石英砂岩构成，发育碎裂岩、碎粉岩、构造透镜体、片理化带等，显示多期活动性，现表现为正断层，破碎带内有早期压性作用留下的断裂岩。断面产状为 70°∠60°。周湾断裂 F9 两侧地层有明显的错动现象，错距仅约 1m，具平推和正断层性质，呈顺时针扭动，断面产状为 235°∠55°。各断层基本特征如表 2-3 所示。

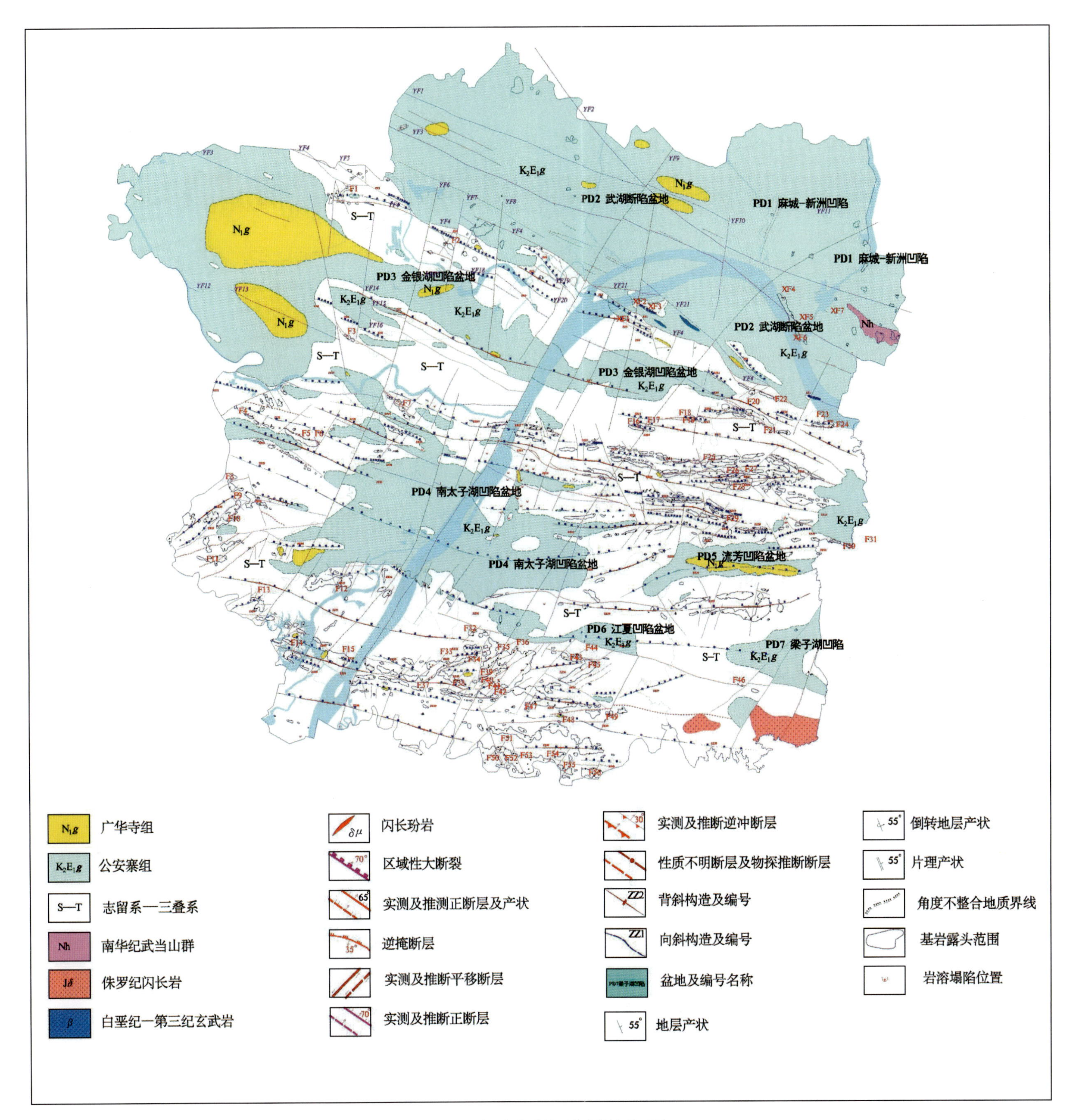

图2-15 武汉都市发展区基岩构造纲要图

表 2-3 印支期—燕山期的断裂特征一览表

编号	断裂名称	位置	规模(km)	产状	主要特征	性质
F1	团鱼山断裂	柏泉农场北	0.44	断面产状走向 140°	地层不连续，断层两侧岩层有明显的错动	不清
F2	丰荷山断裂	黄陂丰荷山	0.4	100°∠84°	断裂带宽约 3m，发育碎裂岩，可见牵引褶曲，显示多期活动性，现表现为正断层，断面陡倾	早期逆断层，晚期正断层
F3	吴家山断裂	吴家山农场北	0.4	210°∠60°	岩石产状杂乱，具强烈的硅化现象，节理发育，局部见擦痕现象	逆断层
F4	万湾断裂	测区西缘蔡甸南	0.9	30°∠40°	发育断层破碎带，岩层十分破碎，带内见构造角砾岩，大小混杂，多棱角状，较松散，可见牵引褶曲，断面略呈舒缓波状	正断层
F5	马鞍山断裂	蔡甸新农镇南约 2km	0.7	30°∠65°	两侧岩石变形强烈，石香肠化、挤压透镜体发育，示由北向南逆冲；南侧石英砂岩产状陡，北侧产状缓；发育牵引褶曲。具多期活动性：早期为由北向南逆冲，晚期为张性活动，北盘下降	早期逆断层，晚期正断层
F6	梁湾断裂	新农镇南马鞍山东梁湾	0.5	70°∠60°	带宽约 10m，发育碎裂岩、碎粉岩、构造透镜体、片理化带等，显示多期活动性，现表现为正断层，破碎带内有早期压性作用留下的断裂岩	早期压性，晚期张性
F7	锅顶山断裂组	永安堂以西的锅顶山北坡	1.5	30°∠60°	断面呈舒缓波状，附近岩层破碎，发育断层泥、挤压透镜体和“W”形褶皱。地层重复，志留系坟头组覆于泥盆系云台观组之上。由两条性质类似的断层组成	逆断层
F8	虎头山断裂	后官湖南岸的笔架山北	0.7	北东走向，断面不清	断层南盘为坟头组，北盘为孤峰组，发育破碎带，坟头组页岩揉皱明显。覆盖严重，断层产状、性质不明	不清
F9	周湾断裂	大集镇南西伏牛山	0.9	235°∠55°	断层两侧地层有明显的错动现象，错距仅约 1m，裂隙发育，有地下水渗出	正断层
F10	伏牛山断裂	大集镇南西伏牛山	1.2	135°∠35°	断裂带上岩石节理发育，十分破碎，一侧形成小陡坎，断面上见光滑的滑动面，发育擦痕，指示顺层滑动	正断层
F11	瑠环村断裂	蔡甸奓山镇西约 2km	1.0	333°∠40°	地层重复，志留系坟头组覆于泥盆系云台观组之上。断层两侧地层有明显的错动现象，发育挤压劈理带	正断层
F14	曾家大山断裂	官莲湖和长河间曾家山	0.9	北东走向，断面不清	断裂两侧地层相抵，因覆盖严重，性质和产状不清	不明

续表 2-3

编号	断裂名称	位置	规模(km)	产状	主要特征	性质
F16	磨山断裂	武昌磨山	1.2	20°～45°∠60°～80°	发育宽 50～100cm 的破碎带，见构造透镜体和片理化构造，两侧地层产状不同，北侧具拖曳现象，早期为张性，后期为压性，后者表现突出	逆断层
F18、F19	长山断裂组	武东以南长山	0.6	185°～190°∠52°～60°	两侧地层不连续，分割云台观组和高骊山组，断面擦痕明显，发育厚 5cm 断层泥，见硅化现象，南北地貌差别大，断面平直	逆断层
F20	花山断裂	花山镇北 2km 的花山	2.6	断面南倾，具体产状不清	造成地层缺失，破碎带宽 1～2m，多为碎裂岩，发育密集的北西向劈理，两侧地层产状变化大，岩层发生牵引褶曲	逆断层
F21	鸡笼山断裂	花山镇北 1.5km 鸡笼山	2.8	30°∠35°	发育宽约 100m 的强变形带，其内发育断层泥、构造透镜体及牵引褶曲，也见有张性角砾，两侧产状明显不一致	早期压性，晚期张性
F22	叶家湾断裂	青莲湖以北的叶家湾	2.3	220°∠55°	由两条相距约 50m 平行的断裂组成，带内岩石发育密集的劈理和褶曲现象	逆断层
F24	白浒山断裂	白浒镇以西的白浒山	1.6	350°∠40°	两侧地层岩性及产状不同，尤其是倾角相差较大，可见明显平直光滑的断层面，有不宽的断层泥发育，沿断裂带地下水活跃，有泉水渗出	逆断层
F25	曾家村断裂	东湖东南角	1.6	不清	断层两侧分别分割泥盆系黄家蹬组和二叠系孤峰组，地层明显缺失，推测露头及隐伏基岩总长约 5.5km	不明
F26	小刘村断裂	九峰乡石门峰北坡	3.4	不清	断层分割和州组和栖霞组，顺层走向。因露头差，特征不明，推测露头及隐伏基岩总长约 11.5km	不明
F27	丁姑山断裂	花山镇南约 4km 丁姑山	1.1	不清	东西两侧地层不连续，因露头差，产状性质不清，具平移特点。向南隐伏延伸	平移
F28	九峰断裂	九峰乡宝盖峰北	2.2	25°∠55°	发育宽约 1m 的断层破碎带，断面上多见擦痕，两侧岩石中发育密集的节理	逆断层
F29	谭庙断裂	流芳北东鄂黄高速北	1.0	200°∠70°	发育宽约 1m 的破碎带，破碎带外侧岩石变形强烈，产状变化大，上盘 230°∠42°，下盘 175°∠80°	逆断层

续表 2-3

编号	断裂名称	位置	规模(km)	产状	主要特征	性质
F31	岱家山断裂	庙岭镇北东约1km	1.4	10°∠60°	断层两侧地层分别为孤峰组和云台观组，地层缺失严重，两侧产状相抵，发育破碎带	逆断层
F32	臣子山断裂	青菱湖南东臣子山	1.5	北东走向，断面不清	发育断层破碎带，南东盘产状较平缓，倾角15°，北西盘产状增陡，倾角45°，地貌上形成线性负地貌	正断层
F33	长山断裂	金口长山中学北西2km	1.8	350°∠27°	发育断层破碎带，具清晰断面，指示上盘下降，两侧岩层产状不协调	正断层
F34	喻家湾断裂	前进水库北西山坡上	1.2	走向北东东，断面不清	接触处岩层破碎，两者岩层产状不协调，覆盖严重，断面产状及性质不明	不明
F35	范家湾断裂	纸坊北西王家湾—范家湾	1.7	340°∠50°	两侧岩层产状不协调，北盘石英砂岩形成北东东向的断层崖，断面上见擦痕，示向下运动。南盘页岩变形强且十分破碎	正断层
F36	风灯山断裂	纸坊北西凤凰山—扁担山—风灯山一带	2.3	310°∠30°	发育破碎带，见棱角状断层角砾，两侧岩石形成劈理带，断面清楚，上下盘岩层产状不一致，上盘产状220°∠32°，下盘150°∠42°，上盘向下位移8m左右	正断层
F37	神山断裂	金口长山中学至张家岭	4.1	160°∠25°	断层两侧岩性及产状不协调，产状分别为45°∠24°和350°∠35°，岩石破碎	正断层
F38	姚家大山断裂	前进水库南西姚家大山	1.5	300°∠65°	断层两侧分别为页岩和石英砂岩，地层明显错位，示左行平移，带上岩石较破碎，两侧产状不协调	平移
F39	石家塘断裂	沙港水库西	1.0	走向北东，断面不清	断层两盘分别为砂岩和页岩，产状不协调，其中砂岩中发育密集的劈理带，并可见棱角状断层角砾，宽仅20cm，具张性特征	正断层
F40	陈傅士断裂	沙港水库南	2.2	345°∠65°	断层两侧地层分别为云台观组和坟头组，产状相抵，北盘产状125°∠30°，南侧为340°∠20°。发育断层角砾岩带，具张性特征，两侧挤压劈理密集。具多期活动性	早期压性，晚期张性

续表 2-3

编号	断裂名称	位置	规模(km)	产状	主要特征	性质
F41	八分山断裂	长虹机械厂以北麻坡—八分山一带	5.3	345°∠55°	断层两侧地层分别为云台观组和坟头组，地层产状分别为170°∠25°、340°∠20°，发育破碎带及挤压劈理带，破碎带内一般为棱角状角砾。具多期活动性	早期压性，晚期张性
F42	香炉山断裂	纸坊北西山坡上	4.4	315°∠65°	发育宽0.5～1m的构造角砾岩带，角砾岩主要成分为粉砂岩和细砂岩，棱角状，大小2～5cm不等，局部具一定排列方向。断层边界呈参差不齐的锯齿状	正断层
F43	座山断裂	纸坊北东花山—座山	2.2	10°∠65°	发育不宽的破碎带，断面清晰，两侧岩性和产状差别明显，北盘岩石破碎，局部可见碎粒岩。具多期活动性，早期推覆，晚期滑覆	早期压性，晚期张性
F44	万家湾断裂	纸坊北东约3km万家湾	0.4	320°∠45°	断裂带宽1.5～2m，带内以发育断层碎粒岩为主，局部可见残留“Z”型褶皱，其倾向南，两侧地层分别倾向南、北，产状不协调	逆断层
F45	罗汉肚子断裂	纸坊以东约3km罗汉肚子山	2.6	335°∠55°、330°∠70°	见连续3条特征类似的断层面，两侧基岩破碎，发育密集的节理，可见明显的层位错移现象，3条断层总错移距离约2.5m，呈台坎状，具雁列的正断层，形成光滑的镜面。向南具逆断层特征	压性和张性多期活动
F46	小山王断裂	牛山湖南岸	0.1	北西走向，断面不清	断层南北两侧地层分别为孤峰组和云台观组，地层明显缺失，覆盖严重，性质及产状不清	不清
F47	小关山断裂	江夏纸坊镇南小关山	0.42	302°∠78°	带宽约2m，发育碎裂岩、碎粉岩，西盘产状平缓，牵引褶曲明显，显示多期活动性，现表现为正断层，带内有早期压性作用留下的碎裂岩	早期压性，晚期张性
F48	万家村断裂	东阳山北	0.28	断面产状186°∠75°	断层面有镜面擦痕，岩性破碎，溶蚀强烈，多发育方解石脉	正断层
F49	大唐村断裂	江夏锦绣山西	0.4	146°∠67°	地层不连续，两侧岩性破碎，牵引褶曲发育，断层面见断层擦痕。断层带内硅化强烈	逆断层
F50	龙王山断裂	江夏段岭庙北	1.48	129°∠76°	断层两侧岩层有明显的错动擦痕(断层擦痕)。岩性较破碎，溶蚀强烈，地表多溶槽溶沟。节理发育	逆断层

续表 2-3

编号	断裂名称	位置	规模(km)	产状	主要特征	性质
F51	五合塆断裂	江夏段岭庙北	0.41	303°∠72°	断层宽 8～10cm，发育断层泥，具明显的硅化、褐铁矿化蚀变。岩层有明显的牵引褶曲现象，指示下盘上移的运动特征	早期逆断层，晚期正断层
F52	郑铁炉断裂	江夏段岭庙北郑铁炉	0.63	北东走向，断面不清	断裂两侧地层相抵，因覆盖严重，性质和产状不清	不明
F53	鸽子山断裂	江夏段岭庙北鸽子山	1.85	北西走向，断面不清	断裂两侧地层不连续，岩层厚度明显不同，因覆盖严重，性质和产状不清	不明
F54	新屋李断裂	江夏乌龙泉镇北	0.3	146°∠75°	两侧地层不连续，分割石炭系和坟头组，见断层角砾岩，见硅化现象，南北地貌差别大	早期逆断层，晚期正断层
F55	新屋畈陈断裂	江夏乌龙泉镇东 1km	0.22	北东走向，产状不清	两侧地层不连续，分割黄龙组和云台观组，岩层厚度变化大	早期逆断层，晚期正断层
F56	周家墩断裂	江夏乌龙泉灵山东	0.81	北东走向，断面不清	两侧地层不连续，分割孤峰组和云台观组，产状及岩层厚度变化大。南北地貌差别大	不明

2. 燕山晚期控盆断裂系

测区进入滨太平洋活动期，受太平洋板块向欧亚板块俯冲的影响，褶皱不发育，以断裂变形为主，于区内形成了规模宏大的北北东向脆性断裂。燕山运动晚期，挤压逐渐向松弛的弹性回落阶段转化，区内表现出伸展裂陷作用特点，形成北西西向断裂和沿断裂展布的断陷小盆地及山间凹陷小盆地，并使得早期断裂再次活动，从而奠定了该构造区的基本构造格架。

燕山晚期断裂主要有北北东向和北北西—北西向两组，规模大，尤以前者为主，不仅切割了北西向、北西西—近东西向断层，同时切割了白垩系—古近系的红层，对该区先期构造起到明显改造作用。

该期断裂大多为隐伏断裂，物探推断的隐伏断裂，一般规模较大。而地表所见该期断裂均较小，以北北东向为主，常密集成带。一般是在迁就、利用、改造早期北东向断裂的基础上发展而成的，其性质由早期压(扭)性转化为晚期张扭性，使原先形成的一系列压性逆断层又表现出张性正断层特征。走向 NE10°～25°，大多南东盘相对下降。除了早期的改造断裂外，燕山期新生的北北东向断裂主要有大军山断层 F15、磨山东断裂 F17、快活岭断裂 F23、千子山断裂 F13、彭湾断裂 F12、新湾断裂 F30 等。

北西向断层较少，大多是在印支期北西向断裂基础上的继承性活动，使得原具强烈挤压性质的断裂转为张裂性质，详见前述。

快活岭断裂 F23：位于测区长江南岸边，白浒镇以西的白浒山。

燕山期其他露头断裂特征如表 2-4 所示。

表 2-4　燕山晚期断裂特征一览表

编号	断裂名称	位置	规模(km)	产状	主要特征	性质
F12	彭湾断裂	硃山湖南，劳教所东	1.8	走向北东，倾向北西	发育较宽的断层破碎带，岩石破碎，节理裂隙发育，产状凌乱，在卫片及地形资料上显示线性特征及线性负地形。掩盖严重	正断层
F13	千子山断裂	常福乡南约 2km 千子山	0.9	北东走向，断面不清	断层斜向切割地层走向，两侧地层相抵。覆盖严重，断面不清	不明
F15	大军山断层	军山镇大军山	1.0	走向北北东，倾向西	断层两侧地层及产状不协调，断面较清楚，其上擦痕示上盘向下运动	正断层
F17	磨山东断裂	武昌磨山	0.4	290°∠35°	断裂造成两侧云台观组与坟头组从走向上错断，发育宽约 1m 的破碎带	平移断层
F30	新湾断裂	庙岭镇以北约 1km	0.6	北东走向，断面不清	断层斜向切割地层，东西两侧地层顺时针错断。覆盖严重，断面不清	不清

3. 喜马拉雅期断裂

该期断裂是在喜马拉雅期，由于印度板块向欧亚板块俯冲作用造成的。区内表现较零星，也易忽视。本次根据钻孔和地表调查资料认为，区内存在该期构造，主要表现为南侧的地层向北逆冲，覆盖于白垩系红盆之上，断面较平缓，呈逆掩推覆断裂。

谌家矶断裂分布在汉口谌家矶一带，走向北西-南东，倾向南西。地表被覆盖，根据钻孔资料，南侧基岩为三叠系大冶组，北侧为上白垩统—古新统公安寨组。钻孔(1758，X=533 705.095，Y=395 481.107)资料显示上部为三叠系大冶组浅灰色白云岩，下部为公安寨组褐红色泥质砂岩，其间为垂直厚度约15.10m的断裂破碎带。根据周边钻孔，说明该断裂倾向南西。

小山头断裂出露在汉口机场高速西侧约 3km 的小山头。地表可见，断裂走向北西西-南东东，倾向南南西，倾角 30°，显示由南向北逆冲。

后湖断裂分布在后湖南岸，总体走向北西—南东，倾向北东，倾角约 75°～80°。地貌上呈现明显的陡坎(图 2-16)，断裂切割了白垩系—古近系盆地，两侧岩层产状不一致。

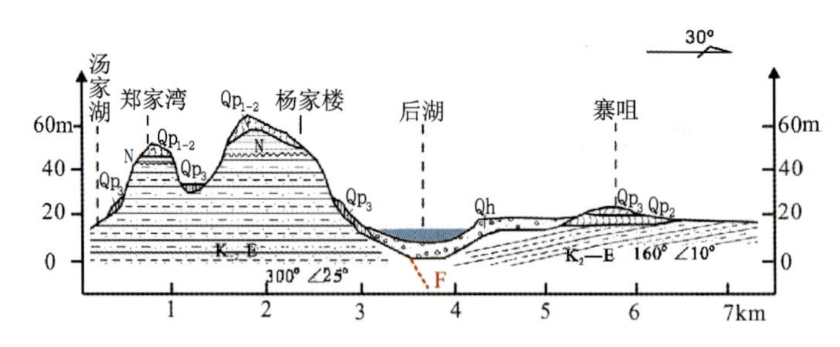

图 2-16 黄陂盘龙城后湖南北两侧构造地貌剖面图

K_2—E. 紫红色钙质砂岩、砂质泥岩；N. 棕红色、灰白色、灰绿色杂色薄层泥岩不整合于 K_2—E 之上，强风化成网纹化，铁锰淋滤极强烈；Qp_{1-2}. 下中更新统，下部冲洪积棕红色网纹黏土砂砾层，底部有铁锰盘，砾径一般 10～30cm，大者达 1～2m，风化壳厚 1～10mm，上部棕红色网纹黏土，下中更新统厚度普遍为 3～5m；Qp_2. 后湖北侧为棕红色网纹红土，无砾石层，厚 2～3m；Qp_3. 棕黄、棕褐色黏土；Qh. 浅棕褐色黏土、亚黏土、灰色淤泥；F. 后湖断裂

推测该断裂为正断层，根据区域资料，可能属于喜马拉雅期第三幕。

四、地震

武汉地区自1345年以来发生大于3级、小于5级的地震共31次，平均20年左右一次，虽然没有发生过破坏性地震，但曾遭受域外28次中强地震的袭击。1999年以前，省内共有11次4.5级的中强地震波及武汉，其中强度最大的一次是1932年发生于麻城黄土岗的6.0级地震。省外共有17次强震波及武汉，1986年，台湾花莲发生7.6级地震，武汉有强烈震感；1994年9月16日，台湾海峡南部发生7.3级地震，武汉近百栋高楼发生摇撼；1999年，台湾发生百年最大地震，再次波及武汉。2005年11月26日，江西九江发生5.7级地震波及武汉。2008年5月12日14时28分04秒，四川汶川县发生8.0级地震，武汉有明显震感，这是70年来对武汉影响最大的一次地震。2010年4月6日22时54分23秒，在湖北省武汉市蔡甸区军山镇(北纬:30.43°、东经:114.09°)发生2.2级地震，武汉市局部地区有震感。武汉已被列为13座国家地震重点监视、防御城市之一。

根据《中国地震动参数区划图》(GB 18306—2015)中的表C.17，除新洲区潘塘街道等少数几个位置地震动峰值加速度是0.1g以外，武汉都市发展区绝大部分范围内地震动峰值加速度0.05g，反应谱特征周期为0.35s。根据《建筑抗震设计规范》(GB 50011—2010)附录A，武汉都市发展区抗震设防烈度为6度，设计地震分组为第一组。

第四节　区域地质演化

武汉都市发展区地质构造演化较为复杂，现今的地质构造面貌是地质历史上多期构造运动叠加的结果。基于区域上的研究，结合武汉市的情况，综合分析其地质构造演化大致可分为4个阶段。

一、前寒武纪基底构造发展阶段

从北侧残留的武当岩群推测，南华纪(大约距今600～700Ma)以火山活动为主，形成了北部广泛分布的火山岩沉积。该期物质属于晋宁造山运动的一部分，板块的缝合线可能在现大别山北坡，测区处于仰冲盘位置。

二、古生代—中三叠世沉积盖层发展阶段

随着晋宁造山运动的结束，测区转化为稳定陆壳发展环境。总体上以浅海-台地相的碳酸盐岩与陆缘碎屑岩为主。目前缺乏志留纪以前的物质记录，只能就志留纪以来的物质记录作简单论述。

1. 志留纪

武汉都市发展区在早志留世时期(约4.4亿年前)属于扬子克拉通的北部边缘地带，古地理环境总体表现为一向南加深的陆屑边缘海盆地，沉积了一套砂岩、粉砂岩、泥岩(页岩)为主体的细粒碎屑岩，加里东运动导致测区逐步抬升，晚期海水逐渐变浅，砂岩成分增加；该时期生物比较发育，早期的鱼类(汉阳鱼、中华棘鱼等)以及三叶虫、腕足类等生活在浅海中。在中志留世成为陆地(江南古陆)，暴露地表，

受到不同程度的剥蚀。

2. 泥盆纪

早泥盆世研究区依然是陆地，处在剥蚀环境中。到了晚泥盆世（约 3.72 亿年前），受江南运动影响，研究区下降，晚泥盆世时期古地理地貌格局为一向南西撒开的海湾（滨岸环境），陆地以石英砂岩为主的碎屑岩（云台观组）沉积。早期由前滨带向近滨带演化，水体震荡变深，总体上慢速海侵、快速海退抬升，沉积了黄家磴组的下部中—薄层状石英细砂岩-粉砂质页岩，向上细砂岩变薄，粒度变细，该时期鳞木等植物茂盛。之后的江南运动（约 3.54 亿年前）导致研究区抬升暴露，遭受剥蚀，形成泥盆纪地层顶部的平行不整合面（图 2-17）。

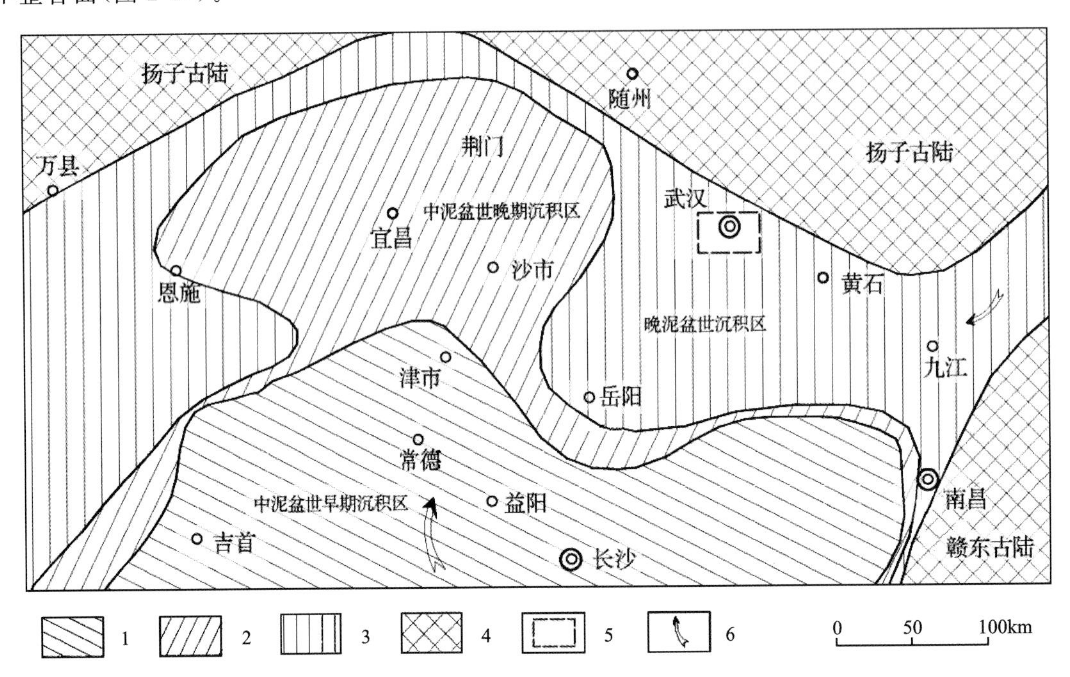

图 2-17　中扬子中-晚泥盆世古地理地貌演化示意图

1. 中泥盆世早期海侵范围；2. 中泥盆世晚期海侵范围；3. 晚泥盆世时期海侵范围；4. 古陆区；5. 测区所处位置；6. 海侵方向（区域资料据徐安武等，1992，有修改）

3. 石炭纪

总体上石炭纪环境较为复杂（图 2-18），区域上变化较大。早石炭世大塘期，随着华南海海平面小幅上升，海水从西南到达测区，在花山一带为滨岸沼泽环境，沉积了（粉砂质）黏土岩夹碳质页岩、石英砂岩，在汉阳锅顶山一带为局限滨岸环境，分别有沿岸砂坝、潮道砂及沼泽相等微相，并有大量短暂的暴露过程，在暴露面有铁结核产出。

早石炭世晚期，为有障壁型滨岸相；北东部武昌一带以滨岸沼泽微相为主，沉积了黏土岩、粉砂质黏土岩夹煤线、透镜状石英细砂岩（和州组）；向西汉阳一带以淡水潟湖、砂坝等微相为主，碳质岩石减少，铁结核发育，砂岩夹层明显增多、增厚。

早石炭世晚期受淮南运动影响，地壳抬升，海水退去成陆，遭受剥蚀形成早石炭世地层顶部与晚石炭世地层之间的平行不整合面。

晚石炭世，地壳下降，海水变深，转变为浅海，环境由局限台地向开阔台地演化，沉积了厚层状白云岩、角砾岩、生物屑微晶白云岩、泥晶白云岩（大埔组）。

其后，在开阔台地的环境下沉积了厚层—块状灰泥岩、生物屑灰岩、白云质灰泥岩（黄龙组），并有以蓝藻类和棘皮类为主的生物繁衍，见有少量有孔虫、苔藓虫及介形虫，偶见腕足类。之后陆地短暂抬升（华力西运动），原先的沉积物遭受了剥蚀，形成石炭纪顶部的平行不整合面。

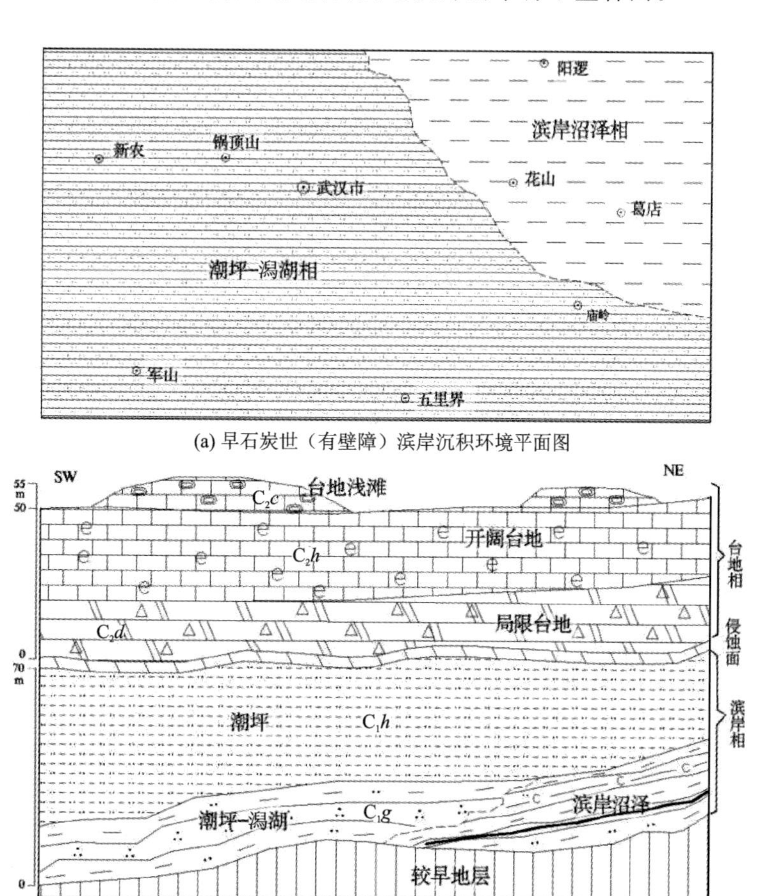

(a) 早石炭世（有壁障）滨岸沉积环境平面图

(b) 石炭纪地层沉积环境演化示意图

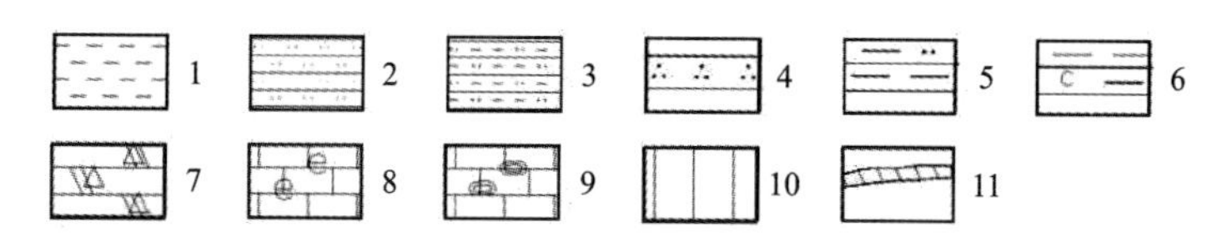

图 2-18　测区石炭纪沉积环境及演化示意图

1.以泥质为主的沼泽相沉积；2.砂泥质互层的潮坪-潟湖相沉积；3.砂泥质互层的潮坪相沉积；4.石英砂岩；5.粉砂质页岩；6.页岩、含碳质页岩；7.白云岩角砾岩；8.生物灰岩；9.球粒灰岩；10.石炭系下伏基底；11.侵蚀界面

4. 二叠纪

约在2.9亿年前，陆地下沉，海水自西南向东北漫过来（即海侵），在潮间环境沉积了纹层发育的极薄的泥岩层，随后海水加深转变为浅水台地相的浅滩沉积环境，沉积了藻团粒、藻球粒灰岩（船山组），䗴类及牙形石等生物比较发育（图2-19）。

随后演变为沼泽，沉积了深灰色、灰黑色碳质页岩夹煤线，向上夹灰岩透镜体（梁山组）。总体上仍为西低东高的地理格局。

随着陆地下降，海水的继续加深，演变为开阔台地相环境，其间发育台盆边缘相及浅滩微相，沉积了深灰色中—厚层状生物屑灰岩、瘤状碳质灰岩夹碳质页岩及硅质条带（栖霞组）。该时期有䗴类、腕足类、棘皮类及介形虫、蓝藻类，少见有孔虫、三叶虫、双壳类及放射虫等生存。

随着海水的进一步加深，由滞留盆地向浅海陆棚演变，沉积了深灰色薄—厚层状硅质岩-碳硅质页

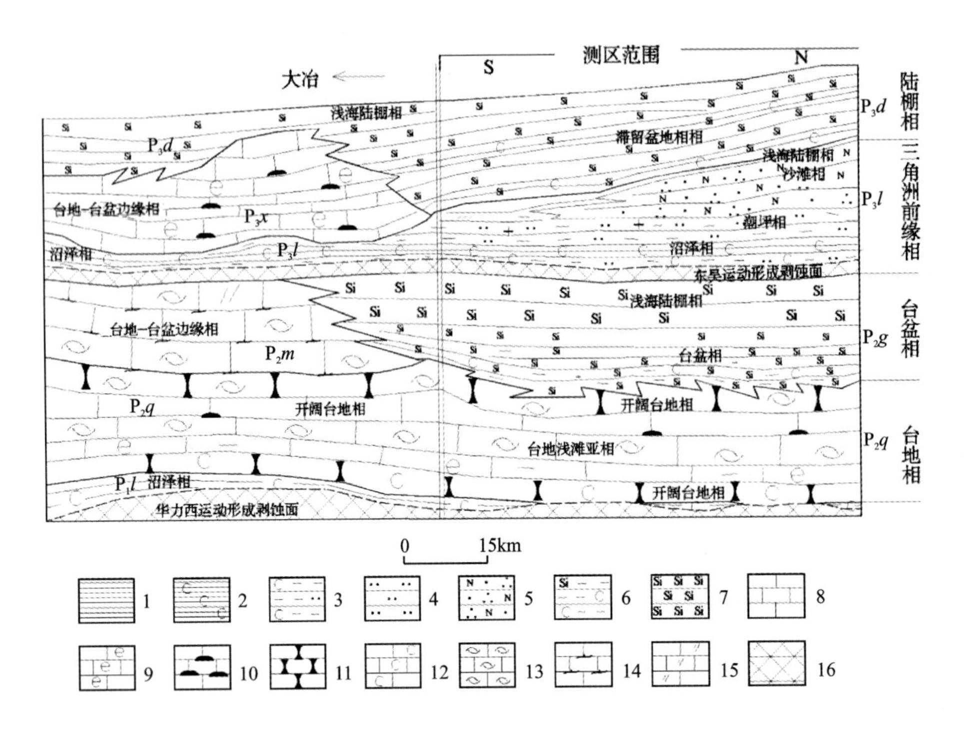

图 2-19　二叠纪地层沉积环境演化示意图

1.页岩;2.含碳质页岩;3.含碳粉砂质泥岩;4.粉砂岩;5.长石石英砂岩;6.碳硅质泥岩;7.硅质岩;8.灰泥岩;9.生物灰岩;10.燧石结核灰岩;11.瘤状灰岩;12.含碳质灰岩;13.生物碎屑灰岩;14.硅质条带状灰岩;15.白云质灰岩;16.抬升剥蚀区

岩(孤峰组)。生活有放射虫等生物。

到二叠纪晚期,陆地开始抬升(东吴运动),海水后退,由滨岸沼泽向三角洲前缘演变,先沉积了深灰色、灰黑色含碳质页岩、含铁含粉砂水云母页岩夹煤线;后期为灰黄色、灰白色中—厚层状含铁中—细粒岩屑石英砂岩、含粉砂质页岩(龙潭组),并有裸子植物生长。

其后,短暂抬升剥蚀后,演变为滞留盆地,沉积了深灰色薄层硅质岩夹含碳质页岩(大隆组),该时期䗴类、腕足类、珊瑚等较繁盛。

5. 三叠纪

三叠纪早期(约在 2.5 亿年前),研究区总体处于浅海,水体震荡变浅,由陆棚相—开阔台地相—台地浅滩相沉积演化,早期沉积了黄绿色页岩夹灰泥岩,随着海水变浅,沉积了中厚层状砂屑灰岩夹薄层灰泥岩→薄层状灰泥岩→厚层状亮晶砂屑灰岩、颗粒灰岩、鲕粒灰岩、白云质灰岩等(大冶组)。

随后变为局限台地相—开阔台地相—局限台地相,沉积了浅灰色、灰色中—厚层状白云岩夹岩溶角砾岩以及灰色薄—中层状灰泥岩夹白云质灰岩(嘉陵江组)。

印支运动的影响导致地壳进一步抬升,海水逐渐退去,演变为内陆湖,沉积了紫红色泥质粉砂岩、粉砂质泥岩夹黄绿色含钙质粉砂岩、含铁质结核粉砂质泥岩(蒲圻组)。该时期有双壳类及植物发育。

三、陆相盆地发展阶段

随着地壳的隆起抬升,研究区结束了海洋的历史,转入了陆相发育阶段。

1. 侏罗纪

该时期受印支运动影响而发生大规模海退，区内转换为内陆环境，总体上南部可能为内陆湖，北部为滨湖三角洲，沉积了厚层不等粒和中细粒石英杂砂岩夹含碳泥质粉砂岩（王龙滩组）。

该时期为燕山造山运动时期，由于华北板块与扬子板块的碰撞挤压，襄-广断裂活动，北部（新洲等地）大幅快速隆升并遭受剥蚀；襄-广断裂以南的地层受北、北西向南、南东的挤压作用而发生褶皱变形变位（称为前陆褶冲带），北西向冲断裂发育。

2. 白垩纪—第三纪

约在 1.37 亿年前，受太平洋板块向亚洲板块俯冲（滨太平洋运动）影响，发育了一系列的北东向平移断裂，最典型为区域上的团-麻断裂（东湖区），错断了原先的地层，而华北板块与扬子板块碰撞拼贴后，造山运动接近尾声，转变为断块运动为主，发育内陆山间断陷盆地，形成了以红色碎屑岩为特征的红色盆地沉积（公安寨组）。由于襄-广断裂切穿了上地壳，导致了深部的玄武岩浆顺断裂上升喷发，呈夹层分布在红色碎屑岩中。该时期生物繁盛，有新洲龟以及恐龙等。在经历了以上构造运动及沉积事件后，奠定了武汉地区的基本构造格局。

四、差异剥蚀堆积与现代地貌形成阶段

距今约 6000 万年以来（挽近时期），地壳运动以具差异性和间歇性的垂直升降运动为主，空间上形成运动方式和运动强度差异显著的断块，时间上有新近纪末—早更新世初、早更新世晚期、中更新世中晚期、全新世早中期 4 次强烈的抬升作用，造成测区多种地貌类型和多种阶地类型并存、长期持续沉降和强烈抬升剥蚀并存的格局，形成多级阶地和多级溶洞、接受多级旋回的第四系堆积。同时发生古老断裂继承性复活，发育小规模的新生活动断裂，地震活动微弱，构造稳定性较好。

第三章　水文地质

第一节　水文地质条件

一、区域水文地质结构

武汉都市发展区出露和隐伏的岩层，从志留系—新近系均有发育，在燕山运动时期形成一系列北西西走向的紧密褶皱和挤压性断裂带，组成了淮阳"山"字形前弧西翼的南带；再后来发育起来的新华夏系与之复合反接，表现为北北东向的断裂组错断了"山"字形前弧西翼；直至喜马拉雅运动时期，以断裂活动为主，加以断块的升降运动以及地下水的活动，形成了本区向斜核部石炭系、二叠系及三叠系中碳酸盐岩的多层裂隙岩溶空间，和向斜两翼泥盆系及二叠系碎屑岩的裂隙系统，在大气降水入渗或上覆含水层补给之下成为地下水运移和储集的场所，并沿向斜轴部呈线状延展分布，而背斜核部志留系的砂页岩和泥岩则含水微弱，相对成为隔水边界。

新华夏系第二沉降带的东缘与淮阳"山"字形西翼前缘，在武汉及毗邻地区重叠复合，产生了一些断陷盆地和地块隆起，隆起的地块主要由古生界组成，出露于地表遭受剥蚀或隐伏于地层浅部；断陷盆地沉陷较深，包括汉江盆地和其他几个小型盆地，在古生界或更老褶皱的基础上，沉积了较厚的上白垩统—古新统，为一套砂质岩和泥质岩互层的红色岩系，其中砂岩、含砾砂岩夹凝灰岩中裂隙较发育，盆地形成上白垩统—古新统弱含水的裂隙承压含水层。在工作区西部的东西湖区和北部的黄陂区，即江汉盆地的东缘还分布有新近系，是一套灰绿色黏土岩与粉细砂岩、砂砾岩，呈半胶结状，含裂隙孔隙承压水，这种中新生代断陷盆地具有低水头承压水盆地性质，其四周边界基本上以断裂与古生界接触，有的地段是新沉积物超覆于老地层的沉积接触关系。

挽近期以来的构造运动控制了第四系河流水网及沉积物的分布。在本区大面积覆盖的中更新世网纹状红色黏土，曾是山区许多河流汇聚汉江盆地的泛滥沉积物。由于盆地范围逐渐缩小，又向东南方向掀斜，中更新世晚期长江、汉江在武汉汇合而东流，下切侵蚀作用使河床逐渐固定下来，并在沿途摆动过程中，将河床下的网纹状黏土侵蚀殆尽，后来的冲积物都是直接堆积在前第四纪岩层之上。地壳间歇性升降运动促使本区地形上形成3个阶梯，其中二级与一级河流阶地分别堆积了厚达数十米的上更新统和全新统冲积层，并被第三个阶梯上分布的中更新统网纹状红色黏土所环绕围限。河谷冲积层具有二元结构，上部为松软的黏性土、粉土，下部为松散的砂及砂砾石层，分别赋存孔隙潜水及孔隙承压水，形成上下两个含水岩组。外围的中更新统网纹状红色黏土为隔水岩组。

二、边界条件

依工作区冲积层地下水的主要补给来源看，补给边界主要有两种：一是本区一级阶地的广大地面，接受充沛的大气降水，入渗补给潜水层，在潜水位高于承压水位的条件下，向下越流补给承压含水层；二是由于长江、汉江的侧蚀及下切作用，沿江冲积层上部黏性土已被切穿，河床达到下部砂层中，因而江水与沿岸冲积层地下水之间存在互补关系，在枯水期，地下水排向江水，丰水期江水补给地下水。因此，长江、汉江即为已知水位的非完整河补给边界。

唯有东西湖区西部、西北部和黄陂区西部处于江汉平原的东缘，地下径流从西北方上游通过一定断面，顺地势流入本区，进行一定水量的补给，属于地下水的定流量（或已知流量）补给边界。黄陂区北部边界，切断了原黄陂武湖农场五通口到三里桥镇第四系孔隙承压水水文地质单元，地下水径流从北部通过断面，对区内地下水进行补给，形成了地下水定流量补给边界。

新洲东部边界由于天然条件下，地下水流向与边界平行，为已知流量为零的二类边界。

东西湖及汉口东部边界虽以府河为界，但府河较浅，未切穿至含水岩组顶板，与地下水无密切水力联系，在北部柏泉茅庙集一带为中更新统网纹红土，下伏志留系黏土岩，故概化为隔水边界。武钢、徐家棚、白沙洲、汉阳、蔡甸、武汉经济开发区、东湖高新开发区、江夏区，非临江边界多为中更新统红色黏土，为隔水边界。

三、地下水类型及含水岩组划分

岩石中裂隙、溶隙和松散层的孔隙是地下水的赋存空间。赋存于不同岩石和土层空隙中的地下水，由于其生成的地质环境不同，在水理性质和水力特征方面各有不同，从而形成不同的地下水类型。基于不同时代岩层赋存的地下水，相应划分成不同的含水岩组和隔水岩组。

依其容纳地下水的岩性空间和水动力特征，将武汉市地下水划分为4种地下水类型，9个含水岩组及2个隔水岩组（表3-1），其中分布面积及水量很小的 T_3J_1w、T_2p、Nh_1w 地层及 K_2E_1g 的玄武岩，不参与本次划分。武汉都市发展区水文地质略图见图3-1。

区内各地下水类型的富水性强度均按单井涌水量划分，共划分为5个等级。为便于平行比较，将单井涌水量进行了统一换算。第四系松散岩类孔隙水按内径203.2mm，降深5m，进行单井涌水量统一换算后划分；对前第四系含水岩组按钻孔实际抽水时最大降深的单井涌水量，结合泉流量统计划分（表3-2）。

表3-1　地下水类型及含水岩组划分表

地下水类型	含水岩组及隔水岩组	代号
松散岩类孔隙水	第四系全新统孔隙潜水含水岩组	Qhz
	第四系全新统孔隙承压含水岩组	Qhz
	第四系上更新统孔隙承压含水岩组	Qp_3q
碎屑岩类裂隙孔隙水	新近系中新统裂隙孔隙承压含水岩组	N_1g
碎屑岩类裂隙水	上白垩统—古新统（公安寨组）裂隙承压含水岩组	K_2E_1g
	中二叠统（孤峰组）—上二叠统（大隆组）裂隙含水岩组	P_2g—P_3d
	上泥盆统—下石炭统裂隙含水岩组	D_3—C_1
碳酸盐岩裂隙岩溶水	下三叠统（大冶组）—下中三叠统（嘉陵江组）裂隙岩溶含水岩组	T_1d—$T_{1-2}j$
	上石炭统（黄龙组）—中二叠统（茅口组）裂隙岩溶含水岩组	C_2h—P_2m
非含水岩组	志留系（坟头组）砂页岩、泥岩隔水岩组	S_1f
	第四系中更新统（王家店组）—上更新统（下蜀组）黏土隔水层	Qp_2w—Qp_3x

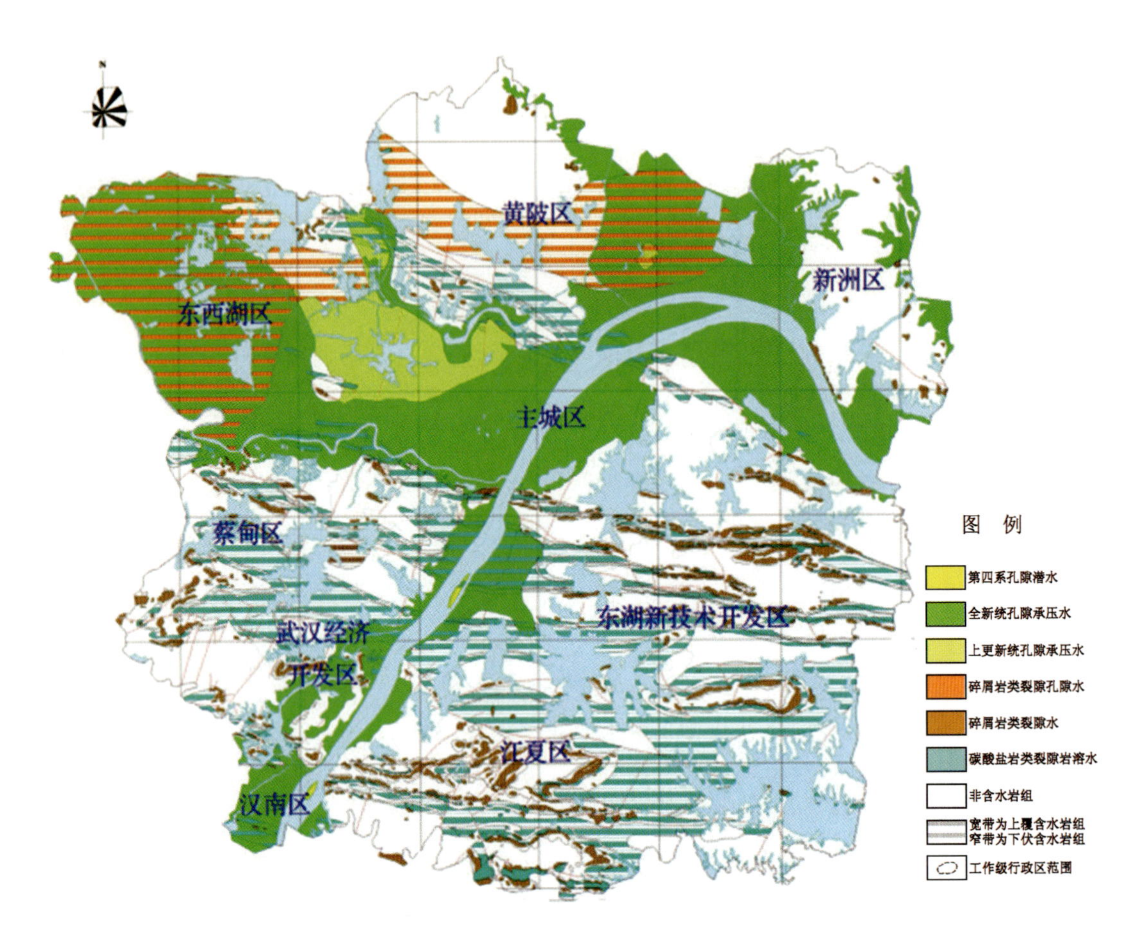

图 3-1　武汉都市发展区水文地质略图

表 3-2　富水性指标分级标准

分级	钻孔单井涌水量(m^3/d)	泉流量(m^3/d)
水量丰富	＞1000	＞100
水量较丰富	500～1000	50～100
水量中等	100～500	10～50
水量贫乏	10～100	1～10
水量极贫乏	＜10	＜1

四、地下水含水岩组特征

本次勘探钻孔深度多小于100m，最深孔150m，此深度揭露的地下水主要为浅层地下水，地下水类型主要有松散岩类孔隙水、碎屑岩类裂隙孔隙水、碎屑岩类裂隙水及碳酸盐岩类裂隙岩溶水，各类地下水及含水岩组特征如下。

(一)松散岩类孔隙水

本区内主要赋存于第四系全新统及上更新统松散的砂、砂砾石孔隙中,包括第四系全新统孔隙潜水、第四系全新统孔隙承压水及第四系上更新统孔隙承压水3个含水岩组。

1. 第四系全新统孔隙潜水含水岩组(Qhz)

该含水岩组主要分布于长江、汉江一级阶地或河漫滩、心滩以及山区或岗状平原的河谷、冲沟内。含水岩组由第四系全新统冲积、冲湖积的褐色、黄褐色粉土、粉质黏土、淤泥质粉质黏土、粉细砂和砂砾石组成。阶地前缘和后缘,含水岩组岩性、富水性均有差异。由阶地前缘至后缘,含水岩组颗粒逐渐变细,富水性变小。总体来说,该含水岩组的厚度为1~8m,水位埋深0.05~5m,水量极贫乏,单井涌水量多小于100m^3/d,集中供水意义不大。但长江江心洲地区孔隙潜水水量极丰富,单井涌水量大于1000m^3/d。

2. 第四系全新统孔隙承压含水岩组(Qhz)

该含水岩组为武汉都市发展区地下水主要含水岩组。分布于江河一、二级阶地。在东西湖区、汉口、武昌白沙洲、青山区、黄陂区武湖农场五通口、新洲区双柳镇、汉阳黄金口和鹦鹉洲等地区,呈大面积展布。

1)含水岩组岩性

此含水岩组由第四系全新统冲积的松散灰色砂、砂砾卵石组成。含水岩组在横向的变化与长江、汉江等河道的变迁有关。东西湖一级阶地自阶地前缘至后缘,含水岩组颗粒表现为中—细—粗的变化规律。汉口、武昌白沙洲、汉阳鹦鹉洲等地段一级阶地,系长江水流塑造,自阶地前缘至后缘,含水岩组颗粒在总体上显示了由粗至细的变化规律。武昌徐家棚及青山武钢一带亦属长江一级阶地,长江河道在该地段曾有摆动,自阶地前缘至后缘,含水岩组颗粒呈现了中—粗—细的变化规律。

2)含水岩组水文地质结构

区内隐伏于一级阶地全新统黏土、粉质黏土层之下,局部上覆粉砂。其下伏岩层几乎遍及古生代以来所有地层,但大多为志留系砂页岩。其中主城区大部分地区、武昌徐家棚、青山武钢、新洲东部等地,下伏地层多属上白垩统—古新统粉砂岩及砂岩;东西湖区西北部、黄陂区滠水河以东下伏新近系砂岩、砂砾岩;武昌白沙洲、汉阳鹦鹉洲等地,则以石炭系—三叠系碳酸盐岩类地层为主。该含水岩组水位埋深一般为0.5~9.0m,顶板埋深多为9~17m(图3-2),底板埋深多为45~55m。

全新统含水层厚度变化较大,阶地中前缘厚度较大,向后缘逐渐变薄,阶地前缘厚度一般大于35m,阶地中部及后缘小于20m。

3)含水岩组渗透性及富水性

全新统孔隙承压含水岩组渗透系数、涌水量的大小,与其岩性、厚度及抽水水位降深直接有关。一般是自阶地前缘至阶地后缘,含水岩组渗透系数及单井涌水量,由大逐渐减小。但是,由于长江、汉江等河道的摆动,在阶地后缘局部地段,含水岩组颗粒粗、厚度大,渗透系数及单井涌水量也增大。如东西湖区东山办事处五七大队附近,虽地处一级阶地后缘,但含水岩组渗透系数及单井涌水量,却较周围地区同一含水岩组的数值大。

总体来说,该含水岩组渗透系数一般为15~25m/d,单井涌水量多为500~1000m^3/d。其渗透系数和富水性,在地域上呈明显规律性,一级阶地前缘几乎全为水量丰富和较丰富地段,单井涌水量大于1000m^3/d或为500~1000m^3/d,渗透系数大于25m/d;阶地后缘富水性中等,单井涌水量100~500m^3/d,渗透系数5~15m/d;阶地与岗状平原交界处,水量贫乏或极贫乏,单井涌水量10~100m^3/d或小于10m^3/d,渗透系数小于5m/d。

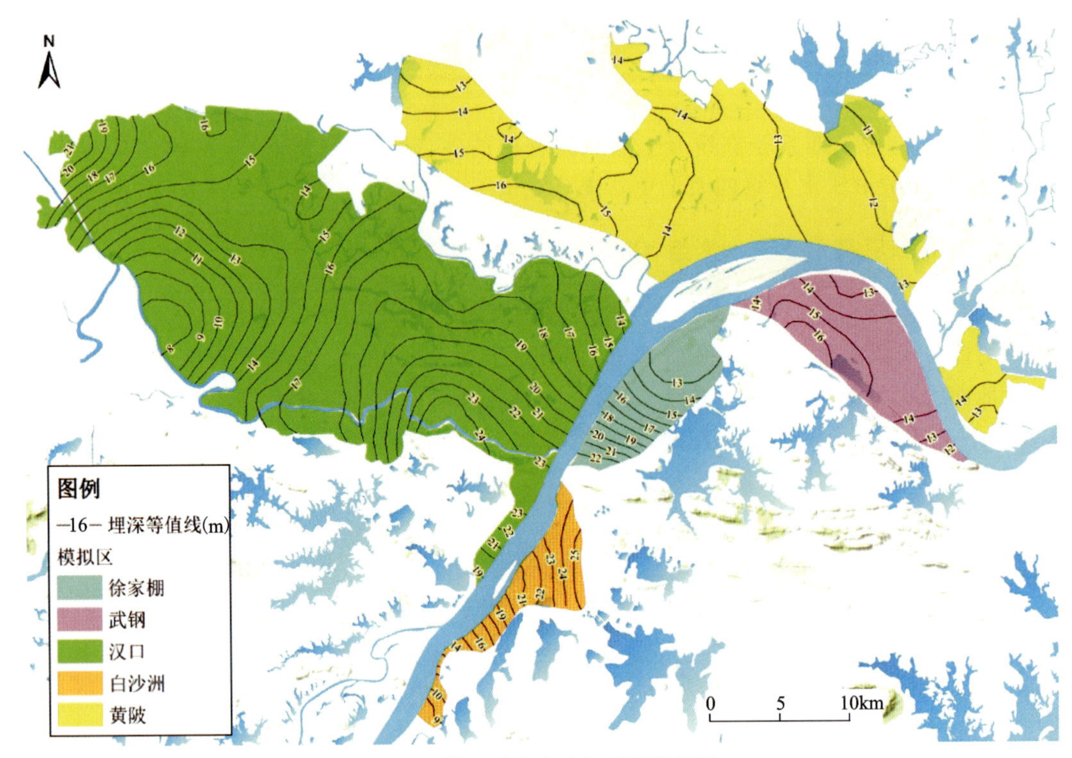

图 3-2 第四系含水岩组顶板埋深图

3. 第四系上更新统孔隙承压含水岩组(Qp_3x)

该含水岩组主要分布在二级阶地,部分地区隐伏在一级阶地之下。具体在东西湖泾河街道、黄陂区汉口北附近均有分布。

1)含水岩组岩性

该含水岩组由第四系上更新统黄色、灰绿色含泥质的砂、砂砾(卵)石组成。上部砂层以中粗砂为主,顶部有少许粉细砂,砾石磨圆中等,呈次棱角状,自下而上呈现由粗到细两个沉积回旋,但在东西湖华润啤酒有限公司以东地区,含水岩组仅呈现一个沉积回旋。含水岩组颗粒在横向上表现为自西向东、自北向南颗粒粒径由粗变细,泥质含量也相应增加。东西湖华润啤酒有限公司以北地区,含水岩组由中粗砂及砂卵砾石组成,其东南部以粉砂、粉细砂为主,中粗砂和卵砾石层变薄。黄陂区上更新统含水岩组分布面积较小,主要由中砂、卵砾石组成,自南向北颗粒由粗变细。

2)含水岩组水文地质结构

该含水岩组上覆第四系上更新统姜黄色黏土、粉质黏土层,下伏新近系灰绿色、灰白色泥岩、泥质粉砂岩。含水岩组水位埋深一般为3.55~25.57m,顶板埋深多为17~34m,底板埋深一般为33~41m;而新洲区该含水岩组顶板埋深较浅,多为14~17m,底板埋深一般为20~25m。含水岩组厚度一般为1.60~30.00m,在东西湖区自西北向东南厚度减小,顶板埋深增大,黄陂区则自南向北厚度减小。

3)含水岩组渗透性及富水性

第四系上更新统孔隙承压含水岩组,由于含有较多的泥质成分,渗透性一般较差,富水性相对贫乏。渗透系数一般可分为1~5m/d和5~10m/d两级,含水岩组富水性主要属于水量中等和水量贫乏两个级别,单井涌水量一般为30.66~248.00m^3/d。个别地段渗透性较好,如东西湖区华润啤酒有限公司附近SJ-144孔,渗透系数达45.14m/d,单井涌水量432.8m^3/d;黄陂区汉口北五洲国际建材城9-9#孔渗透系数16.33m/d,单井涌水量773.2m^3/d。

含水岩组中泥质含量的变化,会导致渗透系数和富水性亦表现出一定差异。东西湖区自西北向东南该含水岩组渗透系数由 5～15m/d 减小到 1～5m/d，富水性也由中等变为贫乏。黄陂区汉口北地区自北向南，渗透系数亦由 5～15m/d 减小到 1～5m/d，富水性由较丰富变为贫乏。

（二）碎屑岩类裂隙孔隙水

该类型地下水赋存于新近系岩层中，构成新近系裂隙孔隙承压含水岩组（N_1g），其水量丰富，水质优良，地下水中微量元素锶及偏硅酸含量普遍达到天然饮用矿泉水标准，有重要的供水意义。该含水岩组主要分布于东西湖柏泉一带及黄陂区天河—三里桥地区。

1. 含水岩组岩性

含水岩组由成岩作用较差、半固结状的绿—灰绿色、灰白色砂岩、砂砾岩组成，泥质胶结，结构疏松，为江汉盆地东部边缘的沉积物，砾石呈次棱角—次圆状，成分以燧石、石英为主，砂粒成分以长石为主。水平分布上，东西湖区阶地前缘主要为粗砂岩、砂砾岩，阶地后缘主要为细砂岩及粉砂岩；其厚度、顶板埋深、底板埋深及岩性颗粒在横向上变化较大。东西湖区该含水岩组由西向东厚度逐渐变薄，颗粒由粗变细，底板埋深变浅；自阶地后缘至阶地前缘，其含水岩组由薄变厚，顶、底板埋深亦由浅变深。黄陂区该含水岩组空间展布形态呈近东西"槽谷状"，南北宽 3.75～11.0km，西部延伸到黄陂区境外，东部至黄陂边界。"槽谷"南北两侧厚度较小，中部厚度大，西侧厚度小，东侧厚度大。

2. 含水岩组水文地质结构

该含水岩组隐伏于第四系松散岩类之下，一级阶地埋藏于第四系全新统孔隙承压含水层之下，二级阶地埋藏于上更新统黏土层之下，岗状平原区埋藏于中更新统黏土层之下。其水位埋深一般为 1.50～7.65m，顶板埋深 10.08～58.35m，底板埋深 26.00～82.10m，含水层厚度一般为 4.73～26.39m。自阶地后缘至阶地前缘，其含水岩组由薄变厚。东西湖二级阶地后缘的东西湖柏泉中学一带，含水层厚度仅为 4.73～6.76m，顶板埋深 10.08～36.27m，底板埋深 26.00～43.03m，二级阶地的前缘东西湖东山街道群力大队附近，其厚度为 20.89～26.39m，顶板埋深 18.03～29.20m，底板埋深则多大于 52.18m（表 3-3）。

黄陂区岗状平原区该含水岩组埋藏于中更新统黏土层之下，上覆黏土层厚 10.00～21.27m，最厚 30.76m，含水岩组厚 19.32～60.00m。

表 3-3　新近系含水岩组结构特征表

所在位置		厚度(m)	顶板埋深(m)	底板埋深(m)
一级阶地	前缘	5.17～22.29	30～58.35	53.39～82.10
	后缘	23.19	78.54	55.35
二级阶地	前缘	20.89～26.39	18.03～29.20	>52.18
	后缘	4.73～6.76	10.08～36.27	26.00～43.03

3. 含水岩组渗透性及富水性

含水岩组渗透性和富水性，因各地段岩性差异亦有所差别。总体来说渗透系数一般为 2.06～15.64m/d，富水性级别包括水量较丰富、水量中等和水量贫乏。东西湖区东山街道群力大队、五七大队一带，含水岩组颗粒较粗，泥质含量较少，渗透系数较大，为 15.64m/d 左右，单井涌水量可达 500～1000m^3/d，水量较丰富；东西湖柏泉一带，含水岩组颗粒较细，泥质含量较高，渗透系数较小，仅为 7.23m/d左右，单井涌水量 10～100m^3/d，水量贫乏。黄陂区隐伏于一级阶地之下的该含水岩组，渗透系数较小，仅 1.59m/d 左右，单井涌水量 $100\sim500m^3/d$，水量中等，黄陂区 11-1＃孔，单井涌水量达 $441m^3/d$；二级阶地地区，渗透系数 4.53m/d 左右，单井涌水量 $10\sim500m^3/d$，水量中等；岗状平原区，渗透系数 2.06m/d 左右，单井涌水量 $10\sim100m^3/d$，水量贫乏，黄陂后湖 5-1＃孔，渗透系数 0.01m/d，单井涌水量仅 $24m^3/d$。区内该含水岩组，单井涌水量最大的是东西湖柏泉街冯田湾 2-3＃孔，为 $868m^3/d$，水量较丰富。

（三）碎屑岩类裂隙水

该类型地下水赋存于上白垩统—古新统、中二叠统（孤峰组）—上二叠统、上泥盆统—下石炭统碎屑岩裂隙中，水质良好。其富水程度取决于岩体张开裂隙的发育程度。水量一般较贫乏，单井涌水量在 $10\sim100m^3/d$ 间，不具大型供水意义，根据地下水赋存的地层层位不同，划分为 3 个含水岩组：上白垩统—古新统裂隙承压含水岩组、中二叠统（孤峰组）—上二叠统裂隙含水岩组、上泥盆统—下石炭统裂隙含水岩组。

1. 上白垩统—古新统裂隙承压含水岩组（K_2E_1g）

该含水岩组主要分布于东西湖区、汉口姑嫂树—武汉关、武昌徐家棚—北湖、汉阳十里铺—动物园、武昌白沙洲、武汉经济开发区、黄陂滠区、新洲区等地段。地下水赋存于上白垩统—古新统红色砂岩、砂砾岩裂隙中，上覆地层多为第四系或新近系，下伏地层多为中生界、古生界。含水岩组埋深一般为 28.31～84.4m，水位埋深 1.15～28.80m，渗透系数 0.027～0.85m/d。富水性极差，单井涌水量在 $10\sim100m^3/d$ 间，当其岩性为泥质粉砂岩或泥岩时，富水性更差，不具供水意义。因此，把此含水岩组当作隔水岩组。

但在武汉经济开发区郭徐岭一带、蔡甸区大集镇附近，该含水岩组下段岩性为砾岩、砂砾岩，砾石成分以微粒灰岩为主，钙质胶结，裂隙发育，局部具有溶蚀裂隙及小溶孔，部分孔发育溶洞，富水性较好，水质优良，含水层顶板埋深多为 11.00～28.54m。

2. 中二叠统（孤峰组）—上二叠统（大隆组）裂隙含水岩组（$P_2g—P_3d$）

该含水岩组分布于区内剥蚀残丘区向斜构造近核部或低残丘部位，该含水岩组由中二叠统（孤峰组）—上二叠统（大隆组）硅质岩、硅质页岩和黏土岩组成，岩性坚硬—半坚硬，裂隙较发育，局部地段受挤压后形成规模较小的“M”形揉皱。水量一般较贫乏，单井涌水量在 $10\sim100m^3/d$ 间，不具集中供水意义。局部地区，因受断裂构造的影响，地下水富水较可观，单井涌水量可达 $641.78m^3/d$，渗透系数 0.717m/d。

3. 上泥盆上统—下石炭统裂隙含水岩组（$D_3—C_1$）

该含水岩组主要分布于区内的剥蚀丘陵区向斜构造的翼部，分布范围广，除新洲区外，武汉都市发展区各区均有分布。该含水岩组由上泥盆统—下石炭统石英砂岩、粉砂岩、细砂岩、砂砾岩及粉砂质泥岩组成。岩性多坚硬，抗风化能力强。断裂带附近，岩体中构造裂隙极为发育，且多张开，成为地下水良好的赋存场所。含水岩组下伏志留系砂页岩、泥岩，为隔水岩组，大气降水沿裂隙入渗后，常沿断裂破碎带汇流，在坡脚或沟谷地段，遇隔水层阻隔，则以下降泉的形式泄出，泉流量一般为 $5\sim20m^3/d$，武汉市著名的卓刀泉、柏泉多在此含水岩组中产出。局部地段因受断裂构造影响，地下水富水可观。据调查，江夏区金口镇长山村 WH-QS1277 点位于长山南侧，岩性为上泥盆统云台观组灰白色、红褐色石英砂岩，中细粒结构，节理裂隙发育，点位发育一北北西向小型正断层，与泉点处两组同向裂隙连通，据实测，泉流量可达 $90.72m^3/d$。

（四）碳酸盐岩类裂隙岩溶水

该类型地下水主要分布于区向斜褶皱两翼近核部位，多呈近东西向条带展布，在区内东西湖吴家山、武昌区、武汉经济开发区、蔡甸区、汉南区、江夏区、东湖新技术开发区及黄陂区南部均有分布。地下水赋存于碳酸盐岩的溶蚀裂隙及溶洞中，水质良好，水量较丰富，是区内较好的具供水意义的地下水。岩溶水主要赋存于以下两个含水岩组中：下三叠统（大冶组）—下中三叠统（嘉陵江组）裂隙岩溶含水岩组、上石炭统（黄龙组）—中二叠统（茅口组）裂隙岩溶含水岩组（图 3-3）。含水岩组在地表仅见零星露头，多隐伏于地表以下。

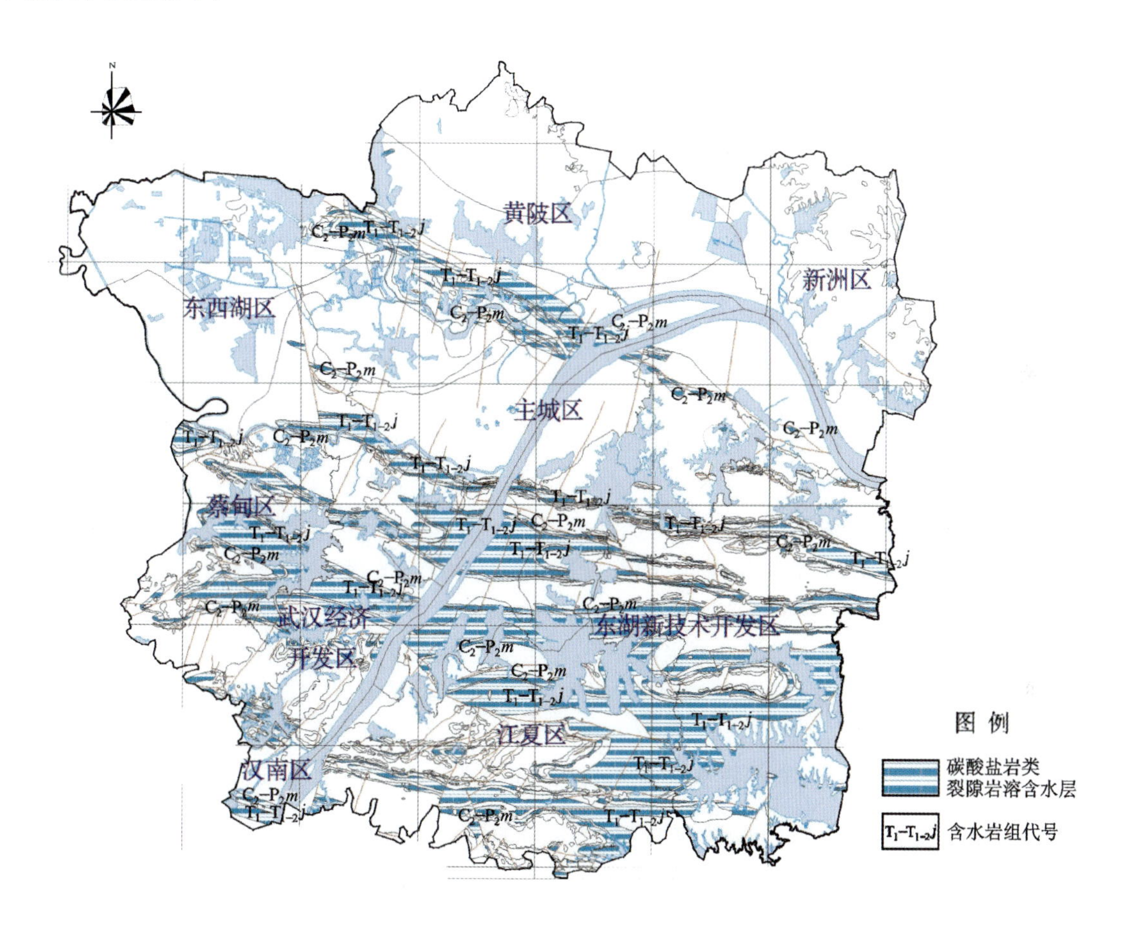

图 3-3 武汉都市发展区碳酸盐岩类裂隙岩溶含水岩组分布图

1. 下三叠统（大冶组）—下中三叠统（嘉陵江组）裂隙岩溶含水岩组（T_1d—$T_{1-2}j$）

该含水岩组分布于大桥倒转向斜等向斜的核部，呈近东西向条带状产出，多隐伏于地表以下。条带宽度一般为 350～1000m，白沙洲一带最宽达 6000m。

1）含水岩组岩性

该含水岩组厚度为 281m，下部为黄绿色页岩夹泥灰岩，中部为灰白色、肉红色巨厚层白云质灰岩、灰岩，上部为浅灰色巨厚层角砾状白云质灰岩、灰岩夹白云岩。地下水赋存于中、上部灰岩、白云质灰岩及白云岩溶蚀裂隙及溶洞中。

2）含水岩组水文地质结构

该含水岩组的埋藏条件随所在地貌单元不同而各异，地表露头零星，大面积被第四系黏土层所覆盖或埋藏于上白垩统—古新统之下。在丘间谷地和岗地，上覆地层多为第四系中更新统残坡积网纹状黏土、红黏土，为隔水顶板，含水岩组顶板埋深 9.40～35.72m，水位埋深 0～17.76m，局部地段水位高出地表。东湖高新区梁子湖大道与五大路路口 14-6＃孔揭露该含水岩组，岩性为白云质灰岩，其上覆第四系松散层隔水层，含水层顶板埋深 29.9m；在武汉经济开发区后官湖以东至江夏区汤逊湖以西地区，该含水岩组隐伏于上白垩统—古新统裂隙承压含水岩组之下，因白垩统—古新统裂隙承压含水岩组水量较小，视为相对隔水顶板，岩溶含水岩组顶板埋深大于 60m；在汉阳鹦鹉洲、武昌白沙洲及东西湖毛家台—汉阳黄金口等一级阶地部位，含水岩组顶板一般为第四系全新统冲积的黏土、粉质黏土或中细砂、砂砾石层，下中三叠统（嘉陵江组）裂隙岩溶含水岩组顶板埋深多为 30～50m，在武昌白沙洲和陆家街等地略小于 30m，局部地区大于 50m。水位埋深 3.4m 左右，两含水岩组之间无隔水层，水力联系密切。汉阳鹦鹉洲锦绣长江小区（原中南轧钢厂）9-4＃孔揭露该含水岩组，其含水岩组顶板埋深 25.60m。

该含水岩组与下伏中二叠统（孤峰组）—上二叠统裂隙含水岩组相接，但后者水量贫乏，相对该含水岩组可作为相对隔水层，即下伏隔水底板。

3）岩溶发育规律

区内该含水岩组岩溶发育具不均一性，受岩性、构造和深度等条件控制。岩性以泥灰岩、白云质灰岩为主，岩溶发育较差。据钻孔揭露，仅岩芯表面见有溶蚀现象，局部有较小的溶孔、溶洞。但在武昌陆家街地区，据该处发生的地面塌陷现状分析，塌陷后民房、电线杆及大树均没入底下未见踪影；而且钻进过程中漏水严重，因此该地段深部应有较大溶洞，溶洞的发育可能与该岩组位于向斜核部、地下水汇集以及隐伏断裂通水情况良好有关。

4）含水岩组渗透性及富水性

岩溶含水岩组中由于岩体中岩溶发育的不均一性，而且该类型地下水的运移是沿岩溶管道进行，因此，含水岩组的渗透性和富水性，视岩体中岩溶发育状况及地下水赋存情况而定。主要表现在含水岩组所处向斜构造规模及所处构造部位，向斜构造规模越大，含水岩组的渗透性和富水性越好，规模小则反之；其次，同一向斜构造中，断裂构造发育、岩石破碎、岩溶发育的地段，则渗透性和富水性越大，反之越小。该含水岩组渗透系数一般为 0.04～0.40m/d，单井涌水量多为 10～500m^3/d，水量中等或贫乏。武汉经济开发区、蔡甸区该含水岩组单井涌水量多小于 100m^3/d，水量贫乏，蔡甸区大集街文岭村四组 3-7＃孔揭露该含水岩组，渗透系数 0.1m/d，单井涌水量 69.12m^3/d；汉阳区、东湖新技术开发区和江夏区该含水岩组富水性多为中等，单井涌水量多为 100～500m^3/d，东湖高新区梁子湖大道与五大路交叉路 14-6＃孔，渗透系数 0.69m/d，单井涌水量 124.8m^3/d 时，水位降深 9.24m。

2. 上石炭统（黄龙组）—中二叠统（茅口组）裂隙岩溶含水岩组（C_2h—P_2m）

该含水岩组分布于大桥向斜、狮子山向斜及关山向斜等向斜构造的两翼近核部，呈北西西向条带状展布。宽度约为 100～350m。

1）含水岩组岩性

该含水岩组主要由上石炭统和中二叠统地层组组成。上石炭统岩性主要为灰色肉色厚层状微粒灰岩、白云岩及生物碎屑灰岩，主要矿物成分为易被地下水溶蚀的白云石及方解石。中二叠统岩性主要为灰—深灰色中厚层状生物碎屑灰岩及含燧石结核灰岩，主要成分为方解石，含少量白云石。

2）含水岩组水文地质结构

该含水岩组上覆地层为中二叠统（孤峰组）—上二叠统硅质岩，下伏地层为上泥盆统—下石炭统石英砂岩粉砂岩，顶底板含水岩组水量贫乏，为相对隔水层。

含水岩组地层产状陡立，钻孔揭露假厚度为 66.01～175.23m，含水层实际厚度 221.80m。含水层顶板埋藏深度与向斜构造埋藏情况有关。丘陵区埋藏较浅，一般为 16.69～24.80m，个别可达 50m 左右，上部覆盖第四系更新统残坡积红黏土夹碎石。隐伏有向斜构造的岗地，含水岩组顶板埋藏较深，顶板埋深多大于 60m，最深可达 170m，上覆第四系中更新统网纹状红色黏土和上白垩统—古新统粉砂岩。

一级阶地地区，该含水岩组顶板埋深一般为27.07～45.25m，上覆第四系全新统孔隙含水岩组，部分地区深埋于白垩系—古近系红层之下，埋深相应增大，汉阳太山寺南埋深可达103.6m。

3)岩溶发育规律

该含水岩组地表仅见零星露头，岩溶地质现象不发育，见有少许溶孔、溶隙及小溶坑，局部沿溶隙形成小溶洞。钻孔揭露小溶洞较多，一般高0.1～0.3m。深部岩溶较为发育、溶洞规模较大，如汉阳中南轧钢厂岩溶地面塌陷，数千吨煤炭及钢材均没入陷坑，可见溶洞规模之大；江夏区郑店街白云洞处，地层为上石炭统白云质灰岩，浅灰白色，微晶粒结构，厚层状构造，发育两组节理，且北东向构造发育，溶洞由主洞、支洞及天井构成，全长约30m，洞高5m，宽6～8m，规模可观。

岩溶发育不均一，受岩性、构造和深度等条件控制。岩溶多发育在向斜褶皱部位，而与压性构造相伴生的北北西向及北北东向张性和压扭性断裂，更促进了岩石进一步破碎，从而有利于降雨入渗和溶蚀作用的进行。因此，在断裂发育的地方，岩溶地质现象更发育。

4)含水岩组渗透性及富水性

含水岩组渗透性及富水性，与其所处向斜构造规模及断裂构造发育有关。向斜构造规模越大，断裂构造越发育，则含水岩组渗透性及富水性越大，反之则小。该含水岩组渗透系数一般为0.20～3.09m/d。单井涌水量亦极不均一，富水性一般为500～1000m^3/d，部分地区单井涌水量为100～500m^3/d，水量中等，在构造发育地段，单井涌水量大于1000m^3/d，水量丰富。

江夏区长山头9-7＃孔揭露地层主要为上石炭统和中二叠统灰岩、碳质灰岩，由于其揭穿了断层带，水量丰富，抽水流量为1431.03m^3/d时，水位降深19.38m，含水层渗透系数0.87m/d。东湖高新区豹澥镇花园新村西100m处14-4＃亦揭露该含水岩组，岩性为灰岩，含水层顶板埋深8.4m，水位埋深4.0m，渗透系数0.38m/d，水位降深5.96m时，单井涌水量为115.2m^3/d。江夏区郑店街白云洞处WH-QS1350点发育有一溶洞型地下暗河，地下水主要补给来源为八分山分水岭南东侧及香炉山分水岭北西侧，主要补给方式为大气降水垂直入渗和侧向裂隙水补给。据实测，暗河水量可达2332m^3/d，水量丰富。

(五)非含水岩组

区内岗地分布的更新统黏性土，透水性差，是非含水岩组；第四系下更新统阳逻组砾石层，杂色，可见棕红色、褐黄色、紫灰色、灰白色，局部夹细砂及粉质黏土，半成岩状粉砂，砾石磨圆度好，分选好，有一定排列方向，为砂质、泥质胶结，冲积相、洪积相沉积，透水不含水，将该组定为非含水岩组。下志留统坟头组(S_1f)黄绿色泥岩、页岩，因透水性差，为非含水岩组。

第二节 地下水补给、径流与排泄条件

一、地下水动态特征

(一)松散岩类孔隙水

1. 第四系全新统孔隙潜水

地下水位动态受大气降水控制，大气降水量大时，潜水水位高；大气降水量小时，潜水水位低。

2. 第四系全新统孔隙承压水

第四系孔隙承压水主要分布于长江、汉江一级阶地。

1)水位动态变化情况

水位动态表现为以天然动态型为主,水位动态明显受江水及大气降水综合影响,季节性变化规律明显,尤其丰水期、枯水期随江水起落,地下水水位相应升降。丰水期地下水水位自阶地前缘至后缘逐渐降低,表现为江水补给地下水,地下水水位一般为13.28～23.47m;枯水期江水水位低于地下水位,表现为地下水补给江水,阶地后缘地下水位高,前缘低,地下水水位一般为6.81～18.26m,地下水水位波动与降雨入渗影响有关。一级阶地前缘全新统孔隙承压水与长江水位历时曲线见图3-4。

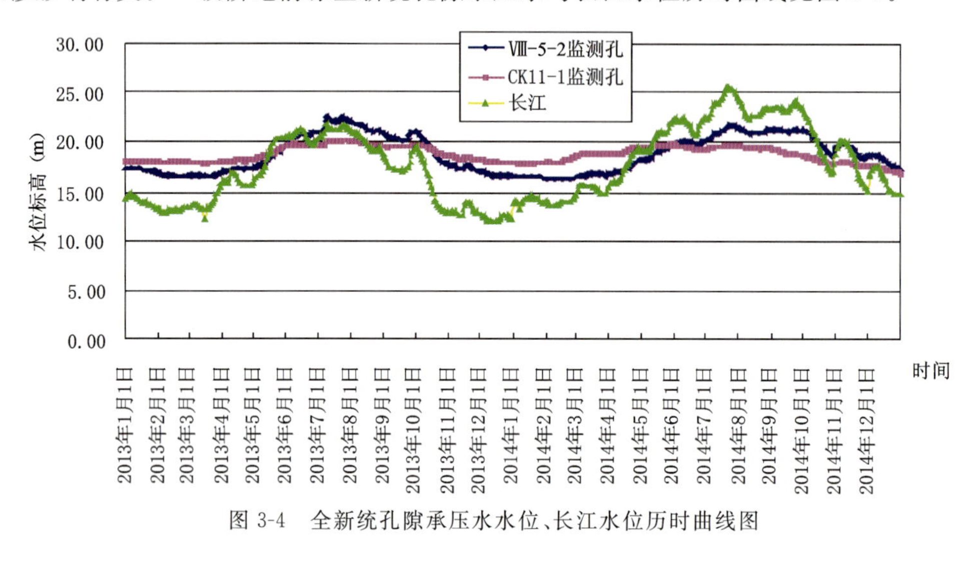

图3-4 全新统孔隙承压水水位、长江水位历时曲线图

2)与长江、汉江水位的相关关系分析

运用一元线性回归的方法分析第四系孔隙承压水水位(Y)与长江水位(X)的相关性,分别得出Ⅲ-06、Ⅺ-01、Ⅱ-04、Ⅷ-5-2、CK11-1、ZK7以及2-6监测孔的线性回归方程及样本方差:

$Y_{Ⅲ\text{-}06}=0.437\ 6X+11.502$,$R^2_{Ⅲ\text{-}06}=0.763\ 1$;

$Y_{Ⅺ\text{-}01}=0.123\ 5X+17.968$,$R^2_{Ⅺ\text{-}01}=0.409\ 4$;

$Y_{Ⅱ\text{-}04}=0.317\ 4X+13.772$,$R^2_{Ⅱ\text{-}04}=0.772\ 1$;

$Y_{Ⅷ\text{-}5\text{-}2}=0.547\ 8X+9.793$,$R^2_{Ⅷ\text{-}5\text{-}2}=0.803\ 2$;

$Y_{CK11\text{-}1}=0.146\ 9X+16.182$,$R^2_{CK11\text{-}1}=0.493\ 6$;

$Y_{ZK7}=0.419\ 5X+9.520\ 8$,$R^2_{ZK7}=0.777\ 2$;

$Y_{2\text{-}6}=0.584\ 8X+7.432\ 4$,$R^2_{2\text{-}6}=0.881\ 4$。

注:R^2为相关系数,当$R^2<0.4$时,两者不具有相关性,当$0.4\leqslant R^2\leqslant 0.8$时,两者具有一定相关性,当$R^2>0.8$时,两者具有很强的相关性,即$R^2$越大,两者之间的相关性越强。

由上述线性回归分析可知,第四系孔隙承压水水位与长江水位多具有正相关关系。经统计学检验,Ⅲ-06、Ⅺ-01、Ⅱ-04、CK11-1以及ZK7五个监测孔所配置的回归方程相关关系具有正相关性($0.4<R^2<0.8$),2-6号监测孔所配置的回归方程相关关系达到显著性水平($R^2>0.8$),说明第四系孔隙承压水水位动态变化受到长江水位变化的影响,并且长江水位变化对Ⅷ-5-2、2-6号监测孔水位变化的影响大于对其他5个监测孔水位的影响,这与前面得出的第四系全新统孔隙承压水水位具有季节性变化规律的结论是一致的。

3)与长江、汉江距离的相关关系分析

运用一元线性回归的方法分析第四系全新统孔隙承压水水位(上述第四系全新统孔隙承压水与长江、汉江水位相关系数Y)与监测孔距长江、汉江的距离(X)的相关性,得出两者的线性回归方程及样本方差:$Y=-0.000\ 2X+11.502$,$R^2=0.874\ 7$。

从上面的拟合方程可以看出,第四系孔隙承压水水位与监测孔距长江、汉江的距离具有很强的负相关性，即监测孔距离长江、汉江的距离越远，第四系全新统孔隙承压水的水位标高就越低，反言之，监测孔距离长江、汉江的距离越近，第四系全新统孔隙承压水的水位标高就越高，这说明了长江、汉江等地表水与第四系全新统孔隙承压水之间有很紧密的水力联系，且距江越近联系越紧密。

（二）第四系上更新统孔隙承压水

第四系上更新统孔隙承压水主要分布于长江二级阶地。

该类型地下水水位动态类型主要表现为天然动态型，枯水期地下水水位为 9.96～14.39m，丰水期地下水水位为 10.59～13.83m，监测水位变幅较小，且地下水水位季节性变化不明显，受大气降雨影响较小。上更新统孔隙承压水水位历时曲线见图 3-5。

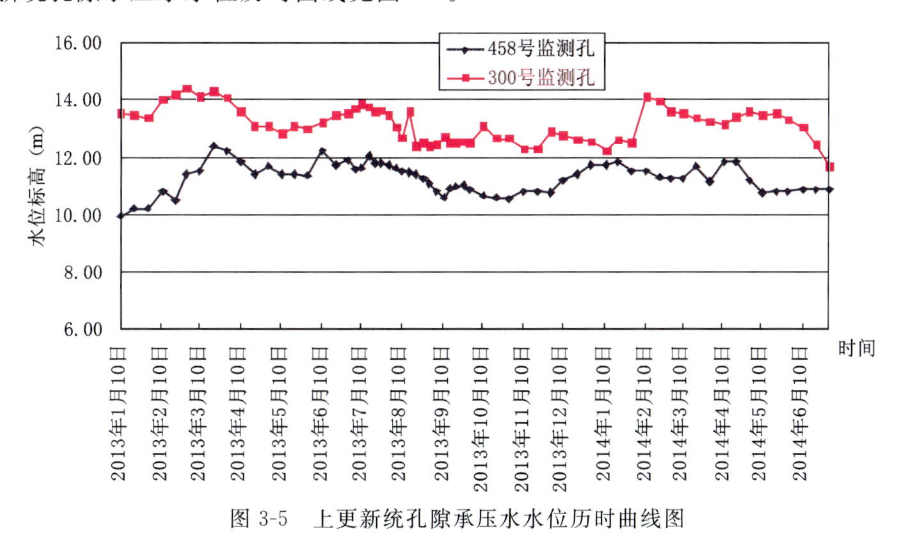

图 3-5　上更新统孔隙承压水水位历时曲线图

（三）碎屑岩类裂隙孔隙水

新近系裂隙孔隙承压水，主要分布在东西湖区一、二级阶地，分别隐伏于全新统孔隙承压水以及上更新统孔隙承压水之下。碎屑岩类裂隙孔隙水水位历时曲线见图 3-6。天然状态下该类型地下水水位稳定，季节性变化不明显，受大气降雨影响很小。东西湖区毛家台—幸福大队—水岗一线以西，地下水水位表现为天然动态型，地下水水位 15.44～18.89m。东西湖区水岗—东流港以北、茅庙集以南，地下水水位 17.00～17.45m。地下水水位 2.08～13.00m，地下水水位受人类活动的影响。

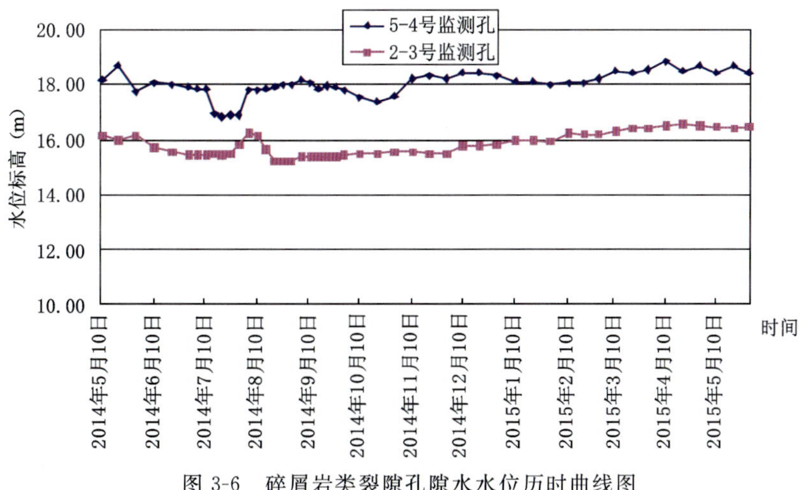

图 3-6　碎屑岩类裂隙孔隙水水位历时曲线图

(四)碎屑岩类裂隙水

该类型地下水动态类型表现为人为动态和天然动态两种类型。碎屑岩类裂隙水水位历时曲线见图 3-7。

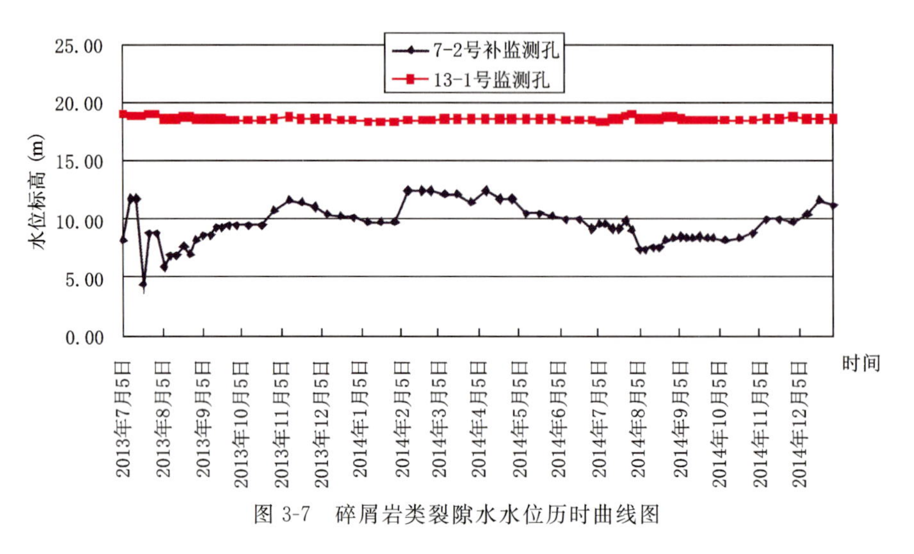

图 3-7 碎屑岩类裂隙水水位历时曲线图

天然动态型地下水水位动态变幅较小,水位值为 18.38～19.08m,地下水水位季节性变化不明显,受大气降雨影响较小。

人为动态型在区内仅发现位于汉口梦湖小区的 7-2♯补孔周围有开采此层地下水,该监测孔的地下水水位变化较大,2013 年 7 月 15 日水位为 11.71m,到 2013 年 7 月 20 日地下水水位下降为 4.44m,2013 年 7 月 25 日水位上升到 8.80m,说明该监测孔附近存在地下水开采才导致这一结果,在实地调查访问中,确实存在开采地下水用于游泳馆的情况。

(五)碳酸盐岩裂隙岩溶水

1. 下中三叠统(嘉陵江组)碳酸盐岩类裂隙岩溶水

该含水岩组主要分布在大桥向斜武昌小熊村以东、汉阳七里庙以西以及关山向斜庙山以东地段,地下水位明显受大气降水影响,表现为天然动态型,地下水位年变幅 0.61m,见图 3-8。

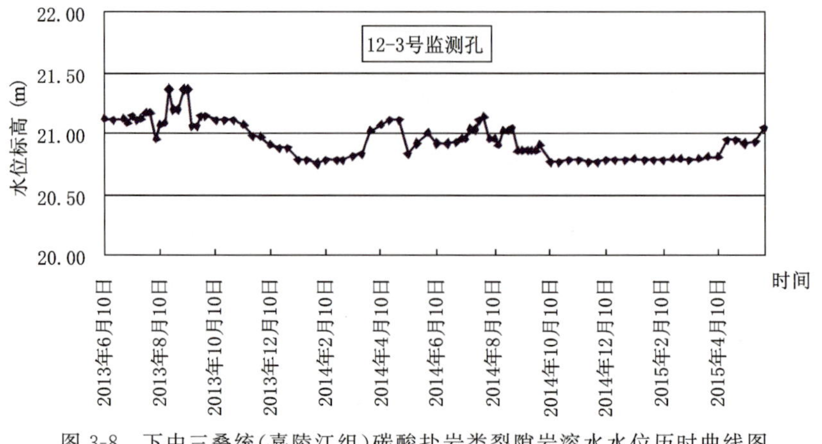

图 3-8 下中三叠统(嘉陵江组)碳酸盐岩类裂隙岩溶水水位历时曲线图

2. 上石炭统—下二叠统(栖霞组)碳酸盐岩裂隙岩溶水

武昌马鞍山一带,地下水水位动态表现为天然动态型,地下水水位为 21.44～25.67m,年变幅 4.23m。黄陂刘店一带,地下水水位动态表现为天然动态型,地下水水位为 0.45～9.00m,年变幅 8.55m。其他地段碳酸盐岩类裂隙岩溶水地下水水位动态表现为天然动态型,主要受大气降水影响,沿江地段受长江动水位影响。碳酸盐岩类裂隙岩溶水水位历时曲线见图 3-9。

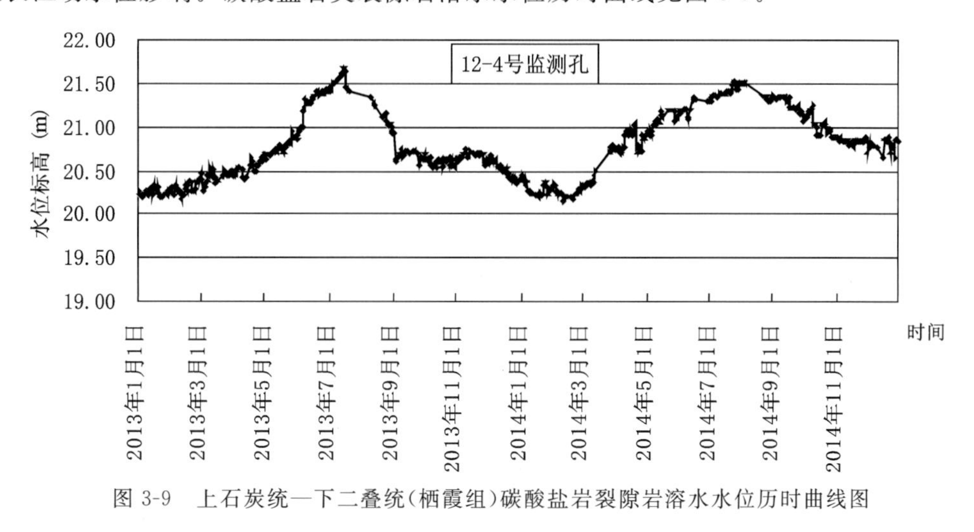

图 3-9　上石炭统—下二叠统(栖霞组)碳酸盐岩裂隙岩溶水水位历时曲线图

二、地下水的补给、径流与排泄

地下水处于运动状态,其运动方式主要表现为补给、径流与排泄,不断地往复循环交替运行。工作区内不同类型的地下水,它们的补给主要是大气降水入渗补给,同时在相应的地理地质环境条件下,有地表水系的渗入补给及不同类型地下水的越流补给以及相邻含水层侧向径流补给。入渗补给的多少、地下水径流及排泄状况与数量,则受地层岩性、地质构造和地形地貌等自然因素,以及人类活动因素的制约。

1. 松散岩类孔隙水

(1)第四系孔隙潜水:第四系孔隙潜水主要接受大气降水直接入渗补给,在临江河和湖泊分布区,地下水与地表水联系密切,并有互补关系。地下水主要排泄方式为向江河排泄、人工开采、蒸发。

(2)第四系孔隙承压水:第四系孔隙承压水的补给主要为相邻含水岩组的侧向径流补给以及上覆含水岩组的越流补给,近河傍江地段含水层顶板被切割时,与地表水发生不同程度的水力联系。地下水的排泄主要为向江河排泄、人工开采排泄。

2. 碎屑岩类裂隙孔隙水

上白垩统—古新统裂隙孔隙承压水,主要接受境外相同含水层的侧向径流补给、相邻含水岩组的侧向径流补给以及上覆含水岩组的越流补给。地下水排泄主要为补给相邻含水岩组和人工开采排泄。

3. 碎屑岩类裂隙水

该类型地下水主要接受大气降水补给,沿岩石裂隙运移,于破碎带或裂隙密集带储存,在山前地带或受隔水岩层阻隔后泄出。

4. 碳酸盐岩类裂隙岩溶水

碳酸盐岩类裂隙岩溶水主要通过其两侧丘陵低山裸露基岩断裂、裂隙通道，承接大气降水，经运移存储于含水层中，近江地带，长江切割了碳酸盐岩含水岩组，江水通过河床中的砂、砂卵石层侧渗补给地下水。地下水排泄主要有自然状态以泉的形式排泄、向江河径流排泄以及人工开采排泄。

第三节　地下水化学特征

武汉都市发展区内地下水水化学特征主要受含水介质的控制，同时也受到补、径、排条件的影响。结合地下水水质分析结果，对地下水水化学特征分述如下。

1. 松散岩类孔隙水

(1)全新统孔隙潜水：地下水水化学类型主要为重碳酸钙、重碳酸钙-镁型水，属中性低矿化微硬-极硬水。

(2)第四系全新统孔隙承压水：地下水水化学类型主要为重碳酸钙型、重碳酸钙-钠型、重碳酸钙-镁型、重碳酸钙-镁-钠型，pH 值为 6.62～8.22，矿化度 242.85～945.92mg/L，总硬度 96.08～910.78mg/L，属中性中矿化软-极硬水。

(3)第四系上更新统孔隙承压水：地下水水化学类型主要以重碳酸钙型、重碳酸钙-钠型、重碳酸钙-镁-钠型为主，pH 值为 6.68～8.15，矿化度 20.97～612.52mg/L，总硬度 158.18～466.02mg/L，属中性低矿化-极硬水。

2. 碎屑岩类裂隙孔隙水

地下水水化学类型主要以重碳酸钠-钙型、重碳酸钙-钠-镁型为主，pH 值为 7.17～8.31，矿化度 173.91～695.96mg/L，总硬度 84.07～460.07mg/L，属中性低矿化-极硬水。

3. 碎屑岩类裂隙水

地下水水化学类型主要以重碳酸钠-钙型、重碳酸钙-钠-镁型为主，pH 值为 7.50～8.26，矿化度 173.91～695.96mg/L，总硬度 83.32～628.5mg/L，属中性低矿化-极硬水。

4. 碳酸盐岩类裂隙岩溶水

地下水水化学类型主要以重碳酸钙型为主，少数为重碳酸钙-镁型，pH 值为 7.14～8.30，矿化度 33.8～543.99mg/L，总硬度 20.02～416.28mg/L，属中性低矿化软-硬水。

第四节　地下水监测

一、地下水监测网现状

1. 监测点基本情况

武汉都市发展区监测网共有监测孔 80 个(含本次新增 40 个)。地下水动态观测时间为 2013 年 5

月 1 日～2015 年 5 月 31 日，共进行人工观测 3165 次/54 孔，自动传输水位 28 792 次/26 孔。

2. 监测方式

监测手段分为自动监测和人工监测两种，其中自动监测 26 孔，人工监测 54 孔，人工监测方式分为自观与委托观。

3. 观测频率

人工监测孔监测频率枯水期及平水期监测频率为十日一观，每月 10 日、20 日、30 日进行观测；自动监测孔每日自动传输数据两次；丰水期(7 月、8 月、9 月)适当加密观测，监测频率一般为五日一观，每月 5 日、10 日、15 日、20 日、25 日、30 日进行观测。

二、地下水水质监测点建设

武汉都市发展区水质监测采样分别在枯水期(11 月～次年 1 月)和丰水期(6 月～8 月)进行，共完成地下水采样 219 组(枯水期 125 组，丰水期 94 组)，地表水监测样 8 组(长江、汉江丰水期、枯水期各 4 组)。另选取 2014 年枯水期 10 组水样进行有机污染分析，10 组水样进行饮用水分析。

三、监测分析项目

监测分析项目主要包括全分析、微量元素分析、专项分析、重金属分析、地下水污染综合分析以及饮用水分析 6 项。

(1)全分析：K^+、Na^+、Ca^{2+}、Mg^{2+}、NH_4^+、Al^{3+}、Cl^-、SO_4^{2-}、HCO_3^-、CO_3^{2-}、NO_3^-、NO_2^-、可溶性 SiO_2、pH 值、游离 CO_2、耗氧量、总硬度、暂时硬度、永久硬度、负硬度、总碱度、固形物共 22 项。

(2)微量元素分析：Fe、Mn、As、F 共 4 项。

(3)专项分析：酚、氰 2 项(仅部分控制点)。

(4)重金属分析：镉、汞、铅、钡、钴、镍、铬、铜、锌、硒共 10 项。

(5)地下水污染综合分析：除上述全分析和重金属分析项目外，加入有机污染组分分析，包括卤代烃、氯代苯类、单环芳烃、有机氯农药(六六六、DDT 总量及衍生物)、多环芳烃。

(6)饮用水分析：在水质全分析所有分析项目的基础上，加上 8 项常规菌类卫生指标。

第四章　工程地质

第一节　工程地质分区

受地质构造及外动力地质作用的共同影响，形成了武汉市特有的地形地貌类型。同一地貌单元内岩土体在地层、岩性、构造、水文地质条件等方面具有相似的性质，同一地貌单元内不同成因类型的岩土体表现出不同的工程性质。因此，武汉都市发展区工程地质分区以地形地貌作为主控因素，同一地貌单元内以二级地貌、沉积物成因类型、岩土体工程地质特征等为因素进行二级划分。

一级分区以地形地貌为主控，将武汉都市发展区分为4个工程地质区，即：冲湖积平原区(Ⅰ)、冲积堆积平原区(Ⅱ)、剥蚀堆积平原区(Ⅲ)和剥蚀丘陵区(Ⅳ)。二级分区，按照地貌二级形态成因类型、岩土体结构特征，并结合不良工程地质作用等，将平原区，即Ⅰ、Ⅱ、Ⅲ区分为湖积相亚区、冲积相亚区、下伏碳酸盐岩亚区、古河道亚区；剥蚀丘陵区(Ⅳ)按成因不同分为碎屑岩亚区、碳酸盐岩亚区和其他岩类亚区。二级分区共分15个亚区，代号分别为$Ⅰ_1$～$Ⅰ_4$、$Ⅱ_1$～$Ⅱ_4$、$Ⅲ_1$～$Ⅲ_4$和$Ⅳ_1$～$Ⅳ_3$，各亚区特征详见表4-1。

亚区分区以基岩面以上的覆盖层堆积物为主要研究对象，将同一地貌单元中地层组合及岩土物理力学指标相似的区段归并为同一个亚区。亚区中，若下伏碳酸盐岩，则以基岩为研究对象。因此，下伏碳酸盐岩亚区与相同一级分区中的其他亚区在平面上会有重叠现象。

(一)冲湖积平原区(Ⅰ)

冲湖积平原区在第二章第一节的“地貌分区”中已经介绍过。Ⅰ区为长江冲积一级阶地，地层呈现典型的二元结构，上部由填土层、湖积淤泥及第四系全新统冲积成因的黏性土及砂土互层组成；中部为稍密—中密的粉细砂、中密—密实的中粗砂夹砾石，局部粉细砂层中分布黏性土透镜体；下部基岩主要由白垩系—古近系砾岩、砂岩及志留系粉砂岩、泥岩及碳酸盐岩组成。砂砾石层中赋存丰富的孔隙承压水，下伏基岩中赋存少量碎屑岩裂隙水、较丰富的裂隙岩溶水。一级分区主要分布于长江、汉江、府河、东荆河两岸，地面标高18～22m。亚区$Ⅰ_1$～$Ⅰ_4$位置、堆积物组合、工程地质特性等详见表4-1。

(二)冲积堆积平原区(Ⅱ)

冲积堆积平原区在第二章第一节的“地貌分区”中已经介绍过。Ⅱ区为长江冲积二级阶地，主要分布在东西湖区、青山区局部、汉口北、江岸区三金潭至平安铺一带及汉南区蚂蚁河两岸。该区上部为薄层填土和厚度变化较大的全新统冲积成因的软塑—可塑状态的一般黏性土；中部为第四系上更新统可塑—硬塑状老黏性土、中—密实状黏质砂土及含砾细砂；下部主要为白垩系—古近系东湖群的砂岩、砾岩及碳酸盐岩。地面标高一般在22～25m。亚区$Ⅱ_1$～$Ⅱ_4$位置、堆积物组合、工程地质特性等详见表4-1。

表 4-1　武汉都市发展区工程地质分区与评价

一级分区	亚区代号	亚区名称	面积(km^2)和百分比	地质环境条件	分布地段	工程地质评价
冲湖积平原区(Ⅰ)	$Ⅰ_1$	洲滩冲积相工程地质亚区	66.24、2.31%	地形平坦，标高一般为19～20m，微向河床倾斜。表层局部被厚度不大的松散人工填土覆盖，填土之下为松散状冲填土(粉土、粉砂为主)，冲填土之下为软塑—可塑的一般黏性土(含淤泥质土)，黏性土层至岩面之间主要以稍密—密实状砂土为主，砂土底部一般混夹有卵砾石，砂土及砾卵石层中赋存孔隙承压水	主要分布于长江、汉江两岸堤外滩地及白沙洲、天兴洲等江心洲地段	该亚区浅部砂层含水透水性良好，松散。稳定性较差，汛期被淹没。不宜进行工程建筑
	$Ⅰ_2$	一级阶地湖积相工程地质亚区	364.84、12.70%	地形平坦，略低洼，标高19～21m。软土厚度普遍在5～15m之间，原为湖区，大部分已被人工填平。表层一般为厚度不大的松散人工填土或可塑状一般黏性土覆盖，其下为软塑—流塑状的淤泥或者软塑—可塑状的淤泥质土、一般黏性土，其下至岩面主要以稍密—密实状砂土为主，砂土底部一般混夹有卵砾石。砂土及砾卵石层中赋存孔隙承压水	主要分布于一级阶地后缘湖泊周围。具体分布位置有武汉市主城区的汉口、后湖、武昌及青山区临江地带、青山区化工新城、东西湖区西北部、府河沿岸、东荆河沿岸、沙湖、后湖、武湖周边及青菱湖西侧等区内湖泊周边	该亚区上部土层呈软塑—流塑状态，强度低，压缩性高，工程性质差，自稳性差，地基承载力特征值 f_{ak} 一般为40～80kPa，不宜作为荷重较大建筑物的基础持力层，应采用桩基础穿透该层，桩端应落入中密—密实砂土层或者基岩中。该层作为道路等轻型建构筑物基础持力层或者下卧层时，应进行加固处理。作为坑壁土时应重点支护
	$Ⅰ_3$	一级阶地冲积相工程地质亚区	438.47、15.27%	地形平坦，局部填土较厚，标高19～21m。该亚区表层一般被一定厚度松散人工填土覆盖，其下依次为软塑—可塑状的一般黏性土、互层土、中密—密实的砂土及砂卵石层，砂卵石层下为基岩。互层土、砂土、砂卵石层中赋存孔隙承压水	主要分布于长江两岸、汉江及府河两岸	该亚区场地条件良好，适宜一般工程建筑，高层建筑宜采用桩基础。荷载不大的建筑物可以以该亚区表层可塑状一般黏性土作为天然地基或下卧层。在该亚区砂层埋深浅、承压水位高的地段开挖基坑时，易产生基坑底板突涌及基坑侧壁流失流沙现象，应做好降水及支护措施
	$Ⅰ_4$	一级阶地下伏碳酸盐岩工程地质亚区	—	地面标高19～21m，表层一般为厚度不大的人工填土，其下为5～10m一般黏性土，其下至灰岩顶板(溶洞)为稍密—密实砂性土，基岩溶洞发育，一般无充填。发育于一级阶地上的岩溶是一种砂性土覆盖型碳酸盐岩岩溶，砂性土覆盖型岩溶的基岩面之上为内聚力极小且饱水的粉细砂层。这种盖层极易产生潜蚀掏空作用，随着砂土被潜蚀掏空，空洞逐渐增大，当空洞影响到地面时，就会引发地面塌陷	主要分布于武昌司法学校、烽火村、毛坦村和汉阳中南轧钢厂、后湖百步亭、堤角附近、江汉六桥附近、青山港附近。呈东西向展布	下部碳酸盐岩，溶洞发育，易发生岩溶地面塌陷等地质灾害，应加强防护措施。基岩岩体强度高，查明深部岩溶分布规律后，适宜作为一般工程桩基持力层。但要注意工程施工引发岩溶地面塌陷的可能性

续表 4-1

一级分区	亚区代号	亚区名称	面积(km^2)和百分比	地质环境条件	分布地段	工程地质评价
冲积堆积平原区(Ⅱ)	$Ⅱ_1$	二级阶地湖积相工程地质亚区	24.59、0.86%	地形较平坦,微向河床倾斜,标高为22～24m。上部为填土及软塑—可塑状一般黏性土,下伏湖积相淤泥类软土,湖积相软土厚度一般大于5m,呈软塑—流塑状,具高压缩性。深部有砂砾石层存在,分布不稳定,赋存孔隙承压水	主要分布在东西湖区府河局部以及塔子湖周边	上部软塑—流塑状软土层,强度低,压缩性高,工程性质差,自稳性差。软土层引起的不均匀沉陷是该类型段主要的工程地质问题。若进行工程建筑,应采用桩基础。若修建道路等轻型建筑,可以采用换填或者加固处理。作为基坑壁土时应重点支护
	$Ⅱ_2$	二级阶地冲积相工程地质亚区	117.02、4.07%	地形较平坦,微向河床倾斜,标高为22～24m。上部为填土及可塑状一般黏性土,中部为可塑—硬塑状老黏性土,深部有砂砾石层存在,分布不稳定,赋存少量孔隙承压水	主要分布于东西湖区、青山区局部、汉南蚂蚁河两岸等地段	上部软塑—可塑状土,工程性质尚可,中部为可塑—硬塑状老黏性土或密实状砂土及含砾石细砂,工程性质较好,埋藏较深。下部为基岩。该亚区场地条件良好,适宜一般工程建筑,当采用天然地基时,应注意地基均匀性问题,高层建筑宜采用桩基础。一般黏性土覆盖较浅地段开挖基坑时,应注意做好防排水措施,防止老黏性土吸水膨胀导致基坑边坡失稳破坏
	$Ⅱ_3$	二级阶地下伏碳酸盐岩工程地质亚区	—	地形较平坦,微向河床倾斜,标高为22～24m。表层一般为厚度不大的人工填土,其下5～20m为一般黏性土,一般黏性土底板至碳酸盐岩顶板(溶洞)为可塑—硬塑状老黏性土,基岩溶洞较发育,一般被黏性土半—全充填	主要分布于江岸区三金潭—平安铺一带	该岩溶类型为老黏土覆盖型岩溶,老黏土较致密,含水量小,且为硬塑—可塑状,内摩擦角较大,在武汉市区多分布在较高的部位,岩溶水位多在老黏土之下,起影响作用小,因此,该亚区发生岩溶地面塌陷的可能性小。下部碳酸盐工程性质好,待查明深部岩溶分布规律后,适宜作为一般工程物桩基持力层。但要注意防止工程施工引发岩溶地面塌陷的可能性
	$Ⅱ_4$	风成砂丘工程地质亚区	—	地形起伏较大,标高为35～45m。表层一般为厚度风积砂土,其下为可塑—硬塑状老黏性土	主要分布于青山矶头山、营盘山、赵家山一带	上部砂土易造成山体边坡失稳,因此应做好山体边坡防治工作

续表 4-1

一级分区	亚区代号	亚区名称	面积(km^2)和百分比	地质环境条件	分布地段	工程地质评价
剥蚀堆积平原区(Ⅲ)	$Ⅲ_1$	湖积相工程地质亚区	418.39、14.57%	呈窄条状,地形向湖沟内倾斜,标高为20～25m。表层一般被厚度不大的松散人工填土覆盖,其下为软塑—流塑状的淤泥及较薄的软塑—可塑状的一般黏性土,软土层厚5m以上,其下至基岩面为可塑—硬塑状老黏性土、残积土	主要分布于三级阶地湖泊边缘,常见于黄家湖、汤逊湖、三汊湖、豹梧桐湖周边	上部软塑—流塑状软土层,强度低,压缩性高,工程性质差,自稳性差,作为基坑壁土时应重点支护。在此区修建高层建筑时,宜采用桩基础穿透软土层;修建道路及轻型建筑时,可以采取抛石挤淤或者粉喷桩加固等措施对软土层进行处理
	$Ⅲ_2$	冲洪积相工程地质亚区	1 307.63、47.52%	波状起伏地形,垄岗、坳沟相间,高差2～10m,岗顶标高25～50m。上部为厚度0.5m左右人工填土,下部为老黏性土或砾石充填黏性土。承载力为320～500kPa,其下有残积土	广泛分布于武昌区、汉阳区、青山区、洪山区、新洲区、黄陂区、江夏区、蔡甸区、东西湖区	填土下部的老黏性土,具低压缩性,一般为硬塑状态,工程力学性质好,在埋藏较浅地段可以作为一般工程持力层。作为坑壁土层,自稳性好,但是该层具遇水膨胀性,应做好防排水措施
	$Ⅲ_3$	古河道工程地质亚区	—	地形略有起伏,地面标高30m左右。上部为厚度0.5m左右人工填土,下部为老黏性土,其下至基岩面之间为黏质砂土、黏质砂土混砾卵石	该亚区主要分布于武昌和汉阳两地。在武昌,古河道沿紫阳路—武昌火车站北—傅家坡客运站—中南路—洪山广场—水果湖街—武重展布;在汉阳,古河道沿琴断口水厂附近的汉江苑—磨山村—王家湾—赫山路金色世家—墨水湖北路—穿江城大道、马沧湖后到马沧湖路—汉阳区人民法院—拦江路夹河馨居展布	古河道表层一般分布有较厚的老黏性土层,强度较高,中—低压缩性,力学性质稳定,具有较高的承载力,其所分布地区均为良好的建筑场地。但老黏土层下存在一套黏土质砂性土,其物理力学性质较上部地层稍差,使得拟建建筑物,特别是高层建筑物需要验算地基承载力及沉降
	$Ⅲ_4$	下伏碳酸盐岩工程地质亚区	—	地形地貌与$Ⅲ_2$或$Ⅲ_3$相同。上部为厚度0.5m左右的人工填土,下部为老黏性土或砾石充填黏性土。其下有残积土,基岩溶洞较发育,一般被黏性土半—全充填	主要分布于武昌九峰森林公园、粮道街沿线、雄楚大道沿线、南湖大道沿线、汉阳琴台大道沿线、武钢至盘龙城沿线、江夏区汤逊湖南岸及江夏城区至五里街沿线。呈近东西向条带状分布	该岩溶类型为老黏土覆盖型岩溶,老黏土较致密,含水量小,黏聚力大,且为硬塑—可塑状,内摩擦角较大,在武汉市区多分布在较高的部位,岩溶水位多在老黏土之下,几乎不对其造成影响,因此,该亚区发生岩溶地面塌陷的可能性小。下部碳酸盐岩工程性质好,待查明深部岩溶分布规律后,可以上覆老黏土作为天然地基或以碳酸盐岩作为基础持力层

续表 4-1

一级分区	亚区代号	亚区名称	面积(km^2)和百分比	地质环境条件	分布地段	工程地质评价
剥蚀丘陵区(Ⅳ)	$Ⅳ_1$	中、低丘碎屑岩工程地质亚区	126.62、4.41%	原始地形起伏大,以低丘为主,绝对标高一般为50～150m。表层一般为薄层残坡积土,下部主要为上泥盆统云台观组石英砂岩、中二叠统孤峰组硅质岩和下志留统坟头组砂岩、泥岩	广泛分布于武昌区、汉阳区、武汉经济技术开发区、汉南区、东湖高新区、蔡甸区等地	基岩可作为一般工程持力层,地形起伏较大,该类型段工程建设适宜性差。从生态环境保护角度出发,应以植树造林为主,不宜建设一般性工程建筑。坡麓地带,采用半填半挖地基基础时,对人工填土部分应采取措施,防止不均匀沉陷产生
	$Ⅳ_2$	中、低丘碳酸盐岩工程地质亚区	8.56、0.30%	以低丘为主,绝对标高一般为50～150m。表层一般为薄层残坡积土,下部主要为灰岩、白云岩、白云质灰岩等	见于东湖高新区、江夏区、蔡甸区等地,主要为原采石场内人工露头	地形起伏较大,工程建设适宜性差。查明深部岩溶分布规律后,基岩可作为一般工程持力层,但不宜进行工程建设,宜绿化保护。坡麓地带,采用半填半挖地基基础时,对人工填土部分应采取措施,防止不均匀沉陷产生
	$Ⅳ_3$	其他岩类(玄武岩和片岩)工程地质亚区	—	以低丘为主,绝对标高一般为30～50m。表层一般为薄层残坡积土,下部主要为玄武岩或片岩等	玄武岩主要出露于黄陂区寅田乡,片岩主要出露于新洲区毛集村至凤凰山一带	可作为一般工程持力层,但地形起伏较大,工程建设适宜性差。坡麓地带,采用半填半挖地基基础时,对人工填土部分应采取地基处理和结构措施,防止不均匀沉降产生

(三)剥蚀堆积平原区(Ⅲ)

剥蚀堆积平原区在第二章第一节的“地貌分区”中已经介绍过。Ⅲ区广泛分布于武昌区、洪山区、新洲区、黄陂区、蔡甸区、江夏区、东西湖区、青山区部分地段。地层上部为人工填土,其下主要为第四系冲洪积成因的下中更新统老黏性土层及黏性土混碎石残积层;下部基岩主要为志留系坟头组砂岩、泥岩。亚区$Ⅲ_1$～$Ⅲ_4$位置、堆积物组合、工程地质特性等详见表4-1。

(四)剥蚀丘陵区(Ⅳ)

剥蚀丘陵区在第二章第一节的“地貌分区”中已经介绍过。Ⅳ区主要分布于武昌区、汉阳区、江夏区、汉南区、蔡甸区等局部地段。地形以中低丘为主。残丘呈东西向条带状断续分布,山顶呈次浑圆状;山坡为凹面型,自然边坡30°左右,坡麓地带较平缓。山体由层状坚硬—半坚硬石英砂岩、硅质岩、碳酸盐岩及泥质砂岩等构成,坡麓一般由页片状泥、页岩或薄—中层泥灰岩、长石砂岩等组成,受构造运动影响,岩石强烈褶皱且多倒转,产状较陡峻,倾角一般为60°～70°。低丘间覆盖Qp_2网纹状红土,含水透水性差,基岩埋深较浅,一般为20m左右,局部地段下伏有碳酸盐岩。岩体中北北东与北北西向两组裂隙发育,赋存裂隙水,局部地段有岩溶裂隙水存在。岩石力学强度高。部分坚硬岩石中夹有软弱的黏土岩,易风化破碎成页片状碎块且遇水后泥化,降低岩石强度和山体稳定性。软弱夹层及开挖后引起的边坡稳定性问题是该类型段主要的工程地质问题。亚区$Ⅳ_1$～$Ⅳ_3$位置、堆积物组合、工程地质特性等详见表4-1。

第二节 岩土层特性

第二章中以地质年代和性质为主,综合考虑成因、接触关系、分布等,将武汉都市发展区地层划分成28组地层单位,它们与4界、11系、17统相关。同一地层中堆积物或岩层工程性质存在着较大的差异,有必要对同一“组”级和“群”级地层进一步划分到“层”级。岩层的划分,依据岩体成因类型、强度特征及岩体结构类型等;第四系堆积物土体主要以粒度、成分、黏结性及物理力学性质指标等进行划分。依据这一原则,分层情况介绍如下:

(1)填土及淤泥层,包含以下土层:(1-1)杂填土(Q^{ml});(1-2)素填土(Q^{ml});(1-3)冲填土(Q^{al});(1-4)淤泥(塘泥)(Q^{l})。

(2)一般沉积土及新近沉积土,包含以下土层:(2-1)一般黏性土、淤泥质土(Qh^{al});(2-2)黏性土、粉土、砂土互层(Qh^{al});(2-3)砂层(Qh^{al});(2-4)砾卵石层(Qh^{al})。

(3)老沉积土,包含以下土层:(3-1)上更新统黏性土层(Qp_3^{al+pl});(3-2)中更新统辛安渡组(Qp_2^{al+pl});(3-3)中更新统王家店组(Qp_2^{al+pl});(3-4)下更新统东西湖组(Qp_1^{al+pl});(3-5)下更新统阳逻组(Qp_1^{al+pl})。

(4)残坡积土,包含以下土层:(4-1)坡积土(Q^{dl});(4-2)残积土(Q^{el});(4-2a)红黏土。

(5)岩层,包含以下岩层:(5-1)半成岩(N_1g);(5-2)白垩系—古近系岩层和侏罗系岩层;(5-3)三叠系岩层;(5-4)二叠系岩层;(5-5)石炭系岩层;(5-6)泥盆系岩层;(5-7)志留系岩层;(5-8)武当岩群岩层。

各岩土层特性、分布等参见表4-2,其物理力学指标统计值见后文。

表 4-2　武汉市主要地层特征及分布范围

界	系	统	组	代号		地层编号及岩土名称		成因	特征	分布范围
新生界K_2	第四系Q	新近堆填			(1)单元层	(1-1)杂填土		Q^{ml}	成分杂乱，各向异性明显，力学性质不稳定	主要分布于场地表层
						(1-2)素填土		Q^{ml}	堆填成分相对较单一，局部为耕植土，含植物根茎，力学性质不稳定	
						(1-3)冲填土		Q^{al}	以粉土、粉砂为主，由人工充填而成	主要分布于沿江堤坝附近
						(1-4)淤泥(塘泥)		Q^{l}	富含有机质，具腐臭味，为新近沉积物	主要分布于湖、塘底部
		全新统	走马岭组	Qhz	(2)单元层	(2-1)一般黏性土、淤泥质土	(2-1-1)粉土	Qh^{al}	褐黄色，中密，泛溢相沉积，出露于沿江一带自然堤附近，河湖相沉积	主要分布于高漫滩与一级阶地
							(2-1-2)黏性土		褐黄色，可塑，俗称“硬壳层”，铁锰质渲染，偶夹灰白色贝壳，河湖相沉积	
							(2-1-3)黏性土		灰黄—灰褐色，软塑，含云母，偶夹灰白色贝壳，河湖相沉积	
							(2-1-4)淤泥质土、淤泥		灰色，流—软塑，含云母，有机质，夹灰白色贝壳，河湖相沉积	
						(2-2)黏性土、粉土、砂土互层			灰色，含云母，有机质，偶夹灰白色贝壳，土质不均匀，黏性土、粉土、砂土含量比多少不一，河湖相沉积	
						(2-3)砂层	(2-3-1)粉砂		灰色，含云母，稍密，河相沉积	
							(2-3-2)粉细砂		青灰色，含云母，中密，河相沉积	
							(2-3-3)粉细砂		青灰色，含云母，密实，河相沉积	
							(2-3a)黏性土		灰色，软—可塑，含云母，牛轭湖相沉积，以透镜体状夹于砂层中，厚度不均	
						(2-4)砾卵石层	(2-4-1)中粗砂夹砾石		灰色，以中粗砂为主，含少量砾石，河床相沉积	
							(2-4-2)砾卵石		灰白色，以圆砾为主，含卵石及少量中粗砂，河床相沉积	

续表 4-2

界	系	统	组	代号	地层编号及岩土名称			成因	特征	分布范围
新生界 K_2	第四系 Q	上更新统	青山组	Qp_3q	(3) 单元层	(3-1)	(3-1a)砂土、粉土层	Qp_3^{al+pl}	由一套黄色砂土、粉土组成，厚度不均，泛溢相沉积	主要分布于武昌青山翠屏山，二级阶地，零星分布于市内沿江一带
			下蜀组	Qp_3x			(3-1-1)黏性土		褐黄色，可—硬塑，属过渡层，铁锰质渲染、结核，具虫状构造，冲积相、湖相沉积	主要分布于二、三级阶地、丘陵、岗地上部，冲积相、泛溢相、湖相沉积
							(3-1-2)黏性土		褐黄色，硬塑—坚硬，含高岭土，铁锰质渲染、结核，具虫状构造，冲积相、湖相沉积	
							(3-1-3)黏性土夹碎石		褐黄色，含碎石，含量多少不一，局部表现为碎石土，冲积相沉积	
							(3-1-4)黏性土与砂土过渡层		褐黄色，铁锰质渲染、结核，软硬不均，冲积相沉积	
		中更新统	辛安渡组	Qp_2x		(3-2)	(3-2-1)黏性土	Qp_2^{al+pl}	褐黄—棕红色，网纹状构造，硬塑，河湖相沉积	主要分布于隐伏二、三级阶地
							(3-2-2)砂土		褐黄色，以中粗砂为主，含砾石，河湖相沉积	
							(3-2-3)砾卵石		灰白色，深灰色，含黏性土，泥质砾石层，磨圆度好，河湖相沉积	
			王家店组	Qp_2w		(3-3)	(3-3-1)红土		棕红色，网纹状、斑块状含铁锰结核红土，偶夹砾石，冲积相、洪积相沉积	主要分布于二、三级阶地、剥蚀堆积垄岗地区
							(3-3-2)残坡积土		主要表现为红土碎石层，残积、坡积成因	
		下更新统	东西湖组	Qp_1d		(3-4)	(3-4-1)黏性土	Qp_1^{al+pl}	灰白色、黄色、灰绿色黏性土，局部含砾石，软塑、可塑、硬塑。河湖相沉积	主要分布于隐伏三级阶地，东西湖区分布最广泛，汉阳墨水湖与琴断口、武昌南湖也有分布
							(3-4-2)粉细砂		灰色、黄色，局部表现为与砂质土互层，河湖相沉积	
							(3-4-3)含砾石中粗砂		灰色、黄色，含砾石粗砂层，含量多少不一，局部为含泥砾卵石层，偶含碳化木，河湖相沉积	
			阳逻组	Qp_1y		(3-5)	(3-5-1)含砾黏性土		棕红色、褐黄色、紫灰色、灰白色，偶夹砂层	主要分布于三级阶地、剥蚀堆积垄岗地区，黄陂横店、新洲阳逻、汉阳郭树岭、武昌洪山，江夏土地堂均有分布
							(3-5-2)中粗砂、砾石		棕红色、褐黄色、紫灰色、灰白色，局部夹细砂及粉质黏土，半成岩状粉砂，砾石层，砾石磨圆度好，分选好，有一定排列方向，为砂质、泥质胶结，冲积相、洪积相沉积	

续表 4-2

界	系	统	组	代号	地层编号及岩土名称			成因	特征	分布范围
	第四系Q				(4)单元层	(4-1)坡积土		Q^{dl}	含黏性土,夹大量碎石土、砾卵石,磨圆差、分选差,崩塌坡蚀堆积为主,局部为冰川堆积物	武汉地区高阶地均有分布,鲁巷化工学院、实验中学、紫阳村尤为典型
						(4-2)残积土		Q^{el}	可—硬塑,红黏土主要分布于灰岩之上,砂砾岩残积土为黏性土夹砂砾石状,半成岩残积土成可塑黏性土和松散粉细、粗砂土,泥岩风化残积成黏性土	主要分布于基岩之上,武汉各地均有分布
						(4-2a)红黏土	(4-2a-1)红黏土		可—硬塑,灰岩风化残积土,局部含灰岩残块、孤石	主要分布于灰岩条带区
							(4-2a-2)红黏土		流—软塑,经常包含动植物残骸和少量化石,灰岩风化物近源堆积	主要分布于灰岩洞穴区,武昌鲁巷一带有分布
新生界K_2	新近系N	中新统	广华寺组	N_1g	(5)单元层	(5-1)泥岩、砂岩			灰绿色、灰白色、深灰色,主要表现为半成岩,局部有风化剥蚀现象	主要分布于汉阳、岳家嘴、东西湖、黄陂、新洲等地区
	古近系E	古新统—上白垩统	公安寨组	K_2—E_1g		(5-2)	(5-2-1)泥岩		红褐色、褐黄色、灰绿色,黏土岩的一种。成分复杂,除黏土矿物外,还含有许多碎屑矿物和自生矿物,具页状或薄片状层理,抗风化能力弱,用硬物击打易裂成碎片	主要分布于汉阳南部、武昌西局部及汉口西北部等各种高阶地底部,俗称“红层”,武汉分布较为广泛
中生界Mz	白垩系K						(5-2-2)砂岩		红褐色、灰绿色、黄褐色,具页状或薄片状层理,泥质胶结,抗风化能力弱,用硬物击打易裂成碎片	
							(5-2-3)砂砾岩		杂色,泥砂质胶结,局部地区灰岩砾石胶结具有溶蚀现象,可能发育有溶洞,分为强、中、微风化3种风化程度	
							(5-2a)玄武岩		暗绿色、黑色,属火山岩,燕山期晚期构造产物,呈夹层状出露,厚度不大,具斑状结构,斑晶由斜长石、普通辉石、橄榄石组成,常见气孔、杏仁构造,主要矿物成分为斜长石、普通辉石、橄榄石	主要分布于黄陂、新洲等地
	侏罗系J	下统 上统	王龙滩组	T_3J_1w			(5-2b)砂岩		厚层状不等粒和中细粒石英杂砂岩、含碳泥质粉砂岩,夹泥岩、碳质页岩、薄煤层,具页状或薄片状层理,泥质胶结,抗风化能力弱,用硬物击打易裂成碎片	

续表 4-2

界	系	统	组	代号	地层编号及岩土名称			成因	特征	分布范围
中生界Mz	三叠系T	中统	蒲圻组	T_2p	(5)单元层	(5-3)	(5-3-1)粉砂岩		紫红色泥质粉砂岩、粉砂质泥岩夹黄绿色含钙粉砂岩，具页状或薄片状层理，泥质胶结，抗风化能力弱，用硬物击打易裂成碎片	主要分布于汉南、蔡甸、江夏
			嘉陵江组	$T_{1-2}j$			(5-3-2)白云岩		浅灰色、灰色中厚层状白云岩夹岩溶角砾岩，局部为白云质灰岩	主要分布于汉南、蔡甸、江夏等地
		下统	大冶组	T_1d			(5-3-3)灰岩		灰白色、浅灰色，厚层状砂屑灰岩、鲕粒灰岩、白云质灰岩，中—厚层状，具溶蚀现象，溶洞较发育	在汉口、汉阳、武昌呈近东西向条带分布
							(5-3-4)泥灰岩		灰白色，局部夹黄绿色页岩，钻孔见洞率较低	
古生界Pz	二叠系P	上统	大隆组	P_3d		(5-4)	(5-4-1)硅质岩		浅灰—深灰色，强度高，裂隙发育，夹碳质页岩，局部夹灰白色页岩	汉口、汉阳、武昌均有分布
			龙潭组	P_3l			(5-4-2)粉砂质泥岩		灰黄色，中厚层状构造，局部夹碳质页岩，偶夹杂砂岩	
		中统	孤峰组	P_2g			(5-4-3)硅质岩		灰色、浅灰色，薄层状，夹硅质泥岩	
			茅口组	P_2m			(5-4-4)灰岩		深灰色，中厚层状，生物碎屑灰岩，燧石结核灰岩	主要分布于汉阳、汉口、武昌等地，呈北西西向条带分布
			栖霞组	P_2q			(5-4-5)灰岩		浅灰色，中厚层状，生物碎屑灰岩，燧石结核灰岩	
		下统	梁山组	P_1l			(5-4-6)碳质页岩		深灰色、灰黑色碳质页岩夹煤线，局部夹灰岩透镜体	
							(5-4-7)灰岩		浅灰色、灰色球粒灰岩，局部夹泥质灰岩	

续表 4-2

界	系	统	组	代号	地层编号及岩土名称			成因	特征	分布范围
古生界Pz	石炭系C	上统	船山组	C_2c	(5)单元层	(5-5)	(5-5-1)灰岩		深灰色、灰色厚层状生物碎屑灰岩、白云质泥灰岩、块状泥灰岩	
			黄龙组	C_2h						
			大埔组	$C_{1-2}d$			(5-5-2)白云岩		灰色,生物碎屑微晶白云岩、泥晶白云岩,局部底部为白云质角砾岩	
		下统	和州组	C_1h			(5-5-3)粉砂岩		灰黄色、灰绿色,中厚层状,含菱铁矿结核,局部夹生物碎屑灰岩透镜体	
			高骊山组	C_1g			(5-5-4)粉砂质泥岩		浅黄色,含菱铁矿、铁锰结核,夹煤线	
	泥盆系D	上统	黄家蹬组	D_3h		(5-6)	(5-6-1)石英砂岩		灰黄色、浅灰白色,油脂光泽,强度高,局部底部含砾石	汉口、汉阳及武昌均有分布
			云台观组	$D_{2-3}y$			(5-6-2)砂岩		灰色,中厚层状,局部含赤铁矿,局部夹石英砂岩	
	志留系S	下统	坟头组	S_1f		(5-7)	(5-7-1)泥岩		灰绿色、黄褐色,粉砂质泥岩夹薄层状粉砂岩,具页状或薄片状层理,泥质胶结,抗风化能力弱,用硬物击打易裂成碎片	武汉分布较为广泛,武昌、汉口、汉阳均有分布,是主要的底座基岩
							(5-7-2)砂岩		青灰色、灰绿色、黄褐色,薄层细砂岩,具页状或薄片状层理,泥质胶结,抗风化能力弱,用硬物击打易裂成碎片	
新元古界	南华系Nh	下统	武当岩群	Nh_1W		(5-8)	(5-8-1)片岩		灰白色,长石石英钠长片岩,片理构造发育,风化强烈	零星分布于新洲双柳凤凰山一带
							(5-8a)凝灰岩		暗绿色、黑色,属火山岩,为扬子期构造产物,呈夹层状出露,厚度不大,具碎屑、晶屑结构,含大量玄武岩、杏仁状玄武岩,含斜长石、普通辉石、橄榄石矿物	分布于黄陂、新洲等地

一、填土及淤泥层

该层是表 4-2 中(1)单元层，包含以下 4 个土层：

(1-1)杂填土(Q^{ml})：成分杂乱，一般含有建筑垃圾及工业生活垃圾混黏土，结构松散，硬质物含量高，渗透性较强，承载力低，不宜作为一般建筑物的地基，对基坑工程而言，该层是对边坡隔水及锚固的不良地层，硬质物含量高的杂填土可能对沉桩产生一定的影响。

(1-2)素填土(Q^{ml})：成分相对单一，以粉质黏土、黏性土为主，局部地段含有少量碎石，力学性质不稳定，结构松散，不宜作为建筑物地基。在该层深厚地段，可采用注浆或者夯实加固后作为轻型建筑结构的人工地基。作为基坑侧壁土层时，易产生滑塌，隔水性差，是基坑工程中的重点支护对象。

(1-3)冲填土(Q^{al})：以粉土、粉砂为主，主要分布在河漫滩地区，由水力充填泥沙形成，水平方向不均匀性明显，由于泥沙的颗粒组成随其来源而变化，土层多呈透镜体或薄层状，结构松散，承载力低，不宜作为建筑物地基。

上述填土层总的来讲，有以下几种特征：①不均匀性；②自重压密性(欠固结)；③湿陷性；④较强渗透性；⑤低强度和高压缩性。

(1-4)淤泥(塘泥)(Q^{l})：灰黑色，软—流塑状，分布于湖塘底部及周边，力学性质极差，不能直接被工程利用，作为基坑侧壁土层时，应重点支护，在该层分布深厚地段，采取加固处理后，可作为轻型建构筑物的人工地基或者地基下卧层。

依据本项目工程地质钻探所得的土工试验数据，并参考相关规范、标准，将(1)单元层相关亚层物理力学指标进行统计，各指标参考值见表 4-3。

表 4-3　(1) 单元层土体物理力学指标统计表

地层编号及岩土名称	项目	含水量	重度	孔隙比	液限	塑限	塑性指数	液性指数	压缩系数	压缩模量	快剪	
											内摩擦角	黏聚力
		w (%)	g (kN/m^3)	e	w_L (%)	w_p (%)	I_P	I_l	α_{1-2} (MPa^{-1})	E_S (MPa)	φ (°)	c (kPa)
(1-2)素填土	n	67	67	67	67	67	67	67	67	67	66	66
	max	32.7	19.6	0.919	48.4	28.7	20	0.89	0.48	15.4	27	59
	min	21	18.4	0.679	34.1	20.2	12.6	−0.02	0.11	3.9	4	17
	ave	27.4	19.1	0.779	40.1	24	16	0.24	0.24	9.3	12	42
	σ	3.91	0.37	0.08	4.85	3.18	3.14	0.32	0.13	4.64	7.93	17.01
	δ	0.14	0.01	0.1	0.12	0.13	0.19	1.31	0.56	0.49	0.61	0.39
(1-4)淤泥	n	28	28	28	28	28	28	28	28	28	27	27
	max	65.3	17.6	1.903	65.1	36.4	28.7	1.12	1.56	3.3	11	12
	min	41.7	15.3	0.961	35.2	17.6	10.4	0.89	0.66	1.8	3	2
	ave	50.9	17.4	1.59	41.9	24.1	17.7	1.02	0.98	2.3	6	8
	σ	15.53	1.36	0.42	13.46	6.62	7.01	0.26	0.41	1.36	3.14	10.07
	δ	0.17	0.07	0.15	0.12	0.17	0.19	0.19	0.22	0.21	0.25	0.26

注：n. 样品数；max. 最大值；min. 最小值；ave. 平均值；σ. 标准差；δ. 变异系数。

二、一般沉积土及新近沉积土

该层是表 4-2 中(2)单元层,包含以下 4 个土层。

1.(2-1)一般黏性土、淤泥质土(Qh^{al})

根据该岩层岩土体结构、埋深及物理力学性质,可分为 4 个子亚层,分别为(2-1-1)粉土、(2-1-2)黏性土、(2-1-3)黏性土及(2-1-4)淤泥质土、淤泥。

(2-1-1)粉土(Qh^{al}):主要分布于一级阶地临江、临湖一带浅层(厚度小于 10m),位于“硬壳层”之上,褐黄色,一般呈中密状态。该层中含有潜水,地下水水位埋深 1m 左右,在土层分布地段修建道路、开挖管沟或进行基坑开挖施工时,层中的潜水易造成流土流沙等工程地质问题,应做好降水及支护措施,该层是管沟、基坑等支护中应着重处理的对象。

(2-1-2)黏性土(Qh^{al}):褐黄色,呈可塑状态,主要分布于长江一级阶地,局部地段缺失。该层俗称“硬壳层”(全新世晚期,曾一度出现过干燥的古气候,形成了软土上部所谓的硬壳层),该层工程性质较好,在其分布均匀地段,对于轻型建构筑物,可将基础浅埋,通过硬壳层将应力扩散到更大的面积,使下卧不良土层承受应力尽量减小,“轻基浅埋”就是针对这种地层特点总结出来的经验。承载力特征值 f_{ak} 为 100～150kPa,压缩模量 E_S 为 3.0～9.0MPa。

(2-1-3)黏性土(Qh^{al}):灰黄—褐灰色,软塑状,主要分布于一级阶地。压缩性高,力学性质偏差,自稳性偏差。在该层埋深较浅地段进行桩基施工时,容易造成桩位偏移,在基坑工程中应重点进行支护。不宜作为建构筑物基础持力层,作为下卧层时,应进行强度和变形验算。

(2-1-4)淤泥(Qh^{l})、淤泥质土(Qh^{al}):灰色,软—流塑状,含有机质,自稳性差,层间局部夹有粉土层。长江、汉江一级阶地多有分布。该层具有低强度(不排水抗剪强度一般小于 30kPa)、低渗透性(垂直向渗透系数一般小于 1×10^{-6}cm/s)、高灵敏度(灵敏度在 3～16 之间)、流变性(在剪应力作用下,土体会发生缓慢而长期的剪切变形)等性质。该层工程性质不良,桩基工程易产生偏桩、缩颈等现象,层间夹有粉土在基坑工程中易产生流水流沙,造成基坑壁潜蚀破坏等现象。该层土体物理力学指标参考值见表 4-4。

表 4-4　(2-1) 亚层土体物理力学指标统计表

地层编号及岩土名称	项目	含水量	重度	孔隙比	液限	塑限	塑性指数	液性指数	压缩系数	压缩模量	快剪	
											内摩擦角	黏聚力
		w (%)	g (kN/m³)	e	w_L (%)	w_p (%)	I_P	I_l	α_{1-2} (MPa⁻¹)	E_S (MPa)	φ (°)	c (kPa)
(2-1-1)粉土	n	7	7	7	6	6	6	6	6	6	6	6
	max	26.7	20.6	0.731	32.0	20.7	12.9	0.62	0.37	9.0	19	9.0
	min	19.4	19.5	0.527	23.6	15.8	6.8	0.37	0.17	4.5	8	4.5
	ave	22.2	19.9	0.630	27.8	18.1	9.6	0.48	0.26	6.5	13	6.5
	σ	2.78	0.42	0.06	4.40	1.97	2.61	0.09	0.06	1.53	2.72	1.53
	δ	0.12	0.02	0.10	0.15	0.10	0.26	0.19	0.26	0.23	0.28	0.23

续表 4-4

地层编号及岩土名称	项目	含水量	重度	孔隙比	液限	塑限	塑性指数	液性指数	压缩系数	压缩模量	快剪 内摩擦角	快剪 黏聚力
		w (%)	g (kN/m^3)	e	w_L (%)	w_p (%)	I_P	I_l	a_{1-2} (MPa^{-1})	E_S (MPa)	φ (°)	c (kPa)
(2-1-2)黏性土	n	235	235	235	229	229	229	229	210	210	147	210
	max	47.4	20.6	1.321	59.4	31.9	30.5	0.75	0.74	9.0	16	9.0
	min	19.4	16.9	0.546	23.3	12.5	9.1	0.25	0.18	3.0	3	3.0
	ave	30.5	18.7	0.869	39.5	22.2	17.2	0.49	0.37	5.3	9	5.3
	σ	5.79	0.68	0.15	7.58	3.59	4.51	0.13	0.11	1.36	2.35	1.36
	δ	0.18	0.03	0.17	0.19	0.16	0.26	0.27	0.30	0.25	0.25	0.25
(2-1-3)黏性土	n	184	184	184	181	181	181	181	153	153	126	153
	max	59.7	20.1	1.668	66.8	36.1	30.7	1.19	1.38	6.0	26	6.0
	min	23.0	15.7	0.630	24.0	14.5	6.0	0.30	0.29	1.8	1	1.8
	ave	36.1	18.1	1.012	40.0	23.3	16.7	0.78	0.57	3.7	7	3.7
	σ	6.88	0.82	0.19	7.59	3.63	4.44	0.20	0.18	0.84	4.61	0.84
	δ	0.19	0.04	0.19	0.18	0.15	0.26	0.26	0.31	0.22	0.59	0.22
(2-1-4)淤泥质土	n	22	22	22	22	22	22	22	18	18	13	18
	max	68.8	18.5	1.873	54.5	34.4	25.7	1.89	1.58	4.0	8	4.0
	min	30.5	15.4	0.908	27.0	15.7	11.0	0.73	0.47	1.6	3	1.6
	ave	42.3	17.3	1.202	39.6	23.5	16.0	1.16	0.79	2.9	4	2.9
	σ	9.69	0.91	0.26	7.30	5.04	3.18	0.26	0.29	0.64	1.57	0.64
	δ	0.22	0.05	0.22	0.18	0.21	0.19	0.22	0.37	0.21	0.32	0.21

注：n. 样品数；max. 最大值；min. 最小值；ave. 平均值；σ. 标准差；δ. 变异系数。

2. (2-2)黏性土、粉土、砂土互层(Qh^{al})

该层又称过渡层，主要分布于长江、汉江冲积一级阶地，是黏性土与砂性土之间的过渡层，顶板埋深9～13m，厚度为3～5m。黏性土多呈软塑状态，粉土呈中密状态，粉砂呈稍密状态、饱水，水平、垂直渗透性差异较大。对于设有两层以上地下室的高层建筑基坑往往遇到该层土，若处理不当，易产生坑底涌砂冒水及坑壁管涌、失稳等不良现象，应引起足够的重视。钻孔灌注桩施工至该层时，应做好护壁工作，防止垮孔引起断桩、缩颈现象。该层土体物理力学指标参考值见表4-5。

表 4-5　(2-2) 亚层土体物理力学指标统计表

地层编号及岩土名称	项目	含水量	重度	孔隙比	液限	塑限	塑性指数	液性指数	压缩系数	压缩模量	快剪	
											内摩擦角	黏聚力
		w(%)	g (kN/m^3)	e	w_L (%)	w_p (%)	I_P	I_l	$\alpha_{1\text{-}2}$ (MPa^{-1})	E_S (MPa)	φ (°)	c (kPa)
(2-2)黏性土、粉土、砂土互层	n	77	77	77	74	74	74	74	75	75	21	26
	max	44.5	20.0	1.233	47.8	27.2	21.5	1.39	0.68	8.5	17	29
	min	18.2	17.1	0.579	21.8	14.1	6.2	0.35	0.20	3.0	4	8
	ave	31.2	18.7	0.876	35.2	21.6	13.5	0.72	0.39	5.0	10	18
	σ	4.51	0.65	0.13	5.11	2.60	3.32	0.20	0.11	1.38	3.30	6.59
	δ	0.14	0.03	0.14	0.14	0.11	0.24	0.28	0.29	0.27	0.28	0.30

注：n. 样品数；max. 最大值；min. 最小值；ave. 平均值；σ. 标准差；δ. 变异系数。

3. (2-3)砂层(Qh^{al})

根据该层砂土密实度、颗粒组成等物理力学性质，可分为 3 个子亚层，分别为(2-3-1)粉砂、(2-3-2)粉细砂及(2-3-3)粉细砂和(2-3a)黏性土。该层土体物理力学指标参考值见表 4-6。

表 4-6　(2-3) 亚层土体物理力学指标统计表

砂土名称	项目	颗粒分析					标贯	静探
		砂粒(mm)			粉粒(mm)	黏粒(mm)		
		0.5～2.0	0.25～0.5	0.075～0.25	0.005～0.075	<0.005	N(击)	p_s(MPa)
(2-3-1)粉砂	n	90	90	90	90	90	1500	600
	max	4.6	12.7	89.6	63.1	16	15	4.9
	min	0	0	20.6	3	1.9	5	2.3
	μ	0.90	4.63	72.23	16.67	5.57	10	3.8
(2-3-2)粉细砂	n	85	85	85	85	85	1500	600
	max	3.6	17.7	93	15	5.1	30	9.6
	min	0	0	71.4	2.7	1.1	15	5.5
	μ	0.90	5.83	81.78	8.09	3.41	23	8.4
(2-3-3)粉细砂	n	24	24	24	24	24	1500	600
	max	37.8	26.8	91.3	17.6	8.9	44	17
	min	0	0.2	30.6	2.7	1.4	31	8.4
	μ	3.31	9.66	74.24	6.94	4.15	37	12.7

注：n. 样品数；max. 最大值；min. 最小值；μ. 平均值。

(2-3-1)粉砂(Qh^{al})：灰色、稍密，强度一般，压缩性中—高，工程力学性质一般，但埋深相对较浅，且分布不稳定，局部厚度较小，不宜作为拟建高层住宅桩基持力层。层间含有承压水，主要分布于长江、汉江冲积一级阶地。承载力特征值 f_{ak} 为 110～150kPa，压缩模量 E_S 为 9.0～13.0MPa。

(2-3-2)粉细砂(Qh^{al})：青灰色，中密，强度较高，压缩性中—低，工程力学性质较好，可作为荷载不大的多层建筑的桩基持力层，不宜作为高层建筑的桩基持力层，当高层建筑采用桩筏基础时，可考虑作为桩筏基础中的桩基持力层。层间含有承压水，主要分布于长江、汉江冲积一级阶地。承载力特征值 f_{ak} 为 150～250kPa，压缩模量 E_S 为 13.0～23.0MPa。

(2-3-3)粉细砂(Qh^{al})：青灰色，密实，强度高，压缩性低，工程力学性质良好，管桩一般较难穿透该层。可作为荷载不大的建筑物桩基持力层，作为高层建筑的桩基持力层时应验算承载力及沉降是否满足要求，当高层建筑采用桩筏基础时，可考虑作为桩筏基础中的桩基持力层。层间含有承压水，主要分布于长江、汉江冲积一级阶地。承载力特征值 f_{ak} 为 250～320kPa，压缩模量 E_S 为 23.0～30.0MPa。

(2-3a)黏性土(Qh^{al})：该层呈透镜体状分布于(2-3)层砂土中，软塑—可塑状态，粉粒、砂粒含量较高，力学性质不稳定，桩基施工时，桩端应穿透该层。承载力特征值 f_{ak} 为 90～120kPa，压缩模量 E_S 为 4.5～6.0MPa。该层土体物理力学指标参考值见表 4-7。

表 4-7　(2-3a) 亚层土体物理力学指标统计表

地层编号及岩土名称	项目	天然含水量	重度	天然孔隙比	液限	塑限	塑性指数	液性指数	压缩系数	压缩模量	内摩擦角	黏聚力
		w(%)	γ (kN/m³)	e	w_L(%)	w_P(%)	I_P	I_L	$\alpha_{1\text{-}2}$ (MPa⁻¹)	E_S (MPa)	φ (°)	c (kPa)
(2-3a)黏性土	n	7	7	7	7	7	7	7	7	7	6	6
	max	56.0	17.6	1.590	56.1	28.2	27.9	1.09	1.23	3.1	6	12
	min	37.1	16.1	1.094	38.7	20.8	16.3	0.85	0.66	2.0	4	5
	ave	42.9	17.0	1.257	43.9	23.4	20.5	0.94	0.87	2.6	4	9
	σ	6.93	0.56	0.19	6.50	2.49	4.20	0.08	0.22	0.43	0.81	2.36
	δ	0.16	0.03	0.15	0.14	0.10	0.20	0.08	0.26	0.16	0.18	0.26

注：n. 样品数；max. 最大值；min. 最小值；ave. 平均值；σ. 标准差；δ. 变异系数。

4. (2-4)砾卵石层(Qh^{al})

根据该层砂土颗粒组成，可分为两个子亚层，分别为(2-4-1)中粗砂夹砾石、(2-4-2)砾卵石层。该层土体物理力学指标参考值见表 4-8。

表 4-8　(2-4) 亚层土体物理力学指标统计表

地层编号及岩土名称	项目	粒径大小(mm)				承载力	压缩模量	标贯	动探
		>2.0	2.0～0.5	0.5～0.25	<0.005	[f_{a0}] (kPa)	E_S (MPa)	N(击)	$N_{63.5}$
(2-4-1)中粗砂夹砾石	n	21	21	21	21	21	21	35	
	max	58.0	49.7	39.6	6.0	55.5	21.1	48	
	min	0.0	3.1	4.7	1.7	7.2	5.0	22	
	μ	12.0	27.4	18.0	4.2	28.8	9.6	30	
(2-4-2)砾卵石	n	13	13	13	13	13	13		32
	max	90.0	87.1	23.9	8.0	53.7	18.9		14
	min	0.0	5.9	0.0	0.0	0.0	0.0		8.9
	μ	58.7	15.9	4.3	4.3	13.6	3.2		11.8

注：n. 样品数；max. 最大值；min. 最小值；μ. 平均值。

(2-4-1)中粗砂夹砾石(Qh^{al}):主要分布于高漫滩与一级阶地。灰色,以中粗砂为主,夹少量砾石,主要分布于(2-3)层之下,中密—密实状态,在分布较厚且均匀地段可作为多层建筑的桩基持力层使用,分布不均匀地段不宜作为桩基持力层,作为高层建筑持力层时需谨慎,应验算承载力及沉降稳定性。

(2-4-2)砾卵石(Qh^{al}):主要分布于高漫滩与一级阶地,灰白色,中密—密实状态,以圆砾为主,含卵石及少量中粗砂。力学性质较好,管桩无法穿透该层,钻孔灌注桩在该层中施工较困难,在分布均匀且厚度较大的地段,可考虑作为高层建筑的桩基持力层。

三、老沉积土

该层是表 4-2 中(3)单元层,包括以下 5 个土层。

1. (3-1) 上更新统黏性土层

根据该层土体结构、埋深及物理力学性质,可分为 5 个子亚层,分别为(3-1a)砂土、粉土层,(3-1-1)黏性土,(3-1-2)黏性土,(3-1-3)黏土夹碎石和(3-1-4)黏性土与砂土过渡层。该层土体物理力学指标参考值见表 4-9。

表 4-9 (3-1) 亚层土体物理力学指标统计表

地层编号及岩土名称	项目	含水量	重度	孔隙比	液限	塑限	塑性指数	液性指数	压缩系数	压缩模量	快剪	
											内摩擦角	黏聚力
		w (%)	γ (kN/m³)	e	w_L (%)	w_p (%)	I_P	I_L	α_{1-2} (MPa^{-1})	E_S (MPa)	φ (°)	c (kPa)
(3-1-1)黏性土	n	213	213	213	189	189	189	189	201	201	144	150
	max	40.2	20.3	1.099	57.9	30.7	29.3	0.61	0.32	14.2	25	69
	min	19.1	17.8	0.568	25.0	15.0	7.5	0.11	0.12	6.0	7	26
	ave	25.8	19.1	0.757	36.8	20.8	16.0	0.32	0.20	8.9	13	45
	σ	3.64	0.55	0.09	6.07	3.13	3.53	0.09	0.04	1.85	3.55	9.56
	δ	0.14	0.02	0.12	0.16	0.15	0.22	0.28	0.21	0.20	0.25	0.20
(3-1-2)黏性土	n	199	199	199	197	197	197	197	187	187	134	109
	max	35.6	21.3	0.976	57.4	31.5	26.9	0.57	0.30	25.0	31	82
	min	12.8	18.1	0.416	24.4	13.3	10.8	−0.24	0.06	6.1	10	31
	ave	24.0	19.6	0.689	39.5	22.6	16.8	0.08	0.11	15.4	18	60
	σ	3.33	0.55	0.09	5.94	3.11	3.50	0.11	0.03	3.87	5.12	12.85
	δ	0.13	0.02	0.13	0.15	0.13	0.20	1.31	0.27	0.25	0.27	0.21
(3-1-3)黏性土夹碎石	n	49	49	49	46	46	46	46	49	49	33	33
	max	47.3	21.7	1.319	62.7	34.1	31.1	0.72	0.39	24.4	46	152
	min	11	17	0.35	25.3	13.2	11.1	−0.18	0.07	4.4	3	22
	ave	22.8	19.7	0.673	37.9	19.9	18	0.18	0.16	11.7	18	61

注:n. 样品数;max. 最大值;min. 最小值;ave. 平均值;σ. 标准差;δ. 变异系数。

(3-1a)砂土、粉土层(Qp_3^{eol}):由一套黄色砂土、粉土组成,厚度不均,风积沉积。主要分布于武昌青山矾头山、赵家山、营盘山一带。

(3-1-1)黏性土(Qp_3^{al+pl}):褐黄色,可塑—硬塑状,属于过渡层,主要分布于剥蚀堆积垄岗地貌凹陷内。力学性质较好,可作为具有一定荷载的建构筑物的天然地基,但该层具有一定的膨胀性,基坑(槽)开挖过程中应注意做好防排水措施。

(3-1-2)黏性土(Qp_3^{al+pl}):褐黄色,硬塑—坚硬状,含灰白色高岭土等,主要分布于剥蚀堆积垄岗地貌凹陷内。力学性质较好,可作为轻型建构筑物的天然地基使用,该层分布厚度较大且均匀地段可考虑作为高层建筑的天然地基使用,但该层具有一定的膨胀性,基坑开挖过程中应注意做好防排水措施。

(3-1-3)黏性土夹碎石(Qp_3^{al+pl}):褐黄色,含有碎石,呈硬塑—坚硬状态,力学性质好,该层分布厚度较大且均匀地段可考虑作为高层建筑的天然地基使用。碎石含量高时管桩穿透较困难,但该层黏土具有一定的膨胀性,基坑开挖过程中应注意做好防排水措施。

(3-1-4)黏性土与砂土过渡层(Qp_3^{al+pl}):以黏性土为主,混粉砂颗粒,局部粉砂含量较高,压缩性中等,软硬不均,主要分布在二级阶地。

2. 中更新统辛安渡组老沉积土层

根据该岩层岩土体结构、埋深及物理力学性质,可分为3个子亚层,分别为(3-2-1)黏性土、(3-2-2)砂土、(3-2-3)砾卵石。

(3-2-1)黏性土(Qp_{2x}^{al+pl}):褐黄—棕红色,硬塑状,压缩性低,工程性质良好,可作为具有一定荷载的建构筑物的天然地基使用。荷载较大的建构筑物,经计算满足承载力及变形条件后,可作为拟建建筑天然地基使用。该层具有一定的膨胀性,作为基坑侧壁土时,其自稳性良好,但应注意做好防水措施,防止其软化膨胀变形。该层土体物理力学指标参考值简表4-10。

表 4-10　(3-2) 亚层土体物理力学指标统计表

地层编号及岩土名称	项目	含水量 w (%)	重度 γ (kN/m³)	孔隙比 e	液限 w_L (%)	塑限 w_p (%)	塑性指数 I_P	液性指数 I_L	压缩系数 α_{1-2} (MPa⁻¹)	压缩模量 E_S (MPa)	快剪 内摩擦角 φ (°)	快剪 黏聚力 c (kPa)
(3-2-1)黏性土	n	80	80	80	80	80	80	80	80	80	78	78
	max	35.3	20.7	0.997	58.7	31	27.7	0.35	0.23	27.3	34	75
	min	18.6	18.1	0.521	28.5	15.8	11.9	−0.06	0.07	7.4	8	35
	ave	24.3	19.6	0.7	40.3	21.7	18.5	0.14	0.12	15.5	18	56
	σ	3.98	0.56	0.10	6.21	3.15	3.22	0.08	0.35	4.03	5.23	8.21
	δ	0.15	0.03	0.14	0.15	0.14	0.17	0.56	2.50	0.24	0.26	0.15

注:n. 样品数;max. 最大值;min. 最小值;ave. 平均值;σ. 标准差;δ. 变异系数。

(3-2-2)砂土(Qp_{2x}^{al+pl}):褐黄色,砂土以粉细—中粗砂为主,中密—密实状;黏粒含量高,黏性强,表现出可塑状态。该层为长江、汉江古河道冲积层,呈条带状分布,该层力学性质较上部老黏土稍差,成为相对软弱下卧层,当以上覆黏性土作为基础持力层时,应对该层进行承载力和沉降验算。

(3-2-3)砾卵石(Qp_{2x}^{al+pl}):灰白色,混黏性土,为长江、汉江古河道冲积层底部,呈中密—密实状态,力学性质好,局部地段埋深大,以该层作为桩基持力层时,工程造价相对较高。

3. (3-3) 中更新统王家店组老沉积土(Qp_{2w}^{al+pl})

根据该岩层岩土体结构及物理力学性质,可分为2个子亚层,分别为(3-3-1)红土、(3-3-2)残坡积土。该层土体物理力学指标参考值见表 4-11。

表 4-11 (3-3) 亚层土体物理力学指标统计表

地层编号及岩土名称	项目	含水量	重度	孔隙比	液限	塑限	塑性指数	液性指数	压缩系数	压缩模量	快剪	
											内摩擦角	黏聚力
		w (%)	γ (kN/m³)	e	w_L (%)	w_p (%)	I_P	I_L	α_{1-2} (MPa⁻¹)	E_S (MPa)	φ (°)	c (kPa)
(3-3-1) 红土	n	806	806	805	758	758	758	758	739	739	473	472
	max	44.9	21.6	1.294	69.8	34.7	37.0	0.47	0.29	29.8	34	99
	min	15.0	16.2	0.433	25.2	13.6	8.8	−0.34	0.05	6.2	8	30
	ave	23.9	19.4	0.712	39.9	22.0	17.9	0.10	0.13	14.1	19	61
	σ	3.81	0.66	0.10	6.67	3.07	4.35	0.12	0.03	4.23	4.31	11.70
	δ	0.15	0.03	0.15	0.16	0.13	0.24	1.19	0.28	0.30	0.21	0.19
(3-2-2) 残坡积土	n	31	31	31	31	31	31	31	29	29	23	23
	max	32.6	21.7	0.972	62.7	34.1	29.2	0.33	0.18	24.4	46	110
	min	14.2	17.8	0.418	25.3	13.2	12.1	−0.18	0.07	9.1	10	23
	ave	21.6	20.0	0.635	38.7	20.4	18.3	0.06	0.12	13.7	21	62
	σ	5.60	1.04	0.16	8.82	4.79	4.63	0.15	0.03	3.50	10.39	20.65
	δ	0.25	0.05	0.25	0.22	0.23	0.25	2.42	0.25	0.25	0.28	0.33

注：n. 样品数；max. 最大值；min. 最小值；ave. 平均值；σ. 标准差；δ. 变异系数。

(3-3-1)红土(Qp_{2w}^{al+pl})：棕红色，硬塑状，力学性质好，可作为具有一定荷载的建构筑物的天然地基，经计算当承载力和沉降量满足要求后，可作为高层建筑的天然地基。该层具有一定的膨胀性，在大气影响急剧层以内的天然地基应做好防水措施，防止其胀缩变形。作为基坑侧壁土层时，自稳性良好，但应做好防水、排水措施。

(3-3-2)残坡积土(Qp_{2w}^{al+pl})：主要表现为红土碎石层，碎石含量多少不一，局部表现为碎石土特征。压缩性低，承载力高，可作为荷载较大的建筑地基使用，高层建筑当验算承载力及沉降量满足要求后，可作为其天然地基使用。管桩在该层施工时有困难。

4. (3-4) 下更新统东西湖组(Qp_1d^{al+pl})

根据该岩层岩土体结构及物理力学性质，可分为 3 个子亚层，分别为(3-4-1)黏性土、(3-4-2)粉细砂、(3-4-3)含砾石中粗砂。

(3-4-1)黏性土(Qp_1d^{al+pl})：灰白色、黄色，硬塑状，力学性质好，可作为具有一定荷载的建构筑物的天然地基，经计算当承载力和沉降量满足要求后，可作为高层建筑的天然地基。该层具有一定的膨胀性，在大气影响急剧层以内的天然地基应做好防水措施，防止其胀缩变形。作为基坑侧壁土层时，自稳性良好，但应做好防水、排水措施。该层土体物理力学指标参考值见表 4-12。

表 4-12　(3-4) 亚层土体物理力学指标统计表

地层编号及岩土名称	项目	含水量	重度	孔隙比	液限	塑限	塑性指数	液性指数	压缩系数	压缩模量	快剪	
											内摩擦角	黏聚力
		w (%)	γ (kN/m³)	e	w_L (%)	w_p (%)	I_P	I_L	α_{1-2} (MPa⁻¹)	E_S (MPa)	φ (°)	c (kPa)
(3-4-1) 黏性土	n	14	14	14	14	14	14	14	14	14	14	14
	max	20.6	20.7	0.611	39.0	19.0	20.0	0.22	0.11	20.8	19	75
	min	18.6	20.1	0.521	28.5	15.8	11.9	0.07	0.07	12.8	15	53
	ave	19.3	20.5	0.554	32.3	17.6	14.7	0.12	0.09	16.5	17	64
	σ	0.95	0.33	0.03	4.65	1.33	3.64	0.06	0.01	3.32	2.30	15.55
	δ	0.03	0.05	0.02	0.06	0.09	0.20	0.14	0.05	0.06	0.05	0.08

注：n. 样品数；max. 最大值；min. 最小值；ave. 平均值；σ. 标准差；δ. 变异系数。

(3-4-2)粉细砂(Qp_1^{al+pl})：灰色、黄色，中密—密实，力学性质较好。压缩性低，承载力高，可作为荷载较大的建筑桩基使用。承载力特征值 f_{ak} 为 160～240kPa，压缩模量 E_S 为 14.0～22.0MPa。

(3-4-3)含砾石中粗砂(Qp_1^{al+pl})：灰色、黄色，中密—密实，力学性质较好。压缩性低，承载力高，可作为荷载较大的建筑桩基使用。承载力特征值 f_{ak} 为 250～350kPa，压缩模量 E_S 为 14.0～21.0MPa。

5. (3-5)下更新统阳逻组(Qp_1^{al+pl})

根据该岩层岩土体结构及物理力学性质，可分为 2 个子亚层，分别为(3-5-1)含砾黏性土和(3-5-2)中粗砂、砾石。

(3-5-1)含砾黏性土(Qp_1^{al+pl})：棕红色、褐黄色，硬塑状，力学性质好，可作为具有一定荷载的建构筑物的天然地基，经计算当承载力和沉降量满足要求后，可作为高层建筑的天然地基。作为基坑侧壁土层时，自稳性良好，但应做好防水、排水措施。该层土体物理力学指标参考值见表 4-13。

表 4-13　(3-5) 亚层土体物理力学指标统计表

地层编号及岩土名称	项目	含水量	重度	孔隙比	液限	塑限	塑性指数	液性指数	压缩系数	压缩模量	快剪	
											内摩擦角	黏聚力
		w (%)	γ (kN/m³)	e	w_L (%)	w_p (%)	I_P	I_L	α_{1-2} (MPa⁻¹)	E_S (MPa)	φ (°)	c (kPa)
(3-5-1) 含砾黏性土	n	14	14	14	14	14	14	14	14	14	12	12
	max	33.0	18.7	0.941	60.8	29.6	32.0	0.21	0.23	12.6	15	72
	min	28.8	17.9	0.876	48.3	27.5	19.6	−0.04	0.15	8.1	12	60
	ave	31.1	18.3	0.921	52.6	28.8	23.7	0.08	0.19	10.3	13	66
	σ	1.77	0.33	0.03	5.69	0.99	5.62	0.10	0.04	2.27	2.12	8.48
	δ	0.05	0.03	0.06	0.12	0.10	0.08	0.56	0.12	0.15	0.08	0.04

注：n. 样品数；max. 最大值；min. 最小值；ave. 平均值；σ. 标准差；δ. 变异系数。

(3-5-2)中粗砂、砾石(Qp_1^{al+pl})：棕红色、褐黄色、紫灰色、灰白色，局部夹细砂及粉质黏土。砾石磨圆度好，分选好，有一定排列方向，为砂质、泥质胶结，冲积相、洪积相沉积。力学性质较好，压缩性低，承载力高，可作为荷载较大的建筑地基使用。

四、残坡积土

该层是表 4-2 中(4)单元层,包含以下 3 个土层。

(4-1)坡积土(Qp^{dl}):由黏性土混碎石组成,厚度一般为 1～3m,结构松散,土质疏松,压缩性较高,力学性质较差,不宜作为建构筑物的持力层。主要分布于山坡、山麓、冲沟及洼地处。在地势较低处厚度大,地势高处厚度薄。承载力特征值 f_{ak} 为 200～300kPa,变形模量 E_S 为 20.0～28.0MPa。

(4-2)残积土(Qp^{el}):主要分布于山区或丘陵地带平缓处,与下卧基岩风化带呈渐变关系。承载力特征值 f_{ak} 为 200～300kPa,压缩模量 E_S 为 8.0～15.0MPa。

(4-2a)红黏土(Qp^{el}):红黏土为武汉地区特殊性黏土,是由母岩石灰岩、白云岩等风化残积而成,颜色为棕红色、褐黄色,直接覆盖于碳酸盐岩之上,一般上硬下软,高液限,高含水率,上部呈可塑—硬塑状,下部呈软塑—流塑状,根据其性质特征可细分为(4-2a—1)层和(4-2a—2)层。不宜直接作为拟建建构筑的基础持力层。该层物理力学指标参考值见表 4-14。

表 4-14　(4-2)亚层土体物理力学指标统计表

地层编号及岩土名称	项目	含水量	重度	孔隙比	液限	塑限	塑性指数	液性指数	压缩系数	压缩模量	快剪	
											内摩擦角	黏聚力
		w (%)	γ (kN/m³)	e	w_L (%)	w_p (%)	I_P	I_L	a_{1-2} (MPa^{-1})	E_S (MPa)	φ (°)	c (kPa)
(4-2)坡积土	n	47	46	46	45	45	45	45	41	41	31	31
	max	35.3	21.3	0.997	58.7	31.0	29.6	0.70	0.45	29.0	32	83
	min	16.0	17.9	0.447	27.2	14.0	11.2	−0.26	0.06	4.3	8	17
	ave	23.9	19.4	0.717	39.4	21.2	18.1	0.14	0.18	10.6	17	52
	σ	4.63	0.82	0.13	7.62	3.66	4.63	0.16	0.07	3.92	5.62	15.34
	δ	0.19	0.04	0.18	0.19	0.17	0.25	1.09	0.40	0.36	0.32	0.29
(4-2a-1)红黏土	n	17	17	17	17	17	17	17	14	14	9	9
	max	47.4	19.0	1.294	65.1	31.0	35.3	0.70	0.38	15.0	14	58
	min	31.6	17.2	0.887	47.3	24.5	22.2	0.25	0.13	5.8	7	28
	ave	40.5	17.9	1.112	56.6	27.8	28.7	0.44	0.21	11.1	9	41
	σ	4.74	0.58	0.13	4.94	2.12	3.66	0.14	0.07	3.21	2.78	9.57
	δ	0.11	0.03	0.12	0.08	0.07	0.12	0.32	0.36	0.28	0.29	0.23
(4-2a-2)红黏土	n	1	1	1	1	1	1	1	1	1	1	1
	max	49.5	16.8	1.381	43.3	21.2	22.1	1.28	1.39	1.7	3	10
	min	49.5	16.8	1.381	43.3	21.2	22.1	1.28	1.39	1.7	3	10
	ave	49.5	16.8	1.381	43.3	21.2	22.1	1.28	1.39	1.7	3	10

注:n. 样品数;max. 最大值;min. 最小值;ave. 平均值;σ. 标准差;δ. 变异系数。

五、岩层

该岩层是表 4-2 中(5)单元层，包括 8 个岩层。

(5-1)半成岩(N_1g)：该层岩性主要为泥岩、砂质泥岩、砂砾岩，灰绿色、黄褐—棕红色，主要由黏土矿物及粉砂组成，胶结较差，呈土状，未见明显层理，其中含灰白色高岭土矿物及少量泥岩碎块，属半成岩，岩体基本质量等级为Ⅴ类。强度一般介于老黏性土与强风化极软岩之间。工程性质良好，可作为建筑桩基持力层。

半成岩一般含有较多的伊利石、蒙脱石等亲水矿物，该层岩体暴露及遇水后强度衰减较快。基坑工程中揭露该层时不宜暴露时间过长，并做好防水工作。该层物理力学指标见表 4-15。

表 4-15　(5-1) 单元层土体物理力学指标统计表

地层编号及岩土名称	统计项目	天然含水量	重度	天然孔隙比	液限	塑限	塑性指数	液性指数	压缩系数	压缩模量	黏聚力	摩擦角
		w (%)	γ (kN/m^3)	e	w_L (%)	w_p (%)	I_p	I_L	a_{1-2} (MPa^{-1})	E_S (MPa)	c (kPa)	φ (°)
(5-1)半成岩	n	28	28	28	27	27	27	27	28	28	27	27
	max	26.1	21.4	0.828	44.8	24.2	21.6	0.21	0.32	17.7	26	88
	min	14.8	18.5	0.441	29.8	15.0	14.0	−0.41	0.08	5.1	16	58
	μ	20.4	19.9	0.623	39.6	21.6	17.9	−0.07	0.12	13.4	22	72
	σ	2.96	0.71	0.09	4.01	2.22	2.32	0.12	0.04	2.71	2.85	9.50
	δ	0.14	0.03	0.14	0.10	0.10	0.12	1.74	0.35	0.20	0.12	0.13

注：n. 样品数；max. 最大值；min. 最小值；ave. 平均值；σ. 标准差；δ. 变异系数。

(5-2)单元层～(5-8a)单元层为基岩层(表 4-2)，是建构筑物良好的桩基持力层，一般分为强、中、微 3 种风化程度，按照其饱和单桩抗压强度标准值，可分为坚硬岩、较硬岩、较软岩、软岩及极软岩，分类标准见表 4-16，各岩层物理力学指标见表 4-17。

表 4-16　岩石坚硬程度划分表

坚硬程度类别	坚硬岩	较硬岩	较软岩	软岩	极软岩
饱和单轴抗压强度标准值 f_{rk}(MPa)	$f_{rk}>60$	$60\geqslant f_{rk}>30$	$30\geqslant f_{rk}>15$	$15\geqslant f_{rk}>5$	$f_{rk}\leqslant 5$

表 4-17　(5-1)～(5-8) 单元层主要岩体物理力学指标统计表

岩体工程地质单元			项目	重度 v(kN/m³)	吸水率 (%)	单轴极限抗压强度 (MPa)			弹性模量 (MPa)	软化系数	泊松比
单元层	代号	岩石名称				天然	风干	饱和			
(5-1)	N_1g	泥岩		23.9		0.8					
(5-2)	K_2—E_1g	泥岩、砂岩	n	16	16	24	6	15	14	8	11
			max	26.8	16.0	26.2	48.9	24.0	5 184.1	8.0	11.0
			min	22.2	1.5	0.8	4.0	1.7	160.0	0.4	0.3
			μ	24.1	6.2	4.8	14.9	5.3	1 086.5	0.5	0.4
		砂砾岩	n	6	6	10		65	5	5	3
			max	26.5	5.3	33.1		50.24	7 038.2	0.6	0.4
			min	26.1	1.6	1.3		4.1	1 896.3	0.1	0.0
			μ	26.3	2.4	12.8		34.44	4 062.9	0.4	0.3
(5-3)	T_1d—$T_{1-2}j$	灰岩、白云岩	n	3				11			
			max	26.9				102.1			
			min	26.2				2.2			
			μ	26.6	0.2	93.3		67.6	8 257.3	0.4	0.3
	T_1d	泥灰岩	n			3		28			
			max			15.7		37.4			
			min			6.3		9.43			
			μ	21.9		10.4		24.97			
(5-4)	P_2g	硅质岩	n	3				25	2		
			max	24.6				81.1	8 508.0		
			min	24.4				23.9	3 872.0		
			μ	24.5	0.8	23.9		41.92	6 190.0		0.3
	P_2q	灰岩	n	4	2	3		291	2		
			max	26.9	0.6	113.5		101.8	12 980.4		
			min	26.6	0.4	48.6		13.08	8 458.4		
			μ	26.8	0.5	78.8		53.00	10 719.4		0.3
	P_1l	碳质页岩	n	5		6		3	5		2
			max	25.1		10.6		9.7	1 906.4		0.4
			min	18.2		0.4		3.7	17.5		0.4
			μ	22.7	4.8	4.2		6.9	938.2		0.4

续表 4-17

岩体工程地质单元			统计项目	重度 v(kN/m³)	吸水率(%)	单轴极限抗压强度(MPa)			弹性模量(MPa)	软化系数	泊松比
单元层	代号	岩石名称				天然	风干	饱和			
(5-5)	C_2h	灰岩	n	6	3	3		42	5		5
			max	26.8	2.3	107.9		126.3	16 352.0		0.3
			min	25.8	0.5	35.3		20.3	5 962.5		0.2
			μ	26.2	1.1	68.8		50.81	11 102.1		0.3
	C_1h—C_1g	泥岩、砂岩	n	6	3	9		4	4		4
			max	24.7	8.0	12.4		8.8	1 420.1		0.4
			min	20.7	5.6	0.2		2.5	265.2		0.3
			μ	23.1	6.4	4.1		5.9	712.5		0.4
(5-6)	D_3y	石英砂岩	n	4				23			
			max	25.8				135			
			min	25.36				27.75			
			μ	25.54	3.0	34.4	46.1	64.75	1 985.1	0.6	
(5-7)	S_1f	泥岩	n	12	6	33	5	354	5	4	4
			max	25.5	8.1	34.0	23.1	26.19	3 320.9	0.6	0.4
			min	23.3	2.8	0.7	8.0	1.4	429.2	0.3	0.3
			μ	24.5	6.1	7.1	13.7	11.80	1 335.8	0.5	0.4
		砂岩	n					221			
			max					46.78			
			min					10.54			
			μ					32.12			

注：①此表依据 2008～2013 年武汉市测绘研究院相关勘察报告及本项目工程地质钻探岩石试验成果。

②(5-2a)、(5-8)单元层岩体物理力学指标尚未收集到。

六、各单元层承载力特征值及压缩模量综合成果

各单元层承载力特征值及压缩模量综合成果见表 4-18。

表 4-18　单元层承载力特征值及压缩模量综合成果表

地层编号及岩土名称	建议值	
	f_{ak}(kPa)	E_S(MPa)
(1-4)淤泥	40～70	1.8～2.5
(2-1-1)粉土	90～120	6.0～8.5
(2-1-2)黏性土	100～150	4.5～6.5
(2-1-3)黏性土	80～100	3.8～4.5

续表 4-18

地层编号及岩土名称	建议值	
	f_{ak}(kPa)	E_S(MPa)
(2-1-4)淤泥质土、淤泥	60～80	2.5～3.5
(2-2)黏土性、粉土、粉砂互层	90～130	6.0～9.0
(2-3-1)粉砂	110～150	9.0～13.0
(2-3-2)粉细砂	150～250	13.0～23.0
(2-3-3)粉细砂	250～320	23.0～30.0
(2-3a)黏性土	90～120	4.5～6.0
(2-4-1)中粗砂夹砾石	300～400	18.0～25.0
(2-4-2)砾卵石	350～450	—
(3-1-1)黏性土	200～300	8.5～11.0
(3-1-2)黏性土	330～500	14.0～19.0
(3-1-3)黏性土夹碎石	400～500	15.0～20.0
(3-1-4)黏性土与砂土过渡层	120～200	5.0～9.0
(3-2-1)黏性土	300～400	12.0～16.0
(3-2-2)砂土	250～350	14.0～21.0
(3-2-3)砾卵石	300～400	—
(3-3-1)红土	330～450	14.0～18.0
(3-3-2)残坡积土	400～500	15.0～20.0
(3-4-1)黏性土	330～450	14.0～18.0
(3-4-2)粉细砂	160～240	14.0～22.0
(3-4-3)含砾石中粗砂	250～350	14.0～21.0
(3-5-1)含砾黏性土	330～450	14.0～18.0
(3-5-2)中粗砂、砾石	300～400	—
(4-1)坡积土	200～300	—
(4-2)残积土	200～300	8.0～15.0
(5-1-1)强风化泥岩	300～400	—
(5-1-2)中风化泥岩	1000～1500	—
(5-2-1-1)强风化泥岩	400～500	—
(5-2-1-2)中风化泥岩	1000～2000	—
(5-2-2-1)强风化砂岩	400～500	—
(5-2-2-2)中风化砂岩	1000～2500	—
(5-2-3-1)强风化砂砾岩	450～550	—
(5-2-3-2)中风化砂砾岩	1500～3000	—
(5-3-1-1)强风化粉砂岩	400～500	—
(5-3-1-2)中风化粉砂岩	1000～2500	—

续表 4-18

地层编号及岩土名称	建议值	
	f_{ak}(kPa)	E_S(MPa)
(5-3-2)白云岩	3000～5000	—
(5-3-3)灰岩	4000～6000	—
(5-3-4-1)强风化泥灰岩	450～550	—
(5-3-4-2)中风化泥灰岩	1500～3000	—
(5-4-1-1)强风化硅质岩	500～600	—
(5-4-1-2)中风化硅质岩	4000～6000	—
(5-4-2-1)强风化粉砂质泥岩	400～500	—
(5-4-2-2)中风化粉砂质泥岩	1000～2000	—
(5-4-3-1)强风化硅质岩	500～600	—
(5-4-3-2)中风化硅质岩	4000～6000	—
(5-4-4)灰岩	4000～6000	—
(5-4-5)灰岩	4000～6000	—
(5-4-6-1)强风化碳质页岩	350～450	—
(5-4-6-2)中风化碳质页岩	1000～2000	—
(5-4-7)灰岩	4000～6000	—
(5-5-1)灰岩	4000～6000	—
(5-5-2)白云岩	3000～5000	—
(5-5-3-1)强风化粉砂岩	400～500	—
(5-5-3-2)中风化粉砂岩	1000～2000	—
(5-5-4-1)强风化粉砂质泥岩	400～500	—
(5-5-4-2)中风化粉砂质泥岩	1000～2000	—
(5-6-1-1)强风化石英砂岩	500～600	—
(5-6-1-2)中风化石英砂岩	4000～6000	—
(5-6-2-1)强风化砂岩	450～550	—
(5-6-2-2)中风化砂岩	1500～2500	—
(5-7-1-1)强风化泥岩	450～550	—
(5-7-1-2)中风化泥岩	1500～2500	—
(5-7-2-1)强风化砂岩	400～500	—
(5-7-2-2)中风化砂岩	1500～2500	—

第三节　特殊土

(一)深厚填土

人工填土成分复杂,堆填时间长短不一,工程性质不稳定,力学性质各向异性,武汉都市发展区表层填土最大厚度29m,最小厚度0.1m,平均厚度1.8m。大部分地区以2～3m为主,少部分地段大于4m,其中填土厚度大于5m地段主要有汉江与长江交汇处、长江紫都小区、天兴洲—青山工业港。深厚填土性质不稳定,大部分尚未完全固结,对工程建设可能造成不良影响。

(二)膨胀土

老黏土的膨胀性主要取决于矿物组成,富含膨胀性的黏土矿物如蒙脱石、伊利石,是膨胀土胀缩变形的物质基础。表现为干旱时土层表面出现龟裂、浸水后土体膨胀隆起,且二者交替反复发生的可塑性,对市政道路和建筑物安全构成严重威胁。老黏土的胀缩性具有以下特点:①老黏土胀缩特性分布不规律、不均匀,同一土层的胀缩性差异也较大;②大部分地区老黏土的胀缩变形总量(Sc)小于15mm。

老黏土引发的环境地质问题主要有:①对于荷载轻、排水条件差、浅埋基础(以老黏土为持力层)的建(构)筑物,易因老黏土胀缩变形造成变形或开裂;②老黏土地区基坑,如地下水处理不当,易造成基坑边坡失稳;③老黏土的遇水软化性,经常造成人工挖孔桩承载力降低,也会造成钻孔桩缩径。

在天然状态下,膨胀土结构致密,处于硬塑或坚硬至半坚硬状态,压缩性低,抗剪强度和变形模量一般均较高。遇水后,膨胀土中的蒙脱石和伊利石/蒙脱石混层矿物因吸水使体积发生膨胀,土体强度显著下降。在失水干燥后,土体虽然坚硬,但却发生收缩变形,产生明显的张开裂隙。由于这些特性,膨胀土不但有显著的体积胀缩变化,而且常常随着环境的改变而反复交替变化,从而导致建筑地基变形、低层建筑物和道路开裂。

总之,膨胀土遇水膨胀的原因是由于土中膨胀性黏土矿物与水接触时,黏粒与水分子发生物理化学作用而引起晶层膨胀和粒间扩展。当水分减少时,晶层和粒间的间距收缩。影响膨胀土胀缩性的主要因素有黏土矿物的类型和含量、土体的结构特征、土体与环境的相互作用、土体所受的外部压力及封闭条件等。

老黏土胀缩变形可使市政道路等线性工程、建筑物变形或破坏,边坡失稳导致滑坡、崩塌等地质灾害的发生,特别是对低荷载建筑物具有很大的破坏性。

(三)软土

武汉都市发展区软土主要为陆相沉积,区内软土主要为淤泥质土和淤泥,在汉口、武昌、汉南、新洲、江夏、黄陂等地沿江、河一级阶地及湖泊周边地段都有较大范围的分布,最大厚度37m,最小厚度0.1m,平均厚度6.8m,部分场地无软土分布。软土厚度大于10m的地段有东吴大道与九通路交叉处、竹叶海公园、长丰大道与古田一路交叉处、汉口火车站—后湖金桥大道、汉口北三环线周边、月湖桥周边少部分地段、江城大道与三环线交叉处周边、沙湖周边、阳逻港等。

本区软土含水量高、孔隙比大、强度低、渗透性差,呈流塑、软塑状态,具触变性、高压缩性和流变性的工程地质特征,并含有机质,在自重或荷载作用下固结速率很慢,要达到较大的固结度,需要相当长的时间,对地基沉降有较大影响,对地基的稳定性不利。在软土较厚处,表层软土长期受气候影响,含水量降低,发生收缩固结。局部地段形成比下面软土强度高、压缩性低的非饱和土层,称为“硬壳层”,厚度一般不大于 3m,可以考虑作为小型建筑物的地基持力层。

在软土地区开展工程建设,首先应对地质状况进行详尽的勘察,查明场地岩土工程特性,掌握全面的、翔实的第一手资料,这是正确选择基础持力层、基础形式和上部结构类型的首要条件。

对于在软土地区防止引发不良地质问题的工程建设措施主要有地基处理、桩基和结构措施。包括采用人工地基,如有针对性地布设砂砾垫层,对地基进行加载预压以减少地基的沉降和调整沉降差,或采用深层搅拌法,以水泥土搅拌桩或粉体喷射搅拌桩加固软土地基,必要时改用桩基础等。采用桩基础时应注意地基软土侧向移动对桩基的影响,武汉地区已有多起因基坑开挖不当,软土向坑内产生侧向移动,引起桩身挠曲,甚至基桩折损等事故。另外,还应注意软土下沉使得桩基承受负摩阻力,产生较大的沉降或桩身拉裂的情况。此外,软土还易造成桩基偏桩、缩颈、断桩等质量事故。为保证地基稳定并控制沉降在容许范围内,还可以从减轻荷载和提高地基承载力两方面着手。对于上部结构设计来说,控制建筑物的长高比,采用轻型材料,加强基础的刚度和强度等都是有利地基稳定、减少沉降和不均匀沉降的有益措施。新洲区双柳街家湖、万家咀、滨湖、齐头咀等村处于涨渡湖区,其下伏沉积有较厚的湖积淤泥质土,而当地建房多采用浅埋的条形基础,导致当地房屋普遍产生不均匀沉降,轻则墙体开裂,重则成为危房,继而倒塌,致使当地住户一般每隔 6～10 年就要重新建房,据初步统计有 204 户 856 人受到影响。

第五章 环境地球化学

第一节 概 述

随着科学技术的进步，越来越多的地壳深处物质被采掘出来，自然界原本不存在的物质被合成出来。这些物质中的一部分不可避免地扩散到与人类生活息息相关的土壤和水环境中，与天然环境物质一起循环、迁移，通过各种化学作用不断地发生变化，如溶解、沉淀、水解、氧化、还原、化学分解、光化学分解和生物化学分解等。在这一过程中，有些污染物积累起来，转变成永久的次生污染物，对人类生存的环境有严重影响。人类在近300万年的进化历程中，机体通过新陈代谢，不断地与周围环境进行物质交换，经遗传变异建立动态平衡。在此过程中，人类生活环境中的各种各样的污染物质，必然会以一定数量、以不同的方式进入人类机体，损害人体健康。地球上每一特定区域，存在着特有的地球化学特征。环境地球化学是环境科学与地球化学之间的一门新兴边缘学科，主要研究环境中天然的和人为作用释放的化学物质的迁移、转化规律以及与环境质量、人类健康的关系。这方面的研究，有助于评价环境质量、预测环境变化趋势、提出改善人类生存环境的对策。在大量的地球化学调查工作基础上，本章从武汉都市发展区土壤、水环境角度，介绍它们的地球化学特征、现状，并进行评价，为武汉城市土地利用总体规划、地质环境质量监测、城市生态建设等提供基础性数据。

第二节 土壤环境质量

一、土壤地球化学特征

（一）土壤地球化学基准值

地球化学背景值是反映特定范围内，相同介质中广泛存在的相同指标的地球化学环境特征的量值，土壤地球化学背景值则是指土壤介质中的这种量值；而土壤地球化学基准值，则是在获取土壤地球化学背景值过程中，通过多方面的排异处理，最后得到的可供当前以及今后一段时间内广泛用于区域相互对比的一个基本量值。一些教科书将土壤地球化学背景值称为土壤环境背景值，其概念都是样品取自于未受任何污染地区的土壤中元素的平均含量。武汉都市发展区深层背景值见表5-1。按照物源编码对表5-1进行分解，使全新统冲积物、湖积物进一步分解为长江源、汉水源、大别水系源；更新统洪冲积物被分解为前元古宇源和古江汉源；第四纪残坡积层被分解为前元古宇源和古中生界源。它们的53项背景分布量列于表5-2、表5-3、表5-4。主要土类在相关物源区分布的样品数见表5-5。

表 5-1　地质单元深层背景值

元素名称	元素及氧化物符号	武汉全区背景值(n=531)	全新统		更新统洪冲积物(n=244)	第四纪残坡积层(n=113)
			冲积物(n=119)	湖积物(n=35)		
银	Ag	56.274	87.926	109.029	49.902	48.265
砷	As	12.726	10.512	10.513	13.37	10.17
硼	B	67.204	62.485	59.917	72.796	57.677
钡	Ba	518.923	635.782	681.842	492.821	495.395
铍	Be	2.343	2.417	2.755	2.356	2.096
铋	Bi	0.360	0.353	0.382	0.363	0.321
溴	Br	3.403	3.393	3.259	3.258	3.462
镉	Cd	66.824	230.880	115.359	65.809	67.13
铈	Ce	80.736	81.488	78.399	83.065	76.261
氯	Cl	65.933	65.933	71.342	63.178	56.77
钴	Co	16.700	17.561	17.398	16.886	15.119
铬	Cr	88.239	92.568	98.981	87.417	77.99
铜	Cu	28.565	38.839	36.794	28.863	25.396
氟	F	515.896	669.831	614.219	511.946	467.136
镓	Ga	18.873	19.332	20.231	18.967	19.004
锗	Ge	1.887	1.706	2.035	1.981	1.73
汞	Hg	32.653	52.49	35.941	30.915	20.844
碘	I	1.745	0.962	1.206	2.218	1.906
镧	La	37.085	39.232	39.082	35.518	34.772
锂	Li	44.254	49.256	51.077	45.145	33.999
金	Au	2.045	2.094	2.196	2.1	1.842
锰	Mn	765.004	775.074	760.237	713.572	616.829
钼	Mo	0.739	0.884	0.8	0.759	0.63
铌	Nb	19.216	19.01	18.824	19.442	17.599
镍	Ni	37.980	44.418	44.138	37.657	31.893
磷	P	361.685	636.078	455.337	266.881	295.311
铅	Pb	23.435	25.904	26.214	24.050	20.8
铷	Rb	107.384	117.045	127.087	110.307	94.741
锑	Sb	1.017	0.924	0.828	1.111	0.889
钪	Sc	12.703	13.657	14.930	12.293	12.791
硒	Se	174.179	253.602	263.027	163.956	149.541
锡	Sn	3.734	3.427	4.123	3.845	3.231

续表 5-1

元素名称	元素及氧化物符号	武汉全区背景值(*n*=531)	全新统		更新统洪冲积物(*n*=244)	第四纪残坡积层(*n*=113)
			冲积物(*n*=119)	湖积物(*n*=35)		
锶	Sr	79.015	126.801	95.286	61.637	79.18
钍	Th	15.429	12.634	15.118	16.131	14.849
钛	Ti	5 649.622	5 468.991	5 596.321	5 748.501	5 551.219
铊	Tl	0.701	0.551	0.700	0.726	0.707
铀	U	2.934	2.769	2.951	2.996	2.565
钒	V	113.795	121.512	127.79	114.287	104.509
钨	W	2.528	2.114	2.332	2.629	2.292
钇	Y	27.725	27.973	29.419	26.371	27.972
锌	Zn	68.329	94.334	92.450	67.916	62.57
锆	Zr	291.741	229.567	226.200	306.921	283.538
氮	N	0.032	0.045	0.047	0.031	0.027
碳	C	0.189	0.919	0.316	0.139	0.165
硫	S	56.699	65.102	92.857	61.663	42.752
硅	SiO_2	68.354	63.154	63.589	68.842	69.379
铝	Al_2O_3	15.396	14.95	16.678	15.568	14.949
铁	TFe_2O_3	6.307	6.407	7.153	6.411	5.871
镁	MgO	1.103	2.153	1.537	0.909	0.895
钙	CaO	0.515	2.254	0.936	0.329	0.484
钠	Na_2O	0.958	1.107	0.943	0.439	1.451
钾	K_2O	1.969	2.654	2.359	1.918	1.889
酸碱度	pH	6.960	8.292	7.32	6.431	6.606

注：*n* 表示试样数量，下同。

银、镉、汞、金、硒含量单位为 ng/g；氮及氧化物含量单位为%；其他元素含量单位为 μg/g。

表 5-2　全新统冲积物、湖积物在相关物源区土壤深层背景含量表

元素名称	元素及氧化物符号	全新统冲积物			全新统湖积物		
		长江冲积源	汉水冲积源	大别水系源	长江湖积源	汉水湖积源	大别水系源
银	Ag	88.333	103.933	66.077	115.4	134.845	77.814
砷	As	11.123	10.947	3.226	13.46	12.773	8.025
硼	B	63.986	57.953	21.785	68.48	63.273	48.442
钡	Ba	600.557	730.509	746.462	725.6	717.156	649
铍	Be	2.468	2.377	2.011	3.03	2.799	2.54
铋	Bi	0.368	0.361	0.204	0.422	0.442	0.323
溴	Br	3.509	3.22	2.954	3.38	3.012	3.242

续表 5-2

元素名称	元素及氧化物符号	全新统冲积物			全新统湖积物		
		长江冲积源	汉水冲积源	大别水系源	长江湖积源	汉水湖积源	大别水系源
镉	Cd	232.32	204.395	92.308	204	165.333	100
铈	Ce	80.516	80.067	69.116	81.04	75.487	78.653
氯	Cl	72.551	79.652	77.215	67.2	80.191	63.75
钴	Co	18.059	16.007	12.031	19.44	18.086	15.055
铬	Cr	93.229	83.707	57.2	103.86	100.586	84.858
铜	Cu	42.578	34.02	19.877	43.26	40.893	31.558
氟	F	701.58	629.553	391.077	784.8	664.023	515.917
镓	Ga	19.673	17.674	17.431	25.74	17.74	18.337
锗	Ge	1.644	1.92	1.78	1.7	2.097	2.042
汞	Hg	61.933	37.533	20.314	70.6	41.133	27.483
碘	I	0.93	1.392	1.219	1.848	1.344	1.767
镧	La	39.429	38.64	35.926	41.68	39.5	39.011
锂	Li	50.674	43.207	22.031	60.52	57.492	44.421
金	Au	2.121	1.927	1.558	2.08	2.353	2.211
锰	Mn	816.899	746.933	727.841	884.4	684.087	747.179
钼	Mo	0.989	0.924	0.453	0.996	0.985	0.619
铌	Nb	19.051	18.847	15.976	20.3	18.549	18.443
镍	Ni	45.483	39.513	22.085	53.38	48.722	37.633
磷	P	643.118	567	618.373	624.6	502.596	436.333
铅	Pb	27.672	22.96	19.123	32.56	26.293	23.7
铷	Rb	122.881	109.547	76.409	151.96	132.98	107.9
锑	Sb	0.936	0.82	0.257	1.016	0.971	0.64
钪	Sc	13.831	13.877	11.691	15.8	16.068	13.525
硒	Se	284.831	260	115.385	398	383.783	170
锡	Sn	3.484	3.273	2.438	4.66	4.273	3.733
锶	Sr	124.605	132.657	233.569	90.2	95.2	99.42
钍	Th	12.555	13.183	11.963	14.42	15.013	15.634
钛	Ti	5 531.366	5 223.2	4 906.247	5660	5 453.067	5 731.667
铊	Tl	0.583	0.487	0.399	0.752	0.723	0.65
铀	U	2.826	2.489	1.971	2.968	3.04	2.993
钒	V	128.137	120.6	77.446	145.4	135.873	110.442
钨	W	2.186	1.919	1.523	2.406	2.227	2.209
钇	Y	27.401	28.287	28.794	31.04	29.3	30.35
锌	Zn	97.135	85.493	61.965	113.82	98.223	82.317

续表 5-2

元素名称	元素及氧化物符号	全新统冲积物			全新统湖积物		
		长江冲积源	汉水冲积源	大别水系源	长江湖积源	汉水湖积源	大别水系源
锆	Zr	217.116	252.4	304.769	182.6	194.787	257.5
氮	N	0.053	0.043	0.023	0.084	0.054	0.03
碳	C	1.015	0.626	0.175	0.598	0.413	0.275
硫	S	77.123	67.116	46.923	140	73.484	71.667
硅	SiO_2	61.788	64.783	67.571	60.67	61.955	66.849
铝	Al_2O_3	15.058	14.78	14.46	17.386	17.08	15.801
铁	Fe_2O_3	6.699	5.984	4.647	7.988	7.575	6.444
镁	MgO	2.183	2.007	1.241	1.952	1.689	1.256
钙	CaO	2.795	2.213	1.677	1.13	1.031	0.806
钠	Na_2O	1.094	1.783	2.946	0.758	0.951	1.361
钾	K_2O	2.755	2.596	2.294	2.892	2.483	2.063
酸碱度	pH	8.293	8.281	6.623	7.96	7.41	6.842

注：银、镉、汞、金、硒含量单位为 ng/g；氮及氧化物含量单位为%；其他元素含量单位为 μg/g。

表 5-3　更新统洪冲积物在相关物源区土壤深层背景含量表

元素名称	元素及氧化物符号	更新统洪冲积物		元素名称	元素及氧化物符号	更新统洪冲积物	
		前元古宇源	古江汉源			前元古宇源	古江汉源
银	Ag	49.455	49.956	铷	Rb	80.145	110.321
砷	As	6.818	13.36	锑	Sb	0.67	1.11
硼	B	32	72.846	钪	Sc	13.355	12.32
钡	Ba	537.024	492.168	硒	Se	128.182	163.667
铍	Be	1.865	2.355	锡	Sn	2.7	3.844
铋	Bi	0.233	0.364	锶	Sr	159.091	61.681
溴	Br	3.189	3.239	钍	Th	11.836	16.117
镉	Cd	74.098	65.809	钛	Ti	4 960.545	5 758.267
铈	Ce	75.664	83.004	铊	Tl	0.595	0.729
氯	Cl	58.402	63.193	铀	U	2.003	2.994
钴	Co	13.209	16.882	钒	V	87.955	114.267
铬	Cr	60.236	87.375	钨	W	1.569	2.631
铜	Cu	18.191	28.857	钇	Y	26.964	26.357
氟	F	373.091	512.177	锌	Zn	55.981	67.844
镓	Ga	16.874	18.858	锆	Zr	256.908	308.329
锗	Ge	1.445	1.977	氮	N	0.03	0.032
汞	Hg	24.636	31.693	碳	C	0.199	0.141

续表 5-3

元素名称	元素及氧化物符号	更新统洪冲积物		元素名称	元素及氧化物符号	更新统洪冲积物	
		前元古宇源	古江汉源			前元古宇源	古江汉源
碘	I	1.896	2.235	硫	S	42.727	61.995
镧	La	35.536	35.674	硅	SiO_2	70.174	69.119
锂	Li	26.273	45.203	铝	Al_2O_3	14.534	15.548
金	Au	1.773	2.083	铁	TFe_2O_3	5.117	6.395
锰	Mn	727.182	715.057	镁	MgO	0.975	0.911
钼	Mo	0.482	0.76	钙	CaO	1.285	0.33
铌	Nb	14.755	19.474	钠	Na_2O	1.995	0.439
镍	Ni	23.682	37.647	钾	K_2O	2.122	1.903
磷	P	400.636	267.369	酸碱度	pH	6.631	6.427
铅	Pb	18.891	24.104				

注：银、镉、汞、金、硒含量单位为 ng/g；氮及氧化物含量单位为%；其他元素含量单位为 μg/g。

表 5-4　第四纪残坡积风化层在相关物源区土壤深层背景含量表

元素名称	元素及氧化物符号	第四纪残坡积风化层		元素名称	元素及氧化物符号	第四纪残坡积风化层	
		前元古宇源	古中生界源			前元古宇源	古中生界源
银	Ag	48.305	49.024	铷	Rb	87.003	101.679
砷	As	7.006	13.119	锑	Sb	0.71	1.131
硼	B	48.047	74.084	钪	Sc	12.601	12.559
钡	Ba	504.507	450.428	硒	Se	136.456	196.561
铍	Be	2	2.313	锡	Sn	2.905	3.782
铋	Bi	0.256	0.362	锶	Sr	98.987	52.968
溴	Br	3.395	3.445	钍	Th	13.67	15.713
镉	Cd	65.215	73.263	钛	Ti	5 376.424	5 633.969
铈	Ce	70.882	85.061	铊	Tl	0.598	0.736
氯	Cl	53.053	67.498	铀	U	2.332	3.004
钴	Co	14.153	15.513	钒	V	97.11	117.979
铬	Cr	75.402	87.032	钨	W	1.937	2.609
铜	Cu	22.565	29.472	钇	Y	28.056	26.592
氟	F	413.575	517.067	锌	Zn	58.267	67.697
镓	Ga	19.561	18.234	锆	Zr	272.721	300.709
锗	Ge	1.574	1.93	氮	N	0.027	0.03
汞	Hg	19.119	37.993	碳	C	0.172	0.127
碘	I	2.024	1.699	硫	S	38.847	58.819
镧	La	33.397	36.916	硅	SiO_2	70.077	68.73

续表 5-4

元素名称	元素及氧化物符号	第四纪残坡积风化层		元素名称	元素及氧化物符号	第四纪残坡积风化层	
		前元古宇源	古中生界源			前元古宇源	古中生界源
锂	Li	28.144	44.013	铝	Al_2O_3	14.781	15.44
金	Au	1.694	2.244	铁	TFe_2O_3	5.433	6.466
锰	Mn	669.476	501.812	镁	MgO	0.908	0.838
钼	Mo	0.582	0.794	钙	CaO	0.646	0.231
铌	Nb	16.685	19.434	钠	Na_2O	1.751	0.482
镍	Ni	27.871	36.448	钾	K_2O	1.885	1.837
磷	P	333.316	305.686	酸碱度	pH	6.939	6.299
铅	Pb	19.392	22.593				

注:银、镉、汞、金、硒含量单位为 ng/g;氮及氧化物含量单位为%;其他元素含量单位为 μg/g。

表 5-5 武汉地区主要土类在相关物源区分布的样品数

物源	潮土	棕红壤	黄棕壤	沼泽土
长江冲积源	78			8
汉水冲积源	14			16
大别水系源	12			13
江汉大别水系混源	3			1
前元古宇母质源	7		94	2
古中生界母质源		22	9	
古红土源		167	80	

不同地质环境下形成不同的土类,同一土类具有不同的物质来源,这些土类位于不同的地理环境。武汉地区土壤类型共包括 7 个土类,14 个亚类。本节将介绍潮土、棕红壤、黄棕壤、沼泽土 4 个土壤类型的基准值。它们的地球化学特征如下。

1. 潮土

潮土作为沿长江、汉水及大别水系分布的现代冲积物形成的土壤类型,总体上表现为土壤呈碱性,pH 值为 8.2。该类土壤中,Ag、Ba、Cd、Cu、F、Hg、Ni、P、Se、Sr、Zn、N、C、S、Mg、Ca、Na、K 典型富集,其中,以 Cd、C、Ca 富集度最大,和全区基准值对比,其富集系数均在 3 以上,其次为 Ag、Mg、P、Se、Sr、Mg、K 等的富集。本土类中,存在有 Si、As、I、Sb、Zr 的偏低背景,其中 I 量仅是全区基准值的一半。就对应的 3 个不同物源区而言,大体上长江源和汉水源多数元素背景量接近一致,但 Cu、F、Hg、Li、Ni、Pb、Rb、Se、Zn、N、C、S 在相同分布趋势上长江源略高,Ag、Ba、Sc、Sr、Na 略偏低。而大别水系源区,与长江、汉水源许多元素背景量有很大差异,一般是背景量偏低,其中 As、B、Bi、Li、Sb 值量仅是长江、汉水源区的一半,As、B 更低,仅为全区基准值的 1/5。Ni、Co、Cr、Cu、F、Hg、Sn、Sn、S、Th、U、V、W、Zn、Fe、Cd 值量为长江、汉水源的 50%~80%。与之相反,大别水系源区 Na、Sr、Zr 等少量组分值量偏高。

2. 棕红壤

棕红壤作为市区南部古红土源或古中生界源区分布的主要土壤类型,为区内酸性较强的一种土壤,pH 值为 6.04。和潮土区基准值相比,其中 Na、Ca、Mg、C、Sr、Cd、P 表现出典型的低值量,值量仅及潮土值的 20%～50%，Ca、C 值最低，仅是潮土区的 10%和 12%；Ag、Ba、Cu、F、Hg、Zn、K、N 亦显示贫乏，仅为潮土值量的 50%～80%。相反，B、As、Ge、Sb、W、Zr、Th、Sn、La 值量棕红壤区显著高于潮土区。在棕红壤和潮土两土类基准值中，有 Fe、Al、Si、S、Be、Bi、Ce、Co、Cr、Ga、Li、Au、Mo、Pb、Rb、Ti、U、V、Y 值量大体接近。就两种土源对棕红壤的影响而言，除古红土源中的 Mn 背景量高于古中生界源外，其他所有组分值量基本接近。

3. 黄棕壤

黄棕壤是市区北部分布的一种主要土壤类型，为中性土，pH 值接近于 7。其总体值量，除 Hg、P、Se 相对于全区背景值有较大偏低，Sr、Ca 较大偏高外，其他所有组分均接近于全区基准值略偏低。和现代冲积区内的潮土类对比，在许多方面与南部棕红壤有相似之处。所不同的是该类土壤受物质来源影响，Na、Sr 量比棕红壤高，B、Co、Hg、Mo、Sb、Se、S 值量比棕红壤有较大幅度降低。进一步用三类物源区分解，作为前元古界物源区由风化层形成的黄棕壤与古红土区、古中生界区黄棕壤在组分上有显著差异，其中，前元古界源区黄棕壤 As、B、Bi、Cu、F、Li、Mo、Ni、Sb、Sn、U、S、Mg 值明显低于古红土源区黄棕壤，Na、Ca、Sr、P、Se 反之则高。而由古中生界源区与古红土源区比较，分布趋势大体一致，只是 La、Hg、P、Se、N、C、S 值量略高，Mg、Ca、Sc、Sr、Fe、Al 略偏低。

4. 沼泽土

该类由湖积物或湖冲积物形成的土壤，地球化学组成上形成一种特殊的类型，和全区基准值比较，本类土壤中大量元素显示为高值量或较高值量，包括 Ag、Ba、Be、Cd、Cu、F、Ga、Hg、Li、Mo、Ni、P、Pb、Rb、Sc、Se、Zn、V、C、S、Mg、Ca、K 等，但亦有 Na、Zr 等少量元素表现为低值量。和长江源潮土类值量比较，上述富集元素具有比长江源更高的富集量。而以长江、汉水、大别水系 3 种源区分解，表现出长江源与汉水源在分布上近于类似，但以长江源内上述富集元素更为富集，而在大别水系源沼泽土内，Hg、Cd、Se、N、C、S 等值量仅为长江源的 50%，Ag、Mo、As、F、Sb 等 19 种元素值量仅为 80%；相反，Na、Sr 在本土类中显示为高量值。

表 5-5 中 7 种物源类型基准值列于表 5-6，各物源区的潮土、沼泽土系列土壤基准值列于表 5-7，棕红壤、黄棕壤系列土壤基准值列于表 5-8。

表 5-6　不同物源土壤地球化学基准值表

元素	元素及氧化物符号	长江冲积源 (n=86)	汉水冲积源 (n=30)	大别水系源 (n=30)	江汉大别水系混源(n=4)	前元古宇母源(n=103)	古中生界母源(n=31)	古红土源 (n=247)
银	Ag	91.04	115.71	66.92	55.50	47.48	49.02	50.06
砷	As	11.18	10.85	6.58	9.63	6.62	13.12	13.36
硼	B	64.43	58.89	42.26	55.28	47.99	74.08	72.84
钡	Ba	606.77	738.51	692.43	586.00	512.95	450.43	497.94
铍	Be	2.51	2.59	2.31	2.27	2.06	2.31	2.36
铋	Bi	0.39	0.42	0.30	0.33	0.26	0.36	0.36
溴	Br	3.40	3.05	3.11	2.40	3.46	3.45	3.28
镉	Cd	233.67	168.81	87.23	115.00	66.09	73.26	65.83
铈	Ce	80.28	77.78	78.71	77.35	74.09	85.06	83.00
氯	Cl	71.85	79.91	68.07	68.48	55.19	67.50	63.04
钴	Co	18.20	16.85	13.54	15.93	14.77	15.51	16.90

续表 5-6

元素	元素及氧化物符号	长江冲积源(n=86)	汉水冲积源(n=30)	大别水系源(n=30)	江汉大别水系混源(n=4)	前元古宇母源(n=103)	古中生界母源(n=31)	古红土源(n=247)
铬	Cr	94.11	91.43	78.43	72.98	75.53	87.03	87.49
铜	Cu	42.85	37.46	26.74	25.90	22.11	29.47	28.87
氟	F	705.55	654.09	474.91	488.75	413.07	517.07	512.26
镓	Ga	19.89	17.71	18.22	17.73	19.03	18.23	18.88
锗	Ge	1.67	2.05	1.87	1.88	1.54	1.93	1.98
汞	Hg	62.69	37.79	23.57	37.50	18.81	37.99	31.96
碘	I	0.93	1.14	1.55	0.91	1.93	1.70	2.23
镧	La	39.48	38.13	39.15	35.90	33.97	36.92	35.77
锂	Li	51.22	49.99	36.54	36.10	27.99	44.01	45.22
金	Au	2.11	2.19	2.25	1.35	1.64	2.24	2.09
锰	Mn	820.66	721.66	675.58	834.50	673.53	501.81	715.02
钼	Mo	0.99	1.02	0.50	0.66	0.57	0.79	0.76
铌	Nb	19.07	18.78	18.77	17.30	17.01	19.43	19.47
镍	Ni	45.91	44.79	31.81	32.63	27.52	36.45	37.63
磷	P	643.74	570.74	472.67	520.00	341.85	305.69	271.84
铅	Pb	28.29	24.24	21.83	23.90	19.45	22.59	24.11
铷	Rb	124.56	121.33	93.51	98.43	88.10	101.68	110.34
锑	Sb	0.94	0.89	0.52	0.68	0.65	1.13	1.11
钪	Sc	13.99	15.03	11.82	11.90	12.90	12.56	12.36
硒	Se	289.74	312.67	136.28	190.00	136.67	196.56	163.40
锡	Sn	3.54	3.77	3.01	3.13	2.96	3.78	3.85
锶	Sr	123.36	109.54	171.97	115.75	100.53	52.97	61.82
钍	Th	12.65	14.06	15.25	13.48	13.21	15.71	16.12
钛	Ti	5 539.79	5 338.13	5 622.50	5 417.00	5 444.88	5 633.97	5 753.27
铊	Tl	0.60	0.61	0.56	0.54	0.60	0.74	0.73
铀	U	2.80	2.83	2.40	2.37	2.11	3.00	2.99
钒	V	129.07	127.11	102.13	106.35	94.47	117.98	114.23
钨	W	2.22	2.09	1.76	2.17	2.14	2.61	2.63
钇	Y	27.42	28.90	29.83	28.98	28.56	26.59	26.37
锌	Zn	97.99	92.10	69.08	71.48	57.64	67.70	68.29
锆	Zr	212.79	232.53	292.80	281.75	273.34	300.71	306.96
氮	N	0.06	0.05	0.03	0.05	0.03	0.03	0.03
碳	C	1.00	0.47	0.21	0.17	0.17	0.13	0.14
硫	S	72.19	70.11	46.63	87.50	37.96	58.82	61.90

续表 5-6

元素	元素及氧化物符号	长江冲积源（n=86）	汉水冲积源（n=30）	大别水系源（n=30）	江汉大别水系混源（n=4）	前元古宇母源（n=103）	古中生界母源（n=31）	古红土源（n=247）
硅	SiO_2	61.71	63.38	67.24	68.63	69.89	68.73	69.11
铝	Al_2O_3	15.19	15.82	15.17	14.33	14.70	15.44	15.56
铁	TFe_2O_3	6.78	6.67	6.00	5.72	5.40	6.47	6.41
镁	MgO	2.18	1.95	1.19	1.26	0.95	0.84	0.92
钙	CaO	2.50	1.51	1.11	1.01	0.69	0.23	0.33
钠	Na_2O	1.06	1.37	1.83	1.45	1.82	0.48	0.44
钾	K_2O	2.78	2.52	2.16	2.18	1.93	1.84	1.91
	pH	8.29	7.75	6.70	7.25	6.88	6.30	6.43

注：银、镉、汞、金、硒含量单位为 ng/g；氮及氧化物含量单位为%；其他元素含量单位为 μg/g。

表 5-7　潮土、沼泽土类土壤地球化学基准值表

元素	元素及氧化物符号	潮土				沼泽土		
		长江源	汉水源	大别水源	前元古宇源	长江源	汉水源	大别水源
银	Ag	87.82	99.286	61.5	42.143	117.125	136.89	80.73
砷	As	11.116	11.036	3.483	2.371	13.294	12.581	8.177
硼	B	64.012	57.899	18.767	14.3	64.175	62.981	49.177
钡	Ba	603.128	736.063	758.167	851.14	656.375	713.341	645.692
铍	Be	2.479	2.359	1.978	2.299	2.816	2.788	2.528
铋	Bi	0.367	0.359	0.188	0.129	0.415	0.439	0.328
溴	Br	3.535	3.314	2.95	3.8	2.874	2.921	3.445
镉	Cd	231.905	212.942	94.167	68.571	182.5	162.5	97.692
铈	Ce	80.243	80.479	69.321	74.186	80.563	72.963	77.599
氯	Cl	72.115	79.664	77.327	69.871	67.138	80.141	65.536
钴	Co	18.153	15.979	11.95	15.386	18.706	17.96	14.872
铬	Cr	93.077	83.05	54.242	61.057	101.375	100.054	85.462
铜	Cu	42.534	33.986	19.083	22.9	40.663	40.494	31.392
氟	F	706.867	636.04	372	456.571	737.375	655.814	523.923
镓	Ga	19.739	17.776	17.375	25.243	23.1	17.641	18.884
锗	Ge	1.636	1.921	1.761	1.1	1.888	2.084	2.039
汞	Hg	61.852	37.286	25.5	20.857	64.75	41.125	27.078
碘	I	0.928	1.437	1.121	1.009	0.95	1.308	1.815
镧	La	39.437	38.571	35.875	37.957	40.858	39.507	37.931
锂	Li	50.601	42.65	19.675	18.229	57.625	57.034	44.884
金	Au	2.124	1.914	1.51	1.443	2.075	2.338	2.21
锰	Mn	821	758.643	736.4	613.714	817.262	676.834	735.699

续表 5-7

元素	元素及氧化物符号	潮土				沼泽土		
		长江源	汉水源	大别水源	前元古宇源	长江源	汉水源	大别水源
钼	Mo	0.994	0.956	0.468	0.659	0.888	0.98	0.593
铌	Nb	19.061	18.843	15.804	18.386	19.425	18.572	18.405
镍	Ni	45.754	39.157	20.642	27.014	48.388	48.429	37.777
磷	P	643.166	567.429	618.373	705.286	590.287	506.558	415.846
铅	Pb	27.625	22.793	19.025	25.414	30.275	26.231	23.438
铷	Rb	122.836	108.321	77.633	87.8	141.713	132.552	109.215
锑	Sb	0.936	0.824	0.273	0.29	0.94	0.956	0.659
钪	Sc	13.701	14.3	11.586	10.257	15.65	15.725	12.869
硒	Se	287.75	251.429	116.667	138.571	337.5	383.511	164.615
锡	Sn	3.467	3.221	2.333	2.514	4.225	4.256	3.731
锶	Sr	125.356	135.891	240.083	430.000	91.75	95.313	99.651
钍	Th	12.104	13.262	11.741	11.043	14.875	14.838	15.554
钛	Ti	5 552.453	5 216.857	4 896.743	4 905.143	5 597.000	5 444.250	5 676.308
铊	Tl	0.582	0.464	0.399	0.646	0.695	0.715	0.657
铀	U	2.832	2.454	1.883	2.121	2.946	3.037	2.995
钒	V	128.377	120.429	74.983	71.371	137	134.974	106.029
钨	W	2.184	1.921	1.442	0.987	2.339	2.204	2.232
钇	Y	27.387	28.164	28.225	24.371	29.175	29.344	30.277
锌	Zn	97.692	84.886	61.627	67.986	103.325	97.936	81.046
锆	Zr	217.44	254.357	317.475	335	193.625	196.669	270.316
氮	N	0.053	0.043	0.023	0.026	0.072	0.054	0.03
碳	C	1.017	0.646	0.16	0.213	0.541	0.414	0.234
硫	S	77.527	66.215	45.833	54.286	115	73.931	54.748
硅	SiO_2	61.797	64.793	68.328	65.927	62.601	62.131	68.09
铝	Al_2O_3	15.014	14.682	14.278	15.189	16.955	17.017	15.866
铁	TFe_2O_3	6.711	5.932	4.505	4.69	7.421	7.514	6.452
镁	MgO	2.183	2.007	1.105	1.304	1.791	1.675	1.248
钙	CaO	2.846	2.213	1.677	1.57	1.115	1.027	0.767
钠	Na_2O	1.098	1.843	3.045	2.516	0.799	0.956	1.33
钾	K_2O	2.743	2.624	2.361	2.689	2.666	2.468	2.048
酸碱度	pH	8.293	8.281	6.575	6.686	7.925	7.382	6.869

注：银、镉、汞、金、硒含量单位为 ng/g；氮及氧化物含量单位为%；其他元素含量单位为 μg/g。

表 5-8　棕红壤、黄棕壤类地球化学基准值表

元素	元素及氧化物符号	棕红壤		黄棕壤			全区
		古中生界源	古红土源	前元古宇源	古中生界源	古红土源	基准值
银	Ag	52.682	44.521	47.714	58.765	55.873	56.274
砷	As	13.75	13.949	6.675	11.456	12.168	12.726
硼	B	76.455	76.258	48.88	64.754	63.52	67.204
钡	Ba	438.452	473.27	510.903	493.445	546.4	518.923
铍	Be	2.283	2.368	2.003	2.194	2.386	2.343
铋	Bi	0.385	0.375	0.253	0.32	0.348	0.36
溴	Br	3.509	3.172	3.4	3.289	3.728	3.403
镉	Cd	71.717	63.636	66.361	77.069	69.066	66.824
铈	Ce	84.424	86.467	73.061	87.233	78.851	80.736
氯	Cl	63.945	60.094	54.384	77.322	64.587	66.041
钴	Co	16.643	18.193	14.524	13.781	15.047	16.7
铬	Cr	92.945	88.492	75.97	76.9	87.388	88.239
铜	Cu	30.58	29.393	21.9	26.542	27.583	28.565
氟	F	530.009	511.397	389.794	472.889	515.356	515.896
镓	Ga	19.098	18.953	18.937	15.146	18.933	18.873
锗	Ge	1.956	1.954	1.553	1.842	1.981	1.887
汞	Hg	42.371	37.722	18.525	70.556	23.32	32.653
碘	I	1.824	1.938	1.984	2.688	3.19	1.745
镧	La	35.51	34.501	33.571	39.422	37.632	37.085
锂	Li	43.875	45.484	28.059	38.811	43.852	44.254
金	Au	2.153	2.088	1.692	2.278	2.102	2.045
锰	Mn	480.961	722.425	689.797	744.667	689.443	765.004
钼	Mo	0.973	0.82	0.573	0.583	0.605	0.739
铌	Nb	19.785	19.919	16.883	18.267	18.567	19.216
镍	Ni	36.777	38.051	27.355	30.856	37.177	37.98
磷	P	305.727	287.95	327.895	428.222	241.212	361.685
铅	Pb	23.39	24.608	19.229	21.251	21.942	23.435
铷	Rb	103.305	109.868	87.932	97.533	112.174	107.384
锑	Sb	1.225	1.216	0.7	0.832	0.871	1.017
钪	Sc	12.388	11.976	12.683	12.044	13.064	12.703
硒	Se	212.798	204.318	135.128	186.667	108.552	174.179
锡	Sn	3.961	3.907	2.986	3.522	3.704	3.734
锶	Sr	51.254	49.889	97.971	76.333	85.549	79.015

续表 5-8

元素	元素及氧化物符号	棕红壤		黄棕壤			全区
		古中生界源	古红土源	前元古宇源	古中生界源	古红土源	基准值
钍	Th	15.973	16.557	13.732	15.078	15.622	15.429
钛	Ti	5 760.699	5 900.202	5 378.878	5 505.54	5 491.642	5 649.622
铊	Tl	0.793	0.74	0.584	0.61	0.686	0.701
铀	U	3.092	3.008	2.094	2.816	2.937	2.934
钒	V	119.993	116.801	96.782	101.5	109.057	113.795
钨	W	2.66	2.684	1.911	2.486	2.486	2.528
钇	Y	25.225	25.292	28.158	29.178	28.792	27.725
锌	Zn	69.166	69.755	57.726	58.067	63.86	68.329
锆	Zr	296.546	317.241	268.726	320.445	277.309	291.741
氮	N	0.029	0.033	0.027	0.038	0.031	0.032
碳	C	0.087	0.133	0.166	0.39	0.162	0.189
硫	S	53.562	69.105	38.652	85.556	47.401	56.699
硅	SiO_2	68.619	69.279	70.13	73.259	68.636	68.354
铝	Al_2O_3	15.723	15.662	14.707	13.542	15.29	15.396
铁	TFe_2O_3	6.397	6.378	5.41	5.224	6.237	6.307
镁	MgO	0.836	0.811	0.928	0.918	1.182	1.103
钙	CaO	0.223	0.235	0.673	0.487	0.562	0.515
钠	Na_2O	0.351	0.31	1.797	0.801	0.908	0.958
钾	K_2O	1.787	1.861	1.869	1.876	2.016	1.969
酸碱度	pH	5.989	6.057	6.916	6.756	7.1	6.96

注：银、镉、汞、金、硒含量单位为 ng/g；氮及氧化物含量单位为%；其他元素含量单位为 μg/g。

（二）土壤地球化学背景值

按照 2009 年中国地质调查局《土壤地球化学基准值与背景值研究若干要求》的函确定的方法计算了土壤元素地球化学背景值。土壤元素及氧化物的地球化学参数特征值见表 5-9。表中变异系数小于等于 40%的元素有 42 种，大部分元素统计背景值数据变差小，属均匀分布型；各元素峰度系数在 -0.704～0.539之间，峰度系数较小；偏度系数都小于 1 的元素有 53 个，反映各元素背景值数据基本呈正态分布。表中 KK1＝评价区土壤背景值/中国土壤背景值，KK2＝评价前土壤背景值/江汉流域土壤背景值。

表 5-9　表层土壤元素及氧化物的地球化学背景值表

元素及氧化物	样本数	背景值	标准差	变异系数	中位数	众数	偏度	峰度	中国土壤（A层）背景值	江汉平原背景值	KK1	KK2
Ag	3344	0.085	0.035	41.325	0.078	0.070	0.708	−0.134	0.132	0.079	0.647	1.081
As	3413	12.490	3.043	24.363	12.300	12.000	0.224	0.202	11.200	11.203	1.115	1.115

续表 5-9

元素及氧化物	样本数	背景值	标准差	变异系数	中位数	众数	偏度	峰度	中国土壤(A层)背景值	江汉平原背景值	KK1	KK2
B	3516	64.378	14.810	23.005	64.400	77.800	0.046	−0.252	47.800	59.698	1.347	1.078
Ba	3507	535.182	141.645	26.467	502.000	472.000	0.740	0.280	—	492.495	—	1.087
Be	3500	2.291	0.429	18.720	2.250	2.250	0.416	0.135	1.950	2.228	1.175	1.028
Bi	3187	0.440	0.114	25.827	0.420	0.390	0.582	0.208	0.370	0.394	1.189	1.116
Cd	3300	0.236	0.124	52.708	0.212	0.140	0.746	−0.052	0.097	0.239	2.428	0.986
Co	3470	16.507	3.545	21.474	16.500	17.000	−0.105	−0.189	12.700	16.857	1.300	0.979
Cr	3460	86.307	13.203	15.298	85.300	85.400	0.225	0.125	61.000	81.644	1.415	1.057
Cu	3416	33.358	9.831	29.471	30.200	28.200	0.826	0.004	22.600	31.579	1.476	1.056
F	3505	539.734	153.441	28.429	501.000	441.000	0.801	0.077	478.000	576.379	1.129	0.936
Hg	3176	0.073	0.036	49.319	0.064	0.060	0.897	0.237	0.065	0.065	1.125	1.125
La	3463	40.311	4.811	11.935	40.800	42.200	−0.335	0.259	39.700	39.855	1.015	1.011
Li	3500	41.960	10.152	24.194	41.100	40.800	0.475	0.462	32.500	41.061	1.291	1.022
Mn	3501	721.273	222.695	30.875	727.000	716.000	−0.121	0.059	583.000	739.789	1.237	0.975
Mo	3360	0.928	0.272	29.271	0.890	0.920	0.538	−0.115	2.000	0.797	0.464	1.164
Nb	3399	18.214	1.582	8.685	18.300	18.400	−0.511	0.132	—	18.646	—	0.977
Ni	3499	34.608	10.035	28.995	33.100	28.500	0.673	0.264	26.900	35.511	1.287	0.975
P	3334	636.849	273.889	43.007	604.500	662.000	0.701	−0.008	—	726.455	—	0.877
Pb	3227	32.018	6.050	18.896	31.400	31.600	0.518	0.303	26.000	29.469	1.231	1.087
Rb	3519	101.508	20.966	20.655	99.200	99.200	0.537	0.539	111.000	104.099	0.914	0.975
Sb	3320	1.166	0.275	23.564	1.150	1.060	0.317	0.135	1.210	1.146	0.964	1.018
Sn	3254	3.631	0.731	20.133	3.500	3.500	0.509	0.399	2.600	3.701	1.397	0.981
Sr	3424	94.597	35.113	37.118	86.000	75.000	0.743	−0.193	167.000	109.847	0.566	0.861
Th	3465	14.150	1.785	12.613	14.400	14.900	−0.640	0.411	13.750	13.389	1.029	1.057
Ti	3404	5 282.677	533.633	10.102	5 317.500	5 362.000	−0.414	0.290	3 800.000	5 174.007	1.390	1.021
U	3430	2.831	0.332	11.711	2.870	2.880	−0.400	0.333	3.030	2.807	0.934	1.009
V	3481	109.616	22.955	20.942	106.700	101.300	0.518	0.236	82.400	111.148	1.330	0.986
W	3384	2.220	0.281	12.646	2.250	2.250	−0.384	0.393	2.480	2.151	0.895	1.032
Y	3444	29.539	3.260	11.035	30.000	30.000	−0.393	0.274	22.900	29.566	1.290	0.999
Zn	3358	89.284	28.660	32.100	81.800	68.200	0.725	−0.068	74.200	80.497	1.203	1.109
Zr	3530	285.347	73.893	25.896	290.000	309.000	0.113	−0.619	256.000	256.734	1.115	1.111
Ge	3495	1.442	0.171	11.846	1.440	1.500	0.072	−0.130	1.700	1.531	0.848	0.942
Ce	3449	83.544	10.553	12.632	84.600	86.200	−0.416	0.285	68.400	79.733	1.221	1.048
Tl	3489	0.623	0.120	19.298	0.610	0.610	0.574	0.488	0.620	0.648	1.006	0.962
Se	3224	0.273	0.096	35.327	0.260	0.260	0.606	0.074	0.290	0.295	0.942	0.926
Ga	3517	17.635	3.799	21.544	17.300	15.200	0.512	0.258	—	17.049	—	1.034
Sc	3514	12.612	3.013	23.887	12.200	12.600	0.511	0.279	11.100	13.039	1.136	0.967

续表 5-9

元素及氧化物	样本数	背景值	标准差	变异系数	中位数	众数	偏度	峰度	中国土壤（A层）背景值	江汉平原背景值	KK1	KK2
Cl	3322	61.315	20.563	33.537	58.000	50.000	0.672	0.052	—	60.841	—	1.008
Br	3444	2.101	0.954	45.439	2.000	1.900	0.411	−0.138	5.400	2.583	0.389	0.813
I	3445	1.749	0.658	37.613	1.660	1.410	0.562	−0.116	3.760	1.255	0.465	1.393
N	3428	1 158.086	541.896	46.792	1 114.000	426.000	0.514	−0.261	—	1400	—	0.827
C	3334	1.291	0.700	54.204	1.230	1.020	0.542	−0.076	—	—	—	—
S	3274	225.721	99.842	44.232	208.000	170.000	0.767	0.072	—	268.082	—	0.842
Org. C	3347	1.097	0.601	54.811	1.040	0.910	0.525	−0.191	1.800	1.37	0.609	0.800
SiO_2	3517	65.528	5.960	9.095	65.900	56.760	−0.096	−0.599	—	63.104	—	1.038
Al_2O_3	3521	13.803	2.359	17.090	13.790	12.910	0.129	−0.184	—	13.612	—	1.014
TFe_2O_3	3515	5.721	1.239	21.651	5.600	4.480	0.438	0.015	4.200	5.565	1.362	1.028
MgO	3531	1.276	0.685	53.696	0.990	0.720	0.770	−0.695	1.290	1.496	0.989	0.853
CaO	3021	1.037	0.758	73.144	0.760	0.380	1.175	0.448	2.150	1.411	0.482	0.735
Na_2O	3484	0.815	0.369	45.232	0.790	0.750	0.365	−0.249	1.380	0.934	0.591	0.873
K_2O	3528	2.069	0.473	22.849	1.960	1.720	0.527	−0.194	2.240	2.284	0.924	0.906
Au	3268	2.286	0.644	28.182	2.200	2.000	0.618	0.354	—	2.042	—	1.120
pH	3537	7.210	1.087	15.072	7.560	8.270	−0.698	−0.704	6.700	7.928	1.076	0.909

注：背景值、中位数、众数、中国土壤（A层）背景值和江汉平原背景5列中，SiO_2、Al_2O_3、Fe_2O_3、MgO、CaO、Na_2O、K_2O、C、Org. C含量单位为%，Au含量单位为ng/g，其余元素含量单位为μg/g，pH为无量纲。

不同行政单元表层土壤元素及氧化物的地球化学背景值见表5-10。

不同地质单元表层土壤元素及氧化物的地球化学背景值见表5-11。工作区地质单元主要分为4类：全新统、更新统、前第四纪和水域。

表5-12列出了区内不同土壤类型表层土壤元素及氧化物的地球化学背景值。工作区内表层土壤类型有红壤、黄棕壤、山地草甸土、潮土和水稻土。

不同土地利用类型表层土壤元素及氧化物的地球化学背景值见表5-13。

表5-10　不同行政区表层土壤元素及氧化物的地球化学背景值

元素及氧化物	新洲区（n=282）	黄陂区（n=450）	东西湖农村（n=218）	东西湖城市（n=283）	江北主城区（n=296）	江南主城区（n=502）	蔡甸区（n=250）	东湖新技术区（n=546）	武汉开发区（n=235）	江夏区（n=476）
Ag	0.078	0.071	0.116	0.098	0.117	0.123	0.069	0.076	0.063	0.062
As	11.061	11.873	14.171	13.365	11.755	12.138	11.383	12.891	13.232	12.573
B	54.476	63.438	51.126	52.076	55.434	65.093	68.334	71.866	63.68	74.339
Ba	514.816	519.414	711.379	721.886	615.142	525.403	489.576	444.87	480.94	445.017
Be	2.113	2.292	2.936	2.678	2.32	2.247	2.248	2.063	2.316	2.096
Bi	0.383	0.402	0.442	0.464	0.563	0.622	0.395	0.444	0.428	0.404
Cd	0.185	0.167	0.342	0.277	0.363	0.34	0.163	0.209	0.207	0.18
Co	17.128	17.454	17.862	16.93	15.533	15.473	15.276	15.695	16.897	16.353

续表 5-10

元素及氧化物	新洲区 (n=282)	黄陂区 (n=450)	东西湖农村 (n=218)	东西湖城市 (n=283)	江北主城区 (n=296)	江南主城区 (n=502)	蔡甸区 (n=250)	东湖新技术区 (n=546)	武汉开发区 (n=235)	江夏区 (n=476)
Cr	79.135	88.914	99.754	91.296	86.448	86.126	77.919	81.847	89.727	84.185
Cu	27.28	30.492	38.924	38.255	42.473	38.259	29.112	27.95	33.842	28.221
F	481.211	514.293	698.577	668.87	596.199	544.292	476.639	442.258	550.512	456.938
Hg	0.068	0.065	0.054	0.054	0.111	0.102	0.08	0.075	0.063	0.065
La	38.1	41.182	41.795	42.236	39.107	40.016	41.966	38.589	40.262	39.979
Li	35.933	41.669	54.226	49.511	41.52	39.547	40.523	38.485	43.79	39.729
Mn	668.501	663.663	800.559	765.124	738.473	741.864	669.767	646.988	706.637	718.495
Mo	0.809	0.81	1.211	1.005	1.014	0.98	0.754	0.922	0.959	0.895
Nb	17.679	18.875	17.887	17.624	17.108	17.242	18.436	18.568	18.523	19.076
Ni	28.158	33.235	49.43	43.473	36.032	34.067	31.535	29.476	35.289	30.796
P	755.416	564.174	695.035	745.954	837.479	772.424	601.864	471.059	539.211	456.647
Pb	31.249	31.816	30.827	30.224	38.395	40.151	29.751	33.207	32.303	30.985
Rb	90.899	101.777	126.452	119.881	98.576	96.518	100.272	92.858	104.403	96.113
Sb	0.955	1.14	1.173	1.187	1.326	1.269	1.07	1.144	1.225	1.186
Sn	3.431	3.524	3.438	3.369	4.196	4.091	3.855	3.799	3.402	3.593
Sr	98.113	82.92	91.71	106.165	140.356	118.886	78.422	74.249	77.263	70.355
Th	13.038	14.4	14.822	14.609	12.754	13.321	14.624	14.336	14.607	14.808
Ti	5 212.517	5 595.003	5 364.463	5 133.772	4 869.445	4 931.674	5 225.134	5 207.002	5 526.2	5 530.243
U	2.61	2.924	2.838	2.747	2.521	2.711	2.874	2.957	2.943	2.951
V	98.375	111.901	143.17	127.092	106.813	103.897	99.619	100.257	114.428	103.437
W	2.024	2.199	2.088	2.15	2.278	2.285	2.24	2.279	2.253	2.305
Y	28.639	31.37	30.969	30.373	27.298	27.646	30.936	29.286	28.59	30.167
Zn	73.656	75.741	101.331	102.778	124.749	111.854	77.887	75.738	86.622	76.32
Zr	280.327	285.159	207.13	218.956	232.235	257.761	328.937	322.009	283.559	332.882
Ge	1.386	1.421	1.565	1.516	1.391	1.424	1.435	1.393	1.491	1.45
Ce	81.548	87.005	82.237	81.41	75.649	79.823	86.392	84.686	85.029	87.139
Tl	0.565	0.614	0.779	0.665	0.608	0.629	0.592	0.586	0.621	0.584
Se	0.223	0.24	0.335	0.286	0.338	0.36	0.226	0.3	0.247	0.253
Ga	16.295	17.937	22.293	20.944	17.605	16.387	16.679	15.743	18.416	16.318
Sc	11.468	12.956	17.166	15.678	12.779	11.709	12.152	10.853	12.75	11.446
Cl	68.54	65.508	53.981	54.461	68.934	70.093	58.375	53.712	62.162	52.486
Br	1.897	1.845	1.793	1.867	2.126	2.393	2.182	1.911	1.729	1.893
I	1.477	1.492	1.632	1.583	1.399	1.634	1.819	1.877	1.612	1.971
N	1 014.392	1 061.326	1 271.956	1 172.755	1 092.209	1 206.626	1 582.621	1 035.218	966.943	868.652

续表 5-10

元素及氧化物	新洲区 ($n=282$)	黄陂区 ($n=450$)	东西湖农村 ($n=218$)	东西湖城市 ($n=283$)	江北主城区 ($n=296$)	江南主城区 ($n=502$)	蔡甸区 ($n=250$)	东湖新技术区 ($n=546$)	武汉开发区 ($n=235$)	江夏区 ($n=476$)
C	1.273	1.085	1.154	1.163	1.826	1.796	1.589	1.109	0.971	0.881
S	223.436	202.813	198.775	203.923	274.938	295.084	211.96	217.117	184.376	180.704
Org.C	0.984	0.971	1.091	1.052	1.209	1.335	1.53	0.96	0.802	0.769
SiO_2	66.888	66.09	60.66	61.065	60.494	62.537	68.574	69.14	65.181	69.549
Al_2O_3	12.787	13.908	16.731	15.662	13.462	13.091	13.426	12.718	14.465	13.184
TFe_2O_3	5.303	5.83	7.059	6.546	5.461	5.469	5.207	5.136	6.186	5.361
MgO	1.033	1.226	1.709	2.2	1.767	1.379	0.859	0.758	1.115	0.768
CaO	1.064	0.796	1.045	1.393	2.596	2.11	0.621	0.704	0.828	0.658
Na_2O	0.899	0.869	0.921	1.037	1.219	0.901	0.8	0.515	0.745	0.548
K_2O	1.962	1.982	2.542	2.517	2.282	2.122	1.927	1.752	2.03	1.813
Au	2.13	2.112	2.076	2.147	3.154	2.796	2.297	2.334	2.166	2.159
pH	6.836	6.773	7.05	7.644	8.12	8.001	6.972	8.019	7.233	7.025

注：SiO_2、Al_2O_3、Fe_2O_3、MgO、CaO、Na_2O、K_2O、C、Org.C 单位为%，Au 单位为 ng/g，pH 为无量纲，其余元素单位为 μg/g。

表 5-11　不同地质单元表层土壤元素及氧化物的地球化学背景值

元素及氧化物	全新统($n=1650$)	更新统($n=1415$)	前第四纪($n=86$)	水域($n=387$)
Ag	0.094	0.067	0.078	0.091
As	12.193	12.376	12.485	13.307
B	58.738	70.526	62.463	61.284
Ba	573.296	469.539	380.701	553.852
Be	2.363	2.137	1.866	2.445
Bi	0.463	0.413	0.44	0.478
Cd	0.268	0.172	0.164	0.158
Co	16.471	16.01	13.303	17.196
Cr	87.738	82.58	77.293	90.989
Cu	36.024	28.193	27.723	36.353
F	576.15	457.922	425.612	583.76
Hg	0.072	0.075	0.066	0.071
La	40.49	40.27	36.86	40.188
Li	42.721	39.252	32.624	46.002
Mn	753.11	663.878	507.839	759.34
Mo	0.969	0.834	0.956	0.93
Nb	17.934	18.718	19.062	18.011
Ni	36.238	30.073	26.814	38.657
P	688.9	538.219	491.823	634.094

续表 5-11

元素及氧化物	全新统(n=1650)	更新统(n=1415)	前第四纪(n=86)	水域(n=387)
Pb	32.309	31.8	33.29	33.843
Rb	104.067	94.732	82.569	109.924
Sb	1.168	1.16	1.143	1.203
Sn	3.55	3.774	3.246	3.648
Sr	104.084	76.055	71.624	92.309
Th	13.82	14.59	14.768	14.374
Ti	5 250.576	5 322.483	4 644.929	5 379.852
U	2.748	2.913	2.787	2.911
V	113.572	100.937	91.764	117.749
W	2.154	2.32	2.343	2.182
Y	29.064	30.242	26.512	29.359
Zn	97.655	73.567	71.603	95.113
Zr	248.393	324.329	333.983	295.85
Ge	1.449	1.413	1.424	1.464
Ce	81.366	87.095	77.607	81.369
Tl	0.638	0.586	0.527	0.673
Se	0.294	0.244	0.288	0.306
Ga	18.195	16.185	16.349	19.042
Sc	13.148	11.442	11.561	13.581
Cl	62.584	57.428	56.512	62.833
Br	1.948	2.061	2.168	1.916
I	1.547	1.831	1.903	1.579
N	1 104.22	1 006.406	1 181.684	973.879
C	1.333	1.02	1.266	1.319
S	224.631	209.018	210.939	276.555
Org. C	1.063	0.917	1.221	1.094
SiO_2	63.103	68.538	69.005	62.575
Al_2O_3	14.014	13.082	13.292	14.72
TFe_2O_3	5.813	5.279	5.329	6.217
MgO	1.421	0.809	0.769	1.336
CaO	1.493	0.665	0.5	1.168
Na_2O	0.909	0.638	0.735	0.794
K_2O	2.211	1.816	1.678	2.205
Au	2.266	2.263	2.254	2.314
pH	7.474	8.206	6.753	7.161

注：SiO_2、Al_2O_3、Fe_2O_3、MgO、CaO、Na_2O、K_2O、C、Org. C 单位为%，Au 单位为 ng/g，pH 为无量纲，其余元素单位为 μg/g。

表 5-12　不同土壤类型表层土壤元素及氧化物的地球化学背景值

元素及氧化物	红壤（n=363）	黄棕壤（n=351）	山地草甸土（n=55）	潮土（n=967）	水稻土（n=1564）	水域（n=238）
Ag	0.064	0.062	0.056	0.101	0.08	0.102
As	12.274	12.268	13.18	12.047	12.539	13.601
B	72.624	69.663	62.816	59.618	63.258	61.011
Ba	441.693	460.995	475.873	580.202	530.165	514.755
Be	2.023	2.097	2.2	2.35	2.309	2.326
Bi	0.407	0.389	0.425	0.483	0.441	0.589
Cd	0.181	0.15	0.241	0.292	0.208	0.312
Co	16.43	16.472	16.818	16.299	16.367	15.897
Cr	81.395	83.178	86.007	86.013	87.01	88.47
Cu	27.39	26.561	34.76	37.338	32.148	39.335
F	437.723	436.706	505.876	591.84	522.817	548.688
Hg	0.069	0.072	0.067	0.079	0.071	0.076
La	39.668	39.528	40.068	40.654	40.697	38.41
Li	38.6	38.158	41.273	41.875	42.346	42.791
Mn	698.467	599.706	677.546	764.811	705.565	728.749
Mo	0.889	0.835	0.963	0.943	0.909	0.922
Nb	19.105	19.023	18.61	17.856	18.274	17.702
Ni	29.663	28.112	33.918	36.294	34.011	36.024
P	442.496	493.203	546.455	778.337	597.726	621.394
Pb	30.694	31.928	32.667	32.572	32.171	36.38
Rb	94.249	91.94	100.877	103.457	101.582	102.095
Sb	1.143	1.155	1.311	1.155	1.163	1.301
Sn	3.599	3.684	3.484	3.644	3.629	3.885
Sr	65.476	73.975	82.109	113.841	86.942	97.238
Th	14.716	14.26	14.598	13.583	14.461	13.746
Ti	5 429.365	5 452.676	5 456.146	5 152.41	5 306.547	5 226.967
U	2.936	2.912	2.912	2.677	2.878	2.911
V	99.962	99.852	110.02	111.993	109.381	110.598
W	2.326	2.296	2.351	2.147	2.23	2.252
Y	30.09	30.256	28.31	28.711	30.039	28.066
Zn	72.215	68.013	86.387	104.191	84.854	97.481
Zr	337.55	323.093	295.744	249.885	275.425	254.478
Ge	1.426	1.382	1.475	1.439	1.446	1.441

续表 5-12

元素及氧化物	红壤 (n=363)	黄棕壤 (n=351)	山地草甸土 (n=55)	潮土 (n=967)	水稻土 (n=1564)	水域 (n=238)
Ce	88.168	86.544	86.559	80.682	84.593	78.139
Tl	0.579	0.568	0.605	0.628	0.626	0.654
Se	0.252	0.23	0.239	0.294	0.269	0.355
Ga	15.559	15.987	18.005	17.873	17.706	17.98
Sc	11.053	11.223	12.407	12.929	12.658	12.647
Cl	52.963	59.895	63.039	65.901	57.792	74.555
Br	1.943	1.903	1.767	2.063	1.959	2.434
I	2.017	1.71	1.786	1.481	1.698	2.9
N	897.35	977.724	1 077.055	1 113.683	1 085.848	1 882.055
C	0.914	1.013	1.435	1.459	1.158	2.144
S	194.371	206.67	216.291	231.705	216.205	337.429
Org. C	0.804	0.889	1.172	1.101	1.024	1.858
SiO_2	70.289	69.558	66.006	62.468	65.479	62.338
Al_2O_3	12.683	12.911	14.251	13.879	13.839	14.067
TFe_2O_3	5.106	5.235	6.021	5.791	5.678	5.876
MgO	0.736	0.756	1.138	1.567	1.07	1.413
CaO	0.571	0.579	1.6	1.802	0.909	1.311
Na_2O	0.462	0.652	0.625	1.039	0.75	0.782
K_2O	1.777	1.758	1.935	2.28	2.015	2.065
Au	2.157	2.179	2.097	2.417	2.234	2.507
pH	6.882	6.732	7.321	8.09	6.973	7.275

注：SiO_2、Al_2O_3、Fe_2O_3、MgO、CaO、Na_2O、K_2O、C、Org. C 单位为%，Au 单位为 ng/g，pH 为无量纲，其余元素单位为 μg/g。

表 5-13　不同土地利用类型表层土壤元素及氧化物的地球化学背景值

元素及氧化物	城建用地 (n=1135)	耕地 (n=1992)	水域 (n=219)	林地 (n=98)	草地 (n=94)
Ag	0.088	0.076	0.105	0.102	0.109
As	12.605	12.201	14.606	11.694	12.228
B	63.093	64.573	59.091	63.669	52.034
Ba	531.48	517.5	562.4	420.153	559.272
Be	2.257	2.262	2.48	1.968	2.275
Bi	0.474	0.426	0.715	0.481	0.489
Cd	0.238	0.202	0.327	0.314	0.458
Co	15.728	16.674	17.044	14.237	16.372
Cr	85.294	85.478	93.286	78.937	87.853

续表 5-13

元素及氧化物	城建用地 (n=1135)	耕地 (n=1992)	水域 (n=219)	林地 (n=98)	草地 (n=94)
Cu	34.024	31.274	39.127	28.698	41.754
F	519.267	518.159	598.462	446.187	591.5
Hg	0.079	0.071	0.074	0.075	0.093
La	39.695	40.893	38.46	38.197	39.475
Li	40.921	41.527	46.11	34.402	39.055
Mn	702.261	706.646	803.788	545.316	811.2
Mo	0.978	0.863	0.959	0.953	0.905
Nb	17.664	18.577	17.675	16.823	17.657
Ni	33.198	33.314	40.17	28.946	37.417
P	601.003	620.346	663.952	480.515	699.367
Pb	33.938	31.413	36.321	35.05	33.994
Rb	98.226	101.349	108.945	83.923	97.834
Sb	1.251	1.121	1.337	1.138	1.101
Sn	3.876	3.568	3.842	3.409	3.303
Sr	103.724	83.162	96.776	75.809	137.095
Th	13.894	14.467	13.946	13.039	12.623
Ti	5 040.138	5 411.018	5 307.931	4 782.396	5 309.353
U	2.763	2.872	2.934	2.782	2.534
V	105.052	109.417	118.911	93.627	114.535
W	2.268	2.214	2.199	2.084	2.061
Y	28.564	30.303	28.489	27.27	27.472
Zn	95.382	81.679	108.312	76.097	105.241
Zr	268.86	287.505	242.548	288.409	240.691
Ge	1.425	1.439	1.467	1.442	1.422
Ce	81.243	85.764	77.805	79.286	77.091
Tl	0.616	0.612	0.688	0.571	0.596
Se	0.289	0.26	0.361	0.303	0.279
Ga	17.156	17.416	19.648	14.475	17.416
Sc	12.16	12.488	13.466	10.346	13.235
Cl	60.714	59.563	75.735	54.997	62.026
Br	1.898	2.038	2.407	2.439	1.556
I	1.683	1.661	3.018	2.209	1.205
N	964.113	1 119.852	1 987.393	1 258.122	1 053.606
C	1.189	1.156	1.581	1.542	1.605

续表 5-13

元素及氧化物	城建用地 (*n*=1135)	耕地 (*n*=1992)	水域 (*n*=219)	林地 (*n*=98)	草地 (*n*=94)
S	220.607	214.946	363.604	226.599	210.03
Org. C	0.959	1.018	1.891	1.373	0.957
SiO_2	64.525	66.264	61.088	68.894	60.711
Al_2O_3	13.647	13.639	14.766	11.87	13.355
TFe_2O_3	5.558	5.603	6.321	4.863	5.823
MgO	1.148	1.061	1.417	0.775	2.132
CaO	1.417	0.833	1.311	1.209	3.824
Na_2O	0.8	0.738	0.775	0.538	1.261
K_2O	2.033	2.014	2.221	1.685	2.28
Au	2.522	2.167	2.453	2.338	2.17
pH	7.959	6.891	7.193	6.634	8.148

注：SiO_2、Al_2O_3、Fe_2O_3、MgO、CaO、Na_2O、K_2O、C、Org. C 单位为%，Au 单位为 ng/g，pH 为无量纲，其余元素单位为 μg/g。

（三）土壤地球化学分布特征

武汉都市发展区表层土壤元素及氧化物的地球化学统计特征值参数见表 5-14。与中国土壤（A 层）中值相比，区内表层土壤中 Na_2O、Br、CaO、Sr、I、Ag 含量较低，而 Zn、Se、Zr、As、Ce、TFe_2O_3、Ni、Pb、Li、Mn、Bi、Y、V、Ti、Co、Cu、Cr、Sn、B、Hg、Cd 含量较高，尤以 Cd 元素含量为其约 2.68 倍。

表 5-14 土壤元素及氧化物的地球化学特征值表（*n*=3538）

元素及氧化物	平均值	标准差	变异系数	最小值	最大值	众数	中值	偏度	峰度	中国土壤（A 层）中值
Ag	0.085	0.035	41.325	0.008	0.191	0.070	0.078	0.708	−0.134	0.100
As	12.490	3.043	24.363	3.400	21.600	12.000	12.300	0.224	0.202	9.600
B	64.378	14.810	23.005	20.900	108.700	77.800	64.400	0.046	−0.252	41.000
Ba	535.182	141.645	26.467	138.000	957.000	472.000	502.000	0.740	0.280	454.000
Be	2.291	0.429	18.720	1.020	3.570	2.250	2.250	0.416	0.135	1.900
Bi	0.440	0.114	25.827	0.110	0.780	0.390	0.420	0.582	0.208	0.310
Cd	0.236	0.124	52.708	0.016	0.608	0.140	0.212	0.746	−0.052	0.079
Co	16.507	3.545	21.474	5.900	26.900	17.000	16.500	−0.105	−0.189	11.600
Cr	86.307	13.203	15.298	46.800	125.200	85.400	85.300	0.225	0.125	57.300
Cu	33.358	9.831	29.471	5.400	62.800	28.200	30.200	0.826	0.004	20.700
F	539.734	153.441	28.429	94.000	999.000	441.000	501.000	0.801	0.077	453.000
Hg	0.073	0.036	49.319	0.003	0.181	0.060	0.064	0.897	0.237	0.038
La	40.311	4.811	11.935	25.900	54.600	42.200	40.800	−0.335	0.259	36.800

续表 5-14

元素及氧化物	平均值	标准差	变异系数	最小值	最大值	众数	中值	偏度	峰度	中国土壤（A层）中值
Li	41.960	10.152	24.194	12.500	72.300	40.800	41.100	0.475	0.462	30.600
Mn	721.273	222.695	30.875	63.000	1 372.000	716.000	727.000	−0.121	0.059	540.000
Mo	0.928	0.272	29.271	0.290	1.740	0.920	0.890	0.538	−0.115	1.100
Nb	18.214	1.582	8.685	13.500	22.700	18.400	18.300	−0.511	0.132	—
Ni	34.608	10.035	28.995	5.200	64.700	28.500	33.100	0.673	0.264	24.900
P	636.849	273.889	43.007	102.000	1 458.000	662.000	604.500	0.701	−0.008	—
Pb	32.018	6.050	18.896	14.100	50.100	31.600	31.400	0.518	0.303	23.500
Rb	101.508	20.966	20.655	38.800	163.800	99.200	99.200	0.537	0.539	106.000
Sb	1.166	0.275	23.564	0.350	1.990	1.060	1.150	0.317	0.135	1.070
Sn	3.631	0.731	20.133	1.500	5.800	3.500	3.500	0.509	0.399	2.300
Sr	94.597	35.113	37.118	22.000	199.000	75.000	86.000	0.743	−0.193	147.000
Th	14.150	1.785	12.613	8.800	19.500	14.900	14.400	−0.640	0.411	12.400
Ti	5 282.677	533.633	10.102	3 682.000	6 861.000	5 362.000	5 317.500	−0.414	0.290	3 800.000
U	2.831	0.332	11.711	1.850	3.820	2.880	2.870	−0.400	0.333	2.720
V	109.616	22.955	20.942	43.300	178.400	101.300	106.700	0.518	0.236	76.800
W	2.220	0.281	12.646	1.380	3.060	2.250	2.250	−0.384	0.393	2.270
Y	29.539	3.260	11.035	19.800	39.200	30.000	30.000	−0.393	0.274	22.100
Zn	89.284	28.660	32.100	4.900	175.000	68.200	81.800	0.725	−0.068	68.000
Zr	285.347	73.893	25.896	93.000	500.000	309.000	290.000	0.113	−0.619	228.000
Ge	1.442	0.171	11.846	0.930	1.950	1.500	1.440	0.072	−0.130	1.700
Ce	83.544	10.553	12.632	52.000	114.900	86.200	84.600	−0.416	0.285	65.200
Tl	0.623	0.120	19.298	0.270	0.980	0.610	0.610	0.574	0.488	0.580
Se	0.273	0.096	35.327	0.070	0.560	0.260	0.260	0.606	0.074	0.207
Ga	17.635	3.799	21.544	6.400	29.000	15.200	17.300	0.512	0.258	17.000
Sc	12.612	3.013	23.887	3.700	21.600	12.600	12.200	0.511	0.279	10.800
Cl	61.315	20.563	33.537	17.000	123.000	50.000	58.000	0.672	0.052	—
Br	2.101	0.954	45.439	0.100	4.900	1.900	2.000	0.411	−0.138	3.630
I	1.749	0.658	37.613	0.290	3.720	1.410	1.660	0.562	−0.116	2.200
N	1 158.086	541.896	46.792	92.000	2 766.000	426.000	1 114.000	0.514	−0.261	—
C	1.291	0.700	54.204	0.040	3.390	1.020	1.230	0.542	−0.076	—
S	225.721	99.842	44.232	55.000	525.000	170.000	208.000	0.767	0.072	—

续表 5-14

元素及氧化物	平均值	标准差	变异系数	最小值	最大值	众数	中值	偏度	峰度	中国土壤（A层）中值
Org. C	1.097	0.601	54.811	0.020	2.890	0.910	1.040	0.525	−0.191	1.160
SiO_2	65.528	5.960	9.095	48.080	83.010	56.760	65.900	−0.096	−0.599	—
Al_2O_3	13.803	2.359	17.090	6.740	20.410	12.910	13.790	0.129	−0.184	12.560
TFe_2O_3	5.721	1.239	21.651	2.090	9.390	4.480	5.600	0.438	0.015	4.240
MgO	1.276	0.685	53.696	0.030	3.310	0.720	0.990	0.770	−0.695	1.230
CaO	1.037	0.758	73.144	0.060	3.310	0.380	0.760	1.175	0.448	1.300
Na_2O	0.815	0.369	45.232	0.060	1.920	0.750	0.790	0.365	−0.249	1.500
K_2O	2.069	0.473	22.849	0.680	3.470	1.720	1.960	0.527	−0.194	—
Au	2.286	0.644	28.182	0.400	4.200	2.000	2.200	0.618	0.354	2.260
pH	7.210	1.087	15.072	4.100	9.660	8.270	7.560	−0.698	−0.704	—

注：SiO_2、Al_2O_3、Fe_2O_3、MgO、CaO、Na_2O、K_2O、C、Org. C 单位为%，Au 单位为 ng/g，PH 为无量纲，其余元素单位为 μg/g。

根据变异系数（CV）划分，区内表层土壤元素属均匀分布型（$CV \leqslant 25\%$）的有 Nb、SiO_2、Ti、Y、U、Ge、La、Th、Ce、W、pH、Cr、Al_2O_3、Be、Pb、Tl、Sn、Rb、V、Co、Ga、TFe_2O_3、K_2O、B、Sb、Sc、Li、As；属相对分异型（$25\% < CV \leqslant 50\%$）的有 Bi、Zr、Ba、Au、F、Ni、Mo、Cu、Mn、Zn、Cl、Se、Sr、I、Ag、P、S、Na_2O、Br、N、Hg；属分异型（$50\% < CV \leqslant 75\%$）的有 CaO。

不同行政单元表层土壤元素及氧化物的地球化学平均值见表 5-15。各行政区表层土壤平均特征如下：江夏区、东西湖农村、东湖新技术区、武汉开发区、新洲区、黄陂区和蔡甸区等表层土壤多数元素及氧化物处于低平均水平，尤以 S、MgO、CaO、Na_2O 含量相对较低；江南主城区、江北主城区和东西湖城市等表层土壤多数元素及氧化物的平均值略高于全区平均水平。

不同地质单元表层土壤元素及氧化物的地球化学平均值见表 5-16。反映区内不同地质单元表层土壤平均值绝大多数元素及氧化物与全区平均值相近，但更新统和前第四纪表现为以更加富 Mo、Se，低 MgO、CaO、Na_2O、K_2O 为特征，全新统形成的表层土壤中则以富 CaO 为特征。水域中则以富 S 为特征。

表 5-17 列出了区内不同土壤类型表层土壤元素及氧化物的地球化学平均值。与全区平均值相比，除 Cd、Se、I、N、C、S、Na_2O、CaO、MgO 外，绝大部分表层土壤元素及氧化物的平均值变化较小。不同土壤类型表层土壤元素及氧化物的平均值特征具体表现为：表层土壤水稻土中多数元素及氧化物的平均值接近全区水平；表层土壤红壤、黄棕壤和山地草甸土中多数元素及氧化物处于低平均值水平，主要以低 Cd、MgO、CaO 平均值特征；表层土壤潮土中大部分元素及氧化物高于全区平均值水平，但以 Cd、P、Sr、Zn、MgO、CaO、Na_2O 等平均值高为特征。

不同土地利用类型表层土壤元素及氧化物的地球化学平均值见表 5-18。不同土地利用类型土壤元素及氧化物的平均值具体变化特征为：城建用地、耕地中元素及氧化物的平均值与全区接近，比值差均在 −0.1～0.1 之间；水域中以 S、I、N、Org. C 略高于平均值为特征，其余元素及氧化物的平均值与全区接近，比值差均在 ±0.1 之间；草地中以高 MgO、CaO、Na_2O、Cd 平均值，低 I 平均值为特征，其余元素及氧化物的平均值与全区接近，比值差均在 ±0.2 之间；林地中 Bi、Se 表现为高于平均值，CaO、MgO、Na_2O 为低于平均值，其余元素及氧化物的平均值与全区接近，且略低于平均值。

表 5-15　不同行政单元表层土壤元素及氧化物的地球化学平均值

元素及氧化物	新洲区 (n=282)	黄陂区 (n=450)	东西湖农村 (n=218)	东西湖城市 (n=283)	江北主城区 (n=296)	江南主城区 (n=502)	蔡甸区 (n=250)	东湖新技术区 (n=546)	武汉开发区 (n=235)	江夏区 (n=476)
Ag	0.088	0.083	0.103	0.102	0.29	0.183	0.077	0.088	0.068	0.074
As	11.777	12.36	14.582	13.785	12.501	12.807	11.698	13.937	13.594	13.095
B	56.012	63.724	53.892	52.555	56.865	66.155	69.164	71.54	64.386	73.864
Ba	536.401	531.416	722.922	720.226	630.76	552.369	514.112	448.595	493.183	444.214
Be	2.177	2.329	2.883	2.699	2.338	2.26	2.277	2.063	2.332	2.095
Bi	0.444	0.432	0.453	0.498	0.657	0.927	0.434	0.563	0.467	0.536
Cd	0.226	0.219	0.273	0.309	0.44	0.443	0.199	0.319	0.238	0.232
Co	17.819	18.043	18.518	17.25	15.544	15.676	15.52	15.889	16.923	16.322
Cr	79.213	89.754	99.066	91.276	88.738	89.758	79.095	86.167	90.488	85.951
Cu	29.451	32.988	40.433	39.521	48.944	42.799	30.1	29.942	35.146	30.543
F	511.489	543.442	716.711	689.053	620.345	563.225	490.04	455.745	574.115	470.75
Hg	0.088	0.111	0.069	0.069	0.201	0.146	0.118	0.125	0.079	0.079
La	38.693	40.871	42.061	42.065	39.192	39.806	41.997	38.867	40.176	39.653
Li	37.127	42.465	53.836	50.594	42.241	40.218	41.596	38.756	43.862	40.133
Mn	699.809	715.051	802.385	781.788	756.99	785.277	688.796	674.778	701.515	730.114
Mo	0.918	0.846	1.096	1.069	1.076	1.317	0.829	1.224	1.081	1.033
Nb	17.684	18.759	17.901	17.537	17.043	17.043	18.431	18.007	18.407	18.621
Ni	29.72	34.845	48.431	44.047	36.543	35.177	32.726	30.588	35.772	31.506
P	825.145	696.396	761.564	839.353	932.889	916.58	686.328	563.782	638.634	544.191
Pb	32.715	33.215	30.509	31.99	51.985	50.607	30.824	35.067	32.972	33.05
Rb	92.793	103.517	127.914	121.287	99.497	97.369	99.847	91.09	104.539	96.769
Sb	1.034	1.299	1.197	1.247	2.043	1.628	1.198	1.4	1.258	1.29
Sn	3.638	3.795	3.53	3.49	5.195	4.962	4.009	4.177	3.694	3.806
Sr	108.181	90.22	93.505	109.565	147.713	127.685	84.436	83.291	83.74	77.405
Th	12.835	14.256	14.864	14.638	12.77	13.339	14.598	14.06	14.554	14.546
Ti	5 178.415	5 582.533	5 367.05	5 104.802	4 833.078	4 908.709	5 202.904	5 068.672	5 497.298	5 400.643
U	2.6	2.897	2.862	2.762	2.552	2.738	2.903	3.07	2.955	2.971
V	99.741	113.808	140.226	128.975	107.937	105.569	102.157	111.604	115.169	107.399
W	2.046	2.194	2.089	2.169	2.461	2.697	2.246	2.254	2.259	2.28
Y	29.146	31.203	30.962	30.135	27.194	27.504	30.972	29.009	28.355	29.74
Zn	79.898	87.257	106.025	107.404	161.787	188.941	84.783	82.831	92.087	83.372
Zr	290.415	292.069	218.39	223.445	236.216	268.365	323.368	324.971	284.911	330.05
Ge	1.395	1.433	1.57	1.526	1.397	1.439	1.441	1.396	1.476	1.46

续表 5-15

元素及氧化物	新洲区（n=282）	黄陂区（n=450）	东西湖农村（n=218）	东西湖城市（n=283）	江北主城区（n=296）	江南主城区（n=502）	蔡甸区（n=250）	东湖新技术区（n=546）	武汉开发区（n=235）	江夏区（n=476）
Ce	82.758	87.343	83.175	81.247	75.267	79.457	86.496	84.354	84.727	85.327
Tl	0.575	0.627	0.773	0.709	0.615	0.641	0.601	0.599	0.623	0.595
Se	0.269	0.258	0.333	0.311	0.396	0.456	0.253	0.604	0.263	0.336
Ga	16.629	18.303	22.485	21.184	17.757	16.485	16.949	15.805	18.514	16.413
Sc	11.797	13.306	16.687	15.792	12.841	11.818	12.333	10.871	12.834	11.508
Cl	73.443	89.213	57.454	61.58	82.77	93.763	64.516	66.672	67.915	60.011
Br	2.099	2.103	1.92	1.994	2.409	2.701	2.432	2.597	1.884	2.121
I	1.581	1.657	1.759	1.657	1.599	1.827	1.991	2.34	1.709	2.127
N	1 134.142	1 187.893	1402	1 286.615	1 268.963	1 408.882	1 309.056	1 322.375	1 117.485	1 056.779
C	1.335	1.239	1.303	1.332	2.131	2.14	1.33	1.532	1.272	1.197
S	879.759	253.438	227.009	237.251	343.503	412.628	276.752	351.2	222.468	249.578
Org.C	1.082	1.094	1.241	1.194	1.6	1.713	1.252	1.356	1.07	0.984
SiO_2	66.94	66.189	60.93	61.61	60.397	62.246	68.551	68.653	65.347	69.044
Al_2O_3	13.002	14.084	16.696	15.756	13.499	13.037	13.529	12.789	14.436	13.232
TFe_2O_3	5.431	5.933	7.123	6.562	5.519	5.901	5.315	5.201	6.192	5.435
MgO	1.234	1.226	1.817	1.801	1.864	1.538	0.999	0.804	1.288	0.876
CaO	1.735	1.234	1.137	1.618	3.263	2.812	0.785	1.188	1.451	1.263
Na_2O	0.993	0.924	0.954	1.095	1.231	0.92	0.816	0.571	0.673	0.53
K_2O	2.01	2.032	2.575	2.526	2.288	2.132	1.972	1.732	2.081	1.843
Au	2.529	2.42	2.154	2.262	4.317	3.411	2.657	2.649	2.372	2.394
pH	6.89	6.809	6.935	7.516	7.959	7.789	6.69	7.01	7.309	7.092

注：SiO_2、Al_2O_3、Fe_2O_3、MgO、CaO、Na_2O、K_2O、C、Org.C 单位为%，Au 单位为 ng/g，pH 为无量纲，其余元素单位为 μg/g。

表 5-16　不同地质单元表层土壤元素及氧化物的地球化学平均值

元素及氧化物	全新统（n=1650）	更新统（n=1415）	前第四纪（n=86）	水域（n=387）
Ag	0.136	0.092	0.091	0.124
As	12.795	12.984	13.041	14.079
B	59.774	70.367	63.702	62.278
Ba	597.244	477.635	416.488	567.178
Be	2.397	2.15	1.904	2.481
Bi	0.597	0.525	0.49	0.59
Cd	0.359	0.218	0.283	0.331
Co	16.782	16.331	14.047	17.642
Cr	90.291	84.292	81.558	90.982

续表 5-16

元素及氧化物	全新统(n=1650)	更新统(n=1415)	前第四纪(n=86)	水域(n=387)
Cu	39.298	30.857	29.481	38.12
F	602.338	470.838	447.093	615.488
Hg	0.111	0.12	0.091	0.091
La	40.243	40.243	37.084	39.959
Li	43.891	39.327	34.683	47.148
Mn	761.163	687.984	589.395	791.928
Mo	1.122	1.007	1.522	0.968
Nb	17.647	18.417	16.688	17.856
Ni	37.748	30.916	27.829	39.851
P	800.526	647.634	515.849	756.522
Pb	38.853	35.245	34.862	36.237
Rb	105.872	94.457	83.967	111.239
Sb	1.49	1.283	1.228	1.307
Sn	4.135	4.13	3.659	3.876
Sr	113.624	84.787	88	99.245
Th	13.739	14.333	13.114	14.177
Ti	5 178.897	5 232.502	4 674.174	5 326.961
U	2.776	2.913	2.994	2.904
V	117.811	103.467	105.409	119.27
W	2.287	2.35	2.058	2.191
Y	28.898	30.035	26.615	29.266
Zn	131.724	86.898	78.759	100.028
Zr	256.089	327.217	300.419	257.752
Ge	1.459	1.424	1.426	1.468
Ce	80.672	86.716	77.27	81.87
Tl	0.652	0.589	0.555	0.688
Se	0.369	0.355	0.636	0.383
Ga	18.478	16.307	14.819	19.5
Sc	13.453	11.469	10.33	13.83
Cl	80.24	66.796	56.512	71.478
Br	2.167	2.243	2.388	2.873
I	1.677	1.96	2.032	2.349
N	1 248.971	1 154.313	1 100.302	1 636.01
C	1.631	1.309	1.424	1.734
S	282.648	370.813	262.43	532.217

续表 5-16

元素及氧化物	全新统(n=1650)	更新统(n=1415)	前第四纪(n=86)	水域(n=387)
Org. C	1.308	1.177	1.191	1.518
SiO_2	63.2	68.43	69.617	62.672
Al_2O_3	14.114	13.147	12.206	14.878
TFe_2O_3	6.003	5.397	5.039	6.311
MgO	1.599	0.878	0.801	1.52
CaO	2.226	1.039	1.253	1.718
Na_2O	0.97	0.704	0.472	0.849
K_2O	2.245	1.829	1.727	2.248
Au	2.8	2.711	2.866	2.603
pH	7.503	6.883	6.825	7.23

注：SiO_2、Al_2O_3、Fe_2O_3、MgO、CaO、Na_2O、K_2O、C、Org. C 单位为%，Au 单位为 ng/g，pH 为无量纲，其余元素单位为 μg/g。

表 5-17 不同土壤类型表层土壤元素及氧化物的地球化学平均值

元素及氧化物	红壤(n=363)	黄棕壤(n=351)	山地草甸土(n=55)	潮土(n=967)	水稻土(n=1564)	水域(n=238)
Ag	0.074	0.069	0.056	0.128	0.124	0.158
As	13.117	12.658	13.18	12.582	13.121	14.44
B	72.256	67.856	62.816	60.692	64.5	61.8
Ba	436.369	479.325	475.873	593.997	552.334	527.559
Be	2.004	2.109	2.24	2.375	2.349	2.352
Bi	0.586	0.415	0.425	0.637	0.516	0.818
Cd	0.231	0.183	0.241	0.356	0.282	0.445
Co	16.183	16.914	16.895	16.401	16.836	16.397
Cr	85.027	83.241	88.407	87.792	88.828	91.222
Cu	28.51	27.621	34.76	40.986	35.065	39.335
F	443.975	449.086	520.4	612.004	550.584	573.109
Hg	0.085	0.095	0.067	0.125	0.118	0.092
La	39.442	39.358	39.96	40.248	40.638	38.615
Li	38.176	38.105	42.249	42.68	43.487	43.926
Mn	713.477	630.219	677.546	780.506	723.561	767.727
Mo	1.193	0.926	1.298	1.108	1.041	1.065
Nb	18.322	18.576	18.455	17.506	18.058	17.504
Ni	30.533	28.709	35.013	37.377	35.636	37.315
P	525.548	636.838	546.455	865.938	713.161	744.962
Pb	33.188	33.662	32.667	39.018	36.953	41.245
Rb	92.536	91.665	100.222	104.656	103.262	103.51

续表 5-17

元素及氧化物	红壤 (n=363)	黄棕壤 (n=351)	山地草甸土 (n=55)	潮土 (n=967)	水稻土 (n=1564)	水域 (n=238)
Sb	1.394	1.279	1.311	1.314	1.432	1.467
Sn	3.778	3.913	3.762	4.239	4.139	4.026
Sr	76.752	81.573	82.109	122.416	94.875	107.811
Th	14.231	13.964	14.585	13.537	14.286	13.703
Ti	5 214.904	5 323.795	5 456.146	5 102.751	5 237.038	5 150.618
U	3.009	2.857	2.935	2.682	2.893	2.977
V	109.68	100.361	110.011	113.704	112.955	118.96
W	2.267	2.281	2.335	2.341	2.282	2.266
Y	29.289	30.105	28.24	28.514	29.911	28.112
Zn	82.743	115.594	86.387	121.398	107.243	106.341
Zr	336.317	323.667	296.291	257.755	285.825	264.202
Ge	1.432	1.395	1.475	1.45	1.455	1.444
Ce	85.386	86.277	87.985	80.029	84.399	78.298
Tl	0.584	0.573	0.605	0.638	0.639	0.675
Se	0.597	0.268	0.276	0.345	0.348	0.461
Ga	15.531	16.121	18.005	18.088	18.054	18.36
Sc	10.938	11.205	12.407	13.174	12.983	12.761
Cl	62.342	69.202	72.673	75.26	75.446	74.555
Br	2.116	2.164	2.033	2.222	2.177	3.678
I	2.128	1.842	1.786	1.591	1.84	2.9
N	1 052.901	1 102.903	1 077.055	1 245.176	1 241.268	1 882.055
C	1.205	1.233	1.435	1.719	1.417	2.144
S	232.281	244.701	216.291	285.453	379.162	707.815
Org. C	1.026	1.11	1.172	1.338	1.247	1.858
SiO_2	70.226	69.483	65.583	62.403	65.645	62.393
Al_2O_3	12.741	13.018	14.251	13.937	13.982	14.189
TFe_2O_3	5.146	5.308	6.021	6.033	5.812	6.013
MgO	0.776	0.808	1.138	1.727	1.217	1.413
CaO	1.118	0.897	1.6	2.522	1.391	2.063
Na_2O	0.511	0.705	0.625	1.052	0.818	0.849
K_2O	1.761	1.771	1.935	2.303	2.058	2.091
Au	2.397	2.645	2.156	3.045	2.689	2.696
pH	6.961	6.732	7.321	7.693	7.059	7.283

注：SiO_2、Al_2O_3、Fe_2O_3、MgO、CaO、Na_2O、K_2O、C、Org. C 单位为%，Au 单位为 ng/g，pH 为无量纲，其余元素单位为 μg/g。

表 5-18　不同土地利用单元表层土壤元素及氧化物地球化学平均值

元素及氧化物	城建用地 (n=1135)	耕地 (n=1992)	水域 (n=219)	林地 (n=98)	草地 (n=94)
Ag	0.161	0.087	0.154	0.102	0.12
As	13.231	12.703	15.394	12.365	12.228
B	64.202	65.459	60.253	65.586	52.034
Ba	557.624	534.089	572.164	420.153	567.394
Be	2.276	2.297	2.521	1.968	2.308
Bi	0.654	0.478	0.715	1.005	0.539
Cd	0.328	0.255	0.451	0.314	0.458
Co	15.951	16.976	17.586	14.846	17.12
Cr	87.188	87.363	95.572	84.269	88.342
Cu	38.815	33.048	40.963	30.712	41.754
F	538.225	545.354	627.352	474.633	591.5
Hg	0.145	0.097	0.093	0.097	0.093
La	39.645	40.698	38.843	37.81	39.55
Li	41.383	42.497	47.738	36.197	39.055
Mn	712.533	732.135	836.644	617.439	805.415
Mo	1.185	0.994	1.103	1.302	0.945
Nb	17.483	18.365	17.358	16.774	17.566
Ni	33.937	35.018	41.504	30.248	37.417
P	735.745	722.631	798.753	564.245	740.766
Pb	44.009	32.8	39.696	35.05	38.136
Rb	98.342	102.832	111.372	86.48	98.85
Sb	1.693	1.201	1.528	1.264	1.204
Sn	4.684	3.815	3.974	3.693	3.549
Sr	115.062	89.513	104.598	86.561	139.713
Th	13.795	14.26	13.812	13.152	12.628
Ti	4 993.862	5 340.619	5 208.858	4 746.398	5 321.83
U	2.789	2.877	2.986	2.981	2.558
V	105.516	113.8	128.281	108.857	114.935
W	2.496	2.205	2.242	2.084	2.159
Y	28.56	30.075	28.453	27.18	27.395
Zn	148.087	88.111	108.312	82.451	110.568
Zr	275.222	298.038	242.548	295.929	244.223
Ge	1.436	1.45	1.462	1.442	1.423
Ce	80.991	85.304	78.881	78.514	77.884

续表 5-18

元素及氧化物	城建用地 (n=1135)	耕地 (n=1992)	水域 (n=219)	林地 (n=98)	草地 (n=94)
Tl	0.622	0.626	0.713	0.586	0.602
Se	0.363	0.344	0.488	0.809	0.315
Ga	17.242	17.768	19.648	14.965	17.567
Sc	12.213	12.818	13.647	10.716	13.127
Cl	86.419	66.398	75.735	64.01	66.234
Br	2.185	2.184	3.712	2.699	1.715
I	1.811	1.796	3.018	2.209	1.205
N	1 116.351	1 253.657	1 987.393	1 258.122	1 053.606
C	1.64	1.347	2.162	1.542	1.799
S	442.192	253.33	745.909	264.01	253.819
Org. C	1.326	1.182	1.891	1.373	1.11
SiO_2	64.385	66.462	61.375	68.894	60.51
Al_2O_3	13.638	13.804	14.958	12.134	13.38
TFe_2O_3	5.701	5.77	6.448	4.992	5.87
MgO	1.265	1.238	1.587	0.908	2.13
CaO	2.113	1.313	1.937	1.209	3.824
Na_2O	0.856	0.823	0.838	0.538	1.259
K_2O	2.051	2.061	2.252	1.741	2.255
Au	3.402	2.394	2.614	2.858	2.398
pH	7.755	6.891	7.193	6.704	7.914

注：SiO_2、Al_2O_3、Fe_2O_3、MgO、CaO、Na_2O、K_2O、C、Org. C单位为%，Au单位为ng/g，pH为无量纲，其余元素单位为μg/g。

二、土壤环境质量评价

土地质量地球化学评价是以影响土地质量的营养有益元素、有毒有害元素和化合物及理化性质等地球化学指标为基础，以其在土地中的含量水平对土地生产功能的影响程度进行系统研究，在此基础上对土地质量进行等级划分，系统反映土地质量现状，为评价区土地宏观管理和规划提供地球化学依据，为土地可持续利用服务。土地质量地球化学评价指标以土壤养分指标、土壤环境指标为主，综合考虑与土地利用有关的各种因素，实现土地质量地球化学指标评价。评价标准按《土地质量地球化学评价规范》(DZ/T 0295—2016)执行。

用1∶5万土壤测量实测元素含量对每个单元赋值，当单元内只有一个指标数据时，以此数据对单元赋值；当单元内有2个及以上数据时，用平均值对单元赋值；当单元中没有实测数据时，采用插值法赋值。

(一)土壤养分元素地球化学评价

据联合国粮食及农业组织推荐,作物需要的营养元素主要有16种,即氮(N)、磷(P)、钾(K)、硫(S)、钙(Ca)、镁(Mg)、碳(C)、氢(H)、氧(O)、硼(B)、铁(Fe)、钼(Mo)、铜(Cu)、锌(Zn)、锰(Mn)、氯(Cl),除部分碳、氢、氧可从大气和水中吸收外,其余均不同程度地需要从土壤中吸收来满足作物正常生长的需要。其中氮、磷、钾为大量元素,硫、钙、镁为中量元素,其余为微量元素,但根据有关资料,此外尚有硅(Si)、锗(Ge)、钠(Na)、镍(Ni)、钴(Co)、锶(Sr)、硒(Se)等对农作物生长起有效关联作用。虽然植物对这些元素的需要量相差很大,但对植物的生长发育所起的作用同等重要,且不能相互替代。

采用《土地质量地球化学评价规范》(DZ/T 0295—2016)中土壤养分指标等级分级标准,见表5-19。

表5-19　土壤养分指标分级标准

指标＼等级	一级	二级	三级	四级	五级
	丰富	较丰富	中等	较缺乏	缺乏
N(mg/kg)	>2000	1500～2000	1000～1500	750～1000	≤750
P(mg/kg)	>1000	800～1000	600～800	400～600	≤400
K_2O(%)	>3.0	2.4～3.0	1.8～2.4	1.2～1.8	≤1.2
Org. C(%)	>2.01	1.57～2.01	1.27～1.57	1.01～1.27	≤1.01
CaO(%)	>5.54	2.68～5.54	1.16～2.68	0.42～1.16	≤0.42
MgO(%)	>2.16	1.72～2.16	1.20～1.72	0.70～1.20	≤0.70
S(mg/kg)	>343	270～343	219～270	172～219	≤172
TFe_2O_3(%)	>7.56	6.83～7.56	6.05～6.83	5.26～6.05	≤5.26
Na_2O(%)	>1.79	1.52～1.79	1.26～1.52	1.01～1.26	≤1.01
SiO_2(%)	>64.69	62.23～64.69	59.97～62.23	57.91～59.97	≤57.97
B(mg/kg)	>65	55～65	45～55	30～45	≤30
Cl(mg/kg)	>75	65～75	55～65	45～55	≤45
Co(mg/kg)	>19.9	18.3～19.9	16.7～18.3	14.9～16.7	≤14.9
Mn(mg/kg)	>700	600～700	500～600	375～500	≤375
Mo(mg/kg)	>0.85	0.65～0.85	0.55～0.65	0.45～0.55	≤0.45
Ge(mg/kg)	>1.58	1.49～1.58	1.41～1.49	1.34～1.41	≤1.34
Sr(mg/kg)	>141	123～141	111～123	98～111	≤98

以表5-19所示的分级标准,利用MapGIS作各元素及氧化物丰缺分级图,对各元素等级点位进行面积统计(一个点相当于$1km^2$),计算各等级面积占评价区土地面积的百分比(表5-20)。

表 5-20 土壤养分元素及氧化物丰缺等级面积统计表

元素及氧化物	很丰		丰		中等		较缺乏		缺乏		丰富—中等		较缺乏—缺乏	
	面积(km^2)	百分比(%)	面积(km^2)	百分比(%)	面积(km^2)	百分比(%)	面积(km^2)	百分比(%)	面积(km^2)	百分比(%)	面积(km^2)	百分比(%)	面积(km^2)	百分比(%)
N	379	10.7	603	17.0	1086	30.7	572	16.2	898	25.4	2068	58.4	1470	41.60
P	572	16.2	466	13.2	847	23.9	898	25.4	755	21.3	1885	53.3	1653	46.72
K_2O	167	4.7	657	18.6	1566	44.3	1088	30.8	60	1.7	2390	67.6	1148	32.45
Org. C	473	13.4	433	12.2	468	13.2	549	16.0	1615	45.6	1374	38.8	2164	61.65
CaO	140	4.0	535	15.1	786	22.2	1478	41.8	599	16.9	1461	41.3	2077	58.71
MgO	608	17.2	411	11.6	386	10.9	1391	39.3	742	21.0	1405	39.7	2133	60.29
S	712	20.1	477	13.5	578	16.3	636	18.0	1135	32.1	1767	49.9	1771	50.06
TFe_2O_3	345	9.8	296	8.4	622	17.6	915	25.9	1360	38.4	1263	35.7	2275	64.30
SiO_2	2031	57.4	409	11.6	343	9.7	289	8.2	466	13.2	2783	78.7	755	21.34
B	1729	48.9	816	23.1	646	18.3	301	8.5	46	1.3	3191	90.2	347	9.81
Cu	2079	58.8	1046	29.6	268	7.6	114	3.2	31	0.9	3393	95.9	145	4.10
Mn	1982	56.0	595	16.8	419	11.8	287	8.1	255	7.2	2996	84.7	542	15.32
Mo	2110	59.6	910	25.7	322	9.1	146	4.1	50	1.4	3342	94.5	196	5.54
Zn	1760	49.7	734	20.7	526	14.9	428	12.1	90	2.5	3020	85.4	518	14.64

评价区土壤Cu、I含量最为丰富，中等及以上等级的土地面积百分比分别达95.9%、98.9%；Mo、B、SiO_2、Mn、Zn、Se等元素丰富，中等及以上等级的土地面积百分比分别为94.5%、90.2%、78.7%、84.7%、85.4%、81.8%；TFe_2O_3、Org. C、CaO缺乏，较缺乏—缺乏等级的土地面积百分比为64.30%、61.65%、58.71%；N、P、K_2O、F较为缺乏，较缺乏—缺乏等级的土地面积百分比分别为41.60%、46.72%、32.45%、37.45%；其他元素含量适中。

（二）富硒土壤资源分析

硒元素是人体必需的微量元素之一。武汉都市发展区硒元素含量一般为(0.070～22.62)μg/g，背景值为0.273μg/g，平均值为0.371μg/g，高于中国土壤(A层)中值(0.207μg/g)。

(1)富硒区的分布态势。依据硒地球化学图及空间变异性，区内富硒区呈面状集中分布于南部长江和汉水共同形成的冲积层区内，区内只存在冲积带内天然富硒的态势。

(2)硒的元素相关组合特征对比。根据全区土壤样品54个指标相关性统计，全区形成Se-Cd-Pb-Zn-Cu-Cr-F-Ni相关组合，这种组合与前期江汉流域农业地质调查中冲积带土体中显示的Se-Cd-Cr-F-Mo-Ni-V-Zn相关组合基本一致，经江汉流域农业地质调查中物源追踪研究证实，该组合完全反映为上游广泛发育的黑色含碳岩系的物质组成，岩系中以富硒、镉、钼、镍、锌为特征，风化后向下游迁移，成为冲积带硒富集的主体天然来源。

(3)对于主城区的富硒分布态势，还存在人为污染造成硒元素的富集。例如，在武钢工业区出现硒元素的高含量区带。

硒元素总体空间分布特征表现:武汉主城区、东西湖区、东湖高新区、江夏区的土壤硒元素含量较高,另外在阳逻也出现局部硒的高值区,具体分布见图 5-1。

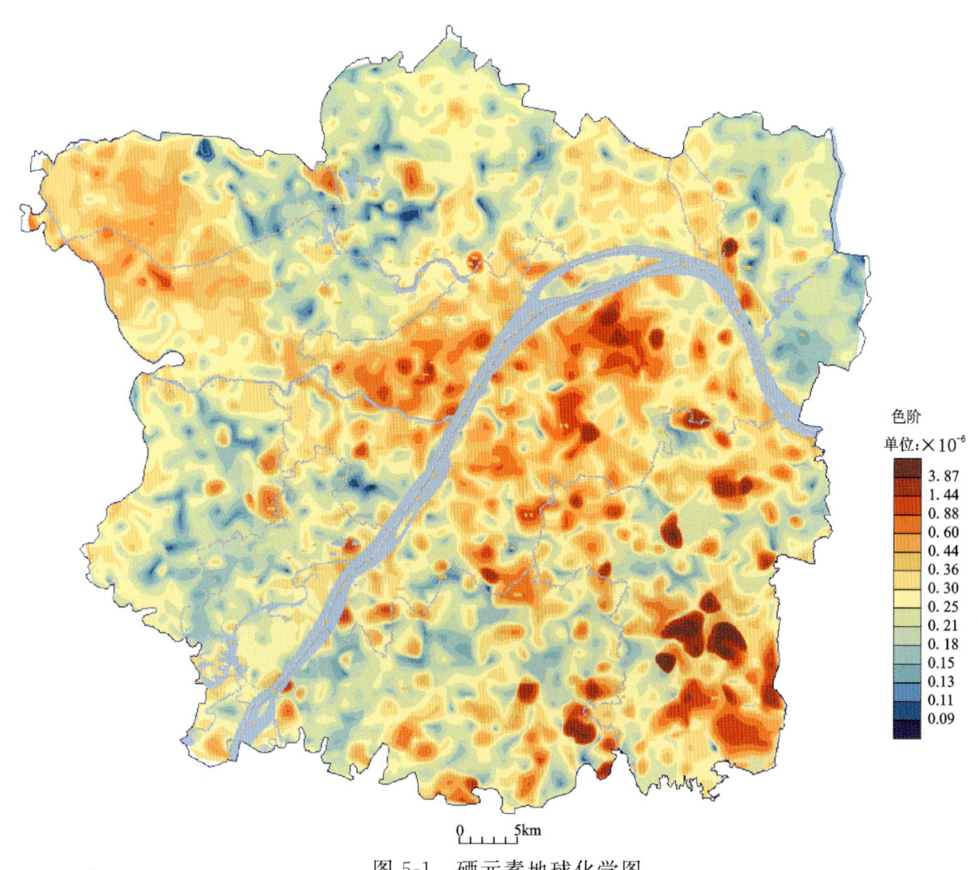

图 5-1 硒元素地球化学图

酸性土壤和中性土壤硒含量相当,硒元素在碱性土壤中较为富集。

除了主城区土壤硒元素含量最高外,东西湖区农村土壤硒元素背景值为 0.335μg/g,东湖高新区背景值为 0.3μg/g,江夏区背景值为 0.253μg/g,新洲区、黄陂区、蔡甸区和武汉开发区土壤硒元素背景值较低。

土壤硒元素在全新统中背景值为 0.294μg/g,在前第四纪中的背景值为 0.288μg/g,在更新统中的背景值为 0.244μg/g。

土壤硒元素在潮土中的背景值最高,为 0.294μg/g,其次为水稻土,背景值为 0.266μg/g,红壤中的背景值为 0.252μg/g,山地草甸土中的背景值为 0.239μg/g,黄棕壤中的背景值为 0.23μg/g。

土壤硒元素在水域中的背景值最高,为 0.361μg/g,林地中的背景值为 0.303μg/g,草地中的背景值为 0.279μg/g,耕地中的背景值为 0.26μg/g。另外,建设用地中土壤硒元素的背景值为 0.297μg/g。

按土壤硒元素含量大于 0.4μg/g 为富硒地块,东西湖区的富硒地块主要集中在辛安渡、新沟镇、荷包湖、走马岭、红星三队、五一大队、莲通湖、三店农场等。东湖高新区的富硒地块主要集中在龙泉山、豹子后湖、牛山湖等地。江夏区的富硒地块主要集中在汤逊湖、五里界、花山、豹子洞等地。

根据武汉都市发展区土壤硒元素地球化学分布图与土地利用图,圈定了 4 处富硒土地开发利用规划区,总面积 215km^2(图 5-2),分别为东西湖区富硒农作物种植规划区、东湖新技术开发区纱帽峰和龙泉山两块富硒林业种植规划区、江夏区青龙山—古龙山富硒林业种植规划区。

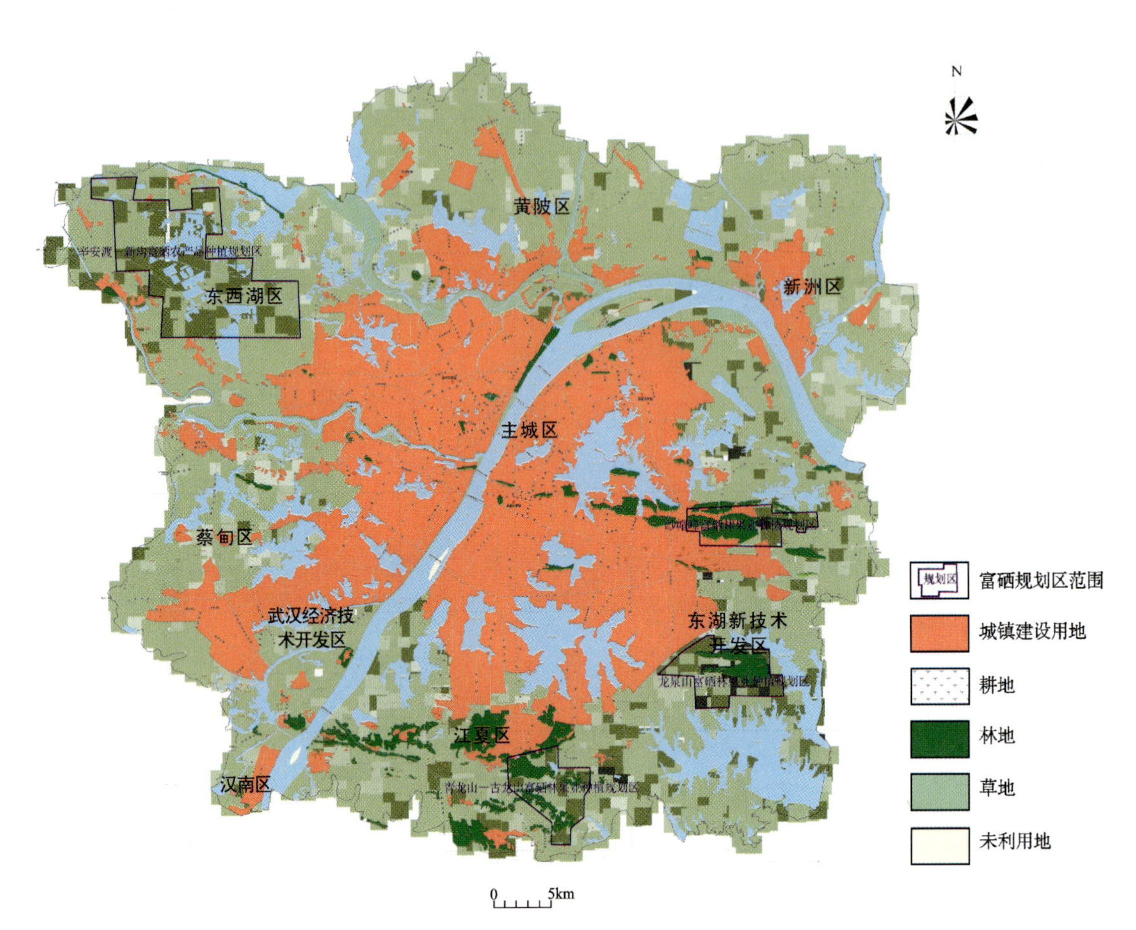

图 5-2　富硒土地资源开发利用建议

(三)土壤环境重金属元素评价

土壤环境元素为镉(Cd)、汞(Hg)、砷(As)、铜(Cu)、铅(Pb)、铬(Cr)、锌(Zn)、镍(Ni)等 8 种重金属元素。评价标准采用《土壤环境质量标准》(GB 15618—1995)中规定的二级土壤环境质量标准值(表 5-21)。

表 5-21　土壤环境质量标准值(mg/kg)

级别		一级	二级			三级
pH 值		自然背景	＜6.5	6.5～7.5	＞7.5	＞6.5
镉		0.20	0.30	0.30	0.60	1.0
汞		0.15	0.30	0.50	1.0	1.5
砷	水田	15	30	25	20	30
	旱地	15	40	30	25	40
铜	农田等	35	50	100	100	400
	果园	—	150	200	200	400
铅		35	250	300	350	500

续表 5-21

级别		一级	二级			三级
铬	水田	90	250	300	350	400
	旱地	90	150	200	250	300
锌		100	200	250	300	500
镍		40	40	50	60	200

采用污染指数评价方法。污染指数计算公式为：

$$P_i=\frac{C_i}{S_i}$$

式中，P_i 为 i 指标污染指数；C_i 为土壤中 i 指标的实测值；S_i 为 i 指标在《土壤环境质量标准》(GB 15618—1995)中的二级标准值。按照表 5-22 中土壤污染指数值进行土壤环境地球化学分级。

表 5-22　土壤环境地球化学划分界限

等级	一级	二级	三级	四级	五级
	清洁	尚清洁	轻度污染	中度污染	重度污染
污染指数	≤0.7	0.7～1	1～2	2～4	>4

以表 5-22 给出的分级界限利用 MapGIS 作各元素污染分级图，对各含量等级图斑进行面积统计，计算各等级面积占评价区土地面积的百分比(表 5-23)，对环境元素作等级面积比例对比图(图 5-3)。

表 5-23　土壤环境元素污染程度面积统计表

元素	清洁		尚清洁		轻度污染		中度污染		重度污染	
	面积(km^2)	百分比(%)	面积(km^2)	百分比(%)	面积(km^2)	百分比(%)	面积(km^2)	百分比(%)	面积(km^2)	百分比(%)
As	2863	80.92	579	16.37	90	2.54	6	0.17	0	0.00
Cd	3029	85.61	315	8.90	158	4.47	29	0.82	7	0.20
Cr	3425	96.81	102	2.88	9	0.25	1	0.03	1	0.03
Cu	3300	93.27	172	4.86	58	1.64	6	0.17	2	0.06
Hg	3538	100.00	0	0.00	0	0.00	0	0.00	0	0.00
Ni	2212	62.52	1053	29.76	268	7.57	5	0.14	0	0.00
Pb	3528	99.72	4	0.11	4	0.11	2	0.06	0	0.00
Zn	3387	95.73	87	2.46	49	1.38	8	0.23	7	0.20

由此看出，评价区土壤环境元素质量状况良好，除 Ni 外，其他元素清洁区比例均在 80%以上，各元素清洁区占总面积比例分别为 Pb 99.72%，Hg 100.00%，Cr 96.81%，Zn 95.73%，Cu 93.27%，As 80.92%，Cd 85.61%，Ni 62.52%；各元素清洁—尚清洁区占总面积比例分别为 Pb 99.83%，Hg 100.00%，Cr 99.69%，Zn 98.19%，Cu 98.13%，As 97.29%，Cd 94.52%，Ni 92.28%。Cd 和 Ni 存在一定程度的轻度污染，污染面积分别为 158km^2、268km^2，分别占总面积的 4.47%和 7.57%，Cd、Ni 污染主要分布于东西湖区。

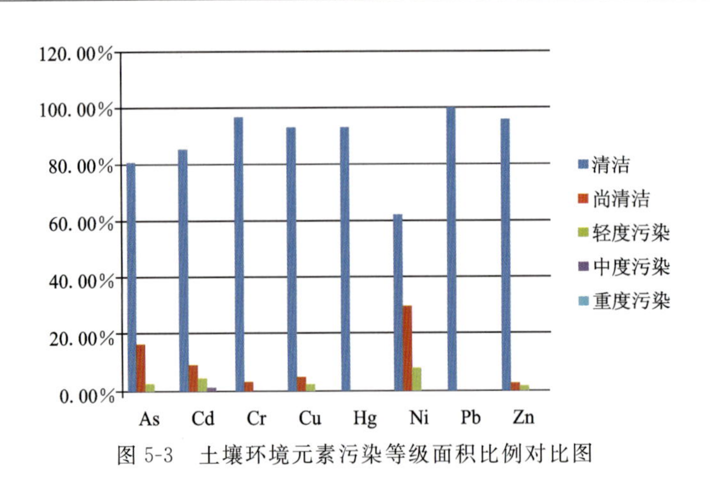

图 5-3　土壤环境元素污染等级面积比例对比图

（四）土壤 pH 地球化学分析

pH 地球化学等级按土壤酸碱度来划分，分为强酸性、酸性、中性、碱性和强碱性，划分界限值为中国地质调查局《土地质量地球化学评价规范》(DZ/T 0295—2016)中的土壤酸碱度分级标准(表 5-24)。

表 5-24　土壤健康元素分级标准

等级/指标	一级	二级	三级	四级	五级
	强酸性	酸性	中性	碱性	强碱性
pH	≤5.0	5.0～6.5	6.5～7.5	7.5～8.5	>8.5

利用 MapGIS 作各土壤酸碱度分级图，对各等级图斑进行面积统计，计算各等级面积占评价区土地面积的百分比(表 5-25)。

表 5-25　土壤酸碱度面积统计表(km^2)

强酸性		酸性		中性		碱性		强碱性	
面积	百分比	面积	百分比	面积	百分比	面积	百分比	面积	百分比
114	3.22%	852	24.08%	766	21.65%	1733	48.98%	73	2.06%

由此可以看出，武汉都市发展区土壤以碱性土壤为主，碱性土壤面积比为 48.98%，其次为中性土壤，面积比为 21.65%，二者占总面积的 70.63%，酸性—强酸性土壤占 27.3%。

第三节　水环境质量

一、水地球化学特征

（一）地表水

地表水是一个开放的体系，在被利用过程中人为地汇入了大量金属和非金属成分，改变着地表水体的化学组成和性质。据 1∶2.5 万地表水地球化学测量，获得了 23 种元素指标的地表水分析数据，地表水样品数92件。武汉都市发展区地表水化学指标特征介绍如下。

1. 一般化学指标

(1)酸碱度:区内地表水酸碱度以碱性为主,pH值一般为6.9～10.0,平均值为8.16,背景值为8.16。中性地表水(pH值为6.5～7.5)零星分布于牛山湖、陶家大湖、姚子湖和汉江近汉川段等;其余大部均为碱性和强碱性地表水。

(2)总硬度:江汉流域地表水体总硬度平均值为157.22mg/L,最小值为47.15mg/L,最大值为1 084.55mg/L,背景值为144.44mg/L。总体来看区内地表水硬度绝大部分均处于中国生活饮用水国家标准(硬度小于等于450mg/L)范围之内。

(3)溶解性总固体:区内地表水中溶解性总固体平均值为264.37mg/L,最小值为86.42mg/L,最大值为1 427.63mg/L,背景值为243.95mg/L。空间分布规律明显,以工作区中部高、边缘低为特征。高值区主要分布于主城区,如汤逊湖、南湖、墨水湖、金银湖等。溶解性总固体高值点多与工业污染有关。低值区主要分布于牛山湖、后湖和姚子湖等。

(4)高锰酸钾指数:区内地表水中高锰酸钾指数平均值为4.22mg/L,最小值为1.39mg/L,最大值为18.81mg/L,背景值为3.82mg/L。低值区主要分布于长江、汉江、牛山湖、后官湖和金银湖等,其他湖泊总体分布均为高值区。

(5)全氮:区内地表水中N平均含量为2.52mg/L,最小值为0.01mg/L,最大值为24.20mg/L,背景值为1.89mg/L。空间分布规律不明显,受人类渔业活动影响,区内湖泊水体富N明显,只有牛山湖、豹澥后湖、严东湖、严西湖等处于低N水平。

(6)全磷:区内地表水中P平均含量为0.17mg/L,最小值为0.01mg/L,最大值为1.38mg/L,背景值为0.06mg/L。空间分布上,低值区主要出现于牛山湖、豹澥后湖等,受人类生活污染和农业施肥影响,湖泊水体P含量多高于背景值水平,形成区内地表水富P现象。

(7)Mo离子:区内地表水中Mo离子平均含量为2.55μg/L,最小值为0.00μg/L,最大值为69.17μg/L,背景值为1.51μg/L。空间分布特征明显,主要表现为长江、牛山湖、豹澥后湖、后官湖等地表水体中Mo离子浓度一般较低,汉江和其他湖泊Mo离子浓度较高。

(8)Ba离子:区内地表水中Ba离子平均含量为0.09mg/L,最小值为0.03mg/L,最大值为0.76mg/L,背景值为0.08mg/L。空间分布上主要表现为长江、牛山湖、豹澥后湖、后官湖等地表水体中Ba离子浓度一般较低,汉江和其他湖泊Ba离子浓度较高。

(9)Fe离子:区内地表水中Fe离子平均含量为0.06mg/L,最小值为0.00mg/L,最大值为1.00mg/L,背景值为0.02mg/L。从地表水Fe离子地球化学图看,低值区主要分布于汤逊湖、南湖和东湖一带,区内其他湖泊均以高Fe离子浓度为特征。

(10)Mn离子:区内地表水中Mn离子平均含量为0.05mg/L,最小值为0.00mg/L,最大值为0.82mg/L,背景值为0.00mg/L。区内地表水体Mn离子浓度变差较大,高值区多集中分布于长江以北地区,低值区则主要分布于长江以南地区地表水体中。

(11)K离子:区内地表水中K离子平均含量为7.55mg/L,最小值为2.13mg/L,最大值为18.44mg/L,背景值为7.22mg/L。地表水体中K离子局部受农业施肥影响,低值点主要分布于长江、汉江、牛山湖、豹澥后湖和严东湖等,其他则湖泊出现连续高值点区。

(12)氯化物:区内地表水中Cl^-平均含量为35.55mg/L,最小值为10.35mg/L,最大值为119.98mg/L,背景值为31.33mg/L。元素空间分布受农业施肥影响,低值点主要分布于长江、汉江、牛山湖、豹澥后湖等,其他则湖泊出现连续高值点区。

(13)Se离子:区内地表水中Se离子平均含量为0.42μg/L,最小值为0.00μg/L,最大值为16.20μg/L,背景值为0.21μg/L。从地表水地球化学图空间分布看,地表水Se离子高低值区分布于牛山湖、豹澥后湖和高湖等地，其他湖泊区域连续出现 Se 的高值点。

(14)Co 离子：区内地表水中 Co 离子平均含量为 0.27μg/L，最小值为 0.00μg/L，最大值为 1.78μg/L，背景值为 0.25μg/L。从地表水地球化学图空间分布看，地表水 Co 离子低值区分布于牛山湖、豹澥后湖和汤逊湖等地，汉阳湖泊区域连续出现 Co 的高值点。

2. 毒性重金属指标

(1)As 离子：区内地表水体中 As 离子平均含量为 5.30μg/L，一般最小值为 0.00μg/L，最大值为 187.02μg/L，背景值为 2.53μg/L。空间分布上，除了牛山湖，长江、汉江和其他湖泊的 As 离子含量均高于背景值。

(2)Cd 离子：区内地表水中 Cd 离子平均含量为 0.02μg/L，最小值为 0.00μg/L，最大值为 0.28μg/L，背景值为 0.02μg/L。区内地表水体中 Cd 离子含量变化主要受工业污染及区域母质地层影响明显。

(3)Hg 离子：区内地表水中 Hg 离子平均含量为 0.04μg/L，最小值为 0.00μg/L，最大值为 0.17μg/L，背景值为 0.04μg/L。空间分布规律较为明显，高值区主要分布于阳逻、汉阳和武昌一带的湖泊，低值区主要分布于金银湖、牛山湖、后官湖和严东湖、严西湖。

(4)Pb 离子：区内地表水中 Pb 离子平均含量为 0.05μg/L，最小值为 0.00μg/L，最大值为 0.82μg/L，背景值为 0.04μg/L。

(5)Cr 离子：区内地表水中 Cr 离子平均含量为 2.89μg/L，最小值为 0.01μg/L，最大值为 6.84μg/L，背景值为 2.89μg/L。高值区主要分布于汉阳片区湖泊，此外金银湖、沙湖等地出现高值点。低值区主要分布于高湖、东湖、牛山湖和豹澥后湖等地。

(6)Cu 离子：区内地表水中 Cu 离子平均含量为 0.89μg/L，最小值为 0.00μg/L，最大值为 2.59μg/L，背景值为 0.89μg/L。其空间分布表现为工作区大部分地区 Cu 离子含量较低，除了朱家湖出现高值点外。

(7)Zn 离子：区内地表水中 Zn 离子平均含量为 0.98μg/L，最小值为 0.01μg/L，最大值为 9.16μg/L，背景值为 0.51μg/L。其空间分布表现为低值区多集中分布于在黄陂区的姚子湖、马家湖，任凯湖和墨家湖一带，高湖、后官湖、南太子湖等地表水体中 Zn 离子含量一般较低。高值区分布在三角湖、墨水湖、龙阳湖、南湖、北湖、塔子湖等地。

3. 无机毒理性指标

(1)F^-：区内地表水中 F^- 平均含量为 0.44mg/L，最小值为 0.001mg/L，最大值为 3.11mg/L，背景值为 0.38mg/L。分布低值区主要分布在严东湖、南湖、汉江和长江等地，其他湖泊区域连续出现 F^- 的高值点，为生活污染和工农业污染所致。

(2)硝酸盐：区内地表水中 NO_3^- 平均含量为 9.51mg/L，最小值为 0.00mg/L，最大值为 106.07mg/L，背景值为 5.23mg/L。空间分布规律较为明显，低值区主要分布于牛山湖、豹澥后湖和后湖等，长江、汉江和其他湖泊均出现高值区。

(二)浅层地下水

浅层地下水也称潜水，埋深较浅，水位一般在几十厘米至几米。浅层地下水是大气降水—地表水—潜水—深层地下水循环体系中的重要环节和组成部分。研究表明，土壤中一些与人类活动相关的元素不同程度的积累对浅层地下水的水质产生影响。一般情况下，浅层地下水环境和对应的土壤环境具正相关关系，例外的是在土体刚受到污染尚未影响到地下水环境时有所差异。包气带中水的组成和性质与土壤性质密切相关，一旦它们之间形成相互贯通关系，土体中离子浓度高的元素必定向水体中迁移。

基于土-水介质物质交换概念，不同成土母质土壤域浅层地下水基本组分当受母质层化学成分制约，全新统松散冲积层、冲湖积层域内浅层地下水中大多数金属离子浓度偏高，如 Cr、Cu、Zn、Mo、Cd、Pb、Ba、Mn、As、Hg、Se、Fe、K 等元素。武汉都市发展区地下水化学指标特征介绍如下。

1. 一般化学指标

(1)酸碱度：区内地下水酸碱度同样以碱性为主，pH 值一般为 6.65～11.35，平均值为 7.72。中性地下水(pH 值为 6.5～7.5)主要分布于东西湖区，地下水类型主要为第四系上更新统空隙承压水，东西湖地区上更新统空隙承压水顶板为厚的不透水层，主要接受西部或周围相邻含水层的侧向径流补给。另外，洪山区和东湖高新区的地下水也呈中性或弱碱性，地下水类型为碳酸盐岩类裂隙岩溶水，湖泊水位一般高于侧向水位，湖泊水体存在着垂直入渗补给。其余大部地区均为碱性和强碱性地下水。

(2)总硬度：江汉流域地下水体总硬度平均值为 257.67mg/L，最小值为 18.28mg/L，最大值为 738.94mg/L。总体来看区内地下水硬度绝大部分均处于中国生活饮用水国家标准(硬度小于等于 450mg/L)范围之内。

(3)溶解性总固体：区内地下水中溶解性总固体平均值为 607.76mg/L，最小值为 115.13mg/L，最大值为 1 662.00mg/L。空间分布规律明显，高值点主要分布于东西湖区和汉口片区，武钢和葛店化工片区，以及汉江沿江带，其高值点多与工业污染有关。低值区主要分布于汉阳湖泊片区、江夏区和黄陂区等。

(4)高锰酸钾指数：区内地下水中高锰酸钾指数平均值为 6.49mg/L，最小值为 0.50mg/L，最大值为 187.70mg/L。高值区主要分布在白沙洲周边、塔子湖周边、石门峰附近以及东西湖区的北支沟周边，低值区主要分布于阳逻、黄陂和汉阳等地。

(5)全氮：区内地下水中 N 平均含量为 7.45mg/L，最小值为 0.00mg/L，最大值为 189.92mg/L。受人类活动影响，区内浅层地下水富 N 明显，只有后官湖周边的地下水等处于低 N 水平。

(6)全磷：区内地下水中 P 平均含量为 0.09mg/L，最小值为 0.00mg/L，最大值为 0.71mg/L。空间分布上，低值区主要出现于牛山湖、豹澥后湖周边等，受人类生活污染和农业施肥影响，浅层地下水 P 含量多高于背景值水平，形成区内地下水富 P 现象。

(7)Mo 离子：区内地下水中 Mo 离子平均含量为 2.59μg/L，最小值为 0.06μg/L，最大值为 29.00μg/L。空间分布特征明显，主要表现为后官湖周边和江夏等地下水体中 Mo 离子浓度一般较低，全区的浅层地下水 Mo 离子浓度较高。

(8)Ba 离子：区内地下水中 Ba 离子平均含量为 0.16mg/L，最小值为 0.02mg/L，最大值为 0.50mg/L。空间分布上主要表现为汉江沿江带、长江以北沿江带等地下水体中 Ba 离子浓度较高，区内以南地区地下水 Ba 离子浓度较低。

(9)Fe 离子：区内地下水中 Fe 离子平均含量为 9.73mg/L，最小值为 0.06mg/L，最大值为 121.30mg/L。从地下水 Fe 离子地球化学图看，低值区主要分布于黄陂和阳逻一带，区内其他浅层地下水均以高 Fe 离子浓度为特征。

(10)Mn 离子：区内地下水中 Mn 离子平均含量为 0.44mg/L，最小值为 0.01mg/L，最大值为 3.02mg/L。区内地下水体 Mn 离子浓度变差较大，高值区多集中分布于汉口和东西湖区，低值区则主要分布于后官湖周边、江夏和牛山湖周边的地下水体中。

(11)K 离子：区内地下水中 K 离子平均含量为 3.81mg/L，最小值为 0.37mg/L，最大值为 58.93mg/L。地下水体中 K 离子低值点主要分布于东西湖区和牛山湖周边等，其他地区出现连续高值点区。

(12)氯化物：区内地下水中 Cl 离子平均含量为 22.84mg/L，最小值为 0.43mg/L，最大值为 259.80mg/L。地下水体中 Cl 离子低值点主要分布于东西湖区和牛山湖周边等，其他地区出现连续高值点区。

(13)Se 离子:区内地下水中 Se 离子平均含量为 0.30μg/L,最小值为 0.11μg/L,最大值为 0.82μg/L。从地下水地球化学图空间分布看,地下水 Se 离子高值区主要分布在汉口北、蔡甸、汉南、江夏和青山等地区,低值区主要分布在东西湖区和江夏区等地下水体中。

(14)Co 离子:区内地下水中 Co 离子平均含量为 0.57μg/L,最小值为 0.10μg/L,最大值为 0.82μg/L。从地下水地球化学图空间分布看,地下水 Co 离子低值区分布于牛山湖、豹澥后湖和汤逊湖等地区的地下水体中,其他区域地下水体连续出现 Co 的高值点。

2. 毒性重金属指标

(1)As 离子:区内地下水体中 As 离子平均含量为 1.80μg/L,最小值为 0.00μg/L,最大值为 27.00μg/L。空间分布上,除了江夏区浅层地下水的 As 离子含量较低,全区的 As 离子含量均处于高水平。

(2)Cd 离子:区内地下水中 Cd 离子平均含量为 0.09μg/L,最小值为 0.03μg/L,最大值为 0.18μg/L。区内地下水体中 Cd 离子含量变化主要受工业污染及区域母质地层影响明显。

(3)Hg 离子:区内地下水中 Hg 离子平均含量为 0.07μg/L,最小值为 0.02μg/L,最大值为 0.32μg/L。从地下水 Hg 离子地球化学图看,低值区主要分布于阳逻、牛山湖和汤逊湖的浅层地下水体中。其他区域的 Hg 离子含量均处于高水平。

(4)Pb 离子:区内地下水中 Pb 离子平均含量为 1.34μg/L,最小值为 0.08μg/L,最大值为 4.30μg/L。高值区主要分布在汉口北、蔡甸、汉南和江夏等地区,低值区则主要分布在阳逻、青山和东西湖区的地下水体中。

(5)Cr 离子:区内地下水中 Cr 离子平均含量为 0.04μg/L,最小值为 0.00μg/L,最大值为 1.40μg/L。高值区主要分布于阳逻、青山和汉口等地的地下水体中。武汉都市发展区以南地区地下水体中的 Cr 离子含量较低。

(6)Cu 离子:区内地下水中 Cu 离子平均含量为 1.93μg/L,最小值为 0.19μg/L,最大值为 21.00μg/L。其空间分布表现为工作区大部分地区地下水 Cu 离子含量较高,汤逊湖和牛山湖周边地区的地下水体 Cu 离子含量较低。

(7)Zn 离子:区内地下水中 Zn 离子平均含量为 10.97μg/L,最小值为 0.11μg/L,最大值为 128.90μg/L,背景值为 0.51μg/L。其空间分布表现为除了阳逻和东西湖区等地下水体中 Zn 离子含量较低外,其他地区地下水中的 Zn 离子含量均出现高值。

3. 无机毒理性指标

(1)F^-:区内地下水中 F^- 平均含量为 0.29mg/L,最小值为 0.05mg/L,最大值为 1.61mg/L。低值区主要分布在阳逻等地,工作区其他区域连续出现 F^- 的高值点,为生活和工农业污染所致。

(2)硝酸盐:区内地下水中 NO_3^- 平均含量为 11.82mg/L,最小值为 0.10mg/L,最大值为 187.42mg/L。空间分布规律较为明显,低值区主要分布于阳逻和东西湖区等地下水体中,工作区其他区域均出现高值点。

二、水环境质量评价

(一)地表水

地表水调查共测定了 23 种指标:As、Se、Cr、Cu、Zn、Hg、Mo、Cd、Pb、Ba、Mn、Cl^-、F^-、Fe、K、N、

NO_3^-、SO_4^{2-}、P、pH、溶解性总固体、总硬度、高锰酸钾指数。依据中华人民共和国《地表水环境质量标准》(GB 3838—2002),选择主要污染元素高锰酸盐指数、全氮、全磷、铜、铬、锌、氟化物、硒、砷、汞、镉、铅等12种指标进行普通水环境质量评价,随后依据相关标准进行集中式饮用水、农田灌溉水、渔业用水专项评价。

评价标准主要依据中华人民共和国《地表水环境质量标准》(GB 3838—2002)执行。按照地表水环境功能分类和保护的目标,将水域功能高低依次划分为6类。

Ⅰ类:主要适用于源头水、国家自然保护区。

Ⅱ类:主要适用于集中式生活饮用水、地表水源地一级保护区。

Ⅲ类:主要适用于集中式生活饮用水、地表水源地二级保护区。

Ⅳ类:主要适用于一般工业用水区及人体非直接接触的娱乐用水区。

Ⅴ类:主要适用于农业用水区及一般景观要求水域。

劣Ⅴ类:无法适用于农业用水区及一般景观要求水域。

江汉流域经济区地表水环境质量评价基本项目及标准限值见表5-26。

表5-26　地表水环境质量评价的基本项目和标准限值(mg/L)

分类项目	Ⅰ类	Ⅱ类	Ⅲ类	Ⅳ类	Ⅴ类	劣Ⅴ类
高锰酸盐指数	≤2	≤4	≤6	≤10	≤15	>15
全氮(以N计)	≤0.2	≤0.5	≤1	≤1.5	≤2	>2
全磷	≤0.02	≤0.1	≤0.2	≤0.3	≤0.4	>0.4
氟化物	≤1.0	≤1.0	≤1.0	≤1.5	≤1.5	>1.5
铜	≤0.01	≤1.0	≤1.0	≤1.0	≤1.0	>1.0
锌	≤0.05	≤1.0	≤1.0	≤2.0	≤2.0	>2.0
硒	≤0.01	≤0.01	≤0.01	≤0.02	≤0.02	>0.02
砷	≤0.05	≤0.05	≤0.05	≤0.1	≤0.1	>0.1
汞	≤0.000 05	≤0.000 05	≤0.000 1	≤0.001	≤0.001	>0.001
六价铬	≤0.01	≤0.05	≤0.05	≤0.05	≤0.1	>0.1
镉	≤0.001	≤0.005	≤0.005	≤0.005	≤0.01	>0.01
铅	≤0.01	≤0.01	≤0.05	≤0.05	≤0.1	>0.1

评价方法采用单一指标评价和综合质量评价两种。

单一指标评价采用地表水环境质量标准限值直接确定等级方法进行。地表水环境中各项指标的含量分布,是水质评价标准的基础。一般情况下,当地表水环境质量标准超过Ⅲ类标准时,表征该水不适于作为集中式生活饮用水地表水水源地二级保护区,也可以认为地表水环境已受到外来物质的影响,即有了污染。但在地表水环境地球化学调查中应注意,地表水环境污染这个复杂的过程绝不是在超标时才开始的,以区域性地表水环境地球化学背景值(如Ⅰ类、Ⅱ类水)为判别标准更科学、更有利于提高地表水环境地球化学工作的预见性。

1. 重金属指标

重金属包括砷、镉、铬、铜、铅、锌、汞和硒等8项。评价区地表水重金属总体反映为低量(表5-27),达到Ⅰ类标准的地表水占据绝对比例,8指标Ⅰ类水占比64%~100%,除了铬和汞,都在90%以上。Ⅱ、Ⅲ类的重金属指标情况:铬Ⅱ类占13%,12件;锌Ⅱ类占1%,1件;汞Ⅲ类占21%,19件。区内出现

Ⅳ、Ⅴ类水的重金属指标情况：汞Ⅳ类占15%，14件；硒Ⅳ类占1%，1件。表明评价区地表水除个别地方重金属遭受污染超标，总体污染程度较轻。

表 5-27　江汉流域地表水重金属指标质量分级样品个数及比率

指标	项目	Ⅰ类	Ⅱ类	Ⅲ类	Ⅳ类	Ⅴ类
砷	数量(件)	92	0	0	0	0
	比例(%)	100	0	0	0	0
镉	数量(件)	92	0	0	0	0
	比例(%)	100	0	0	0	0
铬	数量(件)	80	12	0	0	0
	比例(%)	87	13	0	0	0
铜	数量(件)	92	0	0	0	0
	比例(%)	100	0	0	0	0
铅	数量(件)	92	0	0	0	0
	比例(%)	100	0	0	0	0
锌	数量(件)	91	1	0	0	0
	比例(%)	99	1	0	0	0
汞	数量(件)	59	0	19	14	0
	比例(%)	64	0	21	15	0
硒	数量(件)	91	0	0	1	0
	比例(%)	99	0	0	1	0

2. 全磷、全氮、高锰酸钾指数、氟化物

依据《地表水环境质量标准》(GB 3838—2002)对全磷、全氮、高锰酸钾指数水质标准进行划分，结果见表5-28。评价区全磷、全氮相对缺乏，其中全磷Ⅳ、Ⅴ类超标水质占59.78%；全氮Ⅳ、Ⅴ类水质占54.35%，约占全区数据的一半，尤其Ⅴ类水质占了43.48%。

表 5-28　地表水全磷、全氮、高锰酸钾指数、氟化物分布及比例

指标	项目	Ⅰ类	Ⅱ类	Ⅲ类	Ⅳ类	Ⅴ类
全磷	数量(件)	8	10	19	22	33
	比例(%)	8.70	10.87	20.65	23.91	35.87
全氮	数量(件)	18	19	5	10	40
	比例(%)	19.57	20.65	5.43	10.87	43.48
高锰酸钾指数	数量(件)	9	41	30	10	2
	比例(%)	9.78	44.57	32.61	10.87	2.17
氟化物	数量(件)	88			3	
	比例(%)	96.7			3.3	

高锰酸钾指数为以高锰酸钾溶液为氧化剂测得的化学耗氧量，是反映水体中有机及无机可氧化物质污染的常用指标。依据《地表水环境质量标准》(GB 3838—2002)中对高锰酸钾指数水质标准的划分，全区54.35%采样点的地表水高锰酸盐指数达到Ⅰ类、Ⅱ类标准，有32.61%的地表水高锰酸钾指数达到Ⅲ类标准，有10.87%的地表水高锰酸钾指数达到Ⅳ类标准，有2.17%的地表水高锰酸钾指数达到了Ⅴ类。

全区地表水氟离子的达标率为96.7%，超标率为3.3%。

(二)地下水

地下水调查共测定了23种指标：As、Hg、Se、Co、Cu、Zn、Mo、Cd、Pb、Ba、Fe、K、Mn、P、总硬度、高锰酸钾指数、六价铬、溶解性总固体、F^-、Cl^-、NO_3^-、总N、pH。执行《地下水质量标准》(GB/T 14848—2009)。实际参评指标为：As、Ba、Cd、Cl^-、Co、Cu、F^-、Fe、Hg、Mn、Mo、NO_3^-、Pb、pH、Se、Zn、高锰酸钾指数、溶解性总固体、六价铬、总硬度20项。

按《地下水质量标准》(GB/T 14848—2009)，依据我国地下水质量状况和人体健康基准值，参照生活、工业、农业等用水水质要求，将地下水质量划分为5类。

Ⅰ类：主要反映地下水化学组分的天然低背景含量，适用于各种用途。

Ⅱ类：主要反映地下水化学组分的天然背景含量，适用于各种用途。

Ⅲ类：以人体健康基准值为依据，主要适用于集中式生活饮用水水源及工农业用水。

Ⅳ类：以农业和工业用水要求及人体健康风险为依据。除适用于农业和部分工业用水外，适当处理后可作生活饮用水。

Ⅴ类：不宜作生活饮用水，其他用水可根据使用目的选用。

采用《地下水质量标准》(GB/T 14848—2007)分级标准对20项指标求出各单一指标分级指数，在此基础上汇总各指标分级指数的点位以及比率，列于表5-29和表5-30。

表5-29　评价区浅层地下水各水质指标分类统计结果(样品总数 $n=41$)

指标	Ⅰ类	Ⅱ类	Ⅲ类	Ⅳ类	Ⅴ类
Co	41	0	0	0	0
Cu	39	2	0	0	0
Zn	40	1	0	0	0
Mo	20	19	2	0	0
Cd	37	4	0	0	0
Pb	41	0	0	0	0
Ba	0	18	23	0	0
Mn	11	0	1	26	3
As	31	0	10	0	0
Hg	32	9	0	0	0
Se	41	0	0	0	0
Cl^-	38	2	0	1	0
F^-	20	17	3	0	1

续表 5-29

指标	Ⅰ类	Ⅱ类	Ⅲ类	Ⅳ类	Ⅴ类
Fe	8	4	2	7	20
NO_3^-	28	6	5	0	2
六价铬	40	0	0	0	1
溶解性总固体	11	2	25	3	0
总硬度	13	14	6	6	2
高锰酸钾指数	4	18	14	4	1
pH	40	0	0	0	1

表 5-30　评价区浅层地下水各水质指标分类百分率(%)(样品总数 $n=41$)

指标	Ⅰ类	Ⅱ类	Ⅲ类	Ⅳ类	Ⅴ类
Co	100.00	0.00	0.00	0.00	0.00
Cu	95.12	4.88	0.00	0.00	0.00
Zn	97.56	2.44	0.00	0.00	0.00
Mo	48.78	46.34	4.88	0.00	0.00
Cd	90.24	9.76	0.00	0.00	0.00
Pb	100.00	0.00	0.00	0.00	0.00
Ba	0.00	43.90	56.10	0.00	0.00
Mn	26.83	0.00	2.44	63.41	7.32
As	75.61	0.00	24.39	0.00	0.00
Hg	78.05	21.95	0.00	0.00	0.00
Se	100.00	0.00	0.00	0.00	0.00
Cl^-	92.68	4.88	0.00	2.44	0.00
F^-	48.78	41.46	7.32	0.00	2.44
Fe	19.51	9.76	4.88	17.07	48.78
NO_3^-	68.29	14.63	12.20	0.00	4.88
六价铬	97.56	0.00	0.00	0.00	2.44
溶解性总固体	26.83	4.88	60.98	7.32	0.00
总硬度	31.71	34.15	14.63	14.63	4.88
高锰酸钾指数	9.76	43.90	34.15	9.76	2.44
pH	97.56	0.00	0.00	0.00	2.44

由表可见：

(1)区内达到Ⅰ类标准80%以上的指标有Cd、Cl^-、Cu、pH、Zn、六价铬、Co、Pb、Se，其中Co、Pb、Se

为 100%。

(2)Ⅰ类、Ⅱ类合在一起,达到 90%以上的有 F^-、Mo、pH、Cl^-、六价铬、Co、Cu、Zn、Cd、Pb、Hg、Se。其中除 F^-、Mo 外,其他均在 97%以上。

(3)Ⅰ类、Ⅱ类、Ⅲ类加在一起,达到 100%的有 Co、Cu、Zn、Mo、Cd、Pb、Ba、As、Hg、Se,亦即这些元素不存在污染;达到 95%～99.7%的有 NO_3^-、pH、Cl^-、F^-、六价铬,亦即这些指标基本不存在污染。

(4)区内单项指标Ⅳ类、Ⅴ类标准分布比率大的指标为 Mn、Fe、总硬度、高锰酸钾指数,其中 Mn、Fe 比率最高,两者达到Ⅴ类标准的分别为 7.32%和 48.78%,Ⅳ类、Ⅴ类相加分别为 70.73%和 65.85%,这说明评价区地下水中普遍存在着铁、锰离子超标,这种超标直接影响着地下水综合评价。

第四节 环境地球化学与生态安全

一、土壤

(一)土壤生态环境影响因素

1. 城市人口扩容

据统计,武汉主城区 1990 年人口 210 万人,到 2005 年人口总量达 382 万人,年扩增约 11.4 万人,到 2015 年,中心城区有常住人口 496 万人。人口扩容给城市环境所造成的影响主要表现在生活污水、生活垃圾、燃烧废气的急剧增加,使得城市环境受污程度日益加剧。

2. 大气降尘

大气降尘作为外输入污染物是影响城市生态环境的重要污染源之一,其中含有有害物质的可吸入颗粒物直接危害、影响着人的生存环境和生命质量。随着城市人文活动建设、工业经济的发展,包括化工尘、交通尘等各类大气降尘的量在各城市均呈现为上升趋势。武汉城区年降尘量 146.76t/km^2,按评价区域面积计其年降尘总量达 64 504t,年增量约 761.2t。

3. 污染物排放

据《武汉市环境状况公报》,全市 2015 年工业废气排放总量 6 011.05 亿标立方米,废水排放量 9.24 亿 t,一般工业固体废物产生量 1 334.23 万 t,工业危险废物产生量 31.48 万 t。

(二)土壤生态地球化学环境变迁

武汉中心城区城市生态环境,随着城市生态环境因子变化而发生着相应的变迁。收集到武汉中心城区 1990 年、2005 年两次 1∶5 万土壤测量资料,连同 1∶5 万测量资料,共计延续近 25 年的 3 次地球化学普查数据,用 1km^2一个点数据完全对应的方法,求得中心城区 3 次环境元素空间分布,图 5-4～图 5-7为主要环境元素镉、汞、铅、锌的 1990 年、2005 年、2015 年分布图,客观地反映了区内生态地球化学环境的变迁。图中"/"表示比值。据 4 个元素的分布变迁图反映,武汉生态环境自 20 世纪 80 年代以来发生了巨大的变化,这种变化与武汉城市发展紧密相连,成为武汉城市发展的基本轨迹,并展示了武汉近 30 年来社会经济生活演变的特点,基本表现出环境变化的两个方向。

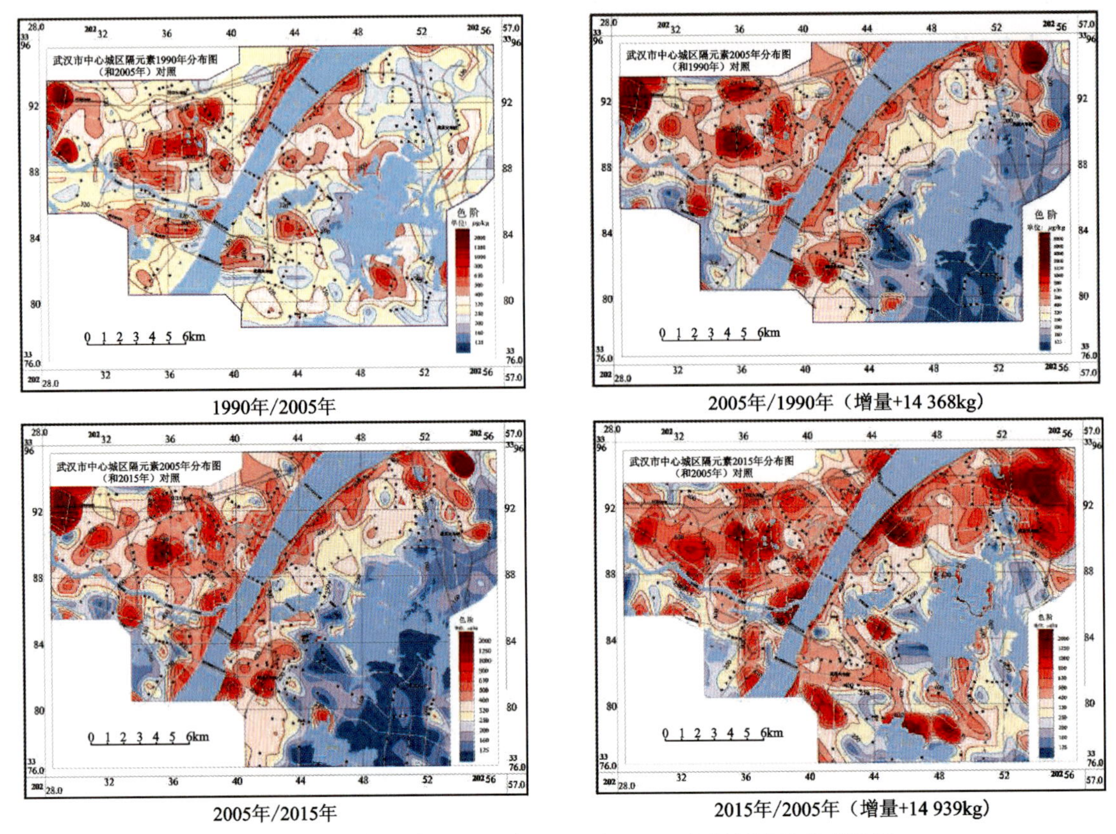

图 5-4　武汉中心城区 1990 年、2005 年、2015 年镉元素分布变迁图

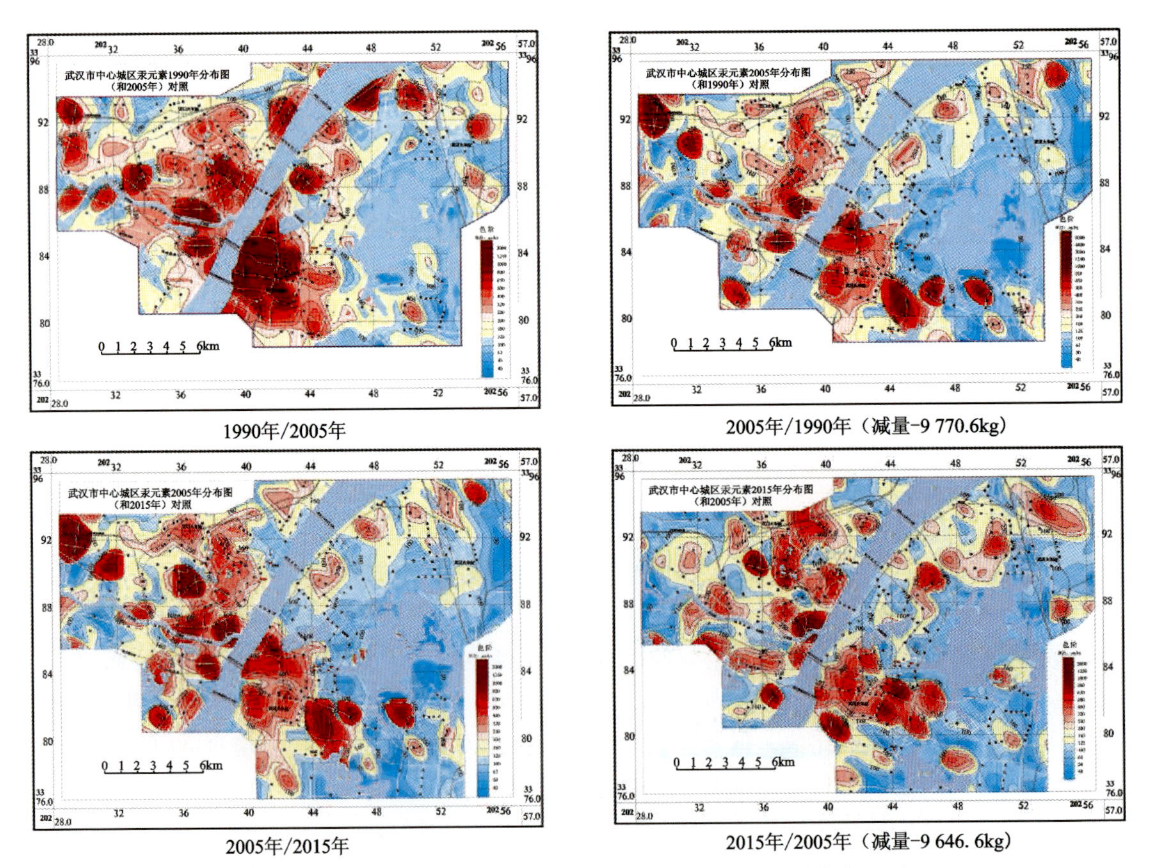

图 5-5　武汉中心城区 1990 年、2005 年、2015 年汞元素分布变迁图

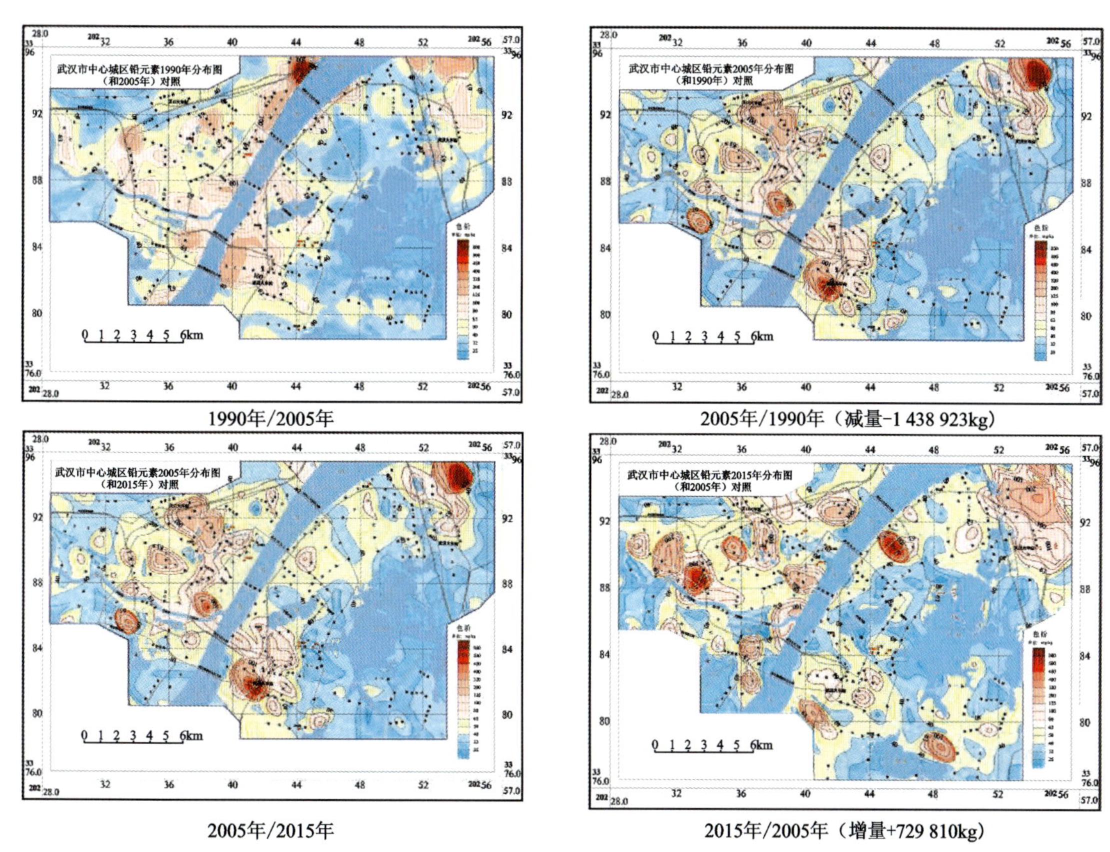

图 5-6　武汉中心城区 1990 年、2005 年、2015 年铅元素分布变迁图

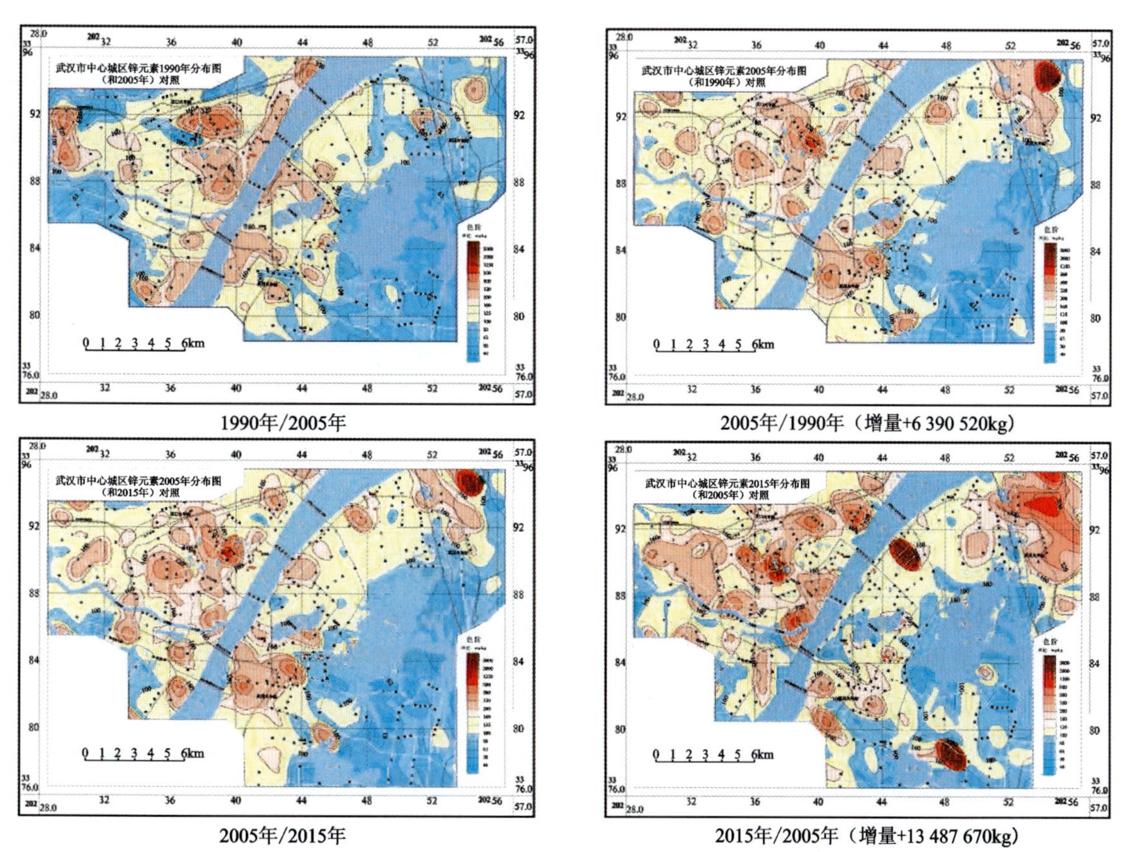

图 5-7　武汉中心城区 1990 年、2005 年、2015 年锌元素分布变迁图

(1)武汉经济社会的快速发展加重了生态环境的负担。这主要表现为镉、铅、锌等环境元素堆积量不断增加方面。武汉中心城区 345km^2 土壤表层(0～20cm)1990 年镉总量 5 4351kg,到 2005 年则为 68 877kg,增加 14 526kg,再到 2015 年,达 98 836kg,比 2005 年增加 14 939kg。而与镉一样连续增加的有锌、铬、砷等重金属,其中锌在 1990～2005 年间增量 6 390.52t,2005～2015 年间增加 13 487.67t。城市扩容、人口增加、大规模基础设施和工业建设是环境重金属急剧增加的根本原因,这些元素的分布完全随城市发展布局而变动。如镉自 20 世纪 80 年代主要在古田路一带的主要工业区呈现高量污染浓集,而至 2005 年除存在古田路的继续浓集外,还沿江出现武昌、青山、洪山、江汉、江岸等区镉富集的转移;再至 2015 年的高量富集则几乎展布于中心城区。锌的迁移也具有这种趋势。

(2)武汉中心城区生态环境逐步趋于良性方向发展。集中表现在中心城区 1990 年、2005 年、2015 年汞、铅、硫等元素分布的变化尺度上。2005 年中心城区表土汞总量比 1990 年减少 9 770.6kg,而至 2015 年,汞总量又比 2005 年减少 9 646.6kg。而与汞有差异的有铅、硫,其中铅 2005 年相对于 1990 年减少 1 438.923t,而 2015 年则比 2005 年增加 729.81t。武汉中心城区燃煤利用减少或是汞、硫减少的基本原因,尤其是在后 10 年内更为突出,反映城区生态环境具有较大的改善。而铅的总量降低除减少燃煤使用外,可能更为关键的是无铅汽油的广泛使用。

二、湖泊

利用水质采样分析进行水环境质量评价虽具有直接性、快速性的优点,但是元素在水体的含量稳定性差,受湖泊水环境变化影响大,水流量、水的物理化学性质,污染区排放量和非规律性(紊乱)排放,以及水体温度、盐度的季节性变化,生物活动性(包括微生物)等,都影响水中重金属的含量及存在形态。另外,水中元素含量很低,分析条件要求高,误差大。因此,水质分析所测的重金属含量有时在几个数量级波动。由于影响因素复杂,常常较难获得污染性质和污染源的明确结论。而水底沉积物是水中溶解物质的容纳器,水底淤泥中的腐殖质对金属离子具有很强的吸附作用,黏土矿物作为带负电荷的胶体也具有很强的吸附金属离子的能力。因此,水底淤泥可以富集大量的金属离子,比相应水样高出上千倍、万倍;同时又是沉积物历史的记录,最具有追踪污染历史的意义,是环境调查评价中更重要的采样介质,在湖泊环境研究中具有特殊重要的地位。

在武汉地球化学调查中,在水样采样的同时,对每一点位均采集了相应的底泥样品,采集了 62 件湖泊沉积物样品,并分析了 38 项元素指标(表 5-31)。

表 5-31　武汉都市发展区湖泊沉积物地球化学参数

分析指标	样品数	最大值	最小值	算术平均值	几何平均值	算术标准差	几何标准差	变异系数	中位数	众数
Ag	62	5.68	0.04	0.23	0.10	0.74	0.73	3.21	0.08	0.08
As	62	44.20	5.30	15.42	14.38	6.21	6.16	0.40	14.80	14.60
B	62	97.80	28.70	55.81	53.97	14.98	14.85	0.27	52.00	64.70
Ba	62	796.00	262.00	537.45	526.99	103.80	102.96	0.19	527.00	483.00
Bi	62	8.23	0.27	0.70	0.55	1.01	1.00	1.44	0.50	0.27
Cd	62	3.00	0.04	0.37	0.26	0.42	0.42	1.15	0.23	0.22
Co	62	27.60	7.60	16.42	15.93	3.90	3.86	0.24	16.55	18.40

续表 5-31

分析指标	样品数	最大值	最小值	算术平均值	几何平均值	算术标准差	几何标准差	变异系数	中位数	众数
Cr	62	204.30	49.00	90.77	88.97	19.96	19.80	0.22	90.20	93.20
Cu	62	101.80	18.10	40.55	37.70	16.67	16.54	0.41	36.30	26.00
F	62	932.00	217.00	575.55	555.28	149.31	148.10	0.26	578.00	378.00
Hg	62	0.46	0.03	0.09	0.07	0.07	0.07	0.82	0.07	0.07
Mn	62	1 685.00	294.00	775.34	719.80	289.42	287.07	0.37	767.50	308.00
Mo	62	5.31	0.51	1.11	1.02	0.62	0.62	0.56	1.00	0.81
Ni	62	57.00	14.70	38.29	36.68	10.46	10.38	0.27	37.80	24.10
P	62	2 544.00	241.00	902.81	779.98	544.71	540.30	0.60	778.50	—
Pb	62	243.60	18.00	36.85	33.23	28.42	28.19	0.77	31.05	29.40
Rb	62	159.80	48.80	106.37	103.69	23.04	22.86	0.22	106.85	91.30
Sb	62	8.80	0.62	1.51	1.36	1.04	1.04	0.69	1.37	1.31
Sr	62	240.00	48.00	107.35	101.38	38.88	38.57	0.36	96.00	75.00
Th	62	15.82	7.52	13.30	13.16	1.76	1.74	0.13	13.71	13.93
Ti	62	6 701.00	3 130.00	5 107.05	5 069.68	594.45	589.63	0.12	5 215.50	5 354.00
U	62	3.52	1.76	2.86	2.83	0.39	0.38	0.14	2.98	3.08
Zn	62	1 088.70	45.20	121.70	102.21	132.36	131.29	1.09	95.35	77.60
Ce	62	123.10	51.00	82.02	81.27	11.36	11.27	0.14	80.05	82.70
Tl	62	1.39	0.34	0.66	0.63	0.19	0.19	0.29	0.62	0.53
Se	62	5.73	0.08	0.44	0.30	0.73	0.72	1.66	0.27	0.23
Cl	62	202.00	29.00	72.11	65.12	37.26	36.95	0.52	60.00	52.00
Br	62	8.40	0.10	2.51	1.80	2.14	2.13	0.85	1.60	1.10
I	62	6.12	0.43	1.91	1.56	1.30	1.29	0.68	1.57	1.10
N	62	5 969.00	350.00	1 841.19	1 425.15	1 378.10	1 366.94	0.75	1 314.50	2 077.00
S	62	4 882.00	84.00	1 100.24	612.36	1 241.96	1 231.90	1.13	571.00	176.00
C	62	10.01	0.20	2.05	1.52	1.74	1.72	0.85	1.63	1.70
Org. C	62	7.01	0.13	1.79	1.26	1.58	1.57	0.88	1.26	1.70
Fe_2O_3	62	9.75	3.27	6.41	6.22	1.49	1.48	0.23	6.46	7.74
MgO	62	3.17	0.32	1.46	1.30	0.68	0.68	0.47	1.28	1.47
CaO	62	14.72	0.34	2.01	1.39	2.25	2.23	1.12	1.07	0.56
K_2O	62	3.16	1.00	2.19	2.14	0.45	0.44	0.20	2.14	2.07
pH	62	8.45	5.10	7.28	7.23	0.88	0.87	0.12	7.43	7.71

注：Fe_2O_3、MgO、CaO、K_2O、N、C、Org. C单位为%，Au单位为ng/g，pH为无量纲，其余元素单位为μg/g。

选取 38 个湖泊的 38 件水样和沉积物样品，对 7 种重金属元素（As、Cd、Cr、Cu、Hg、Pb 和 Zn）进行对比研究。据图 5-8，可以得出以下几点认识：

（1）武汉都市发展区湖泊沉积物的重金属元素 As、Cu、Pb、Zn、Cr、Cd 的含量远远高于水中的重金属含量。但是，湖泊沉积物中 Hg 元素的含量与水中的含量相差不大。尤其是北湖和沙湖的 Hg 元素含量超过武汉湖泊背景值，也超过了海洋沉积物的一类标准，接近生态效应必然浓度值。这充分反映了城市居民集中区和工业区是导致湖泊汞污染出现的主要因素。

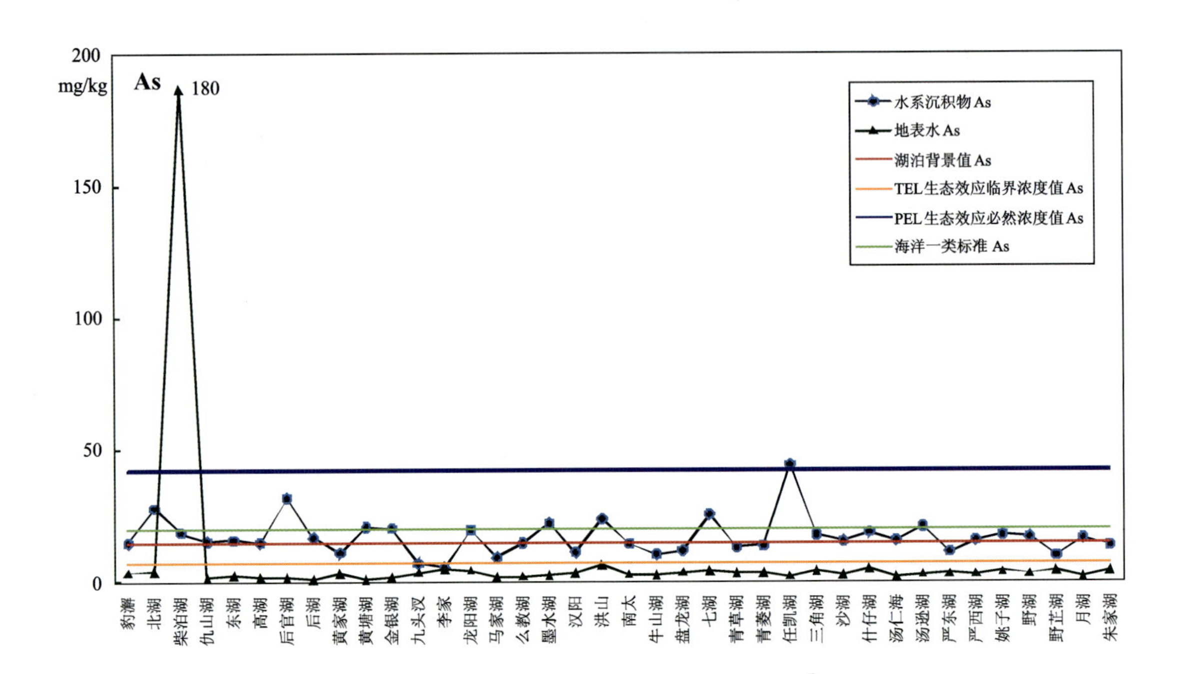

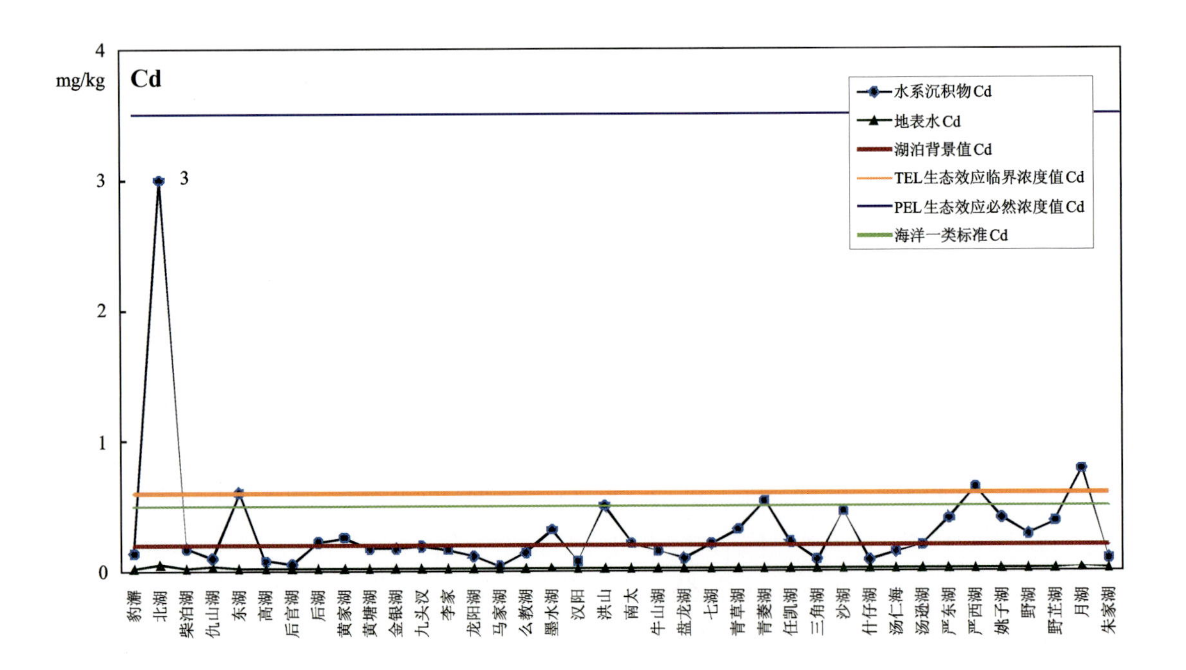

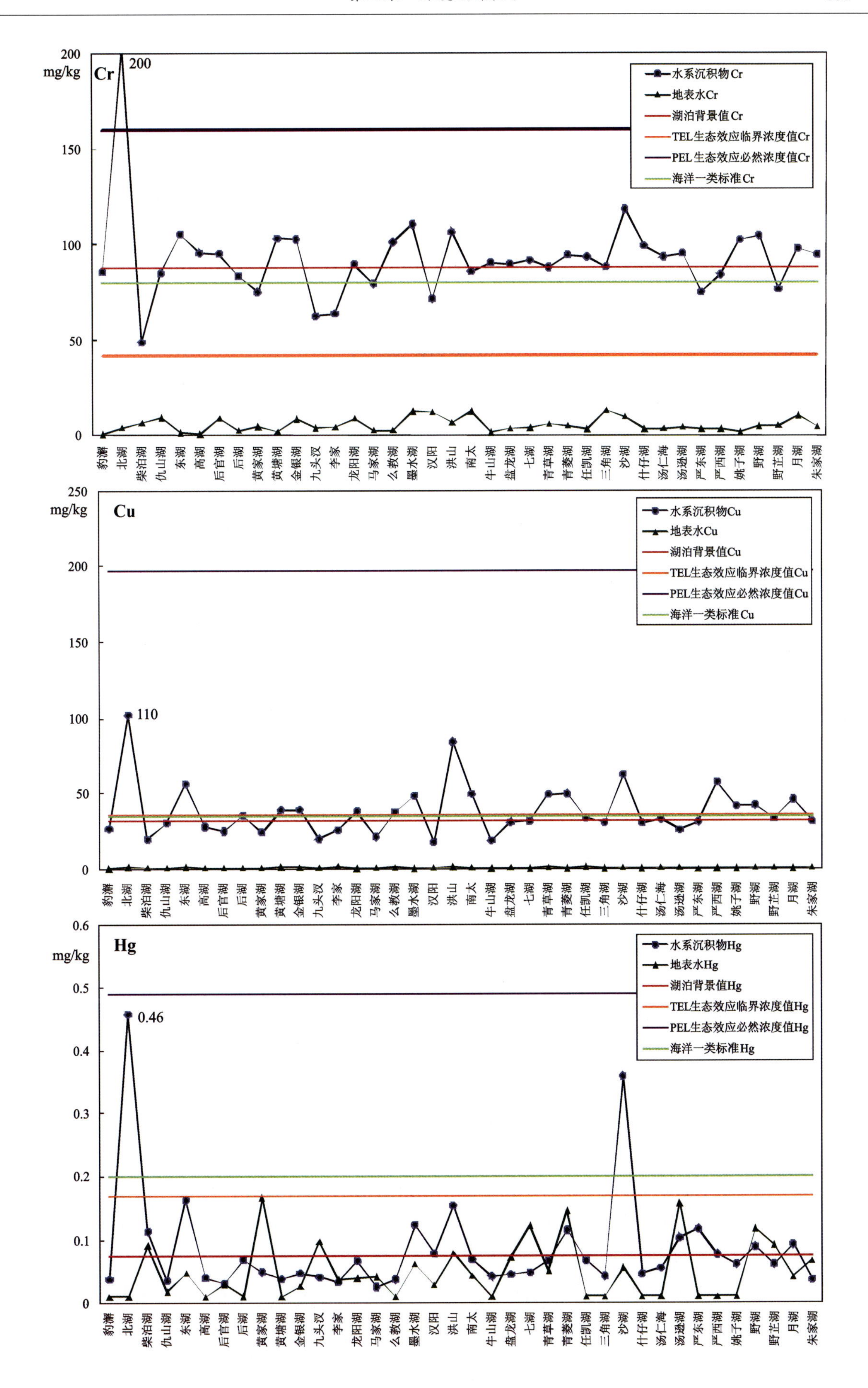
Cr
200 mg/kg
200
水系沉积物Cr
地表水Cr
湖泊背景值Cr
TEL生态效应临界浓度值Cr
PEL生态效应必然浓度值Cr
海洋一类标准Cr
Cu
250 mg/kg
110
水系沉积物Cu
地表水Cu
湖泊背景值Cu
TEL生态效应临界浓度值Cu
PEL生态效应必然浓度值Cu
海洋一类标准Cu
Hg
mg/kg
0.46
水系沉积物Hg
地表水Hg
湖泊背景值Hg
TEL生态效应临界浓度值Hg
PEL生态效应必然浓度值Hg
海洋一类标准Hg
豹澥 北湖 柴泊湖 仇山湖 东湖 高湖 后官湖 后湖 黄家湖 黄塘湖 金银湖 九头汊 李家 龙阳湖 马家湖 么教湖 墨水湖 汉阳 洪山 南太 牛山湖 盘龙湖 七湖 青草湖 青菱湖 任凯湖 三角湖 沙湖 什仔湖 汤仁海 汤逊湖 严东湖 严西湖 姚子湖 野湖 野芷湖 月湖 朱家湖

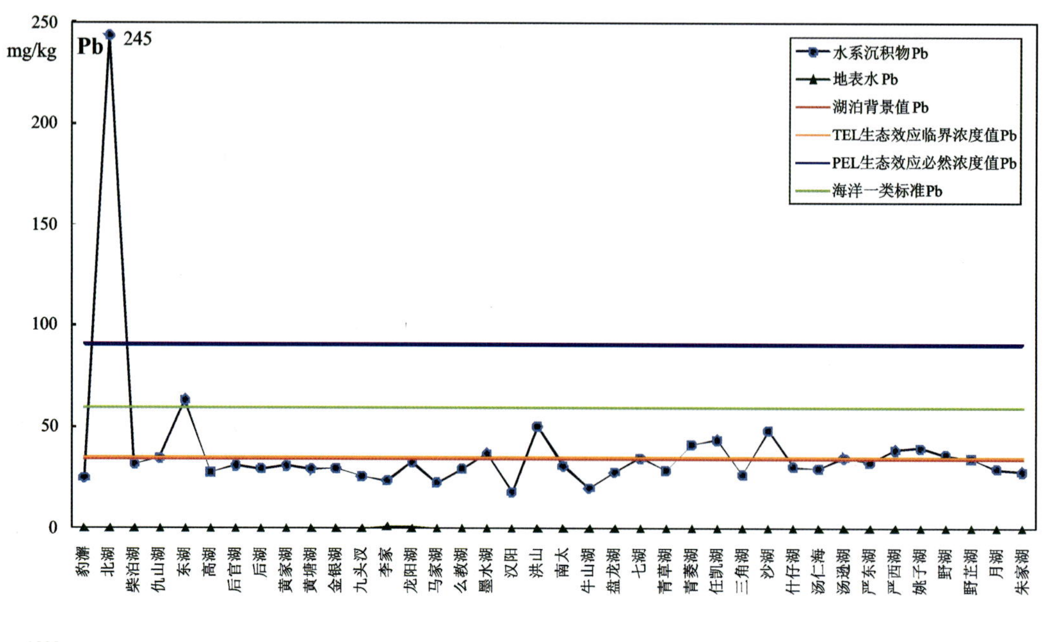

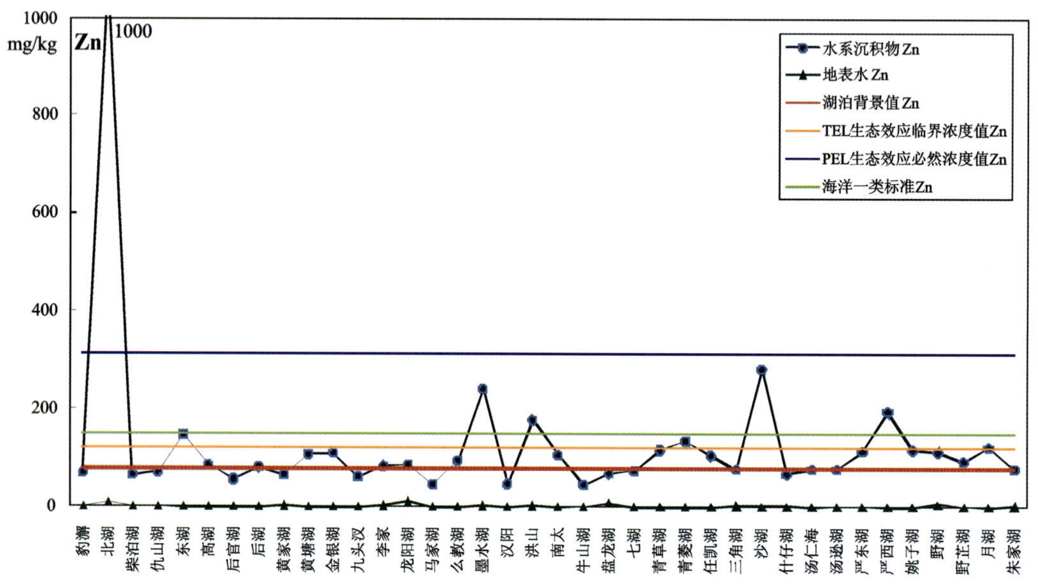

图 5-8　湖泊沉积物生态效应阈值比较图

(2)与武汉湖泊沉积物背景值相比，所研究的 7 个元素均高出环境背景值，表明这些湖泊都不同程度地遭受了环境污染。其中，北湖沉积物的重金属元素 Cu、Pb、Zn、Cr、Cd 含量普遍高出 2 倍以上，显示出武钢工业区作为主要污染元素的特征。

(3)从图中可以看出，武汉都市发展区调查的湖泊沉积物中 As、Cr 元素含量均高出生态效应临界值，除了北湖外，大部分湖泊沉积物的元素含量均未超过生态效应必然浓度值。初步可以看出，北湖污染最重，7 个元素全部超过生态效应临界值，其中 Pb、Zn、Cr 都已超过生态效应必然浓度值。

(4)采用《海洋沉积物质量》(GB 18668—2002)海洋沉积物一类标准来对武汉都市发展区湖泊沉积物进行评价，从图中可以看出，大部分湖泊沉积物的 Pb、Hg 元素含量没有超过国家海洋沉积物一类标准。但是，大部分湖泊沉积物的 Cu、Cr 元素含量超过了国家海洋沉积物一类标准，说明武汉都市发展区湖泊沉积物存在一定程度的重金属污染。

第六章　地质资源

第一节　浅层地热能资源

浅层地热能是指蕴藏在地表以下一定深度（一般为恒温带至200m埋深）范围内岩土体、地下水和地表水中，在当前技术经济条件下具有开发利用价值的热能，温度一般低于25℃。浅层地热能是地热资源的一部分，是由地表土壤、地下水或河流、湖泊中吸收太阳能和地球内部散失的热能组成。浅层地热能是一种物质，属于矿产资源，但不同于固体矿产。浅层地热能是寄生在地层浅部的势能或位能，是一种与电、磁、重力场一样，是地球表面及近地表处的温度场，是在太阳能照射和地心热产生的大地热流的综合作用下，存在于地下近表层数百米内恒温带中的土壤、砂岩和地下水里的低温地热能。浅层地热能主要取决于太阳辐射热和内热的均衡。

根据地下换热系统形式的不同，浅层地热能资源开发利用有多种方式，不同方式具有各自特点。目前最主要的两种利用方式是地下水地源热泵系统和地埋管地源热泵系统。前者以岩土体为低温热源，后者以地下水为低温热源。采用哪种方式较为科学合理，既取决于岩土体类型和水文地质条件，也要考虑当地地质环境特点和地下水的资源功能。

武汉城市地质调查充分收集和利用了本地区已有的资料和成果，了解评价区水文、工程、环境地质和浅层地热能特征，获取评价区岩、土、水的有关参数、数据；以上述成果为依据，开展综合研究，按照浅层地热能资源利用方式，对调查评价区进行浅层地热能开发利用适宜性分区，计算浅层地热能资源量，评价浅层地热能资源利用潜力，提出浅层地热能资源开发利用区划，为政府浅层地热能开发提供依据，从而合理地规避风险，提高成功率。

一、浅层地热能资源调查

武汉市浅层地热能调查评价区120m深度内地温在16～22.6℃之间，呈现出南高北低的总体趋势，武昌洪山区原湖北省商业高等专科学校、洪山区幸福村、黄陂区蔡店乡源泉村、江夏区五里界镇等4处存在地热异常。

从地温场平面特征分析，浅层地温场受整体东西向构造格局和南北向气候分带共同影响，北部因靠近大别山，年平均气温稍低于南部，所以平均地温偏低0.4℃；武汉市大的构造走向呈东西向，所以等温带多呈东西向。评价区内，断陷盆地、构造断裂延伸、地下水活动等在小范围内带来地温局部变化，如4个地热异常点、武汉经济技术开发区武汉经开科技服务中心处低温异常，多是局部因素影响所致。

垂直方向上，地下120m范围内由浅至深，地温由低到高，温度值的变化范围为17～20℃。地下约15m至地表范围内温度变幅较大，其中0～5m段年温度变幅最大，5～15m段温度变幅逐渐减小，地下深度15m以下，受季节气候影响相对较小。

二、地下水地源热泵适宜性分区

采用层次分析法对地下水地源热泵适宜性进行分区评价，根据层次分析法评价方法，本次地下水地源热泵适宜性评价，目标层即为地下水地源热泵系统适宜性分区，属性层由地质及水文地质条件、地下水动力条件、地下水化学特征、开采能力及环境影响和施工成本组成，要素层包括含水层出水能力、含水层回灌能力、地下水位埋深、地下水位动态变化、地下水水质、地下水开采能力、地面沉降易发性、成井条件等共 8 个要素。

(一)评价体系的建立

1. 评价体系

根据层次分析法目标层、属性层、要素层各指标要素建立评价体系，如图 6-1 所示。

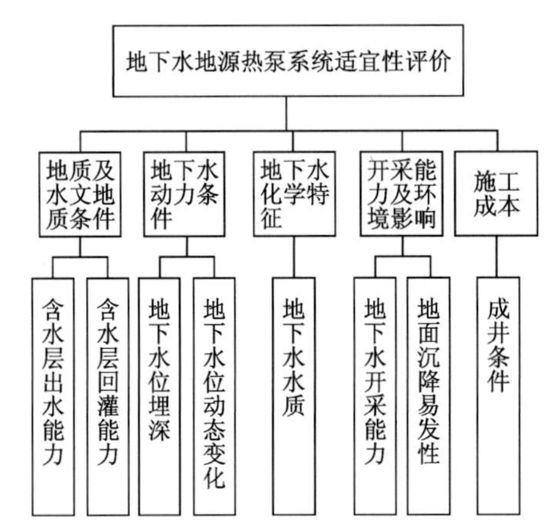

图 6-1　地下水地源热泵层次分析法模型结构图

2. 要素指标赋值

对各要素指标进行分段评分，详见表 6-1。

表 6-1　地下水地源热泵适宜性评价要素指标分段评分表

二级要素	要素评价标准(0～100)						
含水层出水能力	单井涌水量(m^3/h)	<10	10～100	100～500	500～1000	>1000	
	赋值	0	0	0	70	100	
含水层回灌能力	回灌率(%)	<30	30～50	50～80	>80		
	赋值	10	50	80	100		
地下水位埋深	地下水位埋深(m)	<5	5～10	10～15	>15		
	赋值	20	50	70	100		

续表 6-1

二级要素	要素评价标准(0～100)						
地下水水位动态变化	地下水位年变幅(m)	<3	3～5	5～10	>10		
	赋值	10	40	80	100		
地下水水质	地下水质量等级	优良Ⅰ	良好Ⅱ	较好Ⅲ	较差Ⅳ	极差Ⅴ	
	赋值	100	75	50	25	10	
地下水开采能力	开采模数[万 $m^3/(a \cdot km^2)$]	<5	5～10	10～20	20～30	30～40	>40
	赋值	0	0	40	80	90	100
地面沉降易发性	地面沉降易发分区	高易发区	中易发区	低易发区	不易发区		
	赋值	0	40	80	100		
成井条件	成井类型	碳酸盐岩基岩井	碎屑岩类裂隙孔隙水井	砂、砾石含水层井			
	赋值	30	50	100			

(二)因子权重的确定

根据各属性层及要素层对地下水地源热泵系统适宜性的影响大小,结合专家意见,分别确定属性层、要素层指标权重,见表 6-2。

表 6-2 地下水地源热泵适宜性评价二级要素权重表

二级要素	权重	二级要素	权重
含水层出水能力	0.334 6	地下水水质	0.090 0
含水层回灌能力	0.167 3	地下水开采能力	0.131 0
地下水位埋深	0.075 3	地面沉降易发性	0.131 0
地下水位动态变化	0.037 7	成井条件	0.033 1

(三)适宜性分区评价

利用 MapGIS 软件,将各点各要素根据要素指标分段评分表进行赋分,再采用综合指数法,对各项属性赋值与其相对应的权重值相乘,然后求和,即可得出各区域的适宜性评价最终得分。根据得分分布,确定地下水地源热泵系统各个适宜区的分数范围,绘制分区图,对分区图进行修正,完成地下水地源热泵系统适宜性分区。

地下水地源热泵系统适宜性分区分为适宜区、较适宜区、适宜性差区 3 类,各分区界线确定为 40 分、70 分,见表 6-3。

表 6-3 地下水地源热泵系统适宜性分区得分表

地下水地源热泵系统适宜性区划	适宜性差区	较适宜区	适宜区
得分值	<40	40～70	>70

根据地下水地源热泵系统适宜性分区层次分析法评价结果，适宜区主要为长江、汉江一级阶地前缘至中缘，其特点为可利用的地下水资源量丰富且含水层出水、回灌能力强。

适宜性差区主要分为两类：一类是武汉市白沙洲地区、中南轧钢厂等地下水禁采区和汉南等地，该区共同的特点是分布于长江岸边，地层结构上覆为第四系砂层，赋存有松散岩类孔隙承压水，下伏地层为石炭系—二叠系灰岩，岩溶发育，赋存裂隙岩溶水，两种地下水互相连通，在地下水动力和岩溶作用下，抽水极易诱发岩溶地面塌陷；另一类是调查评价区一级阶地后缘及隐伏岩溶上部为隔水层地区，其单井出水量小，开发利用成本较高，分析评价综合得分低，上述地区为地下水地源热泵系统适宜性差区。其他地区为地下水地源热泵系统较适宜区。

需要强调的是，根据武汉市市区河道堤防管理条例规定，在长江、汉江等干堤堤防背水面 150～500m 范围内打井，除需进行取水论证外，还需经市防汛部门审查同意，市水务管理部门批准方可建设、取水。

地下水分布区占整个调查评价区面积的 48.48%(1 681.86km^2)，其中适宜区及较适宜区共占 15.64%(542.80km^2)，适宜性差区占 32.84%(1 139.06km^2)(表 6-4)；其余地区为不具备开发利用条件的地下水分布区、无地下水区及地表水分布区。分区结果见图 6-2。

表 6-4　地下水地源热泵适宜性分区统计表

分区类型	面积(km^2)	百分比(%)	备注
适宜区	136.14	3.92	评价区总面积 3 469.02km^2
较适宜区	406.66	11.72	
适宜性差区	1 139.06	32.84	
合计	1 681.86	48.48	

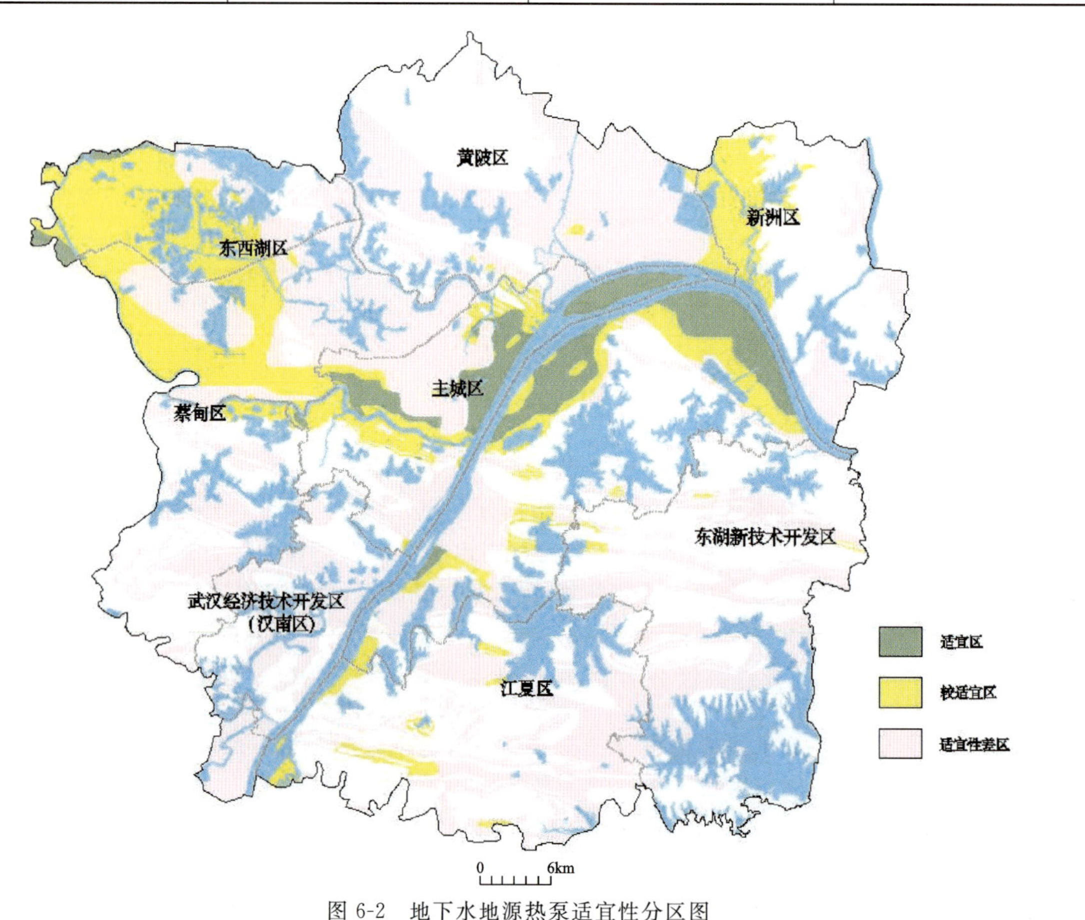

图 6-2　地下水地源热泵适宜性分区图

三、地埋管地源热泵适宜性分区

采用层次分析法对地埋管地源热泵适宜性进行评价，目标层即为地埋管地源热泵适宜性分区，属性层由地质条件、水文地质条件、地层换热能力和施工成本组成，要素层包括第四系厚度、浅层地质结构分区、有效含水层厚度、分层地下水水质、地层热扩散系数、地层每延米换热量和钻进条件。

（一）评价体系的建立

1. 评价体系

根据层次分析法目标层、属性层、要素层各指标要素建立评价体系，如图 6-3 所示。

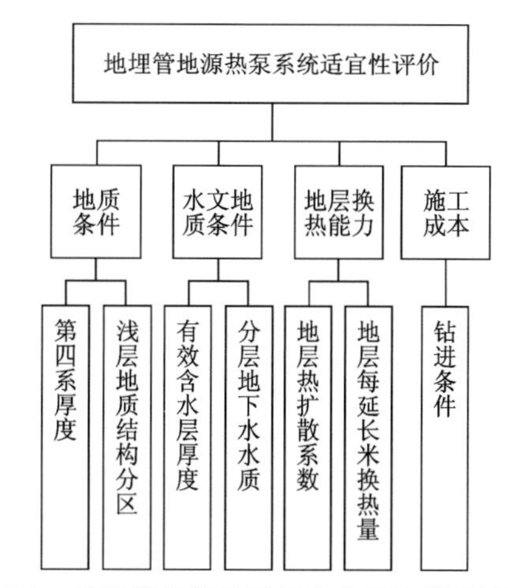

图 6-3　地埋管地源热泵层次分析法模型结构图

2. 要素指标赋值

对各要素指标进行分段评分，详见表 6-5。

表 6-5　地埋管地源热泵适宜性评价要素指标分段评分表

二级要素	要素评价标准（0～100）					
第四系厚度	第四系厚度（m）	＞30	20～30	10～20	5～10	＜5
	赋值	0	25	50	75	100
浅层地质结构分区	工程地质类型	剥蚀丘陵岩体	堆积平原一级阶地	堆积平原二级阶地	剥蚀堆积平原下伏碳酸盐岩	剥蚀堆积平原下伏非碳酸盐岩类
	赋值	0	30	60	80	100
有效含水层厚度	厚度（m）	0	0～10	10～25	25～50	＞50
	赋值	0	60	70	80	100
分层地下水水质	分层水质类型	多层且有优质水	无优质水			
	赋值	0	100			

续表 6-5

二级要素	要素评价标准(0～100)					
地层热扩散系数	系数($\times 10^{-6}$ m^2/s)	<0.7	0.7～0.8	0.8～0.9	0.9～1	>1
	赋值	50	60	70	80	100
地层每延米换热量	热量	50～55	55～60	>60		
	赋值	50	75	100		
钻进条件	钻进条件分区	长套管支护区	碳酸盐岩分布区	一般区		
	赋值	20	40	100		

(二)因子权重的确定

根据各属性层及要素层对地埋管地源热泵系统适宜性的影响大小，结合专家意见，分别确定属性层、要素层指标权重，见表 6-6。

表 6-6　地埋管地源热泵适宜性评价二级要素权重表

二级要素	权重	二级要素	权重
第四系厚度	0.029 4	地层热扩散系数	0.161 1
浅层地质结构分区	0.058 8	地层每延米换热量	0.322 1
有效含水层厚度	0.117 7	钻进条件	0.271 7
分层地下水水质	0.039 2		

(三)适宜性分区评价

地埋管地源热泵系统适宜性分区方法与地下水地源热泵系统适宜性分区相同，利用 MapGIS 软件，采用综合指数法，将各项属性赋值与其相对应的权重值相乘，然后求和，即可得出各区域的最终得分。根据得分分布，确定地埋管地源热泵系统各个适宜区的分数范围(表)，绘制分区图，对分区图进行修正，完成地埋管地源热泵系统适宜性分区。

地埋管地源热泵系统适宜性分区分为适宜区、较适宜区、适宜性差区 3 类，各分区界线确定为 40 分、70 分，见表 6-7。

表 6-7　地埋管地源热泵系统适宜性分区得分表

地埋管地源热泵系统适宜性区划	适宜性差区	较适宜区	适宜区
得分值	<40	40～70	>70

根据计算结果和地区现状，武汉市全市基本都适宜地埋管地源热泵系统建设；仅武昌白沙洲、汉阳中南轧钢厂、汉南纱帽局部地区由于近年来多次发生岩溶塌陷，地埋管钻孔施工及外界因素影响易诱发岩溶塌陷，影响项目建设、长期使用的可靠性，被划分为适宜性差区。根据分析评价结果分值，具体划分出适宜区和较适宜区。适宜区为岩土层比热容大、导热系数大、换热量较大、施工条件较好的地区；其他为较适宜区。

需要强调的是，武汉城市地质调查水文地质专项编制的《武汉都市发展区应急水源地区划》，地埋管地源热泵工程施工过程中会对应急水源地含水层带来不同程度的污染，如多层含水层串通，施工泥浆、添加剂等不利影响，因此在拟定的东西湖、武湖等地的应急水源地区域开展地埋管地源热泵工程要加强环境影响评估，改进施工工艺，严格审批。

在调查评价区内，地埋管地源热泵系统适宜区及较适宜区共占81.13%（2 814.56km²），其中适宜区占27.43%（951.70km²），较适宜区占53.70%（1 862.86km²）；适宜性差区占1.66%（57.62km²）（表6-8）；其他区域为地表水分布区，占17.20%。分区结果见图6-4。

表6-8　地埋管地源热泵适宜性分区统计

分区类型	面积(km²)	百分比(%)	备注
适宜区	951.70	27.43	评价区总面积 3 469.02km²
较适宜区	1 862.86	53.70	
适宜性差区	57.62	1.66	
合计	2 872.18	82.79	

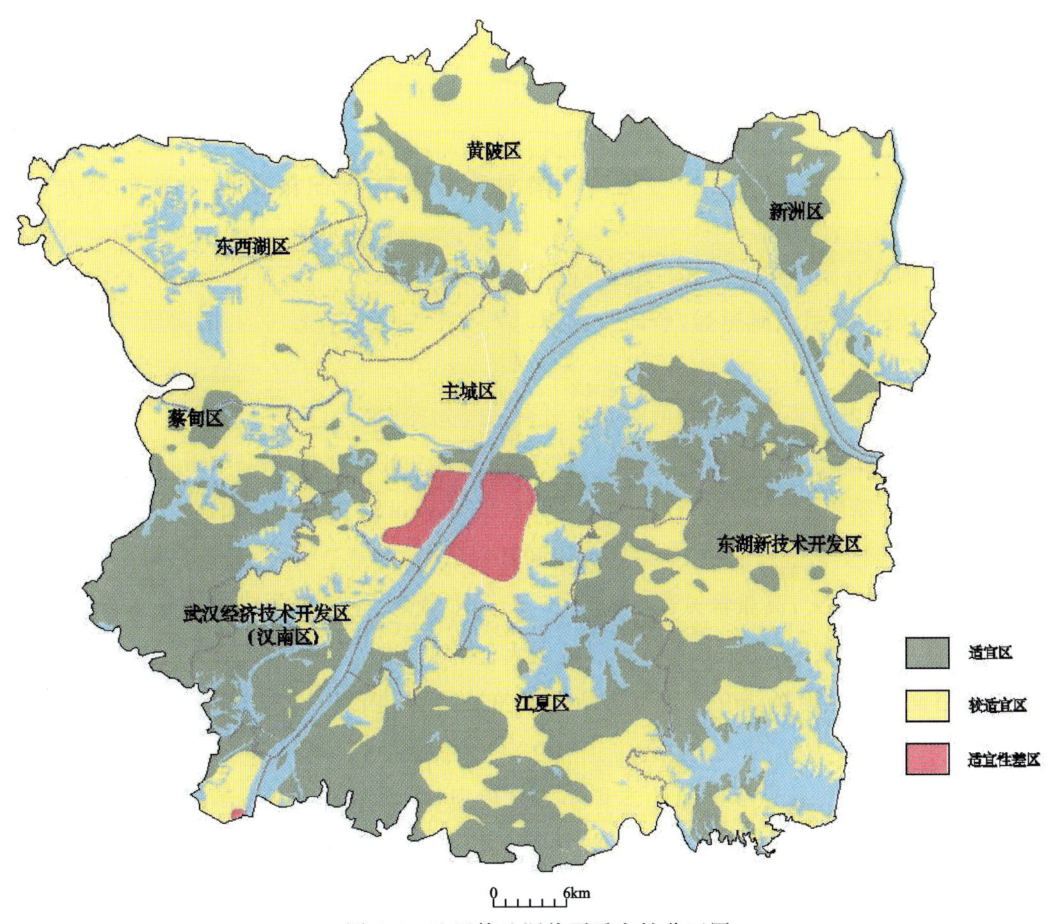

图6-4　地埋管地源热泵适宜性分区图

四、浅层地热能开发利用适宜性区划

根据地下水地源热泵适宜性分区及地埋管地源热泵适宜性分区结果，进行武汉市浅层地热能开发利用适宜性区划。

长江、汉江一级阶段地区，赋存着丰富的孔隙承压水，含水层抽水、回灌能力较强，有利于开发地下水地源热泵系统；该地区覆盖层厚度较大，且为松软黏性土及松散砂层，大大增加了地埋管换热孔的施工成本，同时由于土体换热能力一般小于基岩，对换热孔的换热功率也有一定影响，故该区域内开发地下水地源热泵系统相比地埋管地源热泵系统更适宜。

对于长江、汉江两岸广大的低垄岗平原地段，可开发利用的地下水主要赋存于岩溶条带内，分布较小，且赋存的地下水水量普遍较小，故不适宜开发地下水地源热泵系统；该区域内覆盖层相对较薄，地埋管换热孔的施工成本较低，同时换热孔内基岩段所占比例较高，换热功率整体较好，有利于开发地埋管地源热泵系统。

一级阶地后缘至二级阶段地区，覆盖层厚度相对较大，而赋存的地下水水量又相对较小，区内浅层地热能开发利用适宜性相对较差。

武汉市白沙洲地区、中南轧钢厂等地属地下水禁采区，无法建设地下水地源热泵项目，且在该地区施工地埋管换热孔，易引起岩溶地面塌陷，故该地区不适宜开发浅层地热能。

武汉市浅层地热能开发利用综合适宜性区划图见图 6-5。

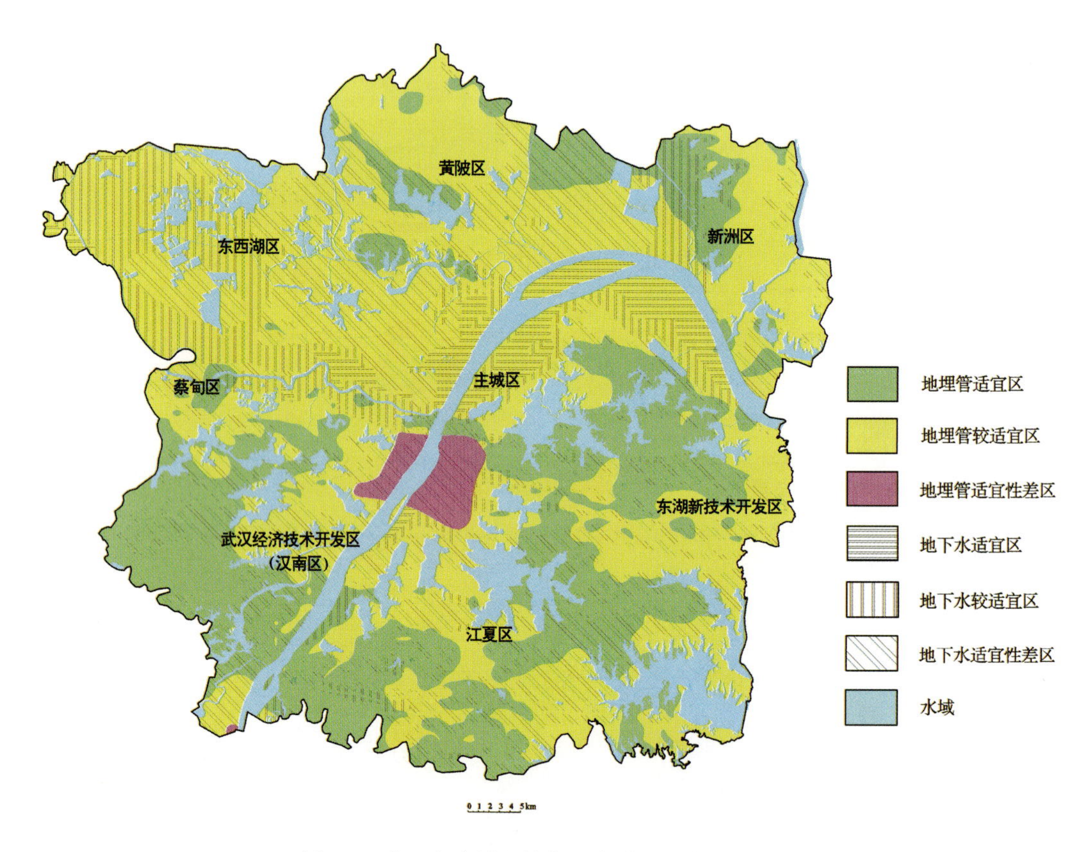

图 6-5　武汉市浅层地热能开发利用适宜性区划图

五、武汉市浅层地热能资源潜力评价

（一）地下水浅层地热能资源开发利用潜力

由于武汉市地下水可利用资源总量有限，在计算地下水浅层地热能资源开发利用潜力时，按照开采模数计算单位面积(1km²)地下水浅层地热能可利用资源量与制冷、供暖负荷值,可求得单位面积地下水浅层地热能资源可制冷、供暖面积,不考虑土地利用系数的影响。武汉市地下水地源热泵适宜区和较适宜区单位面积夏季可制冷面积为 $0.29\times10^4\sim2.60\times10^4\,m^2$,冬季可供暖面积为 $0.20\times10^4\sim1.78\times10^4\,m^2$。地下水地源热泵适宜区和较适宜区浅层地热能资源利用总潜力为:单位面积夏季可制冷面积 $3.33\times10^6\,m^2$,冬季可供暖面积 $2.29\times10^6\,m^2$,总体可利用潜力不大。

武汉市地下水地源热泵系统制冷期、供暖期潜力分区见图 6-6、图 6-7。分区结果显示:长江、汉江一级阶地松散岩类孔隙承压水资源量较丰富,利用潜力相对较大。以制冷期为例,武汉市地下水地源热泵系统潜力评价分区概况见表 6-9。

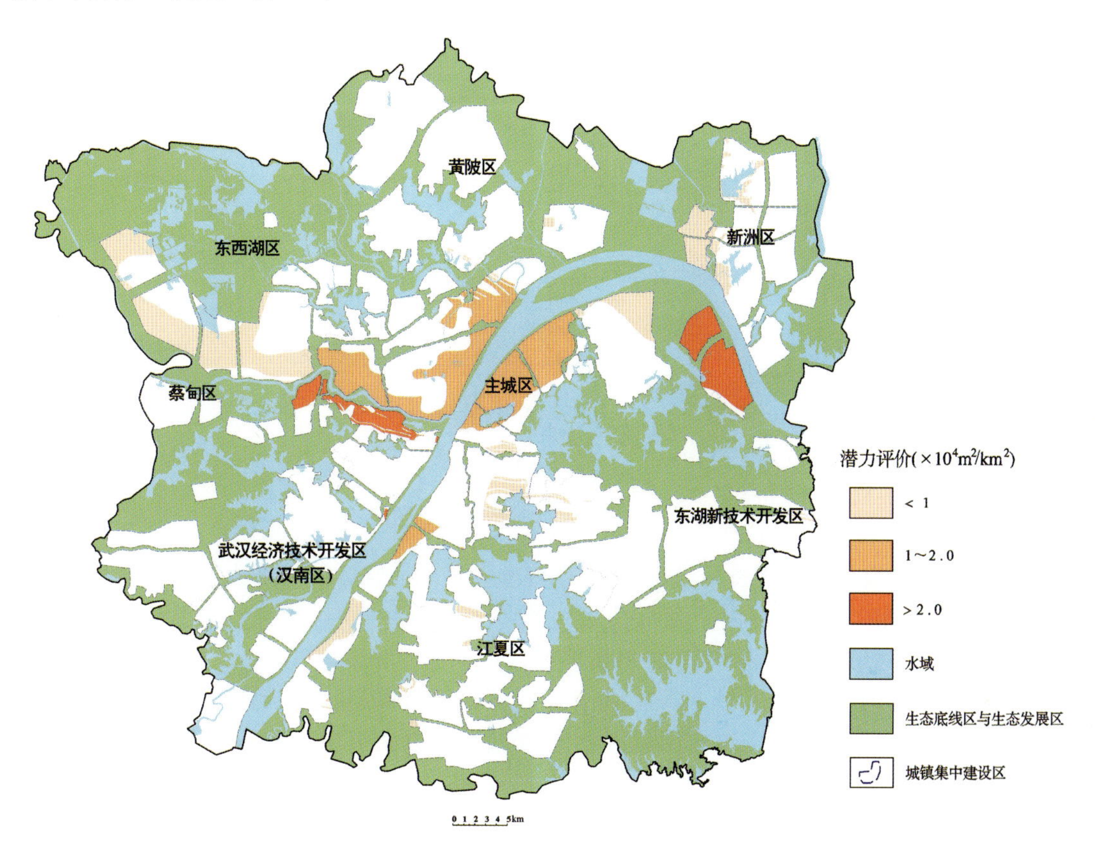

图 6-6　地下水地源热泵系统潜力评价图(制冷期)

表 6-9　武汉市地下水地源热泵制冷期潜力评价分区统计表

潜力分区等级	潜力范围值($\times10^4\,m^2/km^2$)	面积(km^2)
1	<1.0	90.02
2	1.0~2.0	103.21
3	>2.0	53.61

(二)地埋管浅层地热能资源开发利用潜力

计算地埋管浅层地热能资源开发利用潜力与计算地下水浅层地热能资源开发利用潜力的方法相似。

根据单位面积地埋管浅层地热能可利用资源量与制冷、供暖负荷值,可求得单位面积地埋管浅层地

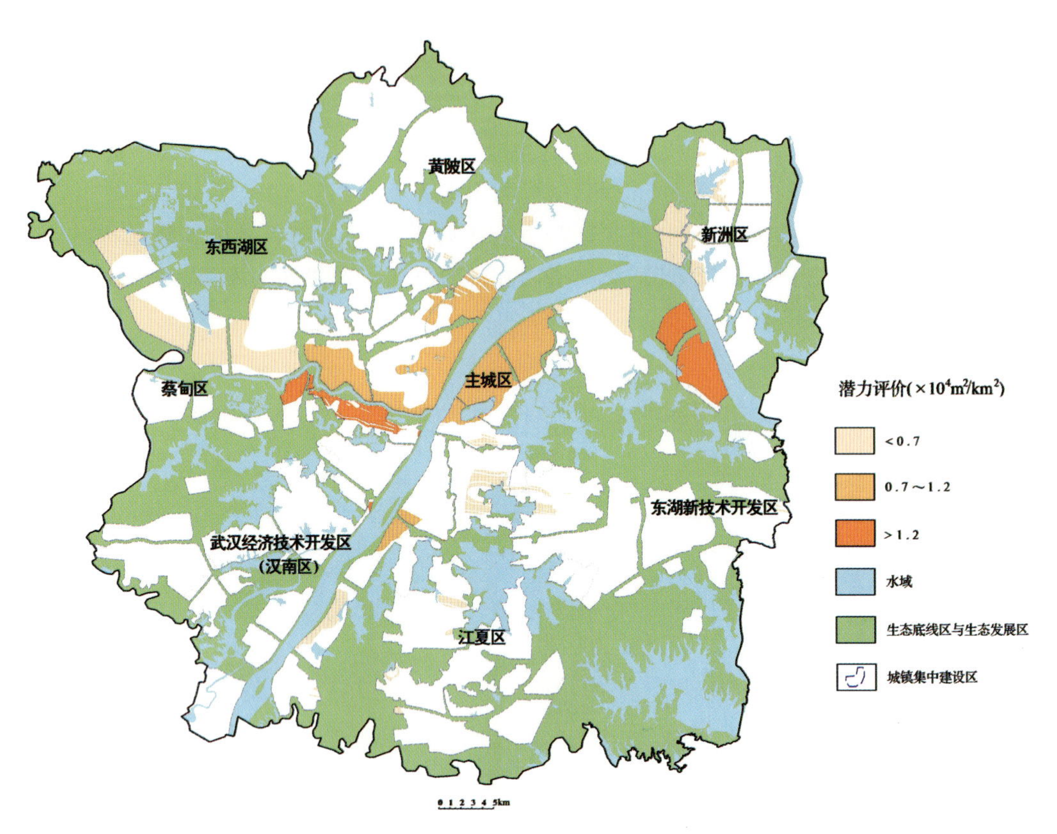

图 6-7　地下水地源热泵系统潜力评价图(供暖期)

热能资源可制冷、供暖面积。计算可得,武汉市地埋管地源热泵适宜区和较适宜区单位面积夏季可制冷面积为 $40\times10^4\sim75\times10^4m^2$,冬季可供暖面积为 $45\times10^4\sim85\times10^4m^2$。地埋管地源热泵适宜区和较适宜区浅层地热能资源利用总潜力为:单位面积夏季可制冷面积 $7.11\times10^8m^2$,冬季可供暖面积 $8.37\times10^8m^2$。倘若不考虑土地利用系数,则参照上述公式和参数可计算得出建设用地范围内地埋管地源热泵适宜区和较适宜区浅层地热能资源利用总潜力为:单位面积夏季可制冷面积 $5.03\times10^9m^2$,冬季可供暖面积 $5.92\times10^9m^2$。

武汉市地埋管地源热泵系统制冷期、供暖期资源潜力分区见图 6-8、图 6-9。

主城区与新城区相比,虽然主城区城镇建设用地范围内的地埋管土地利用率要低于新城区,但主城区城镇建设用地与新城区相当,故在城镇集中建设区范围内进行潜力对比,主城区要普遍高于新城区。

分区结果显示:制冷期,武汉市城镇集中建设区范围内主城区潜力大都处在 $65\times10^4\sim70\times10^4m^2/km^2$ 范围内,新城区潜力大都处在 $40\times10^4\sim45\times10^4m^2/km^2$ 范围内。以制冷期为例,武汉市 120m 以浅利用潜力评价分区概况见表 6-10。

表 6-10　武汉市 120m 以浅地埋管制冷期潜力评价分区统计表

潜力分区等级	潜力范围值($\times10^4m^2/km^2$)	面积(km^2)
1	40～45	851.33
2	45～50	178.18
3	65～70	349.81
4	70～75	31.68

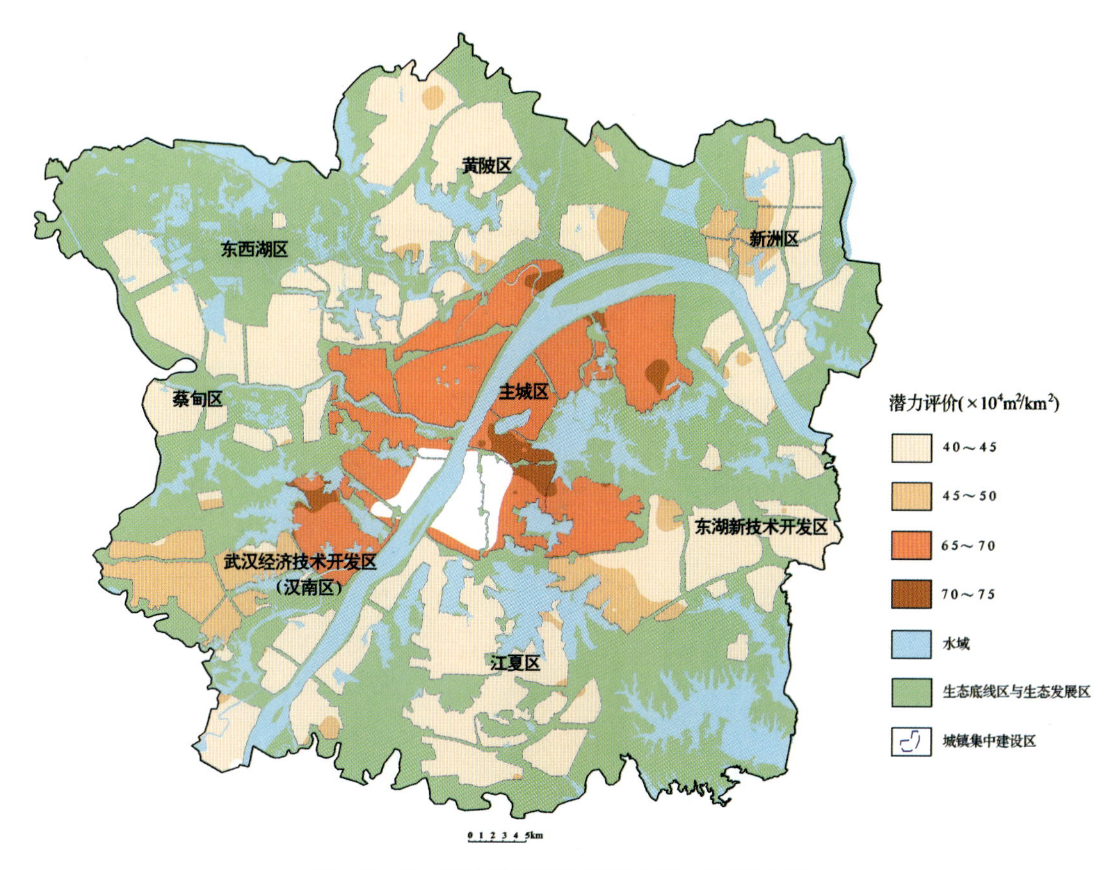

图 6-8　地埋管地源热泵系统潜力评价图(制冷期)

(三)武汉市浅层地热能资源开发利用潜力

武汉市“主城＋新城组团”建设区范围内资源开发利用潜力为区内地埋管浅层地热能资源、地下水浅层地热能资源评价的总量,重合区域按照地埋管 2/3、地下水 1/3 的比例计算,夏季、冬季浅层地热能资源总量,单位面积夏季可制冷面积 $6.61\times10^8m^2$,冬季可供暖面积 $7.78\times10^8m^2$;在不考虑土地利用系数的情况下,单位面积夏季可制冷面积 $4.73\times10^9m^2$,冬季可供暖面积 $5.56\times10^9m^2$。

根据武汉市建筑节能办公室的统计数据,截至 2012 年底,武汉市正在运行的地源热泵项目 116 个。其中地下水地源热泵 36 个,单位面积制冷面积 $60\times10^4m^2$,与计算潜力相比,实际制冷潜力还有约 $582\times10^4m^2$;地埋管热泵 80 个,单位面积制冷面积 $440\times10^4m^2$,与计算潜力相比,实际制冷潜力还有约 $70\ 660\times10^4m^2$,地埋管剩余可用潜力巨大。

第二节　地质景观资源

一、地质遗迹景观资源调查

重要地质遗迹是生态环境的重要组成部分,它构成自然生态的基本格架,是影响生物多样性和人类

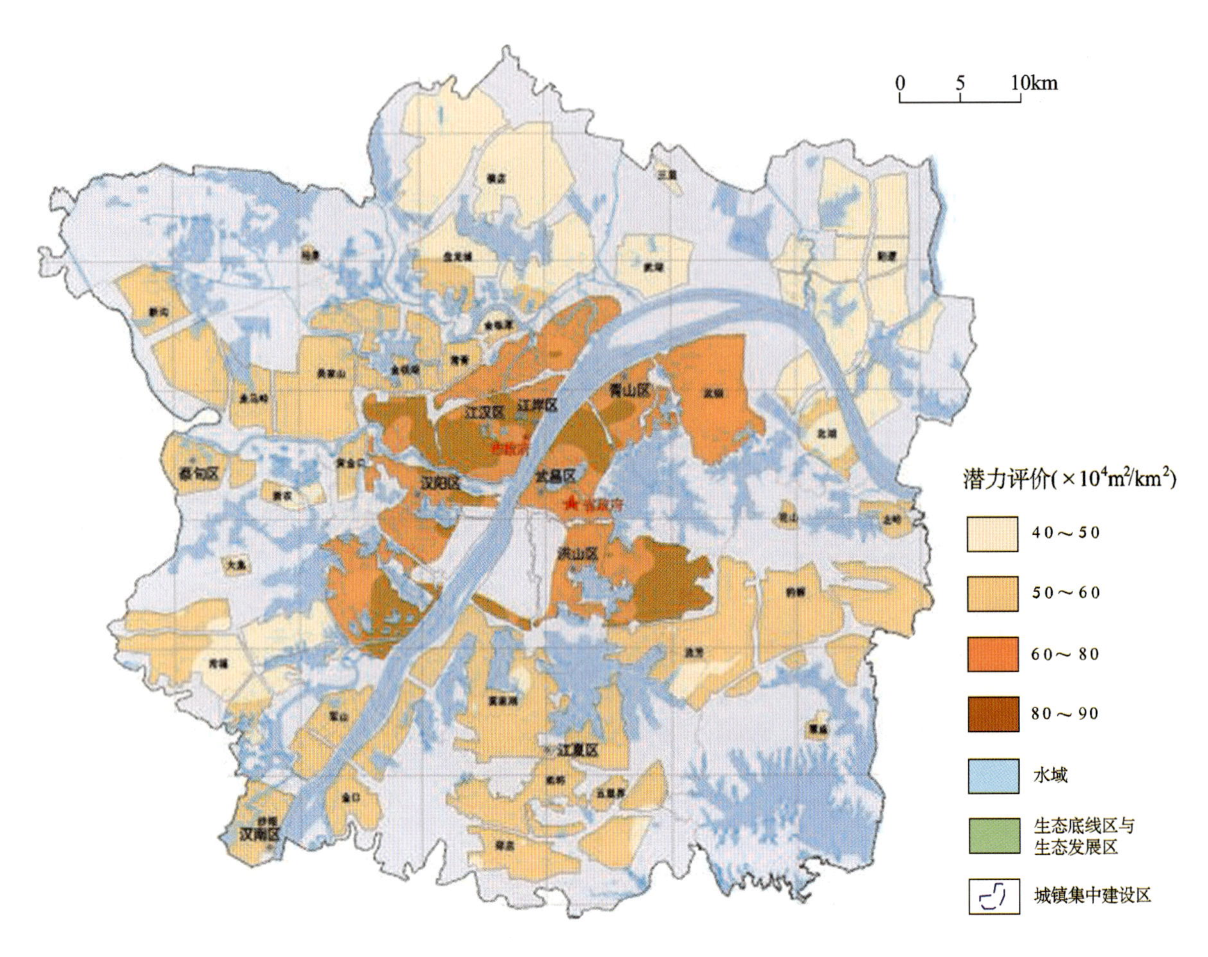

图 6-9　地埋管地源热泵系统潜力评价图(供暖期)

生存的基本要素。具有重要科学价值的地质遗迹景观是科学研究和科普教育的重要标本和教材，许多重要地质遗迹景观是国家乃至世界级的旅游风景名胜资源基础，是永续利用的资源。对于地质遗迹的合理开发利用，将促进旅游产业和区域经济发展，改善和提高当地居民生活水平，促进生态环境的改善和当地社会文明进步。无论现在或将来，重要地质遗迹都将对调查区的社会经济发展、科学研究产生重要的影响。

(一)武汉市地质遗迹景观类型

调查区大地构造位置跨及桐柏-大别造山带和扬子板块两个构造单元，历经元古宙至新生代各个地质时代的演变，岩层和构造复杂多样，形成了区内丰富的地质遗迹景观类型。从地形地貌来看，调查区处于江汉平原与鄂东南丘陵过渡地带，兼具两者之特色，地质遗迹景观分区属以流水作用为主的东部平原和东南丘陵旅游地质资源区长江中下游河湖、名山和溶洞旅游地质资源亚区，区内江河纵横、湖港交织、山湖掩映，构成了滨江滨湖水域生态环境，长江与汉水的交汇造就了武汉隔两江立三镇的特殊地理格局，以河湖地质景观为主要特色。此外，岩土体地貌景观、地层剖面和古动植物化石亦较为发育。

1. 基础地质大类

1)地层剖面类(图 6-10～图 6-11)

图 6-10　淘金山村公安寨组紫红色砂岩

图 6-11　新洲区鹄子山下更新统砾石层

2)岩石剖面类(图 6-12～图 6-13)

图 6-12　黄陂区寅田村玄武岩

图 6-13　玄武岩与公安寨组“舌状”侵入

3)构造遗迹类(图 6-14)

图 6-14　新洲区襄-广断裂旁侧南华系变质岩

4)古植物类(图 6-15～图 6-18)

图 6-15　东西湖瓠子山 D_3h 斜方薄皮木

图 6-16　瓠子山 D_3h 疑似芦木化石

图 6-17　湖北大学博物馆阳逻化石木

图 6-18　武汉植物园阳逻化石木

5)古动物化石类(图 6-19～图 6-24)

图 6-19　汉阳区锅顶山 S_1f 汉阳鱼残片

图 6-20　汉阳区锅顶山 S_1f 中华棘鱼残片

图 6-21　东湖新区铁箕山 $S_1 f$ 三叶虫

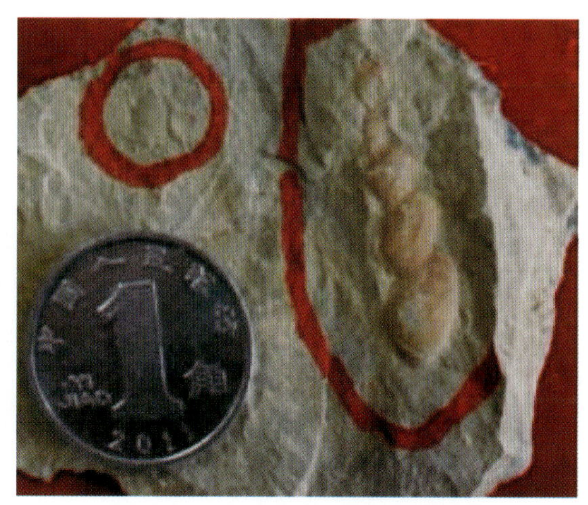

图 6-22　东湖新区铁箕山 $S_1 f$ 链房螺

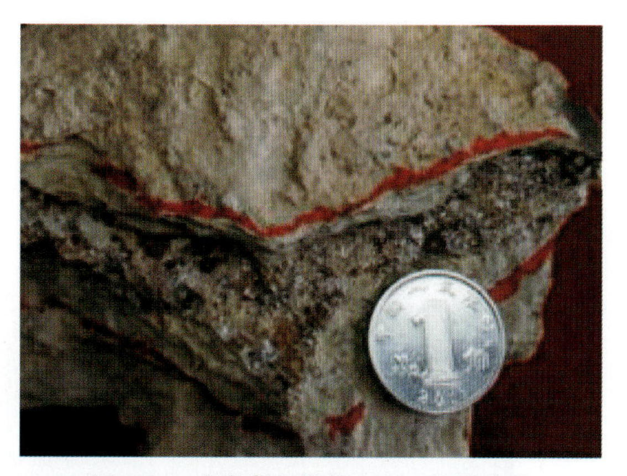

图 6-23　东湖新区铁箕山 $S_1 f$ 海百合茎

6-24　东湖新区铁箕山 $S_1 f$ 古尼罗蛤

2. 地貌景观大类

1)岩土体地貌(图 6-25～图 6-26)

图 6-25　江夏区八分山白云洞岩溶地貌景观

图 6-26　武汉经济技术开发区大军山碎屑岩地貌景观

2)水体地貌类(图 6-27～图 6-31)

图 6-27　胡杨村东湖湖泊景观

图 6-28　江岸区武汉江滩

图 6-29　龙家台蛇曲

图 6-30　康乐村朱家湖

图 6-31　龙王庙—南岸咀汉江与长江汇流

(二)地质遗迹景观分布

1. 已查明的地质遗迹景观分布

地质遗迹景观从行政区分布来看,主城区、新洲区、武汉经济技术开发区、东湖新技术开发区、江夏区、黄陂区、东西湖区以及蔡甸区均有分布,如图 6-32、表 6-11 所示。其中以主城区分布最多,有 9 处,占比 42.9%;其次为新洲区分布有 3 处,占比 14.3%;武汉经济技术开发区、东湖新技术开发区、江夏区均分布有 2 处,占比均为 9.5%;黄陂区与东西湖区仅 1 处,占比为 4.8%;蔡甸区与东西湖区交界处有 1 处汉江蛇曲遗迹景观。

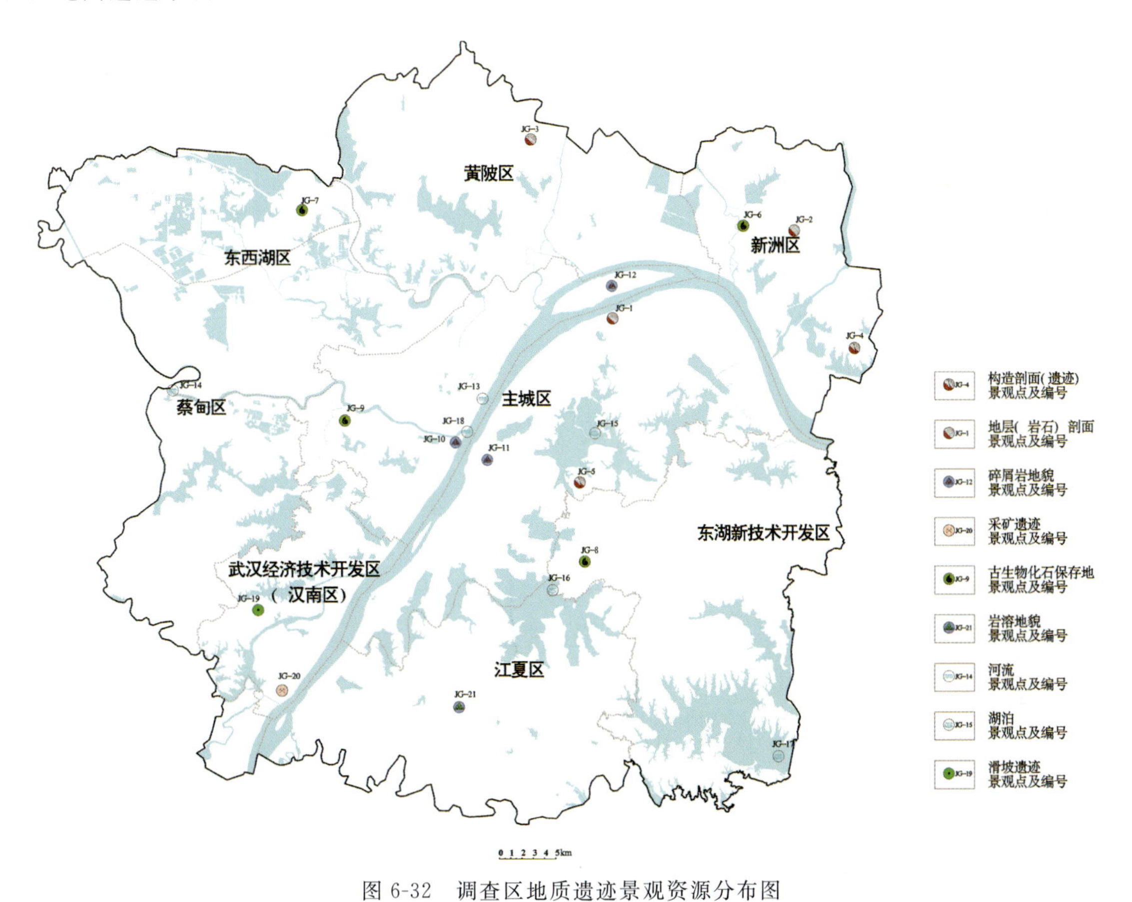

图 6-32　调查区地质遗迹景观资源分布图

表 6-11　调查区地质遗迹景观分布一览表

序号	地质遗迹景观名称	地质遗迹亚类	行政区
1	龙家台—蔡甸街蛇曲	河流	蔡甸区
2	瓠子山黄家蹬组斜方薄皮木植物群	古植物化石产地	东西湖区
3	黄陂区寅田村玄武岩	火山岩剖面	黄陂区
4	江夏区汤逊湖湖泊	湖泊	江夏区
5	江夏区八分山白云洞碳酸盐岩地貌	碳酸盐岩地貌	
6	铁箕山坟头组汉阳鱼动物群	古动物化石产地	东湖新技术开发区
7	东湖新技术开发区梁子湖湖泊	湖泊	
8	大军山碎屑岩地貌	碎屑岩地貌	武汉经济技术开发区
9	武汉经济技术开发区硃山滑坡	滑坡	
10	新洲区阳逻港阳逻组地层剖面	层型(典型剖面)	新洲区
11	襄-广断裂带	断裂	
12	新洲区阳逻电厂阳逻组化石木	古植物化石产地	
13	洪山区东湖湖泊	湖泊	主城区
14	青山区钢谷小区青山组风成砂层	层型(典型剖面)	
15	洪山区南望山构造剖面	褶皱与变形	
16	汉阳区锅顶山坟头组汉阳鱼动物群	古动物化石产地	
17	汉阳区龟山碎屑岩地貌	碎屑岩地貌	
18	武昌区蛇山碎屑岩地貌	碎屑岩地貌	
19	洪山区天兴洲心滩	河流	
20	江岸区武汉江滩	河流	
21	龙王庙—南岸咀汉江与长江汇流	河流	
备注:大军山地质遗迹景观既为碎屑岩地貌,又为采矿遗迹景观。			

本次虽然仅从行政区范围对地质遗迹景观进行了划分,但总体来看,也在一定程度上反映了地质遗迹群落的特点。主城区涉及两江三镇,以江河湖泊遗迹景观为主要特色,遗迹景观类型多,人文内涵丰富,与龟山—蛇山碎屑岩地貌景观遗迹相得益彰,形成极具武汉特色的自然人文景观。此外,锅顶山因开采石英砂岩基岩裸露,使得汉阳鱼化石在全国首次发现,南望山毗邻中国地质大学(武汉),使其构造剖面科普、教学功能在很大程度上得以彰显。青山区钢谷小区青山组砂山是全区唯一一处可以初步确定为风积成因的晚更新世堆积体。新洲区总体以襄-广断裂与南部主城区相区分,发育有与南侧台地相沉积明显不同的变质岩基底,公安寨组大面积展布,其上部往往覆盖有洪冲积成因的阳逻砾石层,调查区内发现第四纪时期的化石木均产于阳逻砾石层之中。黄陂区与新洲区相邻,根据物探资料推测襄-广断裂可能从本区穿过,在调查区公安寨组中发现了玄武岩,存在多期活动,其形成可能与襄-广断裂的新构造活动相关。东西湖区位于黄陂区南侧,在黄陂区交界部位瓠子山处发现有斜方薄皮木植物化石,东

西湖区南侧以汉江为界，与蔡甸区交界处发育汉江蛇曲遗迹景观。武汉经济技术开发区东侧以长江为界，以岗地-丘陵为主，曾为石英砂岩矿主要开采地，开采形成了硃山滑坡遗迹景观，临江处形成了大军山碎屑岩地貌和采矿遗迹景观。江夏区位于调查区南部，为灰岩主要出露区，形成了调查区唯一的岩溶地貌遗迹景观，其北侧有汤逊湖湖泊景观。

2. 拟调查的地质遗迹

本次工作过程中，根据相关标准和原则，结合调查区实际和专家意见，选定了 21 处作为地质遗迹景观，但在调查过程中初步筛选的 57 处地质遗迹可能为今后地质遗迹调查工作的开展提供一定的方向(表 6-12)，在此对其分布状况进行简要的说明。

调查区内基础类地质遗迹合计 34 处，占比 59.6%，包括地层剖面遗迹资源 27 处，其中基岩剖面 12 条，第四系剖面 15 条；岩石剖面遗迹资源 1 处；动植物化石产地 4 处，其中动物化石产地与植物化石产地各 2 处；构造遗迹资源 2 处，其中断裂 1 处，褶皱与变形 1 处。地貌景观类遗迹资源合计 20 处，占比为 35.1%，其中碎屑岩地貌 7 处，占比 12.3%；河流湖泊遗迹资源 12 处；岩溶地貌 1 处。地质灾害类遗迹资源共计 3 处，占比 5.3%，其中 2 处滑坡，1 处地面塌陷。由上述统计特征可知，基础地质遗迹与地貌遗迹资源大类在调查区占绝对优势，占 94.7%，地质灾害类遗迹资源大类仅占极少部分；地层剖面、岩土体地貌和水体地貌为调查区主要遗迹资源类；滑坡与地面塌陷为调查区内地质灾害遗迹的主要类型。

地质遗迹从行政区分布来看，主城区 14 处，占比 24.6%，以河流湖泊为主要特色，龟山与蛇山为区内分布的碎屑岩地貌，洪山区鼓架山和青山区钢谷小区分别为基岩地层剖面与第四系地层剖面，汉阳锅顶山和米粮山分布有汉阳鱼古动物化石和滑坡，洪山区中山路武汉民政学校岩溶地面塌陷为调查区内主要地质灾害的典型代表。新洲区分布有 4 处，占 7.0%，阳逻组、公安寨组地层剖面及阳逻组产出的化石木为其主要特色，此外，南华系武当岩群变质岩的出露也反映了区内地质结构与调查区南侧的差异。武汉经济技术开发区分布有 2 处，占比 3.5%，均与石英砂岩矿的开采相关，根据其所处位置和开采程度的差异，形成了滑坡地质遗迹资源和碎屑岩地貌(也为采矿遗迹资源)。东湖新技术开发区分布有 8 处，占比 14.0%，发育大隆组—孤峰组、和州组—高骊山组和云台观组—坟头组基岩地层剖面，碎屑岩地貌和湖泊较为发育，区内还发育铁箕山古动物化石产地。江夏区分布有 5 处，占比为 8.8%，以岩溶地貌和栖霞组—黄龙组地层剖面为其主要特色。黄陂区分布有 12 处，占比为 21.1%，主要以第四纪地层剖面为主，公安寨组中玄武岩出露地表为其主要特色。东西湖区分布有 5 处，占比为 8.8%，发育大埔组、高骊山组—云台观组地层剖面，第四系剖面主要控制地层单位为下蜀组，黄家蹬组斜方薄皮木为区内重要地质遗迹资源。蔡甸区与东西湖区交界处发育蛇曲地质遗迹，蔡甸区还分布 5 处地质遗迹资源，共计 6 处，占比为 10.5%。

表 6-12　调查区地质遗迹分布一览表

序号	遗迹名称	地质遗迹亚类	行政区
1	龙家台—蔡甸街蛇曲	河流	蔡甸区
2	蔡甸区檀树坳云台组—坟头组地层剖面	层型(典型剖面)	
3	蔡甸区军山走马岭组地层剖面	层型(典型剖面)	
4	蔡甸区奓山王家店组地层剖面	层型(典型剖面)	
5	蔡甸区九真山碎屑岩地貌	碎屑岩地貌	
6	蔡甸区后官湖湖泊	湖泊	

续表 6-12

序号	遗迹名称	地质遗迹亚类	行政区
7	东湖新区郭家村孤峰组—龙潭组地层剖面	层型(典型剖面)	东湖新技术开发区
8	东湖新区新店孤峰组—大隆组地层剖面	层型(典型剖面)	
9	东湖新区花山乡茶场高骊山组—和州组地层剖面	层型(典型剖面)	
10	东湖新区铁箕山坟头组汉阳鱼动物群	古动物化石产地	
11	东湖新区长岭山云台观—坟头组地层剖面	层型(典型剖面)	
12	东湖新区汤逊湖湖泊	湖泊	
13	东湖新技术开发区梁子湖湖泊	湖泊	
14	东湖高新区九峰山碎屑岩地貌	碎屑岩地貌	
15	东湖新技术开发区龙泉山碎屑岩地貌	碎屑岩地貌	
16	东西湖区团鱼山云台观组—高骊山组地层剖面	层型(典型剖面)	东西湖区
17	东西湖丰荷山大埔组地层剖面	层型(典型剖面)	
18	东西湖区瓠子山黄家蹬组斜方薄皮木植物群	古植物化石产地	
19	东西湖区三店下蜀组地层剖面	层型(典型剖面)	
20	东西湖区金银湖湖泊	湖泊	
21	黄陂区寅田村玄武岩	火山岩剖面	黄陂区
22	黄陂区盘龙城露甲山大埔组—孤峰组地层剖面	层型(典型剖面)	
23	黄陂区天河机场北孙家下蜀组地层剖面	层型(典型剖面)	
24	黄陂区熊伯涛故里阳逻组地层剖面	层型(典型剖面)	
25	黄陂区百花村阳逻组地层剖面	层型(典型剖面)	
26	黄陂区盘龙城宴家冲王家店组地层剖面	层型(典型剖面)	
27	黄陂区盘龙城黄泥岗公安寨组地层剖面	层型(典型剖面)	
28	黄陂区小江湾王家店组—阳逻组地层剖面	层型(典型剖面)	
29	黄陂区横店东王家店组—阳逻组地层剖面	层型(典型剖面)	
30	黄陂区临空工业园区老邓湾下蜀组地层剖面	层型(典型剖面)	
31	黄陂区滠口北冯家院子货场王家店组地层剖面	层型(典型剖面)	
32	黄陂区后湖湖泊	湖泊	
33	江夏区灵山栖霞组—黄龙组地层剖面	层型(典型剖面)	江夏区
34	江夏区长山口云台观组—坟头组地层剖面	层型(典型剖面)	
35	江夏区流芳岭阳逻组地层剖面	层型(典型剖面)	
36	江夏区青龙山碎屑岩地貌	碎屑岩地貌	
37	江夏区八分山白云洞碳酸盐岩地貌	碳酸盐岩地貌	

续表 6-12

序号	遗迹名称	地质遗迹亚类	行政区
38	武汉经济技术开发区大军山碎屑岩地貌	碎屑岩地貌	武汉经济技术开发区
39	武汉经济技术开发区硃山滑坡	滑坡	
40	新洲区淘金山至阳逻港阳逻组—公安寨组地层剖面	层型(典型剖面)	新洲区
41	新洲区半边山阳逻组—广华寺组地层剖面	层型(典型剖面)	
42	襄-广断裂带	断裂	
43	新洲区阳逻电厂阳逻组化石木植物群	古植物化石产地	
44	洪山区鼓架山云台观组—高骊山组地层剖面	层型(典型剖面)	主城区
45	汉阳区锅顶山坟头组汉阳鱼动物群	古动物化石产地	
46	青山区钢谷小区青山组风成砂层剖面	层型(典型剖面)	
47	洪山区南望山构造剖面	褶皱与变形	
48	汉阳区龟山碎屑岩地貌	碎屑岩地貌	
49	武昌区蛇山碎屑岩地貌	碎屑岩地貌	
50	洪山区天兴洲心滩	河流	
51	江岸区武汉江滩	河流	
52	武汉龙王庙—南岸咀汉江与长江汇流	河流	
53	武昌区白沙洲心滩	河流	
54	洪山区东湖湖泊	湖泊	
55	洪山区南湖湖泊	湖泊	
56	洪山区中山路武汉民政学校岩溶地面塌陷	地面塌陷	
57	汉阳区米粮山不稳定斜坡	滑坡	

二、地质遗迹景观资源评价

（一）地质遗迹资源开发条件的评价内容

1. 地质遗迹资源所在地的区位条件

地质遗迹资源所在地的区位条件包括地理位置、当地经济发展水平、交通条件以及与周边旅游区的空间关系，是地质遗迹资源开发可行性和开发效益、开发规模和程度的重要外部条件，特定的区位条件可相应增加旅游的吸引力，决定旅游的可进入性和旅游资源开发的难易程度。

2. 客源条件

游客数量直接关系到地质遗迹资源开发后的经济效益,没有旅游者的开发是无效的开发,客源存在时空的变化。在时间上,客源的不均匀分布形成旅游的淡旺季,它与气候季节性变化有密切关系;在空间上,客源的分布半径及其密度也是影响客源的因素之一。

3. 融资环境

地质遗迹资源的开发,需要大量资金的支持,所以引进资金就成为开发地质遗迹经费筹集的重要手段。地质遗迹资源开发所在地的社会经济环境、经济发展战略,以及给予投资者优惠政策的程度,都会直接影响投资者的决策。只有既给开发者或开发区带来实惠,又能给投资者较大优惠空间、彼此双赢的地区政策,才能筹集和引进开发资金并实现可持续发展。

4. 开发的基础条件

地质遗迹资源开发的立项,与原有的基础设施条件的多少、好坏、分布有直接的关系。它关系到建设资金投入的数量、建设周期的长短、投入回报的期限。在一个集餐饮、住宿、交通、通讯、通水、通电等基础条件较好的地区开发和在一个基础条件一无所有的地区开发,所需要投入的时间和资金将会有相当大的差距。

(二)地质遗迹资源评价与等级划分

本次地质遗迹调查工作,共收集地质遗迹 57 余处,通过调查、综合评选、登录上表的地质遗迹共 21 处。应用层次分析法和本次综合建立的评价指标,指标权重和评价标准赋分,依次对这 21 处地质遗迹的 19 项指标赋分进行计算,计算总分为 100 分。其中资源价值 70 分,区位条件 10 分,环境条件 20 分。最后确定了本次 21 处地质遗迹的综合总分,其中最高总得分为 88.2 分,最低总得分为 41.8 分,超过 76 分的有 6 处。

参考地质遗迹调查标准分级标准(2014),并针对各处地质遗迹得分实际情况,本次对调查区内地质遗迹景观的分级为四级,各级划分标准见表 6-13。评价结果表明(表 6-14),在武汉都市发展区内新洲区阳逻电厂阳逻组化石木、汉阳区锅顶山坟头组汉阳鱼动物群、青山区天兴洲心滩、武汉龙王庙—南岸咀汉江与长江汇流、东湖新技术开发区东湖湖泊和江夏区梁子湖湖泊等 6 处被评为国家级,6 处被评为省级,其余均为省级以下(县市级)。

表 6-13 地质遗迹等级划分

级别	分级标准
Ⅰ级	世界(珍稀)地质遗迹得分≥90 分
Ⅱ级	国内少见(稀有)地质遗迹得分 76~89 分
Ⅲ级	省内少见(重要)地质遗迹得分 61~75 分
Ⅳ级	县(市)内少见(重要)地质遗迹得分≤60 分

表 6-14　武汉都市发展区地质遗迹景观资源点评价结果一览表

序号	名称	地质遗迹大类	地质遗迹类	地质遗迹亚类	资源价值（分）	区位条件（分）	环境条件（分）	总得分（分）	级别
1	青山区钢谷小区青山组风成砂层剖面	基础地质类	地层剖面	典型剖面	41.8	9.6	13.6	65.0	Ⅲ
2	新洲区阳逻港阳逻组地层剖面				45.4	10.0	18.8	74.2	Ⅲ
3	黄陂区寅田村玄武岩		岩石剖面	火山岩剖面	19.5	8.7	13.6	41.8	Ⅳ
4	新洲区陈咀村南华纪变质岩系		构造遗迹	断裂	24.8	9.2	15.5	49.5	Ⅳ
5	洪山区南望山构造剖面		构造剖面	褶皱与变形	21.7	8.7	13.6	44.0	Ⅳ
6	新洲区阳逻电厂阳逻组化石木		古植物	古植物化石产地	52.2	10.0	18.8	81.0	Ⅱ
7	东西湖区瓠子山黄家蹬组斜方薄皮木				33.2	9.2	14.2	56.6	Ⅳ
8	东湖新技术开发区铁箕山坟头组汉阳鱼动物群		古动物	古动物化石产地	31.4	9.2	14.8	55.4	Ⅳ
9	汉阳区锅顶山坟头组汉阳鱼动物群				50.4	10.0	16.0	76.4	Ⅱ
10	武汉经济技术开发区大军山向斜山地貌	地貌景观类	岩土体地貌	碎屑岩地貌	22.0	8.0	13.6	43.6	Ⅳ
11	汉阳区龟山石英砂岩向斜山				45.6	10.0	18.0	73.6	Ⅲ
12	武昌区蛇山石英砂岩向斜山				45.6	10.0	18.0	73.6	Ⅲ
13	江夏区八分山白云洞岩溶地貌			碳酸盐岩地貌	39.4	9.6	16.8	65.8	Ⅲ
14	青山区天兴洲心滩		水体地貌	河流	48.4	9.6	18.4	76.4	Ⅱ
15	江岸区武汉江滩				39.4	9.6	16.8	65.8	Ⅲ
16	龙家台蛇曲				35.4	9.2	13.4	58.0	Ⅳ
17	武汉龙王庙—南岸咀汉江与长江汇流				53.6	9.2	16.6	79.4	Ⅱ
18	东湖新技术开发区东湖湖泊			湖泊	58.2	10.0	20.0	88.2	Ⅱ
19	东湖新技术开发区汤逊湖湖泊				34.8	9.2	14.8	58.8	Ⅳ
20	江夏区梁子湖湖泊				48.6	9.6	18.8	77.0	Ⅱ
21	武汉经济技术开发区硃山滑坡	地质灾害类	地质灾害遗迹	滑坡	20.2	8.0	13.6	41.8	Ⅳ

(三)阳逻化石木地质遗迹评价

鉴于武汉阳逻化石木及其砾石层的重要科学意义以及目前令人堪忧的保存现状,在2013年的武汉市“两会”中,有人大代表和政协委员撰写了相关的议案和提案,建议将化石木群及产地列为武汉市重要的地质遗迹资源加以保护和开发利用。

武汉阳逻化石木为古植物地质遗迹,阳逻砾石层为区域性标准剖面地质遗迹,两者均具有突出的典型性、稀少性和深刻的自然性,具有较高的科学价值、美学价值和科普价值。与国内外化石木地质遗迹及地质遗迹公园相比,阳逻化石木地质遗迹的保护和利用显然没有像其他地方一样受到应有的重视,阳逻化石木的综合定量评价得分为81分,评价等级为Ⅱ级,属国内少见(稀有)地质遗迹。

1. 评价因子及权重

经过项目组反复研讨,并征求了有关专家的意见后确定阳逻化石木地质遗迹评价因子评价综合层权重为“三七”开的比例,即资源价值特征的权重为70%,环境因素和区位条件仅各占20%和10%。基于以上同样考虑相应也确定了其他层的权重(表6-15)。

表6-15　评价因子权重系数

<table>
<tr><th>评价综合层</th><th>权重</th><th>评价项目层</th><th>权重</th><th>评价因子层</th><th>权重</th></tr>
<tr><td rowspan="9">资源价值</td><td rowspan="9">0.7</td><td rowspan="2">观赏价值</td><td rowspan="2">0.25</td><td>优美度</td><td>0.12</td></tr>
<tr><td>稀有度</td><td>0.13</td></tr>
<tr><td rowspan="2">科学价值</td><td rowspan="2">0.25</td><td>典型性</td><td>0.13</td></tr>
<tr><td>自然性和完整性</td><td>0.12</td></tr>
<tr><td rowspan="2">遗迹规模</td><td rowspan="2">0.12</td><td>景观资源组合</td><td>0.04</td></tr>
<tr><td>环境容量</td><td>0.08</td></tr>
<tr><td rowspan="3">文化价值</td><td rowspan="3">0.08</td><td>历史文化</td><td>0.04</td></tr>
<tr><td>宗教文化</td><td>0.02</td></tr>
<tr><td>民族(民俗)文化</td><td>0.02</td></tr>
<tr><td rowspan="4">区位条件</td><td rowspan="4">0.1</td><td rowspan="2">客源条件</td><td rowspan="2">0.06</td><td>交通可及性</td><td>0.02</td></tr>
<tr><td>与客源地距离</td><td>0.04</td></tr>
<tr><td rowspan="2">与附近旅游地关系</td><td rowspan="2">0.04</td><td>与附近旅游地距离</td><td>0.02</td></tr>
<tr><td>与附近旅游地资源异同</td><td>0.02</td></tr>
<tr><td rowspan="6">环境条件</td><td rowspan="6">0.2</td><td rowspan="2">自然环境</td><td rowspan="2">0.10</td><td>自然生态</td><td>0.06</td></tr>
<tr><td>地质环境</td><td>0.04</td></tr>
<tr><td rowspan="2">社会环境</td><td rowspan="2">0.05</td><td>社会(政治)稳定度</td><td>0.03</td></tr>
<tr><td>科学文化与精神文明建设</td><td>0.02</td></tr>
<tr><td rowspan="2">经济环境</td><td rowspan="2">0.05</td><td>经济发展水平</td><td>0.03</td></tr>
<tr><td>基础设施完备程度</td><td>0.02</td></tr>
<tr><td>合计</td><td>1.0</td><td></td><td>1.0</td><td></td><td>1.0</td></tr>
</table>

2. 评价标准及赋分

参考了国家地质公园地质遗迹评价标准、地学旅游资源等评价标准以及湖北省地质遗迹资源评价标准，确定了各评价因子（指标）的评价标准（条件）及赋分值（表 6-16）。

表 6-16　评价因子（指标）赋分

评价因子（指标）	等级	赋分（分）	评价标准（条件）
优美度	1	12	具有极高的美学价值，世界自然遗产
	2	9.6	具有很高的美学价值，国家重点风景名胜
	3	7.2	具有较高的美学价值，省级重点风景名胜
	4	4.8	具有一般的美学价值，县市级风景名胜
	5	<4.8	不具美学价值
稀有度	1	13	世界唯一或罕见的
	2	10.4	国内唯一或罕见的
	3	7.8	省内唯一或罕见的
	4	5.2	县（市）唯一或罕见的
	5	<5.2	县（市）常见的
典型性	1	13	类型、内容具国际对比意义（标准和典型示范）
	2	10.4	类型、内容具全国对比意义（标准和典型示范）
	3	7.8	类型、内容具全省对比意义（标准和典型示范）
	4	5.2	类型、内容具县（市）对比意义
	5	<5.2	不具任何对比意义
自然性和完整性	1	12	保持自然状态，未受到任何破坏
	2	9.6	基本保持自然状态，受到的破坏影响程度很低
	3	7.2	受到一定程度的人为破坏，但经整理可以恢复原有面貌
	4	4.8	受到比较明显的人为破坏，但经整理，仍有保护价值
	5	<4.8	人为破坏极为严重，已无保护价值
景观资源组合	1	4	景观资源十分集中，布局合理
	2	3.2	景观资源集中，布局合理
	3	2.4	景观资源比较集中，布局比较合理
	4	1.6	景观资源比较分散，但布局较合理
	5	<1.6	景观资源单调，布局分散
环境容量	1	8	环境容量极大，（日容量>10 000 人次）
	2	6.4	环境容量很大，（日容量>5000 人次）
	3	4.8	环境容量大，（日容量>1000 人次）
	4	3.2	环境容量较大，（日容量>500 人次）
	5	<3.2	环境容量小

续表 6-16

评价因子(指标)	等级	赋分(分)	评价标准(条件)
文化价值	1	8	历史文化极厚重,为世界文化遗产
	2	6.4	历史文化很厚重,为国家重点文物保护单位
	3	4.8	历史文化厚重,为省文物保护单位
	4	3.2	历史文化较厚重,为县(市)文物保护单位
	5	＜3.2	历史文化价值不高
宗教文化	1	2	国家重点宗教活动场所或发源地(民政机构批准的)
	2	1.6	国家一般宗教活动场所(民政机构批准的)
	3	1.2	省内有影响的宗教活动场所(民政机构批准的)
	4	0.8	县(市)有影响的宗教活动场所(民政机构批准的)
	5	＜0.8	无宗教活动场所
民族(民俗)文化	1	2	历史很悠久、特色鲜明,影响很深远(世界非物质文化遗产)
	2	1.6	历史悠久、特色鲜明(国家非物质文化遗产)
	3	1.2	历史悠久、特色较鲜明,省内影响较大
	4	0.8	地方特色较浓郁,在当地具有一定影响
	5	＜0.8	无影响力
交通可及性	1	2	海、陆、空交通立体贯通方便
	2	1.6	海、陆或陆、空交通贯通方便
	3	1.2	陆路交通高速贯通
	4	0.8	陆路交通贯通
	5	＜0.8	交通不便
与客源地距离	1	4	＜100km(便于1日游)
	2	3.2	100～200km(便于双休游)
	3	2.4	200～300km(便于双休游)
	4	1.6	300～500km(假日游)
	5	＜1.6	＞500km
与周边旅游地距离	1	2	＜100km
	2	1.6	100～200km
	3	1.2	200～300km
	4	0.8	300～500km
	5	＜0.8	＞500km
与周边旅游地资源异同	1	2	差异非常大
	2	1.6	差异很大
	3	1.2	差异较大
	4	0.8	差异不明显
	5	＜0.8	基本类同

续表 6-16

评价因子(指标)	等级	赋分(分)	评价标准(条件)
生态环境	1	6	非常优雅
	2	4.8	很优雅
	3	3.6	较优雅
	4	2.4	一般
	5	<2.4	恶劣
地质环境	1	4	很稳定、安全
	2	3.2	稳定、安全
	3	2.4	较稳定、安全基本有保证
	4	1.6	地质灾害有时发生,治理难度较大
	5	<1.6	地质灾害频发,治理难度大
政治稳定性	1	3	非常稳定,和谐
	2	2.4	很稳定,和谐
	3	1.8	较稳定,和谐、无重大不安定因素
	4	1.2	时有不安定事件发生,但可控制
	5	<1.2	不稳定,无政府行为严重
科学文化与精神文明建设	1	2	科学文化很发达,居民文明素质高,文明礼尚
	2	1.6	科学文化发达,文明建设居民素质不断提高
	3	1.2	科学文化比较发达,居民素质较高
	4	0.8	科学文化落后,精神文明建设有待加强
	5	<0.8	科学文化落后,封建愚昧思想严重
经济发展水平	1	3	经济很发达
	2	2.4	经济较发达
	3	1.8	经济发展水平一般
	4	1.2	经济发展水平较低
	5	<1.2	经济落后
基础设施完备程度	1	2	非常齐备
	2	1.6	很齐备
	3	1.2	较齐备
	4	0.8	一般
	5	<0.8	尚未建设

3. 评价等级划分

参考中国国家地质公园评审标准和地学旅游资源的分级标准办法,将评价等级划分为五级,各级划分标准如下。

一级:世界(珍稀)地质遗迹得分≥90 分。

二级：国内少见（稀有）地质遗迹得分 76～89 分。

三级：省内少见（重要）地质遗迹得分 61～75 分。

四级：县（市）内少见（重要）地质遗迹得分 45～60 分。

五级：一般地质遗迹＜45 分。

4. 综合定量评价

经过项目组的认真研讨和专家征询，依据前面确定的定量综合评价指标因子及其权重，给出阳逻化石木及砾石层的综合评价得分为 81 分（表 6-17）。按照评价等级划分标准，阳逻化石木地质遗迹评价等级为二级，属国内少见（稀有）地质遗迹。

表 6-17　阳逻化石木地质遗迹综合定量评价得分

评价综合层	得分（分）	评价项目层	得分（分）	评价因子层	得分（分）
资源价值	52.2	观赏价值	17.6	优美度	7.2
				稀有度	10.4
		科学价值	20.2	典型性	13
				自然性和完整性	7.2
		遗迹规模	8	景观资源组合	1.6
				环境容量	6.4
		文化价值	6.4	历史文化	6.4
				宗教文化	0
				民族（民俗）文化	0
区位条件	10	客源条件	6	交通可及性	2
				与客源地距离	4
		与附近旅游地关系	4	与附近旅游地距离	2
				与附近旅游地资源异同	2
环境条件	18.8	自然环境	8.8	自然生态	4.8
				地质环境	4
		社会环境	5	社会（政治）稳定度	3
				科学文化与精神文明建设	2
		经济环境	5	经济发展水平	3
				基础设施完备程度	2
合计	81		81		81

建议科普工作从增设阳逻化石木的展出窗口、完善阳逻化石木科普内容和形式、支持阳逻化石木的科研工作和建设阳逻化石木地质遗迹公园 4 个方面重点加强。

第三节　矿产资源

一、矿产资源的成矿条件优劣

（一）冶金用石英砂岩

冶金用石英砂岩规模开采仅江夏区八分山一处，但从行业标准（DZ/T 0207—2002）工业指标来看，玻璃用石英砂岩各项指标（如 SiO_2、Al_2O_3、Fe_2O_3）多优于熔剂用石英砂岩一般工业指标，也鉴于八分山亦为玻璃用石英砂岩的主要产地，因此本次将冶金用石英砂岩与玻璃用石英砂岩成矿条件作整体分析。调查区内冶金用石英砂岩与玻璃用石英砂岩主要开采地有武汉经济技术开发区大军山和江夏区长山、八分山等，现均已停采。原八分山冶金用石英岩开采矿区（位于江夏青龙山风景区内）已于 2004 年停采，其他地区目前尚未发现有利开采地段。

调查区内玻璃与冶金用石英砂岩矿主要产出层位为上泥盆统云台观组，形成于晚泥盆世早期。此套地层受后期构造变形和风化作用影响，在区内呈串珠状展布，云台观组在调查区以灰白色石英砂岩出现，与下伏下志留统坟头组页岩呈平行不整合接触关系，底部常见石英质砾岩（底砾岩），两者接触界线上常有古风化壳，以中—薄层石英砂岩出现，页岩、砂质页岩的出现为其与上覆黄家蹬组的分界，两者为整合接触。

由于不同工业类型矿产对矿石质量要求不同，调查区内石英砂岩矿根据工业用途的不同主要可分为建筑用石英砂岩、玻璃用石英砂岩和冶金用石英砂岩等 3 种，其中后两者质量一般优于前者。玻璃用石英砂岩和冶金用石英砂岩主要分布于武汉经济技术开发区大军山和江夏区长山、八分山等地区，总体分布于调查区南部。

调查区石英砂岩矿工作程度总体较低，以简测为主，少有物化探方面的资料。从矿产工业类型的空间分布来看，玻璃用石英砂岩往往分布于调查区南部，总体沿大军山向斜展布。在地层剖面测制和野外路线调查过程中采集的石英砂岩矿石样品测试数据显示，调查区南侧千子山、长岭山、大军山、长山和奓山一带相较于北侧，矿石质量普遍较好，具备作为玻璃用石英砂岩开采的潜力。

综上所述，本次调查认为调查区千子山、大军山、八分山、长山一线，晚泥盆世早期整体处于前滨环境，成矿地质条件较好，向北和向东则为前滨—后滨过渡带，成矿地质条件相对较差，受后期印支期近东西向构造控制，总体受大军山向斜控制。因此，此段为调查区找寻玻璃用石英砂岩和冶金用石英砂岩的有利地段。

（二）熔剂用灰岩与建筑石料用灰岩

熔剂用灰岩为调查区优先保留开采矿种，为武钢钢铁冶炼提供了主体性的冶金用辅料。建筑石料用灰岩在洪山区、东湖新技术开发区、蔡甸区和江夏区均有分布，根据城市矿产规划要求，洪山区与蔡甸区已全面禁采。

调查区内熔剂用灰岩与建筑石料用灰岩主要产出层位为石炭系黄龙组、二叠系栖霞组。石炭系黄龙组主要分布于江夏区乌龙泉一带，在洪山区团山一带也有少量分布，出露范围十分局限，为整合于大埔组之上、船山组之下的一套碳酸盐岩地层。二叠系栖霞组分布范围相对广泛，主要分布于洪山区—东湖新技术开发区喻家山—马鞍山—宝盖峰一带、江夏区乌龙泉一带以及蔡甸区双丰村—钱家岭一带等，以碳质页岩的消失或瘤状生物屑灰岩的出现为分界标志与下伏地层梁山组呈整合接触关系，以灰色厚层状生物屑灰岩的消失或碳硅质岩的出现为分界标志与上覆地层孤峰组呈整合接触关系。地层展布方向整体均为近东西向。

从早石炭世—中二叠世，调查区地层间以平行不整合或整合接触为主，显示此期间内调查区内构造运动以垂直运动为主，至中晚三叠世之交发生的印支运动，形成了区内近东西向展布的褶皱，控制了区内主要碳酸盐岩地层（黄龙组与栖霞组）的展布。从调查区地层分布位置来看，黄龙组江夏区乌龙泉一带受控于大军山向斜，洪山区团山一带受控于丰荷山向斜，栖霞组洪山区—东湖新技术开发区喻家山—马鞍山—宝盖峰一带受控于大桥向斜，蔡甸区双丰村—钱家岭一带受控于沌口向斜。调查区内已发现熔剂用灰岩与建筑石料用灰岩均分布于江夏区乌龙泉，熔剂用灰岩主要开采层位为黄龙组，建筑石料用灰岩主要开采层位为栖霞组和茅口组。

综上所述，本次调查认为调查区内熔剂用灰岩主要产出层位为黄龙组，其出露范围极为局限，主要出露于江夏区乌龙泉一带，洪山区团山有少量分布，后者位于外环线以内，禁止开采。因此，调查区内熔剂用灰岩主要找矿有利地段为江夏区乌龙泉一带，外围找矿应向江夏南侧找寻，北部找矿潜力不大；同时由于武汉江夏区向黄石方向黄龙组灰岩中燧石结核或条带有增多趋势，外围西南侧矿石质量可能优于东南侧。调查区建筑石料用灰岩主要产出层位为栖霞组，茅口组仅在乌龙泉一带，从其出露范围来看，栖霞组在洪山区、东湖新技术开发区、蔡甸区和江夏区均有出露，但洪山区、东湖新技术开发区和蔡甸区均禁止开采，仅江夏区栖霞组灰岩具有开发前景，从地层厚度变化趋势来看，调查区外江夏区南侧为找矿有利地段。

（三）冶金用白云岩

冶金用白云岩为调查区优先保留开采矿种，为武钢钢铁冶炼提供了主体性的冶金用辅料。冶金用白云岩仅分布于江夏区冯陈岭—乌龙泉一带。

调查区内冶金用白云岩主要产出层位为上石炭统大埔组，主要岩性为浅灰色、灰色厚层状白云岩、角砾岩、生物屑微晶白云岩、泥晶白云岩。以碎屑岩的消失，白云岩、角砾岩的出现为分界标志，与下伏地层和州组呈平行不整合接触关系，以厚层块状白云岩的消失或灰岩出现为标志与黄龙组呈整合接触关系。

由于1984年以后才从黄龙组中将下部的白云岩划归为大埔组，且调查区内此地层分布范围极为有限，故关于大埔组的相关资料较为欠缺。根据已有资料显示大埔组与黄龙组从区域分布上存在明显的规律性，西部松滋至巴东沿长江以南地区，可见大埔组与黄龙组的明显岩性分界，大埔组上部以灰岩、含生物碎屑灰岩为特征，仅在弓剑崖附近未见黄龙组灰岩，东部长江以北地区，仅在南漳县银马山一带及京山地区能划出两套地层组合，而南漳大部、远安、保康、荆门以及钟祥等地，则全部以灰岩为主。结合前述，黄龙组灰岩普遍超覆于泥盆系和前泥盆系之上，如在南漳、荆门一带与下伏云台观组或纱帽组呈平行不整合接触。本次研究认为调查区内江夏区青龙山—八分山一带以北可能存在大埔组减薄或缺失的情况。

综上所述，本次调查认为冶金用白云岩主要产出层位为大埔组，其出露范围仅限于江夏区，区域上大埔组与黄龙组的空间分布规律显示调查区北部可能存在大埔组的减薄或缺失；从晚石炭世构造古地理图及赋矿地层空间展布情况来看，认为找矿有利地段为江夏区乌龙泉一带及南侧，含矿层位应主要呈近东西向展布，调查区北侧找矿前景不大。

二、成矿远景区圈定

受武汉市矿产规划制约，调查区内正在利用或存在开发潜力的矿产类型主要有冶金用白云岩、熔剂用灰岩、建筑石料用灰岩和冶金用石英砂岩等。根据上述资源分布特点、区域成矿地质条件优劣以及经济、地理、交通等因素，将调查区划分为3个找矿远景区。

在划分远景区时，除考虑上述因素外，兼顾城市的规划及环境保护问题。那些因矿山开采会导致城市风景区、环境等受到严重危害的地段，不划为远景区。

（一）划分原则

成矿远景区反映某一成矿区带内特定空间内的区域矿产资源潜力的大小。圈定成矿远景区共同遵循的准则如下。

1. 最小风险最大含矿率准则

它是对提交的预测成果来说的，即圈定的找矿靶区要在最小漏失隐伏矿床的前提下，以最小面积圈定找矿靶区的空间位置。在调查评价过程中所圈出的成矿远景区不能太大，也不能太小。太大，单位面积含矿优选法降低，矿产勘查工作的目标不集中；太小，虽然含矿率提高，但造成漏矿的机会太多。只有在充分分析调查评价区的各种资料以后，综合各类资料中包含的有效成矿信息，确定成矿远景边界的最佳空间位置，求得含矿率和有效找矿面积的统一。

2. 优化评价准则

由于各类资料中包含的成矿信息具有一定的随机性和模糊性，其预测成果是在不确定条件下做出的带有某种风险的决策，但地质找矿工作则要求提交确定性的成果。为使两者统一，对圈定的成矿远景区需作可靠性评价，通常称优化评价。

优化评价过程中预测人员要根据对成矿规律和成矿控制因素的认识，有意识地干预模型的构成，对模型作有利成矿的定向转换，抑制某些成矿意义不明显或干扰较强的信息，对有利成矿信息进行强化和浓缩，提高圈定的成矿远景区的可靠性。

3. 综合评价准则

它包含了矿床自身的综合评价和矿产勘查的综合方法的使用。矿床自身的综合评价包括对共生矿床的共生异体、伴生元素，可能出现的新矿种、新类型作出评价；矿产勘查的综合方法包括调查评价中使用有效的地质、物探、化探、遥感方法和评价工作中使用地质、物探、化探、遥感信息对现在还没有发现将来可能发现的矿床作出预测。

4. 以地质成矿信息为主准则

调查评价工作要求圈定成矿远景区，其边界需要按地质矿产认识展示的信息确定远景区边界的空间位置。当多种成矿信息浓集在同一空间叠加在一起时，远景区的边界较为容易确定；当成矿信息叠合较差，在同一空间位置上，有些成矿信息叠合在一起，另一些信息叠合在另一空间位置上，呈分散状态分布在不同空间上，在这种情况下，成矿远景区边界的确定应以地质成矿信息为主，综合其他成矿信息确定成矿远景区边界的空间位置。

（二）找矿远景区分述

1. 牛尾山-大军山-夜泊山冶金用石英砂岩找矿远景区（Ⅰ区）

该远景区跨及江夏区和武汉经济技术开发区，平面上为一长条形，呈近东西向展布，面积约为59.25km^2。该区主要出露地层为下志留统坟头组和上泥盆统云台观组，区内分布有16处矿床，包括14

处建筑用石英砂岩矿和2处玻璃用石英砂岩矿。

从调查区云台观组岩石组合特征和厚度来看，岩石组合在横向上较稳定，但厚度变化大，石英砂岩厚度及下部含砾石英砂岩总体表现为由东向西、由北向南厚度变薄、砾径变小。底部河流相砾石层向南东东黄石一带厚度明显增厚，向西变薄至消失；中-上部由东向西粉砂质、泥质成分增多。区域上总体显示由东南向西北、古地理环境从河流相向滨岸相变迁的趋势。从矿产工业类型的空间分布来看，玻璃用石英砂岩往往分布于调查区南部，呈近东西向展布，总体由大军山向斜控制。在地层剖面测制和野外路线调查过程中采集的石英砂岩矿石样品测试数据显示，调查区南侧千子山、大军山、长山和爹山一带相较于北侧，矿石质量普遍较好，具备作为玻璃用石英砂岩与冶金用石英砂岩开采的潜力。

综上所述，牛尾山-大军山-夜泊山找矿远景区为调查区找寻玻璃用石英砂岩和冶金用石英砂岩的有利地段。

2. 铁锦山-鸽子山-象鼻山冶金用白云岩、熔剂用灰岩与建筑用灰岩找矿远景区（Ⅱ区）

该远景区位于江夏区中部，分布于乌龙泉一带以北，青龙山风景区以南，平面上为一长条形，呈近东西向展布，面积为7.30km^2。该区主要出露地层为下石炭统高骊山组至中二叠统栖霞组，区内分布有5处矿床，包括4处建筑石料用灰岩矿和1处冶金用白云岩矿。

根据武汉市矿产规划要求，在武汉外环线以内全面禁止开采各类固体矿产，全面禁止其他各类破坏城市水域、表土与植被，威胁正常生产和安全生活等性质的矿产资源开发利用活动。

鉴于上述认识，本次认为铁锦山-鸽子山-象鼻山找矿远景区从地层分布上来看，南侧为云台观组与高骊山组界线，北侧为栖霞组与孤峰组界线，大埔组、黄龙组、栖霞组等主要含矿层位露头在本区呈近东西向零星展布，结合已开采矿床矿石质量的分析，本区为找寻冶金用白云岩、熔剂用灰岩与建筑用灰岩的有利地段。

3. 乌龙山-公钟山-古龙山冶金用白云岩、熔剂用灰岩与建筑用灰岩找矿远景区（Ⅲ区）

该远景区位于江夏区中南部，分布于乌龙泉一带，平面上为一长条形，呈近东西向展布，面积为44.71km^2，涵盖了调查区外部分区域。该区出露地层为下志留统坟头组至下二叠统孤峰组，主要出露地层为下中石炭统大埔组至中二叠统栖霞组，区内分布有26处矿床，其中包括煤矿2处，冶金用白云岩矿1处，水泥用灰岩矿8处，建筑用灰岩矿15处。

乌龙山-公钟山-古龙山找矿远景区及调查区外南侧为冶金用白云岩、熔剂用灰岩与建筑用灰岩等的找矿有利地段。

第四节　地质资源保护

对一座城市来说，地质资源是有限的自然资源，是城市可持续发展战略得以实现的物质基础，因而城市的建设发展需要保持包括地质资源在内的自然资源的存量稳定和有效利用。目前城市越来越多地面临着人口、资源和环境的制约，保护地质资源越来越重要。

城市地质资源是城市持续发展不可或缺的重要资源。作为公共资源的城市地质资源，存在着使用效率较低的问题，而且由于资源消耗的长期性和缓变性，地质资源的经济价值被低估。城市政府需要在资源市场、公众教育和制度规范等方面有所突破，从而提高城市地质资源的使用效率，保障城市可持续发展。

一、地质资源保护层次分类

如果从用户使用层次的角度，我们可以将地质资源的使用进一步细分为国家战略层次、地区层次和地点层次3种类型。

在国家战略层次，地质信息主要集中于总体国家规划战略论证、资源分布普查与利用评估、国家环境监控等方面，具有强烈的宏观性和公证性。

在地区层次，地质信息具有局部公共性和宏观性的特点，为区域的土地利用和环境保护提供信息。在全球城市竞争的时代，基于公共责任和公民参与的城市管理理念推动了公共政府部门的改革，这种管理理念将场所视为公共产品，将市民视为选择和接受服务的顾客。随着人们生活理念的改变和城市压力的增加，地区层次的环境管理能力和环境质量成为城市政府竞争的重要组成部分，地区层次的地质信息因此也成为城市可持续发展的重要基础性信息，城市地质工作也成为城市发展战略安排的一部分。随着城市开发深度和广度的变化，城市对地质信息的经济程度有了更高的要求，提供“无缝化”数据服务将是城市地质工作的发展趋势。

在地点层次，地质信息具有专业技术商品的性质，为用户度身定做主题图件或者专题数据，这包括土木工程的技术参数、土地质量的评估指标、居民生活的环境测评等，这一部分的信息需求一部分是由政府出于公共利益考虑强制推行的制度法令推动的，还有一部分则是开发商提升品牌形象和设计品味的策略需要，或者是由拥有环境意识和专业背景的社会公众自发保护环境提高生活质量而推动的。因此，在探讨公共性地质资源有效利用的同时，部分地质信息的市场化也是提高效率的一种可以尝试的做法。

二、水资源管理与保护

1. 加强水资源保护管理体制建设

水资源保护存在的共性问题是管理上的无序状态。要解决好水资源保护问题的一项重大措施就是强化统一管理，使管理工作纳入科学的、以国家利益为前提的统一管理轨道。为此建议：第一，以流域为单元的水资源保护机构建设，并赋予其行政监督和管理职能，负责本流域水资源保护工作的组织协调、规划计划与监督管理，在流域决策体制下，对全流域的水污染进行宏观调控与治理；第二，建立流域与区域结合、管理与保护统一的水资源保护工作体系。建立流域与区域，资源保护与污染防治，上游与下游分工明确、责任到位、统一协调、管理有序的水资源保护机制。流域水资源保护机构负责组织编制流域水资源保护规划，组织水功能区划分，审定水域纳污能力，制定污染物排放总量控制方案，对流域内各省区污染物排放的总量控制实行监督。

2. 完善水资源保护政策法规体系

健全法制、依法治水是水资源保护工作的基本依据和保证。虽然国家已颁布的《环境保护法》《水法》《水污染防治法》《水土保持法》《河道管理条例》和《取水许可制度实施办法》等对水资源保护起到了一定的作用，但是许多水污染和水环境问题与政策不完善及执法不严有关。因此，要修改和完善政策法规制度，除以法律形式明确水行政主管部门在水资源保护工作中的地位、责任和权利外，还应确定以流域污染物排放总量控制为核心，地方政府分工负责，流域水资源保护机构实行监督的水资源保护机制。

3. 把市场经济机制引入到水资源保护工作中来

水资源是国有自然资源，水资源对使用者来说是商品，应当有偿使用。因此，在观念上要有大的转变，要改变现有的计划经济下城市低价用水、农村无偿用水的旧体制。要利用市场化、商品化机制调节水价。使用者要合理地缴纳水资源费，包括供水投入的成本费、排放污水治理成本费等。水价要分类管理、分类计算，使用户对水资源的利用承担合理的经济责任。要利用经济杠杆激励水资源的节约利用，发挥其最大的社会、经济效益。具体有以下几点：①合理运用价格机制，提高水资源费。价格改革是市场发育和经济体制改革的关键，过去水资源被视为无价且“取之不尽，用之不竭”，结果水工程年久失修以致无自我维持之力，水环境破坏以致生态失衡，还造成了水资源的大量浪费。当前应通过推行“取水许可”和征收“水资源费”制度，逐步把过去被扭曲了的价格扶正过来，适当提高水资源费价格，并利用水资源费植树造林，涵养水源，以促进生态环境良性循环。②合理运用供求机制，调整水的各项费用。在我国多数地方，特别是供水水源地污染严重的地区，存在着水资源供求关系紧张的状况，所以应调整水的各项费用，实行“核定限额，超额加征”制度。在供水紧张的情况下，对企事业单位和居民个人都要核定用水、排污定额，在此定额以内按国家价格征收水费、水资源费和排污费，超额部分加价收取水费、水资源费和排污费，这样可以鼓励节约用水，减少浪费，减少排污，有利于保护水资源，有利于改善水环境。③合理运用竞争机制，促进节水减污技术发展。治理水环境是一个复杂的系统工作，虽然经济杠杆是主要的手段之一，但还要辅以技术手段和行政手段，采用先进的技术降低成本，减少排污，包括废污水中污染物的回收、废污水资源化和建立生态农业等。通过技术发展促进竞争，通过竞争带动技术发展。另外，国家还应通过贷款与财政援助等途径，鼓励各行各业进行污染治理，促进水资源保护事业健康发展。

4. 加强水资源保护能力建设

加大水资源保护的投资力度，是加强水资源保护能力的建设，增强管理水资源综合能力的重要保障。为此，各级政府应增加资金投入，加强水资源保护机构的能力建设，在逐步完善常规水质监测的基础上，大力提高水环境监测系统的机动能力、快速反应能力和自动测报能力。建立基于公用数据交换系统和卫星通讯的水质信息网络，增强对突发性水污染事故预警、预报和防范能力。装备用于水生生物、痕量元素和有毒有害物测试的先进仪器设备，不断提高监测水平和能力。进一步做好对从事水资源保护工作的管理和技术人员的岗位培训，提高水资源保护队伍的整体素质。

三、浅层地热能资源管理与保护

1. 健全法规体系，理顺管理体制

必须从法规和体制上着手，明确地下水行政主管部门和地质环境部门的职责，再下功夫，为浅层地热能资源管理提供有力支持，使本区浅层地热能资源开发管理工作进入规范化轨道。

2. 完善浅层地热能资源开发利用审批制度

以区域浅层地热能资源可开采量为控制目标，指导浅层地热能资源的开采选址、层位和开采量的确定。特别对浅层地热能资源缺乏地区应进行浅层地热能资源目标优化，最大限度地发挥浅层地热能资源功能，保证浅层地热能资源的可持续利用。

3. 确立浅层地热能资源管理重点——城市

开发浅层地热能资源技术与经济发展缺一不可。湖北省就农村而言，建筑分散，规模不大，暂不会

构成浅层地热能资源管理中的重点。应尽快确立城市浅层地热能资源管理重点，建立浅层地热能资源监测网络，建设浅层地热能资源地与开采井档案及数据库，以满足城镇越来越高的浅层地热能资源需求。

4. 因地制宜，合理开发

武汉市发展浅层地热能，不论是开采潜水，还是开发下层承压水引起对浅层潜水的越流袭夺，都有利于浅层潜水和河湖渠网系水位的降低，对改造冷浸田将起积极作用。在江汉平原大力推广浅层地热能有事半功倍的效果。浅层地热能资源利用涉及大量水源工程、地热热泵的制冷和采暖工程。项目涉及政府机关、酒店大厦、休闲娱乐、居民住宅诸多领域，城市建筑密集区必需合理布局，积极制定《武汉市浅层地热能资源开发利用条例》，有序开采。

四、地下空间资源的管理与保护

随着城市的快速发展，各大城市特别是中心城区地面和地上空间开发利用逐渐饱和，无法满足城市发展的进一步需求，城市地下空间的开发利用已成为世界性的发展趋势。合理的城市地下空间开发利用能够缓解城市空间发展的突出矛盾与问题，增强城市的总体防灾减灾能力，节约城市能耗，提高城市环境质量，是实施城市可持续发展的重要途径。

然而受人们认识上的局限性及现今社会经济、应用技术发展所达到的高度所限，人们对地下空间的资源性、不可逆性及珍贵性认识不足，对其具体的利用方式缺乏预见，在现有工程建设中，对岩土体欲取欲舍，率性而为，从规划到勘察、设计、施工都不同程度地影响了地下空间岩土体的质量，并最终造成了地下空间资源的浪费与破坏。随着社会经济、科技及应用技术的发展，利用地下空间的方式、方法及可利用的范围必将拓展和扩大，在现有的较低工程建设水平的基础上有效地保护地下资源质量与数量是当代岩土工作者的责任之一，也是维护城市生命力、实施城市可持续发展的重要途径。

1. 利用已有资料，多方配合服务城市规划建设

勘探企业应积极配合规划、地调等相关单位做好地下资源调查分类、城市用地规划。

武汉市地质勘探资料广泛、丰富，运用这些地质资料可以相当精确地掌握该地区工程建设层和基岩岩性、结构、空间分布规律，建立三维地质结构模型，提取地质信息，进行工程地质区划，并直接服务于城市规划和建设，为地质环境的改善和优质地质资源的合理利用创造条件。

2. 勘察设计应为建设单位当好参谋

勘察工作者提供的勘探资料应能准确反映场地的地层结构及强度指标，并根据土质情况，建议合适的基础方案；当上部建筑物布置与场地地质情况相左，在不影响项目总体规划及使用要求的前提下，应建议建设单位、设计单位对部分建筑物位置进行调整，并报规划部门批准，使合适的建筑物建在合适的位置。设计人员在确保建筑安全使用的基础上，应用足岩土体自身的承载能力，尽量减少桩基的使用，尽量采用天然地基或使用短桩基础。在基础方案的选择和调整中既要考虑到投资方的利益追求，还要最大限度地保持地下土体、空间资源的原有状态，在自己力所能及的范围内，尽量做好城市建设与地质环境保护工作。

3. 城市规划力求最大程度地顺应自然

在今后的城市地下空间开发利用规划中，应尽快制定地下空间建设规划的土地使用性质分类、土地

使用强度与容量控制、建筑布局控制等规划技术指标，并注意研究地下空间竖向分层问题、土地利用限制性措施、相关建设及环境管理控制措施等，便于政府的宏观调控和管理。

大城市、现代化城市的建设发展，离不开大型、高层超高层城市标志性建筑物的建设，受城市发展历史、城市文化命脉的影响，城市建设不可避免地构筑于不良地质体上，如合肥市老城区，利用各种手段改善土质及桩基的使用均不可避免。如何协调好城市建设与地质环境保护两者之间的关系，做到鱼与熊掌兼得，规划部门应充分发挥自己的作用，根据城市的发展方向、城市布局，合理规划及调控这些重点建筑物的位置、走向，为各开发小区设置合适的容积率，并积极快速地配合建设单位，做好规划调整。对规划的正确态度是力求最大程度地顺应自然，按自然规律办事，使环境资源效用达到最大化。

五、地质景观资源的管理与保护

1. 积极建设国家地质公园

通过我国地质公园建设的实践可以看出，地质公园建设有利于地质遗迹和生态环境的保护。例如庐山世界地质公园的建立，极大地促进了庐山珍贵的花岗岩等地质遗迹和生态环境的保护，当地政府和居民越来越认识到保护地质遗迹和适宜生存的生态环境的重要性，他们禁止任何人滥砍林木。因此，研究区域应积极建设国家地质公园，并在建设发展过程中始终坚持"保护第一，在开发中优先保护"的原则，真正通过国家地质公园品牌效应来更好地保护资源和环境。

2. 科学规划地质公园

目前，各家地质公园规划基本都是以国土资源部发布的《国家地质公园总体规划文本编制提纲》和《说明书编写提纲》为依据，但大都出于总公园总体规划的层次，很少有详细的规划，即使有也大多是参照城市详细规划而进行的，缺少地质公园性质的详规。因此，必须有专门的地质公园规划机构负责，这需要多方面的人才共同完成。我国虽已于 2002 年成立了"国家地质公园研究规划中心"，挂靠在中国地质科学院的地质力学所，但是由于机构成立的时间较短，而地质公园规划要求多学科包括地质、规划、地理、旅游等各种专业人员共同参与才能完成，规划水平还有待提高。

3. 建立完善的管理机制

有的地质公园既是自然保护区，又是森林公园、风景名胜区等多种类型的属地关系，如果不协调好各个景区的关系，就非常容易出现各自为政、多家管理的现象，对地质遗迹和生态环境的保护不利。为了避免出现以上现象，应建立统一的管理机构，建议国土资源部（现为自然资源部）设立地质公园管理局，地方政府设立公园管理处，完善管理体制。规划栖霞国家地质公园，拟设公园管理委员会，并下设办公室、规划建设科和地质遗迹保护科 3 个部门，负责公园的保护和建设事务。

六、矿产资源的管理与保护

1. 加强对矿产资源开发人员环保意识的社会引领

矿产资源开发技术生态化需要社会舆论的导引。首先要大力宣传环保理念，使矿产资源开发人员认识到矿产资源开发与环境保护协调发展的重要意义。森林、土地、水源等在自然环境系统中起着极其重要的生态平衡作用，与人的生存和发展息息相关。

2. 完善矿产资源开发技术生态化的政策支撑体系

政府制定实施有效的经济政策对推动矿产资源开发中的环境保护具有很大的激励作用。加强政府政策引导,制定科学有效的政策,引导矿产资源开发实现技术生态化。充分发挥财政、税收政策的调节作用,促进资源再生和回收利用。政府可以设立一些具体的奖励政策和制度,重视和支持那些具有基础性和创新性,并对矿产资源开发有实用价值的矿产资源开发利用的新工艺、新方法,通过减少资源消耗和排放来实现对污染的防治。

第七章　地质灾害与城市安全

第一节　概　述

地质灾害，指自然或者人为因素的作用下形成的、对人类生命财产和环境造成破坏和损失的地质作用或现象。其内涵包括两个方面，即致灾的动力条件和灾害事件的后果。产生地质灾害的地质作用包括内动力地质作用、外动力地质作用和人为地质作用。只有对人类生命财产和生存环境产生影响或破坏的地质事件才是地质灾害，否则只能称之为灾变。因此，广义的环境地质问题是包含地质灾害的。

人为地质作用作为一种特殊的外动力地质作用，它以某一种固有的方式长期、持久地作用于自身赖以生存的地质环境，已成为地质环境动态变化中不可忽视的重要外因。随着城市化的发展，城市由平面转向立体空间开发，城市对地质环境的影响与日俱增，加之科技进步，人类改造自然的能力不断增大。当人类活动引起的地质作用强度超过地质环境的自然调节能力时，必然诱发地质灾害。作为经济相对发达的武汉都市发展区，人类活动相对较强，主要表现在城市化进程加快、立体交通线路成网、矿山比比皆是、地下水资源过量开采、工业“三废”总量排放增加、农药化肥施用加大等各个方面，其作用方式主要表现为地面加载、坡脚开挖、切坡、地下采空、地下水超采、污染物排放等。人类工程活动有可能诱发地质灾害，可归结为以下 3 个主要方面：

(1)中华人民共和国成立后，尤其是改革开放后，武汉市经济建设步伐不断加快，2006 年末城区建成区面积已达 222km^2，根据《武汉市城市总体规划(1996—2020 年)》，三环线以内的 850km^2 范围为主城区，以外环高速公路为基本界线确立的城市规划区面积达 3086km^2，形成以主城区为核心，圈层式向外扩展的城市建设格局。现阶段京广高速客运铁路及武汉火车站、阳逻、天兴洲、二七长江大桥、鹦鹉洲、沌口长江大桥、过江隧道、汉江特大桥、地铁、四环线、武汉新区、市区至周边城市的快速出口公路等一批大型建设项目业已建成或正在投入建设，城市建设如火如荼，城市面貌日新月异。在低山丘陵地带，道路、水利水电设施、旅游景区、工业建筑、民用建筑等工程建设开挖边坡，局部出现高陡边坡，若不采取防治措施，易引发滑坡、崩塌等地质灾害。

(2)武汉都市发展区主要矿产资源大多为露天易开采的非金属矿产，绝大多数矿山属小型企业，矿山开采在大部分地区均形成了稳定性较差的采矿边坡，在局部地区引发了较为严重的崩塌、滑坡等地质灾害。另外，采矿形成大量尾砂废渣无序堆放，在暴雨、洪水等自然因素作用下可能诱发次生地质灾害，威胁人民生命财产安全。

(3)在隐伏岩溶分布区内的钻探施工或凿井抽取地下水，在自然因素与人为工程活动诱发因素的综合作用下，导致武汉都市发展区内岩溶地面塌陷和地面沉降等地质灾害频发。

城市建设与发展应“以人为本”，既要考虑如何提高人民的物质与文化生活水平，更需要对人民的生命财产安全予以有力的保障。一方面我们需要思考已知的灾害对城市安全的危害，另一方面也要考虑什么样的城市发展可能会诱发乃至加速灾害发生，危及城市安全。此外，城市建设应当综合考虑环境安全、经济发展与社会影响这三方面效益，同时，重视与城市发展相关的监测工作，如关注城市发展对环境的影响、开展城市发展的风险分析及地质环境调查、建立灾害风险管理机制和灾害预警系统等。本章介绍武汉地质灾害的主要类型、特征与防治等方面的内容。

第二节　地质灾害类型、分布与特征

武汉都市发展区存在的环境地质问题与地质灾害主要有岩溶地面塌陷、软土地面沉降、滑坡、崩塌、不稳定斜坡、河湖崩岸、老黏土胀缩变形、地下水降落漏斗、土壤污染、水污染、城市垃圾场、城市固体废弃物和其他环境地质问题（大气、污水）等。其中危害严重的地质灾害主要有岩溶地面塌陷、软土地面沉降、滑坡、崩塌、不稳定斜坡5类，下面分别对这5种主要地质灾害的类型、分布与特征进行详细阐述。

一、岩溶地面塌陷

（一）概述

岩溶地面塌陷是指在岩溶洞隙之上的岩土体，在自然或人为因素的作用下产生地面变形破坏成陷坑的一种岩溶地质作用现象。

1. 发生条件

岩溶地面塌陷发生的充分必要条件为：①基岩为可溶性碳酸盐岩类，浅层岩溶洞隙发育；②上覆第四系松散堆积物，且厚度不大（一般小于30m）；③地下水动力条件易于改变，基岩与土层接触面附近地下水的流速和水力梯度产生较大的动水压力，具有较强的潜蚀能力，土颗粒随水流带走。因此岩溶地面塌陷必定分布在岩溶强烈发育区、第四系松散盖层较薄地段、河床两侧如沿江一带及地形低洼地段、地下水降落漏斗中心附近。

2. 分类

1）自然塌陷型

按形成年代分为古塌陷（第四纪以前）、老塌陷（第四纪期间）和新塌陷。新塌陷按其成因又可分为暴雨、洪水、重力和地震4种自然作用引起的塌陷。

2）人为塌陷型

人为塌陷是由于人类的工程经济活动，改变了岩溶洞穴及其上覆盖层的稳定平衡状态而引起的塌陷，人为塌陷约占总数的60％，可见人为作用已成为现代塌陷的重要动力。按其成因又可分为坑道排水或突水、抽汲岩溶地下水、水库蓄引水、振动加载及地表水、污水下渗引起等类型塌陷，前三者共占人为塌陷的92％。

结合武汉都市发展区实际，振动加载和抽汲岩溶地下水为主要人为塌陷类型。如2009年6—11月武咸公路改造工程的白沙洲大道施工过程中因频繁抽排地下水和机械设备工作时的剧烈振动导致先后发生6次地面塌陷，致使交通中断、卡车爆胎侧翻、自来水主水管断裂影响近万名居民用水。另外，1977

年9月发生在武汉中南轧钢厂堆料场的地面塌陷，就是在抽水的潜蚀作用形成隐伏土洞的基础上，经钢锭和煤堆的加载作用导致塌陷的。

岩溶地面塌陷不是碳酸盐岩溶洞塌陷而是覆盖层的塌陷，地下暗河并非到处都有，岩溶水的垂直分带是理解岩溶水分布规律的基础(图7-1)。塌陷机理不单是“潜蚀”，而是在不同条件有不同的致塌机理或塌陷类型：①黏性土覆盖层(Qp_3之前，二、三级阶地或山前盆地)因“潜蚀”形成土洞，为土洞型塌陷；②饱和砂砾土覆盖层(Qh或Qp_3、Qp_2古河道)为潜蚀、渗流液化漏失型塌陷；③水源地、矿山为真空吸蚀型塌陷。

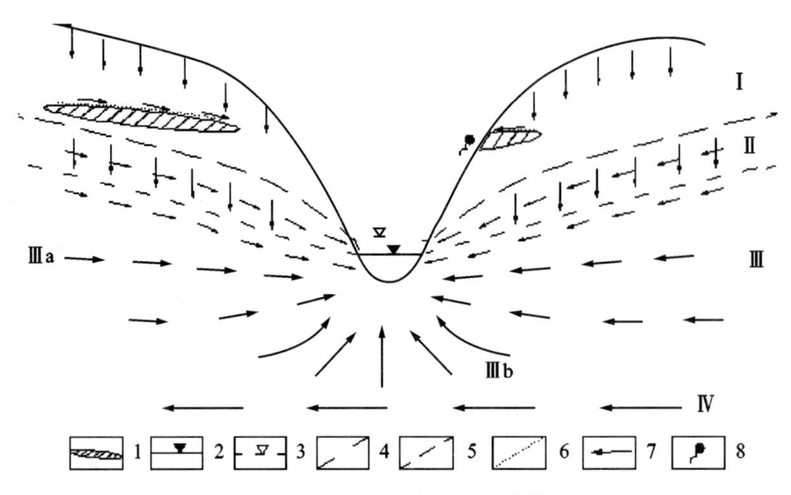

图7-1　裸露型岩溶区岩溶水的垂直分带示意图

1.隔水层；2.平水位；3.洪水位；4.最高岩溶水位；5.最低岩溶水位；6.上层滞水；7.水流方向；8.悬挂泉；

Ⅰ.充气带；Ⅱ.季节变化带；Ⅲ.全饱和带；Ⅲa.水平循环亚带；Ⅲb.虹吸管式循环亚带；Ⅳ.深循环带

(二)武汉地区碳酸盐岩条带分布特征

1. 地层岩性

武汉地区在晚古生代中期(C_2—P_1)沉积了第一套总厚度大于200m的碳酸盐岩地层(以下简称“下碳酸盐岩组”)，即上石炭统黄龙组(C_2h)浅肉红色厚层灰岩、船山组(C_2c)球粒灰岩和中二叠统栖霞组(P_2q)燧石结核灰岩；在早三叠世，本区沉积了以大冶组(T_1d)泥灰岩、薄层灰岩、厚层灰岩、白云岩及角砾状灰岩以及嘉陵江组($T_{1-2}j$)中—厚层白云岩为代表的第二套碳酸盐岩地层(以下简称“上碳酸盐岩组”)。

1)上碳酸盐岩组

由下三叠统下部的大冶组(T_1d)下部黄绿色页岩夹泥灰岩和上部的厚层灰岩、白云岩和角砾状灰岩以及嘉陵江组($T_{1-2}j$)中—厚层白云岩组成，厚度大于570m。大冶组灰岩CaO/MgO比值为15～134，平均值为62；矿物成分主要为粉晶—细晶方解石，含量达到70%以上，其余成分主要为白云石、水云母等，局部地段灰岩可见呈断续带状分布的微粒碳质。大冶组上部CaO/MgO比值为56～14，平均值为102。

(1)嘉陵江组($T_{1-2}j$)。

下部和上部为浅灰色、灰色中—厚层状白云岩夹岩溶角砾岩。中部为灰色薄—中层状灰泥岩夹白云质灰岩。生物以双壳类为主，亦有少量菊石和腕足类大化石产出，微体化石有牙形石和有孔虫。总体反映出局限台地相—开阔台地相—局限台地相沉积特征，形成一完整沉积旋回。厚度不详。

(2)大冶组(T_1d)。

完整的大冶组岩性可四分:底部为黄绿色页岩夹灰泥岩;下部为灰色中厚层状砂屑灰岩夹薄层灰泥岩;中部为薄层状灰泥岩,生物扰动构造发育;上部为厚层状亮晶砂屑灰岩、颗粒灰岩、鲕粒灰岩、白云质灰岩等。具水平层理,局部发育斜层理。生物主要为瓣鳃类和菊石类等。厚度不详。总体反映出从陆棚相—开阔台地—台地浅滩相沉积演化。

2)下碳酸盐岩组

主要由上石炭统黄龙组(C_2h)浅肉红色、灰白色厚层状灰岩和下二叠统栖霞组(P_1q)深灰色中厚层状生物灰岩(具瘤状、藕节状构造,沥青味,含燧石)构成。本岩组总厚度约220m。黄龙组灰岩CaO/MgO比值为126～279,平均值为197,矿物成分主要为微晶或粗晶方解石,含量达到90%以上,局部含少量生物碎屑和白云石;栖霞组灰岩CaO/MgO比值为11～112,平均值为70,矿物成分主要为细晶方解石,含量达85%以上,其余多为腕足、介形虫、瓣鳃类、有孔虫、苔藓虫等生物碎屑和燧石碎屑。两组灰岩之间夹有厚度一般不超过10m的碳质页岩,夹劣质煤和碳质灰岩。

(1)栖霞组(P_2q)。

下部为深灰色中—厚层状生物屑灰岩、瘤状碳质灰岩夹碳质页岩,中上部为深灰色中层状含生物屑微细晶灰岩夹燧石条带,上部为深灰色、灰色燧石结核灰岩、厚层状生物碎屑灰岩。生物碎屑包括腕足类、棘皮类及介形虫、蓝藻类,少见有孔虫、三叶虫、瓣腮类。厚105.29m。总体反映出开阔台地相沉积演化,其间发育台盆边缘亚相及台地浅滩亚相沉积环境。栖霞组灰岩都可用作石灰原料,质量好,同时也可作为建筑石材,多为地方小型开采。

(2)船山组(C_2c)。

主要为浅灰色、灰色中厚层状灰泥岩、球粒灰岩。岩石中含大量的椭球状球粒,粒径在5mm左右。中心常有深色核心,周边环绕薄皮状浅色圈层,内部有时也可见少量圈层。球粒分布无规律,含量大于50%,基质为灰泥质,块状层理。厚度为0～5m。总体反映出浅水台地相的浅滩沉积环境。

(3)黄龙组(C_2h)。

主要为浅肉红色、浅灰色、灰白色厚层—块状生物碎屑灰岩、白云质灰泥岩。总体面貌为色浅、层厚、质纯。岩石呈块状构造,生物屑大小悬殊、形态各异、种类繁多,以蓝藻类和棘皮类为主,次为有孔虫、苔藓虫及介形虫,偶见腕足类。厚度为15.3～50m。总体反映出开阔台地相沉积环境。黄龙组上部浅黄色、灰白色、粉红色厚层—块状微粒生物灰岩,矿层厚度沿走向较稳定,其化学组分也较稳定,质量好,达Ⅰ级熔剂石灰岩要求,如黄金堂石灰岩矿。乌龙泉石灰岩矿床则为一处中型规模的水泥原料矿床。

2. 分布特征

中三叠世末的印支运动造就了武汉地区的基本构造轮廓,控制了碳酸盐岩地层的平面展布,即自北向南,下碳酸盐岩组和上碳酸盐岩组呈北西西—南东东走向,形成6条岩溶条带(图7-2),由北往南依次命名为天兴洲条带(L1)、大桥条带(L2)、白沙洲条带(L3)、沌口条带(L4)、军山条带(L5)、汉南条带(L6)。各条带之间基本以中志留统碎屑岩系为核部的背斜相分隔,使得各条带相互独立,每个条带各自形成独立的岩溶地下水系统;各条带内部,上、下碳酸盐岩组之间均有厚度大于100m的中二叠统孤峰组(P_2g)、上二叠统龙潭组(P_3l)及大隆组(P_3d)硅质岩、硅质页岩、页岩、黏土岩夹煤层等碎屑岩系相阻隔,其岩溶地下水系统亦相对独立。除裸露型岩溶区为裂隙岩溶水外,其他均为上层孔隙水、下层岩溶水。红盆边缘埋藏型岩溶区中部有一层碎屑岩裂隙水,各条带基本地质特征见表7-1。

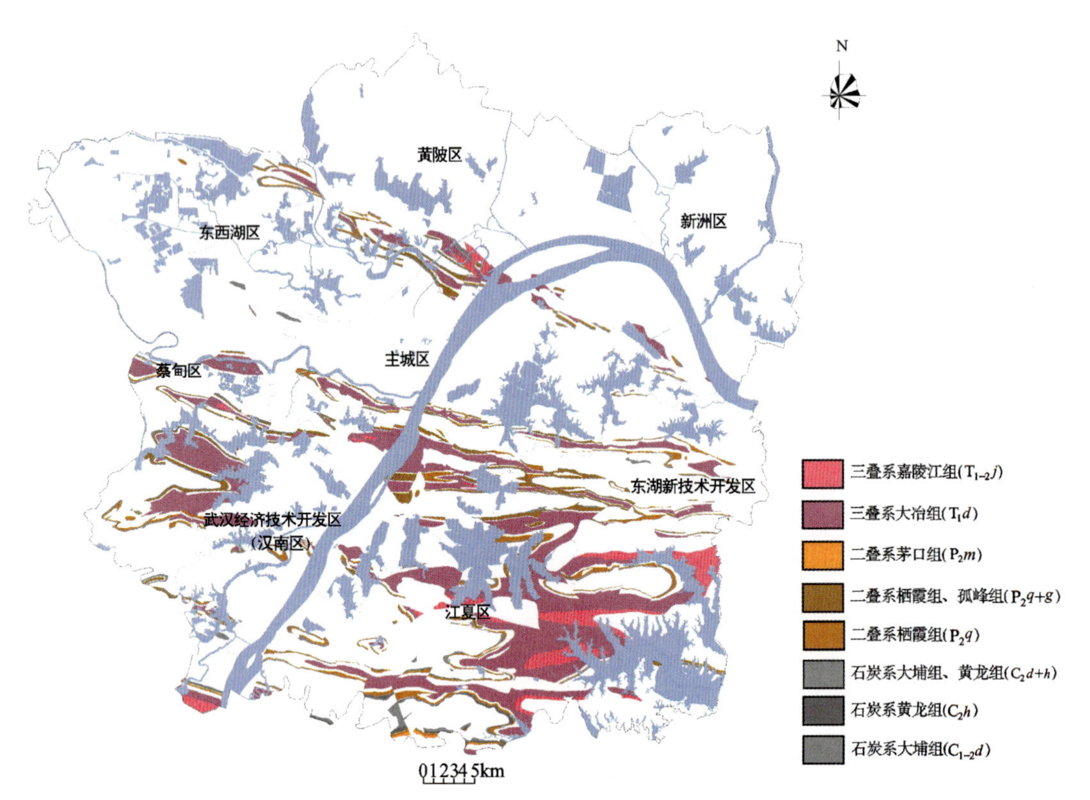

图 7-2 武汉都市发展区碳酸盐岩分布图

表 7-1 武汉地区碳酸盐岩条带基本特征一览表

条带及编号	分布位置	规模	地质特征	岩溶类型
天兴洲条带(L1)	西起东西湖区兴隆集,往东延伸,在北赛湖与童垮之间穿过府河进入黄陂区,在岱家山一带再次穿过府河进入江岸区,在天兴洲大桥南侧穿长江,过武汉钢铁公司后达白玉山	长约 39km、宽 1.6～3.6km,面积约 96.8km^2	主要由团鱼山-青山向斜及其西南侧的井冈山向斜核部及两翼碳酸盐岩构成。一级阶地盖层为具二元结构的冲积层,高阶地为老黏土	覆盖型为主,局部裸露型
大桥条带(L2)	西起汉阳在官村,沿汉江往东到百威路,大致沿汉阳大道北侧,往南东方向延伸,在长江大桥处过长江,然后沿蛇山、洪山、珞珈山、南望山、喻家山、石门峰、长岭山北侧延伸到武汉东界	长约 47km、宽 0.5～2.4km,面积约 105.7km^2	位于大桥倒转向斜核部及两翼,核部为大冶组灰岩,翼部为二叠系;受走向逆断层影响,两翼部分缺失。盖层特征同上	覆盖型

续表 7-1

条带及编号	分布位置	规模	地质特征	岩溶类型
白沙洲条带(L3)	西起蔡甸区西界小花竹林,往南东东方向过芦湖岭、三角湖、北太子湖,在白沙洲大桥北侧穿长江到青菱乡,再往东在南湖村分为南、北两支。南支沿南湖大道、高新二路往南东东方向延伸,过三环线在铁朱村往东延至武汉东界;北支在桂子山以南、虎泉街延伸到光谷一带	长约 63km、宽 1.1～6.2km,面积约 $150km^2$	属兴隆-豹子澥复式倒转向斜,主要由墨水湖-新安村扇形向斜和兴隆-豹子澥倒转向斜核部大冶组灰岩和翼部的黄龙组灰岩及栖霞组瘤状灰岩构成。一级阶地盖层砂土层发育,与灰岩直接接触	覆盖型为主、红盆边缘为埋藏型
沌口条带(L4)	西起后官湖西岸,往南西延至沌口,过长江后往东延伸至红鞋湖	长约 56km、宽 3.2～15km,面积约 $541.3km^2$	由沌口-流芳岭复式向斜的次级向斜核部及两翼的碳酸盐岩构成。在长江两岸附近缺失。盖层为老黏土	覆盖型
军山条带(L5)	分为江北、江南两段。江北段西起桐湖,过官莲湖后到长山村;江南段自金口北起,往南东东方向至狮子山以北	长约 39km、宽 0.9～3.9km,面积约 $166.2km^2$	由军山-天亮山向斜和鸢龙山-官家畈向斜核部及两翼灰岩构成。盖层为老黏土	覆盖型
汉南条带(L6)	西起汉南区陡埠村以西,自此过长江后,往南东东方向至铁锦山以南,过鲁湖,至乌龙泉,达洞山李	长约 35km、宽 1.5～1.9km,面积约 $7.8km^2$	位于陡埠村向斜核部及两翼,呈北西西向延伸,其南界不详。盖层同 L3	覆盖型,南部乌龙泉为裸露型

(三)武汉地区岩溶发育特征

1. 岩溶地层结构

武汉地区根据上覆岩、土体性质的差异,在剖面上可划分出以下 5 个地层结构类型。

Ⅰ型:上部为全新统粉细砂层(包括粉细砂层上部的黏性土层);下伏碳酸盐岩,粉细砂可直接通过溶隙、孔洞等通道漏失,引起地面塌陷,从而产生岩溶塌陷灾害。

Ⅱ型:上部为粉细砂(包括粉细砂层上部的黏性土层),中部为厚度大于 3m 的中、上更新统老黏性土层(包括上更新统下部的含泥粉细砂),下部为碳酸盐岩。由于地下水长期频繁作用,在碳酸盐岩上方的老黏性土层中可能存在土洞。老黏性土层连续性遭受破坏时可引起地面塌陷,如未封堵的钻孔连通粉细砂层、土洞坍塌等。

Ⅲ型:上部为粉细砂(包括粉细砂层上部的黏性土层),中部为厚度大于3m的红层(侏罗系或白垩系—古近系),下部为碳酸盐岩。红层遭受破坏可引起地面塌陷,如未封堵的钻孔连通粉细砂层时。

Ⅳ型:上部为厚层的老黏性土层,下部为碳酸盐岩组。由于地下水长期频繁作用,在老黏性土层中可能存在土洞。土洞进一步发展可能引起地面塌陷。

Ⅴ型:上部为红层(侏罗系或白垩系—古近系),下部为碳酸盐岩。这类结构基本不会发生岩溶塌陷。

2. 岩溶水发育特点

在武汉地区,碳酸盐岩上方覆盖有红层、老黏土和粉细砂3种类型。其中老黏土覆盖范围广泛,粉细砂盖层主要分布在长江两岸一定范围的全新世地层发育区,红层覆盖区主要位于东南部的梁子湖一带。

在红层和老黏土覆盖区,岩溶水基本封闭在老黏土和相对不透水的3个碎屑岩组所圈闭的碳酸盐岩地层中,除局部近江地段外,与地表水联系不大,它主要与碎屑岩裂隙水存在弱水力联系。

观测资料表明,老黏土覆盖区都具有承压性,承压水头6～18m不等(表7-2)。

粉细砂覆盖区,粉细砂含水层为中等—强透水,与碳酸盐岩岩溶水含水层直接接触,与地下水呈互补关系。白沙洲条带(L3)的鹦鹉村附近,2012年上半年地下水分层长期观测资料表明,岩溶水水位标高17.1～21.5m,砂层孔隙水水位标高17.1～19.3m,岩溶水位略高于孔隙水位,并具有如下特点:①岩溶水、砂层孔隙水水位随长江水位的变化而变化,具有滞后现象;②砂层孔隙水与岩溶水水位变化具有同步性,变化幅度基本相同;③砂层与灰岩直接接触时,岩溶水水位略高于砂层孔隙水水位,二者水位相差0.1～0.4m;④砂层孔隙水与岩溶水之间有老黏土相隔时,岩溶水水位可能略高或略低于砂层孔隙水水位,水位差0.2～0.8m。

表7-2 大桥条带(L2)和白沙洲条带(L3)岩溶水标高与承压水头表(m)

条带名称	大桥条带(L2)			白沙洲条带(L3)		
地点	王家湾(汉阳)	钟家村(汉阳)	洪山广场(武昌)	升官渡(汉阳)	鹦鹉洲(汉阳)	卓豹路(武昌)
覆盖层性质	老黏土	老黏土	老黏土	老黏土	粉细砂	老黏土
标高	18.5～21.8	17.9～22.3	17.0～18.9	17.8～20.4	17.1～21.5	23.4～26.8
平均承压水头	15～18	14～18	6～7	15～17	—	7～10

3. 浅层岩溶发育特征

罗小杰等(2013)在开展“武汉地铁集团有限公司地铁工程岩溶专题研究项目”时选取了6个条带中的大桥条带(L2)和白沙洲条带(L3)的西、中、东段1023个钻孔资料作为研究对象,其中大桥条带401个,平均孔深49.5m,进入碳酸盐岩基岩面以下12.0～36.7m,平均24.6m;白沙洲条带622个,平均孔深47.8m,进入碳酸盐岩基岩面以下10.0～38.5m,平均21.8m。除洪山广场只有16个钻孔外,其余5个地段的钻孔数为111～286个。

在揭露的地层方面,石炭系黄龙组有66个钻孔,占6.5%;二叠系栖霞组249个,占24.3%;三叠系大冶组下部薄层灰岩488个,占47.7%;大冶组上部167个,占16.3%。另外,揭露断层的钻孔有53个,占5.2%。1023个钻孔中,486个钻孔揭露到893个溶洞,其中大桥条带(L2)201个钻孔揭露369个溶洞,白沙洲条带(L3)285个钻孔揭露524个溶洞。

由上可见,各条带地段中,除洪山广场外,其余各地段揭露地层的钻孔数基本满足统计要求,统计结果基本能反映武汉地区岩溶发育规律。

1)岩溶类型与溶洞规模

武汉市主城区浅层岩溶类型主要为溶隙、溶沟、溶槽、石芽、落水洞以及小型溶洞等，它们总体受地层面控制。

从已有的1023个钻孔资料统计来看，揭露溶洞893个，平均洞高仅1.51m。其中大桥条带平均洞高为1.58m，白沙洲条带为1.46m，二者相差仅0.12m。而且在该两条带中，1/3的溶洞洞高小于0.6m，50%小于1.0m，90%小于3.0m。洞高大于5.0m的溶洞有34个，占总溶洞数的3.89%；洞高大于10m的溶洞有5个，仅占5.6‰。

关于和岩溶相伴生的土洞，1023个钻孔未予揭露。一直以来鲜见关于土洞的报道，反映出武汉地区土洞基本不发育。尤其是一级阶地，由于碳酸盐岩上方直接覆盖厚层的粉细砂层和砂砾石层，不具备发育土洞的土层岩性条件。

2)岩溶发育程度

岩溶发育程度是指碳酸盐岩遭受岩溶作用的程度，通常用钻孔遇洞率和钻孔线岩溶率描述岩溶发育程度。前者为场地内碳酸盐岩地层中遇到溶洞的钻孔数占全部钻孔数的百分比；后者是指场地内碳酸盐岩地层中钻孔揭露的溶洞进尺与碳酸盐岩总进尺的百分比。大桥条带(L2)和白沙洲条带(L3)的上述两项指标分别见表7-3、表7-4。

总体上看，在同等地下水作用条件下，方解石成分含量越高，矿物颗粒越大、晶粒越粗，裂隙、节理越发育，对岩溶发育越有利。

表7-3　大桥条带（L2）和白沙洲条带（L3）钻孔遇洞率表（%）

地层/断层		大桥条带(L2)			白沙洲条带(L3)			总体
		王家湾	钟家村	洪山广场	升官渡	鹦鹉村	卓豹路	
大冶组上部	T_1d^2	—	—	—	—	53.9	—	53.9
大冶组下部	T_1d^1	42.6	55.8	—	0.0	35.8	46.1	42.6
栖霞组	P_2q	78.3	51.3	55.6	39.7	38.1	62.2	50.6
黄龙组	C_2h	—	83.3	100.0	62.5	40.0	60.9	62.1
断层	F	0.0	43.5	25.0	—	—	—	39.6
按地段平均		46.7	52.3	56.3	34.2	46.9	50.2	47.5
按条带平均		50.1			16.0			

注：表中“—”表示钻孔未揭露到该地层或断层。

表7-4　大桥条带（L2）和白沙洲条带（L3）钻孔线岩溶率表（%）

地层/断层		大桥条带(L2)			白沙洲条带(L3)			总体
		王家湾	钟家村	洪山广场	升官渡	鹦鹉村	卓豹路	
大冶组上部	T_1d^2	—	—	—	—	7.32	—	7.32
大冶组下部	T_1d^1	4.58	5.42	—	0.00	4.76	3.95	4.28
栖霞组	P_2q	6.94	6.14	3.19	5.79	8.87	9.04	6.84
黄龙组	C_2h	—	29.38	5.84	9.13	11.33	8.29	11.17
断层	F	0.00	8.92	1.45	—	—	—	7.63
按地段平均		4.82	7.11	3.21	4.87	7.06		5.97
按条带平均		5.93			6.00			

注：表中“—”表示钻孔未揭露到该地层或断层。

从地层角度看，遇洞率、线岩溶率、CaO/MgO 由大到小的顺序为黄龙组→大冶组上部→栖霞组→大冶组下部。方解石含量由大到小的排列顺序为黄龙组→栖霞组→大冶组。它们基本一致地反映出武汉地区岩溶发育程度为黄龙组最高，大冶组上部和栖霞组次之，大冶组下部最低。另外断层带的遇洞率和线岩溶率均不及黄龙组。

从条带来看，两者之间的遇洞率和线岩溶率基本相同，差距并不明显，可能代表了武汉地区浅层岩溶的整体发育水平。

3)垂向分带性

(1)自基岩面向下，线岩溶率首先逐渐增大，在 2～4m 处出现最大值，达 7.00%～20.15%；随后，随着深度继续加大，线岩溶率逐渐减小；在基岩面以下 10～15m 处开始稳定在 3%以下。这反映出，武汉地区的浅层岩溶在基岩面以下 2～4m 范围发育最强，从 10～15m 处开始，出现一弱岩溶带，线岩溶率小于 3%的弱岩溶带垂直厚度为 7.7～16.0m 不等。

(2)以线岩溶率稳定变化为依据，大致以基岩面以下 10～15m 处为界，可将浅层岩溶划分为上、下两带：上带为强岩溶带，线岩溶率大于 3%，平均值为 6.90%～10.28%，最大达 20%左右。在该埋深以下为弱岩溶带，线岩溶率小于 3%，平均值为 0.58%～2.34%。

在图 7-3 中，如果以线岩溶率 7%为标准对基岩上、下带进行划分，则可以得到线岩溶率小于 7%的基岩顶板在基岩面下的埋深。

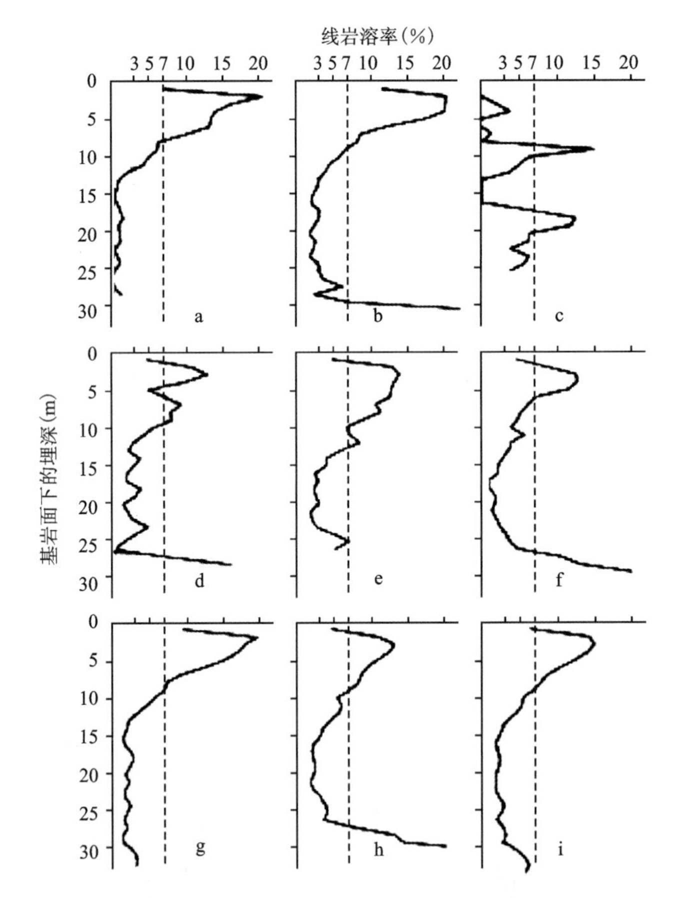

图 7-3　大桥条带和白沙洲条带碳酸盐岩线岩溶率随埋深的变化

a. 王家湾；b. 钟家村；c. 洪山广场；d. 升官渡；e. 鹦鹉村；f. 卓豹路；
g. 大桥条带总体；h. 白沙洲条带总体；i. 大桥条带与白沙洲条带总体

依据电磁波CT数据也可大致地将岩体划分为上、下两带，上带视吸收系数值小于0.4，岩体完整性较差，裂隙、岩溶等较发育；下带视吸收系数值大于0.4，岩体相对较完整。

关于两带的成因，可能与分布条件及岩溶地下水活动特点有关。上带位于岩体表层，各种裂隙较发育，地下水以较均匀的垂直渗流为主，溶蚀能力较强，岩溶发育强度较高。下带埋深较大，岩体相对较完整，地下水活动性减弱，溶蚀能力变小，岩溶发育强度降低。碳酸盐岩中弱岩溶带的存在，在城市的工程建设中，如桩基之桩端持力层选择、防治岩溶塌陷等方面，具有重要的工程实践意义。

4)溶洞充填情况

统计数据表明，武汉地区全充填溶洞约占70%，未充填溶洞约占20%，半充填溶洞比例不足10%。

各充填类型溶洞顶板在基岩面下的分布，全充填溶洞平均埋深5.13m，半充填溶洞平均埋深5.71m，无充填溶洞平均埋深7.69m，表现出全充填溶洞和半充填溶洞埋深较小，无充填溶洞埋深较大的特点。

根据钻孔揭露，溶洞充填物主要为黏性土夹碎石，黏性土呈黄褐色、土黄色、棕红色，状态由流塑、软塑、可塑到硬塑都可见。全充填溶洞在基岩面下埋深较浅，半充填溶洞较深，无充填溶洞埋深最大，反映出溶洞充填方式是自上而下充填。结合充填物的岩性特征，武汉地区基岩面以下20余米溶洞充填物来源于上部覆盖层，即上覆第四系。

（四）武汉市岩溶地面塌陷特征及分布规律

从有文献记载的1931年至今，武汉市由隐伏岩溶造成覆盖层地面塌陷的现象时有发生，直接导致人畜死亡、居民房屋倒塌、农田破坏、建筑工程停顿、堤防受损等，经济损失巨大。岩溶地面塌陷为城市建设发展中面临的首要灾种。

勘探资料显示，武汉都市发展区分布有6个横跨长江近东西向展布的碳酸盐岩条带（C—T），长35～67km，一般宽0.5～4km不等，最宽可达15km（图7-2）。碳酸盐岩条带在北部的黄陂区丰荷山—露甲山段（天兴洲条带L1）和南部的江夏区北纬30°21′以南的山体（汉南条带L6）局部已露出地表，中部则全部隐伏，多呈紧闭线型褶皱，少许呈扇形褶皱，岩石倾斜较陡，产状局部直立甚至倒转。

武汉地区岩溶发育程度在地层上，以黄龙组（C_2h）生物碎屑灰岩最高，大冶组上部（T_1d^2）厚层灰岩与白云岩组合、栖霞组（P_2q）中—厚层灰岩次之，大冶组下部（T_1d^1）泥灰岩最低。在垂向上，90%左右的溶洞顶板在基岩面以下12.5m以内，且90%的溶洞洞高小于3.0m，说明从基岩面往下15m范围内岩溶发育程度最高。

这里有必要指出的是：①大冶组（T_1d^2）应包含大冶组之上以中厚层状白云岩为主、中部夹微晶灰岩的下—中三叠统嘉陵江组（$T_{1-2}j$）。②岩溶发育程度的地层排序与省内岩石地层清理后的地层岩性特征以及自然露头所见吻合度较高，细化后符合客观实际的排序由大到小应当是：黄龙组（C_2h）→大冶组上部（T_1d^2）→嘉陵江组（$T_{1-2}j$）→栖霞组（P_1q）→大冶组下部（T_1d^1）→船山组（P_1c）→大埔组（C_2d）。

碳酸盐岩分布区内，尤其在长江一级阶地上具有砂土覆盖层的隐伏岩溶分布区段——白沙洲条带（L3）和汉南条带（L6），如洪山区青菱乡烽火村、毛坦港村、白沙洲大道、汉阳区中南轧钢厂以及汉南区纱帽街长江大堤一带等，是岩溶地面塌陷的高发地段（图7-4）。

2006年，勘察大师范士凯曾总结了以下4条武汉地区岩溶地面塌陷的分布规律：

(1)自1931年至今，武汉市区先后发生的10余次岩溶地面塌陷全部分布在长江一级阶地的二元结构冲积层(Qh)中，产生塌陷地段的岩溶承压水头低于冲积层孔隙承压水头数米。

(2)长江二、三级阶地老黏土(Qp_2—Qp_3)区，虽有石灰岩条带分布，但从未发生过塌陷，原因是无土洞分布。

(3)武汉市周边的山前坡地或山间谷地老黏性土下隐伏岩溶区(乌龙泉、大冶)偶有土洞型塌陷发生。其原因是土/岩界面坡度大，易于形成土洞。

(4)大量抽排岩溶地下水地段，易发生真空吸蚀型地面塌陷。如湖北应城汤池温泉，当将岩溶水的承压水头抽至土/岩面以下数米(即抽水量达1600t/d)时，地面即发生塌陷。

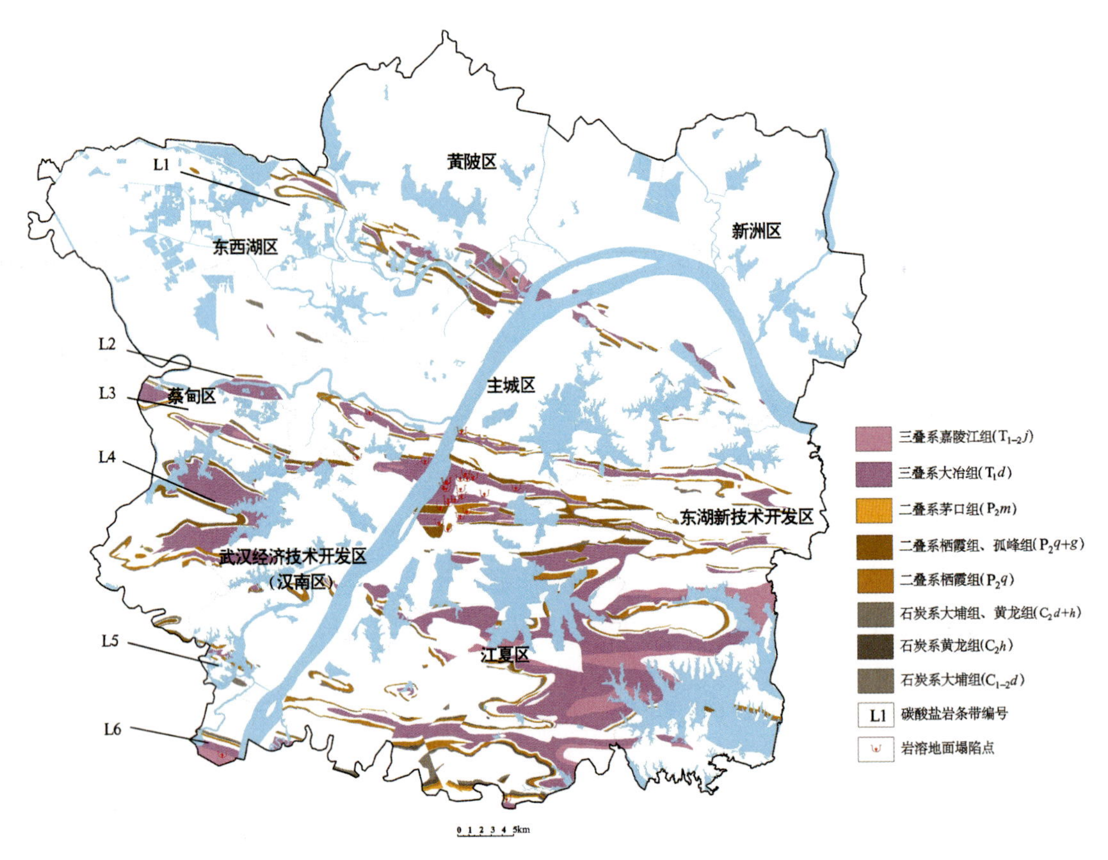

图 7-4　武汉都市发展区隐伏岩溶条带与岩溶地面塌陷点分布图

而从2006年至今新近发生的地面塌陷来看，二、三级阶地老黏土区也有了相应案例，如2014年5月江夏大桥新区建设前期发生的岩溶地面塌陷。

从地域分布上看，在有记载的31起塌陷事件中，武昌区8处、洪山区13处、江夏区5处(其中3处塌陷点在调查区外，故未上图)、汉阳区4处、汉南区1处，规模均为小型(表7-5)。塌陷面积小的仅$15m^2$，最大的总面积达$1.32\times10^4m^2$，相差较为悬殊。

表 7-5　武汉市部分岩溶地面塌陷点(区)登记表

位置	塌陷时间	陷坑个数	陷坑形态及规模	地质环境	危害程度与经济损失
武昌区丁公庙	1931 年	1		长江一级阶地，Qh 冲积物具二元结构。下伏 T_1d 灰岩	造成长江大堤溃口，并冲刷形成倒口湖，人畜伤亡惨重
汉阳区中南轧钢厂	1977 年 9 月 26 日—10 月 9 日	5	平面上呈椭圆形、圆形，竖井或漏斗状，长、短轴为 14～22m，直径 1m，深度 8～10m 和 1～2m。塌陷面积 $760m^2$	地面高程 21～22m，Qh 冲积物厚 26～28m，上部回填土与砂质黏土厚 2～5.6m，下部粉细砂及中粗砂层厚 21～25.5m。下伏 P_1q 灰岩，产状近直立，发育 0.1～0.5m 高的小溶洞	1 栋民房被毁，陷入煤 1500t、钢坯 60t，工厂停产 1 个月，直接经济损失 100 余万元
武昌区白沙洲阮家巷	1983 年 7 月 14 日，2005 年 8 月复发	3	椭圆形、漏斗状，长轴 8～11m，短轴 7～8m，深 1～6m，呈串珠状排列。塌陷面积 $225m^2$。塌陷影响范围 42m×48m	地面高程 21～22m，Qh 冲积物厚 31.55～32.81m，上部回填土、砂质黏土厚 2.5～6.5m，下部粉砂、细砂、底砾厚 24～29m。下伏 T_1d 泥质灰岩、灰岩，倾向北，倾角 45°	一间民房及上万块红砖陷落。道路破坏
武昌区陆家街中学	1988 年 5 月 10 日	1	平面上呈圆形，剖面上呈碟状，直径 23m，深 9.93m。塌陷面积 $410m^2$	高漫滩，地面高程 21～22m，Qh 冲积物厚 27.46～29.86m，上部回填土、砂质黏土厚 8～15m，下部细砂(底部含砾)厚 12.84～20.82m。下伏 T_1d 泥质灰岩、角砾状灰岩，岩层倾角陡。4—10月长江水位高于地下水位 4～8m，11 月—次年 3 月低于地下水位 3～8m	10 栋民房被毁，供水、供电中断，黄鹤伞厂停产，学校停课，周围房屋开裂，经济损失达 100 万元
江夏区范湖乡金水村	1994 年 6 月 3 日，2012 年 12 月复发	1	椭圆形、漏斗状，长、短轴分别为 26.8m、24.40m，可见深 6.10m。塌陷面积 $513m^2$	长江一级阶地，Qh 冲积物具二元结构。下伏 T_1d 灰岩。岩溶水与孔隙水联系密切	毁坏农田 1 亩，对江堤构成一定威胁
洪山区青菱乡毛坦港村小学	1999 年 4 月 22 日	1	陷坑呈圆形，直径 16.5～18m，坑深 1～1.5m，积水，弧形地裂缝宽 5～20cm。塌陷面积 $250m^2$	高漫滩，标高 21m，Qh 冲积物具二元结构。下伏 T_1d 灰岩。岩溶水与孔隙水联系密切	村公路水泥路面断裂陷落破坏，交通中断，毁坏灌溉水渠及农田，危及配电房安全

续表 7-5

位置	塌陷时间	陷坑个数	陷坑形态及规模	地质环境	危害程度与经济损失
武昌区涂家沟市司法学校	2000 年 2 月 22 日	1	椭圆形漏斗状塌陷坑，直径 22.3m，可见深度 6m，弧形地裂缝宽 5～25cm。塌陷面积 350m^2	高漫滩，标高 20m，Qh 冲积物具二元结构，厚 26m，下部砂层厚 10m。下伏 T_1d 灰岩。岩溶水、孔隙水、地表水联系密切，水位波动大，孔隙水头高于岩溶水 3～4m	3 栋楼房墙体开裂毁坏，多栋建筑开裂，水电中断，道路路面开裂，学校正常教学秩序被破坏，直接经济损失 200 多万元
洪山区青菱乡烽火村乔木湾	2000 年 4 月 6 日—11 日，2005 年 8 月复发	23	椭圆形塌陷坑 23 个，分两行呈北西西向排列，塌陷坑最大直径 54m，小者 2m，最深 7.8m。塌陷面积 3468m^2	高漫滩，标高 20～22m，Qh 冲积物具二元结构，下伏 T_1d 灰岩。岩溶水、孔隙水、地表水联系密切	塌陷造成 10 余栋房屋倒塌，大面积农田毁坏，150 户、990 人撤离，经济损失达 610 万元
江夏区乌龙泉街京广铁路侧 1241＋070m 处	2001 年 5 月 30 日—31 日	2	最大直径 5.5m，最深 4m。影响范围 84m^2	岗地，标高 48m，上部覆盖 Qp_2 黏性土，厚 5～7m。下伏 C_2—P_2 灰岩。附近有抽水井，开采强度大	京广线列车经过该段减速缓行，经济损失 600 余万元
武昌区长江紫都	2006 年 4 月 9 日	2	圆形塌陷坑，直径 7～8m，可见深 7m。影响范围 4065m^2	长江一级阶地前缘，距长江岸边垂直距离仅 260m，地面高程 21～22m，Qh 冲积物厚 30m，上部回填土、砂质黏土厚 2～6m，下部为粉砂、细砂。下伏 T_1d 泥质灰岩、灰岩	工棚倒塌，新建楼房墙体拉裂。2 栋商品住宅楼成危房被拆除，损失达 3090 万元
汉南区纱帽街陡埠村	2008 年 2 月	2	椭圆形漏斗状塌陷坑，长、短轴为 54m、140.6m，可见深度 7.3m。影响范围 200 000m^2	下伏为下三叠统大冶组泥质灰岩及隐晶—微粒灰岩，北侧分布有 P_1q 地层，属覆盖性碳酸盐岩分布区	围墙倒塌、变压器倾倒、30m 水泥路面陷入坑中，2 栋未竣工民房倾斜，直接经济损失约 1300 万元，威胁 176 户、584 人生命财产安全
武昌区武泰闸路段	2009 年 6 月 10 日	1	塌陷面积 45m^2，可见深 3.1m。影响范围 100m^2	下伏为 T_1d 碳酸盐岩，岩溶发育，主要为溶洞、溶蚀裂隙，溶洞高 0.4～4.5m。上覆第四系 Qh 松散堆积层，厚度为 29.4～30.2m，从上到下依次为填土、粉质黏土、粉砂、细砂	道路破坏，1 辆货车受损

续表 7-5

位置	塌陷时间	陷坑个数	陷坑形态及规模	地质环境	危害程度与经济损失
洪山区烽火村	2009 年 6 月 17 日	1	塌陷面积 94m²，可见深 2.4m。影响范围 160m²	同编号“5”	道路破坏，1 辆货车受损，司机受轻伤
烽火村附近路段	2009 年 6 月 27 日	1	塌陷面积 160m²，可见深 1.6m。影响范围 300m²	同编号“5”	道路破坏
洪山区张家湾八坦路	2009 年 8 月	1	塌陷面积 480m²，可见深 2m。影响范围 1000m²	同编号“5”	道路破坏，供水管破裂，主干道中断
白沙洲大道快速通道张家湾段	2009 年 11 月 24 日	1	平面上呈椭圆形，长 24m，宽 20m，深度为 0.5～2m，面积约 500m²，影响范围约 1000m²	下伏为 T_1d 碳酸盐岩，岩溶发育，主要为溶洞、溶蚀裂隙，溶洞高 0.4～4.5m，。上覆第四系 Qh 松散堆积层厚度为 29.4～30.2m，从上到下依次为填土、粉质黏土、粉砂、细砂	造成路面损坏，桩基施工设备毁损，桩基被迫移位变更。供水管道破裂，坑内大量积水，未造成人员伤亡
洪山区珞狮南路	2009 年 12 月	1	—	—	—
洪山区烽火村钢材市场	2009 年 12 月 23 日	1	塌陷面积 238m²，可见深 5m。影响范围 1200m²	同编号“23”	道路破坏，4 间房屋开裂，主干道中断
洪山区青菱乡光霞村五组	2010 年 1 月 28 日	1	塌陷面积 160m²，可见深 6m。影响范围 200m²	同编号“23”	钻具及钻杆被埋，菜地受损
洪山区烽火村白沙洲大道	2010 年 4 月 19 日	1	塌陷面积 40.5m²，可见深 0.5m。影响范围 60m²	同编号“23”	道路破坏

续表 7-5

位置	塌陷时间	陷坑个数	陷坑形态及规模	地质环境	危害程度与经济损失
洪山区青菱乡张家湾南湖变电站	2010 年 7 月 19 日	1	塌陷面积 60m²，可见深 0.4m。影响范围 200m²	同编号"23"	该变电站主建筑物南段墙面、立柱开裂，10kV 消弧线圈室停止工作并拆除，梅家山至张家湾一带工业及民用用电受到威胁
洪山区南湖红旗村	2011 年 5 月 5 日，2014 年复发	1	塌陷面积 531m²，可见深 6m。影响范围 804m²	同编号"23"	桩机陷入，钻杆及钻具被埋，建设用地被破坏
武昌区市民政学校	2011 年 12 月 12 日	1	塌陷面积 113m²，可见深 1m。影响范围 5000m²	同编号"8"	临近建筑物严重倾斜、墙体开裂，围墙倒塌，中山路路面开裂。80m 外天主教公寓楼倾斜开裂，煤气管道变形，室外地坪开裂沉降
洪山区青菱乡毛坦港村委	2013 年 4 月 21 日	3	塌陷坑共 3 个，呈串珠状排列，面积 610m²，走向约 106°，平面均呈椭圆状，剖面呈碟状。长轴 13.6～23.6m，短轴 12.2～17.6m，塌陷深度 0.2～0.8m，四周均有环形裂缝，最宽 10～20cm，可见深 1～1.2m。面积约 1000m²	塌陷区处于埋藏型岩溶区和覆盖型岩溶区交界部位。塌陷区南侧在中二叠统栖霞组灰岩上大面积分布有白垩系—古近系红砂岩，为埋藏型岩溶区；北侧则 P_2q 灰岩直接与第四系松散堆积层接触，为覆盖型岩溶区。 该区域第四系 Qh 厚 20～29m，土层具有明显二元结构：上部为黏土、粉质黏土，下部为粉砂、细砂，局部含砂砾石	超前钻施工受阻，导致佳兆业·金域天下 3 期项目延期。因处理及时，经济损失较小

续表 7-5

位置	塌陷时间	陷坑个数	陷坑形态及规模	地质环境	危害程度与经济损失
江夏区大桥新区江南新天地	2014 年 5 月 2 日	1	塌陷坑呈漏斗状，最大直径 20m，最大深度 15.8m，面积约 $500m^2$	标高 26m，垂向地层结构自上而下为：①灰褐色湖积黏土（Qhz^l），层厚 0.2～0.3m；②黄褐—棕红色砂质黏土（$Qp_2 w^{edl}$），层厚 0.6～0.7m；③棕红色残坡积碎石砂质黏土（$Qp_2 w^{edl}$），碎石成分以棱角状灰白色灰岩或白云岩为主，含量占 20%左右，层厚大于 17m；④大冶组（$T_1 d$）厚层状砂屑灰岩、颗粒灰岩、白云质灰岩，具溶蚀现象，溶洞较发育	致使 2 名施工人员与工程车辆掉落坑中造成车毁人亡，现场搜救持续整整 25 天，开挖基坑 30 余米，挖掘土方逾 $3\times10^4 m^3$，经济损失巨大
江夏区法泗街金水河长虹村、八坛村	2014 年 9 月 5 日	19	塌陷坑呈串珠状排列，塌陷坑平面形态一般呈椭圆形、圆形，空间形态多为漏斗状。面积大小相差悬殊，最小者为 5 号坑，仅 $32m^2$；最大者为 17 号坑，面积达 $3883m^2$。总面积约 $1.3\times10^4 m^2$	标高 23m，垂向地层结构自上而下为：①0～23.50m，黏土、细砂；②23.50～24.40m，中风化石灰岩，较破碎；③24.40～39.20m，半充填溶洞；④39.20～48.20，中风化 $T_1 d$ 灰岩，较完整	未造成人员伤亡，但造成 1 幢 3 层楼和 2 幢平房完全被毁，1 幢 3 层楼严重倾斜，金水河两侧河堤严重垮塌，1 台桩机冲击钻和 1 个钻头被掩埋，武汉至深圳高速公路建设停工，长虹村和八坛村及工地输电线路损坏
汉阳区和昌森林湖小区	2014 年	—	—	地面标高在 20.84～22.00m，地层结构自上而下为：杂填土（Q^{ml}）—黏土（Qh^{al}）—老黏土（Qp_2^{al+pl}）—含碎石红黏土（Qp_2^{el}）—灰岩（$C_2 h$），基岩上覆土层厚度介于 20.20～40.30m 之间	该区域为 2015 年市级隐患监测点，施工过程中边发现问题边治理，未造成较大经济损失
汉阳区龙阳大道沿线	2014 年	—	—	同上	同上
汉阳区锦绣长江小区	2015 年 8 月 7 日	1	塌陷面积 $15m^2$，陷坑直径 5m，可见深 6m。影响范围 $1000m^2$	同编号“13”	造成 2 名人员死亡，工地破坏，建筑施工停滞

二、软土地面沉降

1. 软土

软土(soft soil)是淤泥和淤泥质土的总称。一般指外观以灰色为主,天然孔隙比大于或等于1.0,且天然含水量大于液限的一种软塑到流塑状态的细粒土。具有天然含水量高(一般为50%～70%,最大甚至超过200%,液限一般为40%～60%)、天然孔隙比大(一般在1～2之间,最大达3～4;饱和度一般大于95%)、压缩性高(压缩系数一般为0.7～1.5MPa^{-1},最大达4.5MPa^{-1})、抗剪强度低、承载能力差、固结系数小、固结时间长、灵敏度高、扰动性大、透水性差(渗透系数一般在1×10^{-4}～1×10^{-8}cm/s之间)、土层层状分布复杂、各层之间物理力学性质相差较大等特点。淤泥是在静水或缓慢的流水环境中沉积并含有机质的细粒土,其天然含水量大于液限,天然孔隙比大于1.5;而当天然孔隙比小于1.5而大于1.0时称为淤泥质土。

武汉都市发展区的软土是第四纪全新世时期于内陆平原的湖相和冲积河滩相、洪积沼泽相等静水或非常缓慢的流水环境中沉积,并经生物化学作用形成的饱和软黏性土。由于它形成于水流不通畅、饱和缺氧的静水盆地,该类土主要由黏粒和粉粒等细小颗粒组成。淤泥的黏粒含量较高,一般达30%～60%,黏粒的黏土矿物成分以水云母和蒙脱石为主,含大量的有机质,有机质含量一般为5%～15%,最大可达17%～25%。

软土的生成环境及粒度、矿物组成和结构特征,决定了它必然具有高孔隙性和高含水量。淤泥一般呈欠压密状态,以致其孔隙比和天然含水量随埋藏深度的变化很小,因而土质特别松软。淤泥质土则一般呈稍欠压密或正常压密状态,其强度有所增大。

淤泥和淤泥质土一般呈软塑状态,但当其结构一经扰动破坏,其强度就会剧烈降低甚至呈流动状态。因此,淤泥和淤泥质土的稠度实际上通常处于潜流状态。

武汉都市发展区内软土主要分布于东西湖区大部分、汉口、长江和汉江两岸如汉阳鹦鹉洲、武昌白沙洲、徐家棚及青山东侧等一级阶地中。长江沿线为南起汉南纱帽、北抵天兴洲向西延至新洲涨渡湖出图,受地形地貌和湖泊分布的控制,汉江左岸分布面积远大于右岸。

2. 地面沉降

地面沉降是指在自然因素或人为因素影响下发生的幅度和速率均较大的地表高程垂直下降的现象。地面沉降又称地面下沉或地陷,特指某一区域内由于开采地下水或其他地下流体所导致的地表浅部松散沉积物压实或压密引起的地面标高下降的现象。其特点是:涉及范围广,下沉速率缓慢,往往不易被察觉;过量开采地下水引起的城市地面沉降波及的面积大;地面沉降具有不可逆性,即便用人工回灌方法也难以使发生沉降的地面恢复到原来的标高。因此地面沉降给城市建设、地表构筑物、人民的生产和生活、农田水利设施、堤防等均带来极大的危害和损失。

3. 武汉市地面沉降特征

2013年以来,武汉市江岸区、江汉区、硚口区和武昌区共有40余个小区、单位相继发生了地面沉降,造成建筑物附属设施及市政道路不同程度的开裂、下沉,管道接头脱节等,特别是江岸区面积约23.6km^2的后湖区域群众投诉尤为突出(表7-6),影响了居民的正常生活和工作。调查与收集的地面沉降点共有157处、沉降路段3处,以受灾区域划分上图的有5个点,除后湖地区具中型规模外,其他均为小型。监测过程中发现武汉市城区基准点也遭受严重破坏,较大部分浅埋的基准点均处于动态变化之中,出现不同程度的下沉现象。

目前,地面沉降已升级为与岩溶地面塌陷等同的首要灾种,市政府高度重视、及时应对,常务会通过了《市人民政府关于加强武汉市地面沉降处置和防治管理工作的通知》，并确定成立了由分管副市长任组长的武汉市地面沉降处置和防治管理工作领导小组。市城乡建设委员会同市城管委积极组织力量抢修，避免了重大安全事故的发生。市房管局组织全市各区房管部门对全市地面沉降区域内的房屋及其附属设施开展了全面的摸底排查。市国土规划局起草了建设工程项目地质灾害评估办法。市应急办组织市房管局、水务局、地铁集团、城投公司等单位均形成了应急预案。

表 7-6　武汉市主城区地面沉降点登记表(大部分来自:市城建委)

序号	小区名称	交付时间	沉降始发时间	存在主要问题
1	航天双城	2009 年 11 月	2013 年	①台阶沉降;②地下水管破损
2	滨江苑小区(一期)	2000 年	2013 年	1、15、16 栋出现沉降开裂
3	亚安花园	2003 年	2013 年	地面沉降,围墙开裂
4	市政宿舍	20 世纪 50 年代	2013 年	墙面开裂、漏雨
5	罗家庄 8 号	20 世纪 50 年代	2013 年	房顶掉芦苇石膏、漏雨
6	宝福阁	1996 年	2013 年	墙面开裂,地面沉降,一楼房屋鉴定为危房
7	长航 17 层楼	1988 年	2013 年	墙面严重开裂,地面沉降
8	雷苑小区	2009 年	2013 年	1 号楼西侧大面积断裂,外墙脱落,路面下沉开裂,下水管道,消防管道,电管均有破损
9	科技村小区	2012 年 12 月	2013 年	居民楼地面裂缝明显,路砖隆起,水管断裂
10	液压宿舍	20 世纪 50—80 年代	2013 年	墙面脱落,墙壁裂缝很大,已下达危房鉴定书
11	新建社区	不详	2013 年	建设村 10 号、216 号开裂,建设村 162 号附 1 号倾斜
12	二七街办事处	不详	2013 年	车库沉降,墙体开裂
13	农行大厦	2007 年	2013 年	地面沉降,墙体开裂
14	市六医院	2002 年	2013 年	台阶下陷
15	香港路 177 号	不详	2013 年	沉降、开裂
16	香港路 181 号	不详	2013 年	沉降、开裂
17	江汉地税	不详	2013 年	地面下陷
18	马祖路 9—13 号	不详	2013 年	沉降、开裂
19	二七花园	1998 年	2013 年	房屋地基下沉,门窗错位(小区外有一大型施工项目)
20	新一村 15—21 号	1993 年	2013 年	房屋地基下沉,门窗错位
21	晟蓝花园 1—8 栋	2011 年	2013 年	房屋地面开裂
22	餐谋天下酒店	不详	2013 年	酒店地基下沉,开裂
23	星海蓝天	2014 年 1 月	2013 年	房屋地面沉降
24	金涛翰林苑	2010 年 8 月	2013 年	一楼附楼开裂、地下室入口开裂
25	江大路 23 号	1989 年	2013 年	地基下沉、墙体裂缝

续表 7-6

序号	小区名称	交付时间	沉降始发时间	存在主要问题
26	黄浦大街 258 号（12 栋房屋）	1992 年	2013 年	房屋沉降开裂，居民的排污管断裂，影响居民生活
27	黄浦大街 259 号（12 栋房屋）	1992 年	2013 年	房屋沉降开裂
28	后九万方二村 38—41 号	1986 年	2013 年	房屋沉降开裂
29	江大路 20 号（大江天际）	2011 年 8 月	2013 年	居民的自来水管断裂，影响居民生活
30	江大路 20 号（同心阁 1、2 单元）	2000 年	2013 年	房屋沉降开裂，居民的自来水管断裂，影响居民生活
31	江大路 20 号（同心阁 3、4 单元）	2006 年	2013 年	房屋沉降开裂，居民的自来水管断裂，影响居民生活
32	蔡家田社区	1990 年前	2013 年	房屋沉降开裂
33	晋合世家	2008 年 12 月	2013 年	小区公共区域地面出现明显的沉降，开裂
34	统建大江园北苑	2004 年 4 月	2013 年	小区公共区域地面、台阶、地下管道出现明显的沉降，开裂、渗漏
35	统建大江园南苑	2005 年 8 月	2013 年	小区公共区域地面、台阶、地下管道、出现明显的沉降，开裂、渗漏
36	协昌里小区	20 世纪 90 年代末	2013 年	入口处台阶沉降开裂；主供水管破裂，多次维修
37	协昌花园	1995 年	2013 年	房屋外围开裂
38	同安大厦	2003 年	2013 年	房屋外围开裂
39	创业大厦	2003 年	2013 年	房屋外围开裂
40	科技苑小区	2008 年	2013 年	房屋外围开裂
41	后九万方小区	1984 年	2013 年	房屋外围开裂
42	易初莲花超市	不详	2013 年	地面开裂
43	育才社区育才苑	1997 年	2013 年	房屋墙面、地面开裂
44	竹叶山二炮干休所	1989 年	2013 年	沉降开裂、散水、台阶下沉变形、开裂、自来水破裂
45	政府华电小区	1990 年	2013 年	67 栋主路靠近发展大道的道路地陷，一部分屋内阳台地面部位全部下沉
46	德盛大厦	2005 年	2013 年	大厦地面开裂，下陷严重花坛开裂下陷
47	竹叶新村 106—107 号	2000 年	2013 年	房子沉降，导致房屋周围高低不平，压断供水管，多次维修
48	竹叶新村 91—104 号	1994 年	2013 年	凉台与地面开裂，竹叶新村 100 号 102 室，由于地面沉降，厨房与主房开裂很大口子达 60～70cm，媒体曾报道过。房子沉降 20cm 左右

续表 7-6

序号	小区名称	交付时间	沉降始发时间	存在主要问题
49	五洲大厦 A 座 B 座	1998 年	2013 年	与地面开裂隙，导致排污管和排污井拉裂
50	阳罗电厂(发展大道)	2000 年	2013 年	房屋与地面开裂
51	园丰村 16—30 号（市政府宿舍）	1997 年	2013 年	房屋凉台与地面开裂
52	百胜家想时代(发展大道 395 号、397 号、399 号)	2005 年	2013 年	房屋与地面开裂
53	园丰村 1—12 号（荷花苑小区）	1997 年	2013 年	房屋凉台与地面开裂 50cm 左右
54	园丰村 9 号	1997 年	2013 年	有一面墙从一楼到 7 楼有裂缝
55	田园村 31—36 号	1993 年	2013 年	凉台与地面开裂
	田园村 37—41 号			墙角与主体开裂
	田园村 42—46 号			
	田园村 20—25 号			
56	田园村 77—79 号	1993 年	2013 年	凉台与地面开裂
57	金色华府	2005 年 6 月	2013 年	小区门前地面出现明显的沉降、开裂?，小区中心花园及外围地下隐埋消防管可能有渗漏
58	惠园大公馆	2003 年	2013 年	道路、地面平裂，沉降严重
59	中福时代	2004 年	2013 年	地面沉降
60	麟趾路特 1 号	不详	2013 年	楼体下沉，有 10cm 的裂口
61	港务局宿舍（洞庭街 36—38）	1935 年	2013 年	室内室外墙面裂开，门窗变形开裂
62	航道局宿舍（洞庭街 40 号）	1968 年	2013 年	室内室外墙面裂开
63	汉口花园一期	2005 年 7 月	2013 年	小区单元门、道路、外墙多处存在地沉开裂现象
64	汉口花园二期	2006 年 9 月	2013 年	小区单元门、道路、外墙多处存在地沉开裂现象
65	汉口花园三期	2007 年 11 月	2013 年	小区单元门、道路、外墙多处存在地沉开裂现象
66	汉口花园四期	2008 年 8 月	2013 年	小区单元门、道路、外墙多处存在地沉开裂现象
67	汉口花园五期	2009 年 8 月	2013 年	小区单元门、道路、外墙多处存在地沉开裂现象
68	汉口花园六期	2010 年 7 月	2013 年	小区道路、外墙、景观有开裂现象
69	日月星城	2006 年 7 月	2013 年	道路、管网、单元门有地沉现象
70	奥林紫园	2013 年 6 月	2013 年	部分位置有地沉
71	凯旋名苑	2008 年 9 月	2013 年	单元、道路地沉

续表 7-6

序号	小区名称	交付时间	沉降始发时间	存在主要问题
72	尚都一品	2012 年 9 月	2013 年	道路、单元门地沉
73	东方花都	2003 年 12 月	2013 年	台阶下沉、管道断裂地面起拱、下沉
74	汇龙花园	2004 年 8 月	2013 年	商铺地面下陷、墙体开裂、地下消防管道断裂、排水管网部分断裂不畅、部分燃气管道断裂渗漏等
75	竹叶苑小区	2001 年	2013 年	因地基沉降造成房屋开裂、倾斜，门楼立柱开裂危及住户出行安全
76	佳海茗苑	2002 年	2013 年	沉降、开裂
77	东方华府	2005 年 10 月	2013 年	地面沉降
	天上人间	2004 年 9 月	2013 年	地面沉降
78	东方明珠	2007 年 11 月	2013 年	地面沉降
79	盛世东方	2010 年	2013 年	小区受地铁施工降水影响沉降严重，由于在质保期内，沉降受损部位全部由新地置业在安排维修
80	天伦·二七嘉园	2011 年 9 月	2013 年	路面沉降，墙面开裂，玻璃破损，水管破裂
81	紫轩美佳	2013 年 6 月	2013 年	1 号楼 6 号门面墙体下沉、开裂，门面停车场地面开裂
82	紫竹园	2003 年 7 月	2013 年	整个小区建筑周边地面沉降；单元门前台阶下降，单元下水管道沉降脱落
83	后湖生态花园	2002 年	2013 年	地面下沉、台阶下降、管道破裂
84	后湖嘉锦苑	2012 年 1 月	2013 年	路面下沉
85	后湖华庭	2004 年	2013 年	沉降
86	东方恒星园	2001 年 6 月	2013 年	单元门口台阶沉降
87	东勤佳苑	2010 年 1 月	2013 年	楼道口有沉降
88	新生活摩尔城	2010 年 7 月 10 日	2013 年	路面下沉
89	楚邦汉界	2013 年 5 月	2013 年	散水沉降
90	鼎盛华城	2012 年 9 月	2013 年	2 栋 1 单元、2 单元门前台阶沉降严重，已经修补
91	七一教工宿舍	1998 年	2013 年	1 栋属 D 级危房，2 栋属 B 级危房
92	中胜村七排八排	2001 年	2013 年	单元门口地面、散水沉降开裂
93	武装部宿舍	2004 年	2013 年	1 栋楼背面散水沉降开裂严重
94	青青美庐小区	2004 年	2013 年	整体地基下沉导致单元门楼倾斜及台阶错落
95	江岸区法院宿舍	1997 年	2013 年	1 栋散水因沉降发裂
96	海安公寓	2002 年	2013 年	单元门口台阶及散水发裂，门房墙体发裂严重
97	市防汛抗旱指挥部宿舍楼	2000 年	2013 年	门面室内地陷、空架层地陷、散水发裂

续表 7-6

序号	小区名称	交付时间	沉降始发时间	存在主要问题
98	七星香山花园	2008 年 6 月	2013 年	1 栋单元门前台阶因沉降落差大,无障碍通道地砖起鼓,塌陷严重
99	世纪家园	2002 年	2013 年	地面下陷、屋面开裂、墙外渗水、地下管道严重受损
100	香利国庭	2009 年 6 月 30 日	2013 年	地面下沉、水管断裂、单元门台阶开裂。建设单位于 2013 年 12 月进行维修整改
101	幸福人家	不详	2013 年	房屋内部开裂(20 栋),贯穿性裂缝宽达 10mm,墙体面层外鼓
102	中森华国际城	2012 年 12 月	2013 年	地面下沉
103	新荣苑	不详	2013 年	5 栋两侧外墙地面下沉
104	百胜春天	2007 年 12 月	2013 年	因路面下沉,水、电、气存在安全隐患
105	同安家园	2009 年	2013 年	单元门口及台阶下沉,商铺门口下沉达 400mm
106	同鑫花园景福苑	2007 年 8 月	2013 年	小区沉降
107	同鑫花园	2008 年 8 月	2013 年	地面沉降,墙体开裂,休闲架空层塌陷,院落、商铺室内、车库室内塌陷
108	安居苑 A 区	2001 年 9 月	2013 年	18 栋散水下降开裂的现象
109	安居苑 B 区	1999 年 9 月	2013 年	12 栋散水下降开裂的现象
110	安居苑 C 区	1998 年 12 月	2013 年	12 栋所有的散水下沉、开裂
111	安居苑 D 区	2000 年 4 月	2013 年	12 栋所有的散水下沉、开裂
112	景兰苑	2009 年 12 月	2013 年	①附属建筑物(附楼)存在沉降、开裂;②附属设施沉降、开裂严重(门楼、散水、台阶无障碍设施);③小区道路、景观沉降
113	怡康苑	2004 年 9 月	2013 年	下沉开裂
114	怡和苑南区	2005 年 10 月	2013 年	下沉开裂
115	怡和苑北区	2006 年 1 月	2013 年	下沉开裂
		2006 年 8 月	2013 年	屋面烟道开裂
116	百步龙庭	2007 年 12 月	2013 年	单元门楼沉降,开发商已维修
117	百步华庭	2007 年 1 月	2013 年	单元门楼沉降,开发商已维修
118	百步亭花园世博园	2011 年 6 月	2013 年	院墙局部开裂
119	百步亭花园悦秀苑	2009 年 12 月	2013 年	单元门踏步及无障碍通道地面开裂,院墙局部开裂
120	温馨苑 A 区、B 区	2002 年 6 月	2013 年	①附属物车库露台外墙楼梯开裂;②跨距商网苑墙、外墙开裂;③A 区、B 区生态湖凉亭下沉开裂
121	温馨苑 C 区、D 区	C 区/2001 年 3 月	2013 年	散水严重下沉开裂;附属物单元门台阶下沉开裂;附属物跨距商网墙体下沉开裂
		D 区/2000 年 9 月	2013 年	

续表 7-6

序号	小区名称	交付时间	沉降始发时间	存在主要问题
122	现代城一区	2009 年 4 月	2013 年	106 栋 1 单元门台阶下沉
123	文卉苑	2012 年	2013 年	小区楼栋强电井部分有孔洞，正在维修中
124	育才高中	不详	2013 年	2、3 号楼地面下沉，引起墙体开裂
125	武汉市第六中学	不详	2013 年	沉降、开裂
126	武汉市第六初级中学	不详	2013 年	1 号楼东侧少部分沉降
127	珞珈山幼儿园	2012 年	2013 年	一楼辅助用房有沉降、墙面裂缝
128	武汉市第十六中学	不详	2013 年	综合楼附楼二楼存在沉降，导致一楼一间房漏水
129	武汉二中	不详	2013 年	教学楼与实验楼间有沉降缝，出现高差；图书楼旁边道路沉降变形
130	育才汉口小学	2006 年	2013 年	教学楼伸缩缝处教室墙面开裂，地面沉降
131	武汉市育才实验小学	2004 年	2013 年	沉降开裂
132	武汉市育才行知小学	不详	2013 年	沉降开裂；水管沉降断裂
133	竹叶山幼儿园（含紫竹分园）	不详	2013 年	有错层现象，楼梯有裂缝。分园：主体楼与地面错层严重
134	金涛翰林院	2011 年	2013 年	5 号楼基础下沉，墙体开裂，承重柱断裂
135	御景东方（东方星座 2 期）	不详	2013 年	①室内地坪下沉；②房屋周围踏步下沉
136	东亚大厦	不详	2013 年	基础下沉，墙体开裂
137	康怡花园	不详	2013 年	沉降开裂；水管沉降断裂
138	二炮指挥学院	不详	2013 年	教学楼、图书馆等进门台阶和部分建筑物散水下沉开裂
139	汉口医院	不详	2013 年	室外散水和门诊大楼墙体开裂
140	武汉科技馆	不详	2013 年	地面沉降
141	空军预警学院	不详	2013 年	室内地坪局部下沉，室外散水和学生食堂墙体开裂，玻璃门变形
142	联通大厦	不详	2013 年	地面下沉 230mm
143	武汉市社会主义学院	不详	2013 年	下沉开裂
144	花桥街三村社区	不详	2013 年	下沉开裂
145	武汉市民生耳鼻喉专科医院	不详	2013 年	室内地坪下沉、墙体开裂
146	汉口火车站	不详	2013 年	建筑物进门台阶下沉、错台，室外地坪大面积下沉，站台扶梯与步梯不均匀下沉，扶梯及步梯与主体结构的缝隙加大
147	银河里社区	不详	2013 年	地面有沉降、墙面有裂缝
148	蓝色天际小区	不详	2013 年	下沉开裂

续表 7-6

序号	小区名称	交付时间	沉降始发时间	存在主要问题
149	汉口站邮政储蓄大楼	不详	2013 年	沉降开裂；水管沉降断裂
150	平安大厦	不详	2013 年	基础下沉，墙体开裂
151	世纪大厦	不详	2013 年	院墙局部开裂
152	辉煌公寓	不详	2013 年	地面有沉降、墙面有裂缝
153	金利明珠	不详	2013 年	沉降开裂；水管沉降断裂
154	新华豪庭	不详	2013 年	基础下沉，墙体开裂
155	省人民医院	不详	2013 年	院墙局部开裂
156	省军区招待所	不详	2013 年	院墙局部开裂
157	陆羽茶社	不详	2013 年	B 栋整体均匀沉降 10cm 左右；A 栋不均匀沉降、最大 30cm
158	东西湖区府河大堤	1958 年	1958 年—1974 年	筑堤过程中滑裂深陷，中心压土仍不稳定，反复出现边填边滑边沉的状况，后采取工程地质手段，使淤泥挤尽，1974 年方才得以稳定
159	黄埔大街至金桥大道快速通道工程地面段	2011 年 12 月	2013 年	路面下沉，花坛站石处呈现波浪形，桥梁承台与路面沉降差明显
160	二环线汉口段从三眼桥路至二七路建设大道地面段	2011 年 9 月	2013 年	

地面沉降主要影响区域：后湖地区主要有汉口花园、世纪家园、幸福人家、同安家园、塔子湖体育中心全民健身大楼等 20 多个小区或单位，地面最大沉降量均超过 100mm，有的甚至达到 400mm（同安家园）。此外还有建设大道附近及其延长线、竹叶山、江汉路、青年路、新华路、汉口火车站和武昌复兴路附近的小区和单位均是地面沉降受灾区。市政道路下沉的有武汉大道黄埔大街至金桥大道快速通道工程地面段、二环线汉口段从三眼桥路至二七路建设大道地面段（图 7-5），主要表现为花坛站石处呈现波浪形，桥梁承台与路面沉降差明显。

三、滑坡

1. 定义

滑坡是斜坡岩体或土体在自然地质作用或人类工程活动影响下失去原来的稳定状态，在重力作用下沿着斜坡内某些滑动面（常为软弱面或软弱带）整体向下滑动的现象。滑坡的发展过程可分为 4 个阶段：蠕滑阶段、滑移阶段、剧滑阶段和稳定阶段。有些滑坡在稳定一段时间后也可能再次复活。

一个发育完整的新生滑坡一般同时具有以下基本构造特征要素：滑坡体、滑动面、滑动带、滑床、滑坡后壁、滑坡台地、滑坡鼓丘、滑坡舌、滑坡裂缝、滑坡洼地和滑坡主轴等。

2. 分类

为了认识和治理滑坡，结合调查区内地质条件和作用因素以及工程分类的目的和要求，对滑坡的分类有如下两种划分方案。

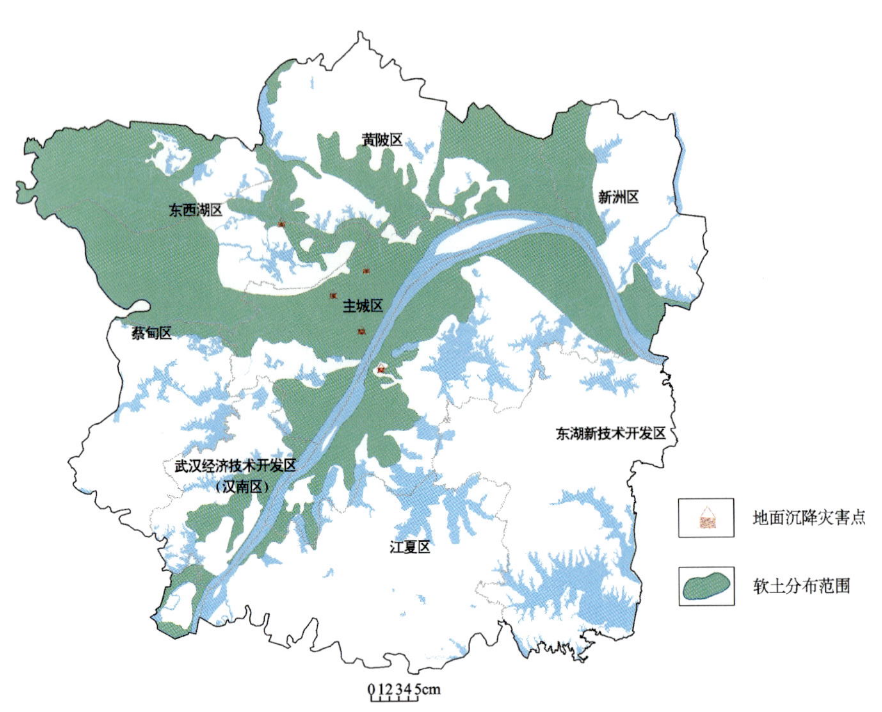

图 7-5　武汉都市发展区软土分布及地面沉降点位置图

(1)按滑坡体的主要物质组成和结构因素划分(表 7-7)。

(2)按滑坡其他因素划分(表 7-8)。

表 7-7　滑坡物质和结构因素分类表

类型	亚类	特征描述	实例
土质滑坡	黏土滑坡	由具有特殊性质的黏土构成,如第四纪中更新世红黏土胀缩变形诱发的滑坡	京广线横店段系列滑坡
	残坡积层滑坡	由基岩风化壳、残坡积土等构成,通常为浅表层滑动	S109 省道滑坡
岩质滑坡	顺层滑坡	由基岩构成,沿顺坡岩层滑动	江夏实验高中滑坡
	逆层滑坡	由基岩构成,沿倾向坡外的软弱面滑动,岩层倾向山内,滑动面与岩层层面倾向相反	凤凰山矿区滑坡

表 7-8　滑坡其他因素分类表

分类依据	滑坡类型	主要特征	实例
滑体厚度	浅层滑坡	＜10m	青龙山滑坡
	中层滑坡	10～25m	凤凰山矿区滑坡
	深层滑坡	25～50m	
运动形式	推移式滑坡	上部岩层滑动,挤压下部产生变形,滑动速度较快,滑体表面波状起伏,多见于有堆积物分布的斜坡地段	花山矿区滑坡
	牵引式滑坡	下部先滑,使上部失去支撑而变形滑动,一般速度较慢,多具上小下大的塔式外貌,横向张裂隙发育,表面多呈阶梯状或陡坎状	砵山滑坡

续表 7-8

分类依据	滑坡类型	主要特征	实例
发生原因	工程滑坡	由于施工开挖山体或建筑物加载等人类工程活动引起的滑坡，可细分为工程新滑坡和工程复活古滑坡	丘林矿区滑坡
	自然滑坡	由自然地质作用产生的滑坡	武昌凤凰社区滑坡
形成年代	新滑坡	现今正在发生滑动的滑坡	鼓架山滑坡
	老滑坡	全新世以来发生滑动、现今整体稳定的滑坡	
	古滑坡	全新世以前发生滑动、现今整体稳定的滑坡	
现今稳定程度	活动滑坡	发生后仍继续活动的滑坡，其后壁及两侧有新鲜擦痕，滑体内有开裂、鼓起或前缘有挤出等变形现象	S109 省道滑坡
	不活动滑坡	发生后已停止发展，一般情况下不可能重新活动，坡体上植被茂盛，常有老建筑物	

3. 与不稳定斜坡的关系

在环境地质问题调查和工程地质勘察工作的实践中，发现时有对滑坡与不稳定斜坡的概念混淆不清的现象。如前所述，滑坡为斜坡的局部稳定性受破坏，在重力作用下，岩体或其他碎屑沿一个或多个破裂滑动面向下做整体滑动的过程与现象。在勘察阶段，已发生的滑坡最易被调查和发现，但在施工过程中，往往会产生新的滑坡，在这些滑坡发生之前，可视为不稳定斜坡（有时称为潜在滑坡、潜在不稳定斜坡）。

不稳定斜坡是在天然状态（含暴雨等极端恶劣的天气状态）下，处于或接近于极限平衡状态的斜坡，或在正常的工程施工过程及工程使用过程中，处于或接近于极限平衡状态的斜坡。施工过程中通过坡顶加载、坡脚开挖和定向爆破等手段，可以将任意边坡（山坡）改造为滑坡，这些滑坡虽然客观发生，但不属于也不应属于不稳定斜坡范畴。

滑坡及不稳定斜坡的区别在于：①滑坡最为重要的一个特点是已发生滑动；②滑坡边界、滑床等作为判别标志，均为已经发生滑动后才会出现的地形地貌特征；③人为因素也可以产生滑坡，这种情况在人类工程活动中并不少见。

4. 滑坡体的识别

(1)地形地貌标志：在斜坡上常造成环谷地貌（如圈椅状、马蹄状地形），或使斜坡上出现异常台阶及斜坡坡脚侵占河床等现象。滑坡体上常有鼻状凸丘或多级平台，其高程和特征与外围阶地不同。滑坡体两侧常形成沟谷，并有双沟同源现象。有的滑坡体上还有积水洼地、地面裂缝、房屋倾斜与开裂、坡脚有泥土挤出、出现鼓丘等现象。

(2)岩土结构标志：滑坡范围内的岩、土体常有扰动松脱现象。其层序、产状和完整性与周围未滑动斜坡差异明显，局部地段新老地层有时呈倒置现象，易与断层混淆；常见有泥土、碎屑充填或未被充填的张性裂缝，普遍存在小型坍塌。

(3)水文地质标志：原始斜坡含水层的统一性被破坏，造成地下水流动路径、排泄地点的改变，使滑坡体成为复杂的单独含水体。在滑动带前缘常有成排的泉水溢出或原有泉水突然干涸的情况出现。

(4)滑坡边界及滑床标志：滑坡后缘断壁上有顺坡擦痕，前缘土体常被挤出或呈舌状凸起；滑坡两侧常以沟谷或裂面为界；滑床常具有塑性变形带，其内部多由黏性物质或黏粒夹磨光角砾组成；滑动面很光滑，其擦痕方向与滑动方向一致。

(5)植被标志：斜坡上生长有醉汉林、马刀树。树木东倒西歪，一般是斜坡曾经发生过剧烈滑动的表现；而树木主干朝坡下弯曲、主干上部保持垂直生长，一般是斜坡长时间缓慢滑动的结果。

5. 分布与规模

武汉都市发展区内滑坡地灾点共33处，总体积约$436\times10^4m^3$，被纳入2015年地质灾害隐患监测点的有17处(部分与崩塌地灾点重合)，岩滑和土滑分别为19处和14处。主要分布在新城区丘陵地带，包括东西湖区1处、黄陂区3处、新洲区5处、蔡甸区4处、汉南区1处、江夏区5处、东湖新技术开发区5处、市经济开发区1处，主城区有汉阳龟山、青山矶头山和鸦雀山公园、东湖风景区鼓架山及长山等8处(图7-6，表7-9)。

新城区的滑坡绝大多数在停采矿山，少量矿山正在开采，多属岩质滑坡，也有因公路建设切坡引起的如新洲区沿S109省道分布的小型砾石层滑坡、黄陂区京广铁路横店段因第四纪中更新世老黏土胀缩变形引起的小型土质滑坡和江夏区乌龙泉街武钢尾矿库等。滑坡规模以小型滑坡为主，中型次之，无大型、特大型滑坡。体积小的仅$25m^3$，大者达$30\times10^4m^3$，规模相差悬殊。顺向岩滑规模大于土滑。

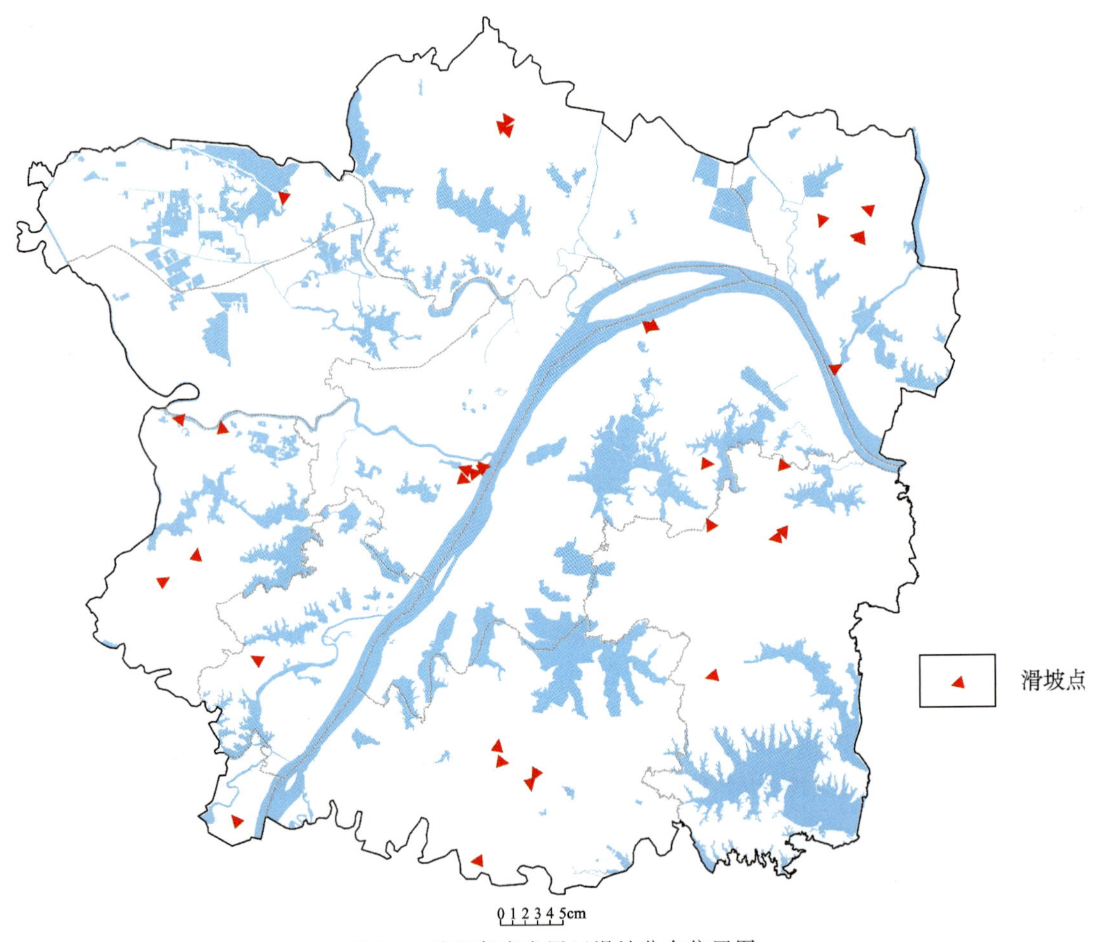

图7-6　武汉都市发展区滑坡分布位置图

表 7-9　武汉都市发展区滑坡灾害点简要信息一览表

位置	威胁人数	威胁资产（万元）	险情分级	灾害规模	稳定情况	监测分级	防治对策
青山区青山镇矶头山公园		10	小型	小型	不稳定	市级	工程治理
青山区青山镇鸦雀山	10	50	小型	小型	不稳定	市级	工程治理
东湖风景区鼓架山	5	100	小型	中型	基本稳定	市级	工程治理
汉阳区龟山风景区		10	小型	小型	不稳定	市级	专业监测
汉阳区晴川街汉阳桥头		5	小型	小型	基本稳定	镇级	专业监测
汉阳区晴川街鹦鹉磁带厂		5	小型	小型	基本稳定	镇级	专业监测
汉阳区晴川街铁门关西		5	小型	小型	基本稳定	镇级	专业监测
汉阳区晴川街龟山西段引桥		5	小型	小型	基本稳定	镇级	专业监测
东湖开发区花山街白羊村	30	10	中型	中型	不稳定	市级	工程治理
东湖开发区关东街群英工业园	10	100	小型	小型	基本稳定	市级	工程治理
东湖开发区九峰乡省林科院林场		1	小型	小型	基本稳定	镇级	工程治理
东湖开发区山内村马驿山		50	小型	中型	基本稳定	市级	工程治理
东湖开发区龙泉街孙罗村凤凰山		50	中型	中型	不稳定	市级	工程治理
武汉经济开发区军山街侏山	5	5	小型	小型	基本稳定	市级	专业监测
东西湖区睡虎山	10	5	小型	小型	不稳定	镇级	群测群防
黄陂区横店铁路桥旁东侧		5	小型	小型	基本稳定	镇级	群测群防
黄陂区横店铁路站张棉油湾	12	10	小型	小型.	不稳定	镇级	群测群防
黄陂区横店铁路桥涵洞口西侧		5	小型	小型	稳定	镇级	群测群防
新洲区仓埠街淘金山村		10	小型	小型	不稳定	镇级	群测群防
新洲区阳逻镇九龙宫陵园		3	小型	小型	不稳定	镇级	群测群防
新洲仓埠街曹铺村		20	小型	小型	不稳定	镇级	群测群防
新洲区阳逻镇曹铺村 S109 西侧		10	小型	小型	不稳定	镇级	群测群防
新洲区阳逻汽渡码头		5	小型	小型	基本稳定	镇级	群测群防
蔡甸区杨树湾		5	中型	小型	基本稳定	镇级	群测群防
蔡甸区汉江右岸城头山	21	200	小型	小型	不稳定	市级	工程治理
蔡甸区伍姜湾 015 县道旁		1	小型	小型	稳定	镇级	群测群防
蔡甸区奓山街丘林矿区			中型	中型	基本稳定	市级	工程治理
江夏区八分山黑沟矿区		50	中型	中型	不稳定	市级	工程治理
江夏区山水怡园八分山	100	1680	小型	小型	基本稳定	镇级	群测群防
江夏区实验高中	1150	2000	小型	中型	基本稳定	市级	工程治理
江夏区青龙山	120	3397	小型	中型	基本稳定	市级	工程治理
江夏区郑店段岭庙老窑山	3	100	小型	小型	基本稳定	镇级	工程治理
汉南区纱帽街程家山	9	10	小型	小型	不稳定	市级	专业监测

8 处中型规模的滑坡分别为蔡甸区奓山街丘林矿区滑坡、东湖风景区鼓架山及长山滑坡、东湖新技术开发区龙泉街凤凰山矿区滑坡、花山街白羊村采石场滑坡、豹澥街马驿山矿区滑坡、江夏区实验高中滑坡、青龙山滑坡和八分山黑沟矿区滑坡。

滑坡的平面形态主要为舌形、横长形，剖面形态多以凹形、直线形为主。大多数土质滑坡受地形地貌、地层岩性、水文地质条件和人类工程活动等因素的控制，呈舌形，主要受微地貌的控制：滑坡两侧为边坡或冲沟，控制了滑坡的侧向发展，滑坡后缘产生弧形拉张裂缝、陡坎，则整体呈舌形。岩质滑坡的形态主要受岩层构造裂隙和节理制约，多呈矩形。此外，因人工采掘、切坡产生的滑坡其形态主要受前缘切坡宽度的控制。区内滑坡以牵引式滑坡为主，在滑体上多以拉张裂缝为特征，经拉裂下跌形成了阶梯状剖面。

土质滑坡的滑体以残坡积粉质黏土、粉土夹碎石为主，碎石含量 10%～40%；岩滑滑体以碎裂状风化岩为主，有的表层覆盖较薄的残积土层。土滑的控滑结构面基本为岩/土接触面，岩滑的控滑结构面为强/弱风化面、软弱夹层面，滑带均沿控滑结构面形成。

四、崩塌

1. 定义

人们通常所指的崩塌是硬质岩石裸露的陡峻坡体，因岩块自重在岩性、地质结构面、气候、地下水、地震和暴雨等综合因素的作用下脱离母岩，突然而猛烈地顺山坡翻滚跳跃、岩块相互撞击破碎，最后堆积于坡脚或沟谷的物理地质现象。大规模、大范围的山坡崩塌称为山崩；在岩体风化破碎严重或软质岩边坡上发生小岩块、岩屑或碎裂土颗粒的散落现象称为碎落。绝大多数发生在岩体中称为岩崩，也有发生在土体中的称为土崩。大小不等、零乱无序的岩、土块呈锥状堆积在坡脚，称为崩塌堆积物、岩堆或倒石堆。

2. 分类

崩塌最显著的特点是突发性，但是不平衡因素却是长期累积的过程。崩塌按照崩塌体的规模、范围、大小可分为剥落、坠石和崩落 3 种类型：

(1)块度大于 0.5m 者小于 25%、山坡角一般小于 30°，称之为剥落。

(2)块度大于 0.5m 者占 50%～70%、山坡角 30°～40°，称之为坠石。

(3)块度大于 0.5m 者大于 75%、山坡角大于 40°，称之为崩落。

3. 与滑坡的区别

(1)滑坡运动一般是缓慢的，而崩塌则相对迅猛快速得多。

(2)滑坡常沿着固定的滑动面移动，而崩塌一般没有固定的运动轨迹。

(3)滑体基本上能保持原有的整体性，而发生崩塌的岩土体的整体性则遭到破坏。

(4)绝大多数滑坡的水平位移大于垂直位移，而崩塌恰好相反。

4. 崩塌体的识别

可能发生崩塌的坡体宏观上具有如下特征：

(1)坡角大于 45°，且高差较大，坡体成孤立山嘴或为凹形陡坡。

(2)坡体内部裂隙发育，尤其垂直和平行斜坡延伸方向的陡裂隙发育，并且切割坡体的裂隙、裂隙可能贯通，使之与母体形成分离之势。

(3)坡体前部存在临空空间或有崩塌物发育，说明曾经有过崩塌而有继发的可能。

具备上述特征的坡体，当上部拉张裂缝不断扩展、加宽，速度突增时，小型坠落不断发生，预示着崩塌处于一触即发的状态。

5. 分布与规模

武汉都市发展区内崩塌(含危岩体)总计9处,堆积体总体积约$13.55\times10^4m^3$。全部分布在长江以南,但不排除随着调查区面积的拓展,蔡甸区西部低丘陵区也会有所分布。具体分布于武昌区(1处)、东湖新技术开发区(3处)和江夏区(5处)低山丘陵地段的矿业开发范围内。其中武昌区胭脂山北坡崩塌、东湖新技术开发区左岭街岱家山矿区和江夏区庙山开发区花山矿区崩塌等3处为中型规模,其余均为小型(图7-7,表7-10)。体积小的仅约$840m^3$,最大$10.0\times10^4m^3$,规模相差较悬殊。按崩塌体物质成分全部划分为岩质崩塌。崩塌体的平面形态一般呈长条形、扇形,剖面多呈直线形、斜线形,崩塌块石呈不规则棱角状,松散堆积体呈扇形或倒锥形。

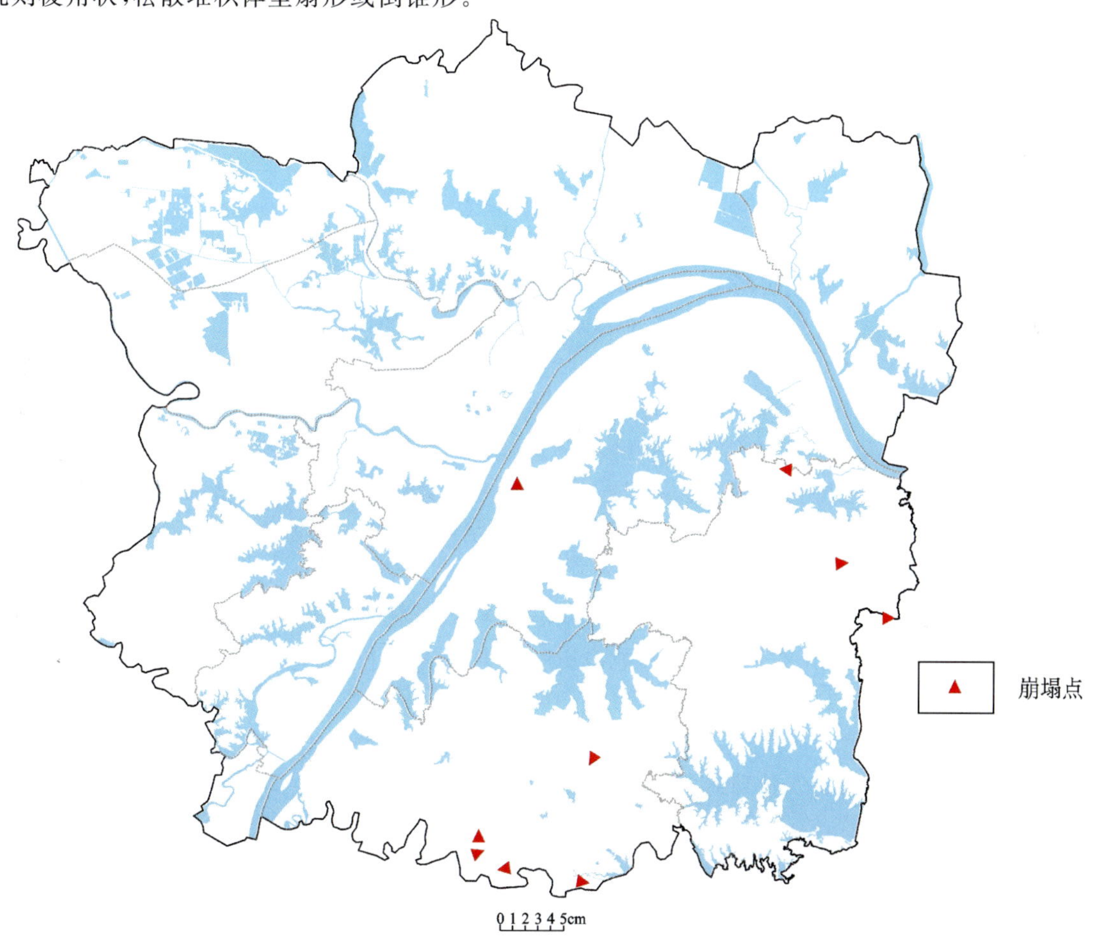

图7-7　武汉都市发展区崩塌分布位置图

表7-10　武汉都市发展区崩塌灾害点简要信息一览表

位置	威胁人数	威胁资产(万元)	险情分级	灾害规模	稳定情况	监测分级	防治对策	防治分期
武昌区胭脂山北坡	400	—	大型	中型	基本稳定	镇级	群测群防	近期
东湖开发区花山街花山村	—	—	小型	小型	基本稳定	市级32号	工程治理	近期
左岭镇大罗村长岭山采石场	—	—	小型	小型	不稳定	镇级	群测群防	远期
东湖开发区左岭街岱家山	—	—	中型	中型	基本稳定	市级36号	工程治理	近期

续表 7-10

位置	威胁人数	威胁资产（万元）	险情分级	灾害规模	稳定情况	监测分级	防治对策	防治分期
江夏区庙山开发区花山矿区	—	—	中型	中型	基本稳定	市级 11 号	工程治理	近期
江夏区郑店采石场	5	50	小型	小型	不稳定	镇级	工程治理	远期
江夏区云井山采矿场	—	—	小型	小型	不稳定	镇级	群测群防	远期
江夏区郑店街鸽子山	20	20	中型	小型	基本稳定	区级	群测群防	远期
江夏区纸坊街灵山采石场	—	—	大型	小型	基本稳定	市级 9 号	工程治理	近期

五、不稳定斜坡

1. 定义

不稳定斜坡是指在天然状态（含暴雨等极端恶劣天气的状态）下，处于或接近于极限平衡状态的斜坡。一旦平衡状态被打破，不稳定斜坡即有可能向崩塌、滑坡、泥石流等地质灾害转化。鉴于其潜在危害性，划归可能对人民生命财产安全构成威胁的地质灾害隐患中的一种。

露头上，天然的、人工的斜坡随处可见，理应可以概略地分为稳定的、不稳定的两类斜坡，比如边坡较缓、节理裂隙也不发育、水动力作用弱的反向或斜向岩质斜坡就是稳定斜坡，反之亦然。

不稳定斜坡调查是崩塌、滑坡、泥石流等地质灾害调查的基础。具体内容包括：构成斜坡的地层岩性、风化程度、厚度、软弱夹层岩性及产状；断裂、节理、裂隙发育特征及产状；风化残坡积层岩性、厚度；山坡坡型、坡度、坡向和坡高；岩土体中结构面与斜坡坡向的组合关系；与地表构筑物的平面关系。调查斜坡周围尤其是斜坡上部暴雨、地表水渗入或地下水对斜坡稳定的影响、人为工程活动对斜坡的破坏情况等。对可能构成崩塌、滑坡的结构面的边界条件、坡体异常情况等进行调查分析，以此判断斜坡发生崩塌、滑坡、泥石流等地质灾害的危险性及可能的影响范围。

2. 失稳条件

有下列情况之一者，视为该斜坡具备了失稳条件。

(1)各种类型的危岩体。

(2)斜坡岩体中有倾向坡外、倾角小于坡角的结构面存在。

(3)斜坡被两组或两组以上结构面切割，形成不稳定棱体，其底棱线倾向坡外，且倾角小于斜坡坡角。

(4)斜坡后缘已产生拉裂缝。

(5)顺坡走向卸荷裂隙发育的高陡斜坡或凹腔深度大于裂隙带。

(6)岸边裂隙发育、表层岩体已发生蠕动或变形的斜坡。

(7)坡足或坡基存在缓倾的软弱层。

(8)位于库岸或河岸水位变动带，渠道沿线或地下水溢出带附近，工程建成后可能经常处于浸湿状态的软质岩石或第四系沉积物组成的斜坡。

(9)其他根据地貌、地质特征分析或用图解法初步判定为可能失稳的斜坡。

3. 划分不稳定斜坡的意义

将不稳定斜坡单独划出，有助于显著减少滑坡等地质灾害的发生，有效降低施工风险，增强施工安全。

首先，在工程建设设计过程中，以加强斜坡稳定性的设计方案为主，杜绝大挖大填等降低斜坡稳定性的设计，并在设计图纸中注明相关注意事项。

其次，可以对不稳定斜坡进行针对性设计和防护，防患于未然。不稳定斜坡属于并未滑动过的斜坡，自身暂时处于稳定状态，当施工对其稳定性产生不利影响时，可主动设置挡墙等抗滑措施进行补偿，避免不稳定斜坡发生滑动。

最后，在施工过程中，对不稳定斜坡，相对于普通的高边坡、深路堑，也应给予更高级别的重视，对施工单位的施工组织、施工形式提出了更高、更安全的要求，也为监理部门提供了更具针对性的监理重点。

4. 分布与规模

在武汉都市发展区内共调查各类边坡 67 处(图 7-8)，类型以采矿边坡为主，路堑边坡次之，还有少量湖岸边坡和大堤边坡，除大部分采矿边坡在矿山地质环境工程治理之前保持原貌、稳定性较差外，其他路堑边坡、湖岸边坡和大堤边坡均在较为严密的防护措施下保持稳定状态。有些稳定性较差的斜坡存在向滑坡、崩塌演变的趋势，是需要重点监测的对象。

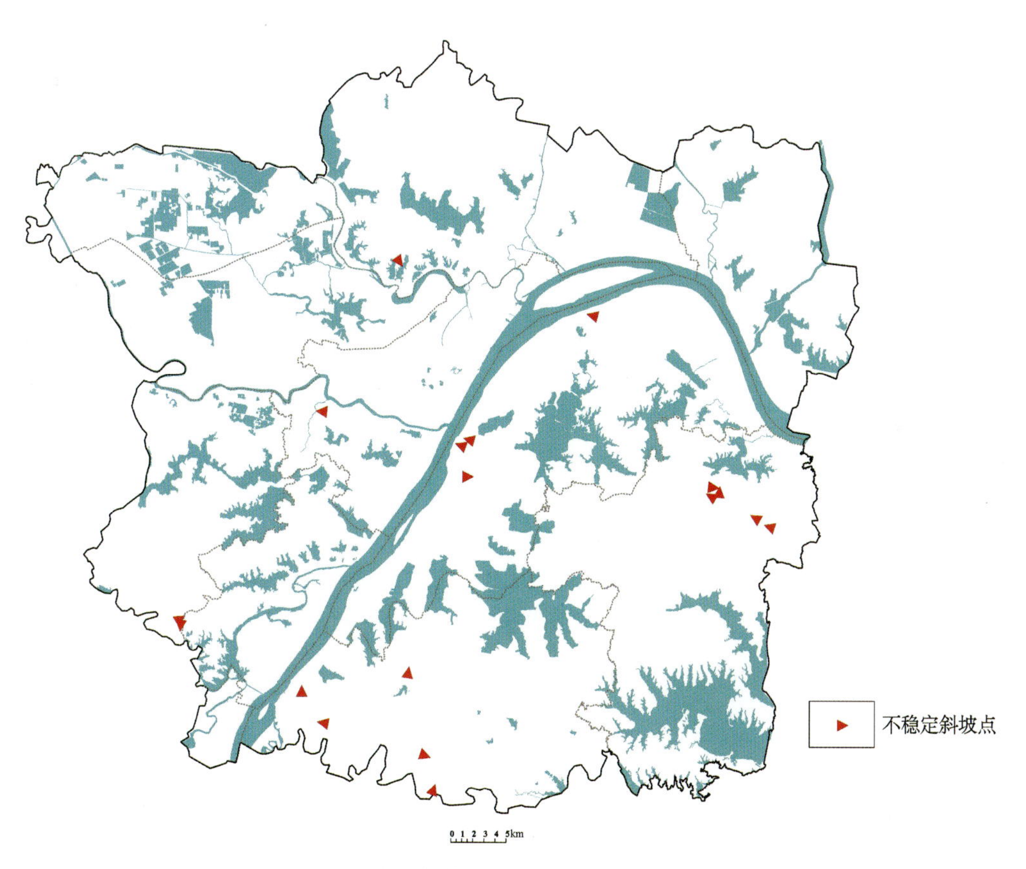

图 7-8　武汉都市发展区不稳定斜坡分布位置图

武汉都市发展区内具有潜在危害性的不稳定斜坡 18 处，堆积体总体积约 $4254\times10^4\mathrm{m}^3$。土质不稳定斜坡仅青山区工人村钢谷小区砂山 1 处，其余均为岩质不稳定斜坡。按行政区划分，武昌区 3 处，青山区、汉阳区和黄陂区各 1 处，蔡甸区 2 处，东湖新技术开发区和江夏区各 5 处。大多分布于开发区和新城区采石场，其次位于房屋建筑旁侧。大、中、小型规模分别为 5 处、6 处、7 处，体积小的仅约 $300\mathrm{m}^3$，最大 $2640\times10^4\mathrm{m}^3$，规模相差悬殊。大型规模的不稳定斜坡有武昌区中山路凤凰山社区南侧、东湖新技术开发区左岭街大罗村长岭山、顶冠峰、古米山、江夏区魏樊村采石场等 5 处。

调查资料表明，同等条件下，相对于岩质斜坡而言，土质斜坡的稳定性较差；反向斜坡和斜向斜坡的稳定性要好于顺向斜坡；坡角越大的斜坡越不稳定。

区内代表不同行政区的不稳定斜坡特征值见表 7-11。

表 7-11　典型不稳定斜坡特征值表

地名	斜坡类型	地层时代	岩性	构造部位	坡高(m)	坡长(m)	坡角(°)	稳定性
汉阳区锅顶山	人工、岩质、顺向	$D_{2-3}y$	石英砂岩	背斜北翼	30	240	80	不稳定
汉阳区米粮山				—	28	50	50	
蔡甸区奓山				—	35	82	50	
东西湖区睡虎山	斜向			向斜南翼	13	150	65	
黄陂区露甲山		C_2h	硅化白云岩	向斜核部	23	110	60	基本稳定
东湖高新区凤凰山	顺向	$D_{2-3}y$	石英砂岩	向斜北翼	25	120	35	不稳定
江夏区魏家大山	斜向			—	50	180	55	基本稳定

第三节　地质灾害对城市安全的影响

一、岩溶地面塌陷及对城市安全的影响

(一)主要危害

岩溶地面塌陷的伴生现象主要有地面下沉、地面开裂和塌陷地震，它们随塌陷而产生，有时成为塌陷的前兆现象。而与之共生的地面变形现象则有地裂和地面沉降。岩溶地面塌陷的危害体现在 3 个方面：一是影响矿产资源、岩溶地下水资源和地表水资源的开发利用；二是恶化地质环境：地表泥砂涌入矿坑或地下工程，污染岩溶地下水，破坏地表径流、改变水循环条件，破坏地表形态、加剧水土流失和土地荒漠化，恶化城乡居民的生产生活环境；三是形成地质灾害，如毁坏水库大坝、诱发洪水灾害，威胁道路、桥梁安全，破坏矿山设施、引发矿坑突水溃泥，毁坏房屋建筑、威胁人民的生命财产安全。

(二)成因分析

岩溶地面塌陷形成原因复杂，具有突发性、随机性、隐伏性等特点，不易探查。不仅与下伏碳酸盐岩岩溶发育程度有关，还与上覆松散盖层的工程地质性质及裂隙岩溶水、孔隙水、地表水三者之间的循环密切相关。也就是说，岩溶洞隙是岩溶地面塌陷产生的基础，一定厚度的松散盖层是塌陷的主要组成部分，易于改变的岩溶地下水动力条件是主要动力因素。

岩溶地下水动力条件的急剧变化是产生岩溶塌陷的主要动力所在。由于人为过量开采地下水导致裂隙岩溶水位大幅下降，一来对上覆土层的浮托力减弱以至消失，再者使上覆土层孔隙水因水头高出岩溶水位而发生渗流潜蚀作用，加上地表水的下渗，这种作用更加增强。随着地下水水力坡度加大，地下水对土颗粒的淘空和搬运能力越来越强，逐渐将土层结构破坏，并形成土洞。当裂隙岩溶水水位降至含水层顶板以下，随着溶洞充填物的流失，在腾空的岩溶腔体内往往还形成真空负压，这种负压对上覆的土层有很强的吸蚀作用。上覆土层在地下水的潜蚀作用和真空负压的吸蚀作用下，土层越来越薄，直至

最终塌陷，这就是武汉市都市发展区内岩溶地面塌陷的主要致塌机理。

许多工程实践表明，武汉地区往往沿陡立灰岩层面垂向呈溶隙形态的岩溶比较发育，而且水平方向上连续性较差，亦即垂直于灰岩层面的水平向岩溶洞隙不甚发育。

石灰岩虽可被水溶蚀，但其溶蚀的速率却是非常缓慢的，经查阅有关文献，我国广西岩溶溶蚀速率为0.1～0.3mm/a，一般地区均低于1.0mm/a，可见建筑物的使用年限与其岩溶发育寿年相比，乃属历史瞬间。

武汉市岩溶地面塌陷成因及致塌模式分类统计见表7-12。由表中可知，在所有按时间顺序统计的31个（图7-4的点共27个，下同）岩溶地面塌陷案例中，自然塌陷案例6个，仅占19%，说明人类工程活动诱发是主因；而潜蚀致塌作用占97%，在所有致塌模式中居首位。以上31个案例中，尚不完全包括在钻探和工程施工过程中引起并被及时处理而未产生较大次生灾害的地面塌陷。

表7-12　武汉市部分岩溶地面塌陷成因及致塌模式分类统计表

序号	发生时间	位置	陷坑个数	成因及主要诱发因素					致塌模式				
				自然塌陷	人为塌陷								
					抽水	荷载	振动	渗水	潜蚀	重力	吸蚀	荷载	震动
1	1931年8月	武昌区丁公街	—	√					√	√			
2	1977年9月	汉阳区中南轧钢厂	5		√	√			√	√	√	√	
3	1983年7月	武昌区倒口湖阮家巷	3	√					√				
4	1988年5月	武昌区陆家街中学	1	√					√	√			
5	1994年6月	江夏区范湖乡金水村	1	√					√	√			
6	1999年4月	洪山区毛坦港小学	1	√					√	√			
7	2000年2月	武昌区市司法学校	1	√					√	√			
8	2000年4月	洪山区烽火村乔木湾	19		√				√	√			
9	2001年5月	江夏区乌龙泉京广线	2		√					√	√		
10	2005年8月	武昌区阮家巷子	1					√	√				
11	2006年4月	武昌区长江紫都	2			√			√			√	
12	2008年2月	汉南区纱帽街陡埠村	8				√	√	√				√
13	2009年6月	武昌区武泰闸路段	1				√	√	√				√
14	2009年6年	洪山区烽火村路段	1				√	√	√				√
15	2009年6月	烽火村附近路段	1				√	√	√				√
16	2009年8月	洪山区张家湾八坦路	1				√	√	√				√
17	2009年11月	白沙洲大道快速通道	1				√	√	√				√
18	2009年12月	洪山区珞狮南路	1				√	√	√				√
19	2009年12月	洪山区钢材市场	1				√	√	√				√
20	2010年1月	洪山区光霞村五组	1				√	√	√				√
21	2010年4月	洪山区白沙洲大道	1				√	√	√				√
22	2010年7月	洪山区南湖变电站	1				√	√	√				√
23	2011年12月	武昌区市民政学校	1				√	√	√				√

续表 7-12

序号	发生时间	位置	陷坑个数	成因及主要诱发因素					致塌模式				
				自然塌陷	人为塌陷								
					抽水	荷载	振动	渗水	潜蚀	重力	吸蚀	荷载	震动
24	2012 年 12 月	江夏区金水办事处	1					√	√				
25	2013 年 3 月	洪山区毛坦港村委	3				√		√				√
26	2014 年 5 月	江夏区大桥新区	1			√			√			√	
27	2014 年 9 月	江夏区法泗金水河	19				√		√				√
28	2014 年	洪山区红旗村	—			√			√			√	
29	2014 年	汉阳区和昌森林湖	—			√			√			√	
30	2014 年	汉阳区龙阳大道	—		√				√		√		
31	2015 年	汉阳区锦绣长江	1			√			√			√	
合计			80	6	4	6	14	14	30	8	3	6	14

特别值得注意的是，随着人类工程活动的加剧，以前普遍认为长江高阶地隐伏岩溶之上的老黏土不发生塌陷的传统观念也正在被此类地质灾害实例所修正。2014 年 5 月 2 日上午 10 时 50 分，武汉市江夏区大桥新区一在建楼盘发生岩溶地面塌陷地质灾害（编号：74），致使 2 名施工人员与工程车辆掉落坑中造成机毁人亡，该事件引起了社会各界的广泛关注。实测该塌陷点垂向地层结构自上而下为：

（1）灰褐色湖积黏土（Qhz^{l}），层厚 0.2～0.3m。

（2）黄褐色—棕红色砂质黏土（Qp_2w^{edl}），层厚 0.6～0.7m。

（3）棕红色残坡积碎石砂质黏土（Qp_2w^{edl}），碎石成分以棱角状灰白色灰岩或白云岩为主，含量占 20%左右，层厚>17m。

（4）大冶组（T_1d）厚层状砂屑灰岩、颗粒灰岩、白云质灰岩，具溶蚀现象，溶洞较发育。

综合分析认为，该处土洞型岩溶地面塌陷，是自然地质条件下，人为活动（钻探揭穿溶洞顶板破坏了老黏土层的连续性、高楼加载等）因素诱发产生的。

最近有学者运用数理统计方法及极差与方差分析，相互验证得出塌陷因素的重要性排序，在水循环因素、地质因素、工程活动和采矿因素中，对塌陷面积（规模）影响显著的因素为工程活动、水与地质因素的交互影响。

（三）典型实例

1. 洪山区毛坦港村岩溶地面塌陷（编号：24）

2013 年 3 月以来，洪山区青菱乡毛坦港村佳兆业·金域天下 3 期工地附近岩溶水水位出现异常突变，跳升近 6m（图 7-9），4 月即发生了岩溶地面塌陷，3 个陷坑呈串珠状排列，走向约 106°，从西向东依次编号为 1 号、2 号、3 号塌陷坑（图 7-10）。1 号、2 号坑间距约 4.3m，2 号、3 号坑间距约 5.8m。平面上均呈椭圆状，空间上呈碟状，1 号坑内最初无积水，后工地排水至此（图 7-11、图 7-12）；2 号、3 号坑内均无积水（表 7-13）。1999 年 4 月附近村小学曾有过一次塌陷，说明该处岩溶地面塌陷具有继发性。

环境地质条件归纳为：①隐伏灰岩直接与第四系粉细砂岩接触；②岩溶发育强；③第四系孔隙承压水水位高于裂隙岩溶水水位，水位差较大。

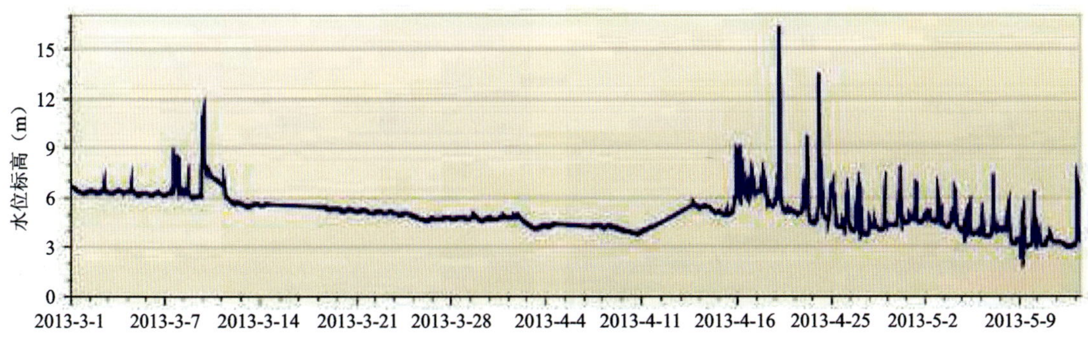

图 7-9 毛坦港村 ZK1 自动监测孔(岩溶水)水位变化曲线图

人为因素:钻探揭穿溶洞顶板。

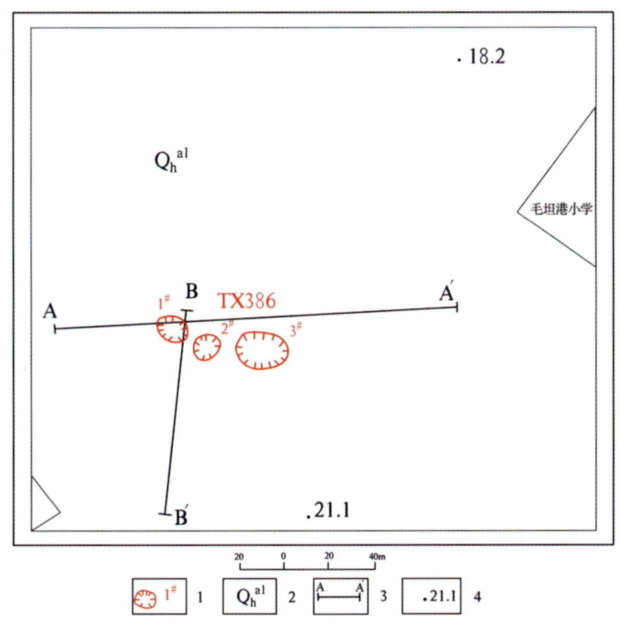

图 7-10 毛坦港村岩溶地面塌陷平面示意图

1. 塌陷坑及编号;2. 第四系全新统走马岭组冲积层;3. 剖面线及编号;4. 地面高程

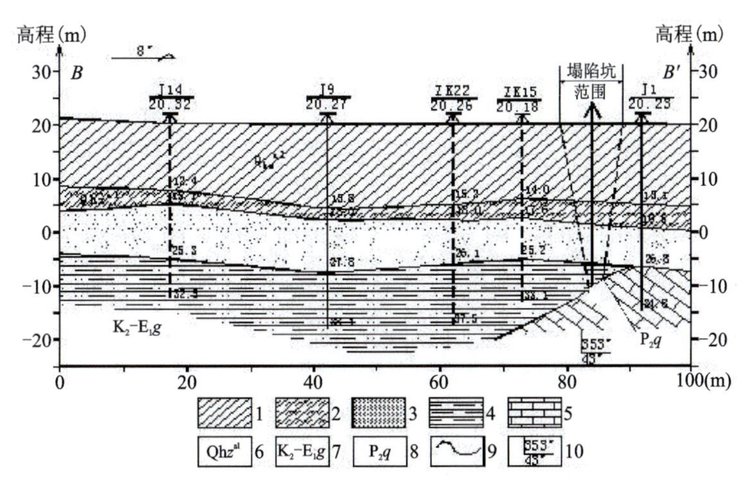

图 7-11 毛坦港村岩溶塌陷 B—B' 地质剖面图

1. 黏土;2. 淤泥质黏土;3. 粉细中砂;4. 粉砂岩;5. 灰岩;6. 第四系全新统走马岭组冲积层;7. 上白垩统—古新统公安寨组;8. 中二叠统栖霞组;9. 地层界线;10. 岩层产状

图 7-12　毛坦港岩溶地面塌陷 1 号陷坑面貌

表 7-13　毛坦港陷坑统计表

编号	长轴长度(m)	长轴走向(°)	短轴长度(m)	短轴走向(°)	深度(m)	变形特征
1	14.4	110	12.2	37	0.5～0.8	四周有环形裂缝，最宽 10～20cm，可见深 1～1.2m
2	13.6	37	12.6	112	0.5～0.7	四周有环形裂缝，宽 10～20cm
3	23.6	92	17.3	20	0.2～0.3	四周有环形裂缝，宽 0.8～10cm

成因分析：第四系孔隙水向岩溶水渗透路径迅速减小，水力梯度达到临界值，粉细砂层渗透破坏，向溶洞运移，形成岩溶地面塌陷。挤土类桩基施工产生的超静孔隙水压力亦不容忽视。总之，该处岩溶地面塌陷，是自然地质条件下，钻探揭穿溶洞顶板诱发产生的。

塌陷类型：潜蚀、渗流液化漏失型塌陷。

2. 江夏区金水河岩溶地面塌陷

2014 年 9 月 5 日，武汉市江夏区法泗街金水河两岸紧邻武-嘉高速公路五标段施工现场的长虹村、八坛村突发大规模地陷，出现 19 个大小不一的锥形深坑（表 7-14）。其中最大的 17 号坑位于长虹村，长、宽分别约为 103m 和 48m，深约 6.5m（图 7-13），面积 3883m²。塌陷区横跨金水河延伸至北岸的八坛村，呈南北向线状展布，总面积 13 170m²。

该岩溶地面塌陷未造成人员伤亡，但造成 1 幢 3 层楼和 2 幢平房完全被毁，1 幢 3 层楼严重倾斜，金水河两侧河堤严重垮塌，一台桩机冲击钻和一个钻头被掩埋，导致武汉至深圳高速公路（武汉至嘉鱼段）工程建设停工，长虹村和八坛村及工地输电线路损坏，经济损失较大。

表 7-14　金水河陷坑统计表

编号	长轴长(m)	短轴长(m)	深度(m)	长轴方向(°)	面积(m²)
1	17	14	9	65	187
2	10	9	4.5	65	71
3	20	17	7.5	64	267
4	16	15	8.0	65	189
5	8	5	1.5	140	32
6	37	32	8.5	71	930

续表 7-14

编号	长轴长(m)	短轴长(m)	深度(m)	长轴方向(°)	面积(m^2)
7	19	17	6.5	71	254
8	21	21	4.0	141	346
9	26	24	5.0	145	490
10	28	24	0.4	52	528
11	36	25	6.5	50	707
12	82	36	8.5	49	2318
13	25	21	5.5	89	412
14	22	15	5.0	73	259
15	51	39	9.5	50	1562
16	19	16	4.5	55	239
17	103	48	6.5	55	3883
18	20	19	7.5	55	298
19	20	12	5.8	55	198
合计					13 170

图 7-13　金水河岩溶地面塌陷现场

金水河岩溶地面塌陷成因分析如下。

1)自然因素

塌陷处下伏基岩为中二叠统栖霞组(P_2q)碳酸盐岩,岩溶(溶洞、岩溶裂隙)发育,钻探揭露的溶洞高达7.7～14.8m,且非完全充填,溶洞顶板较薄,大多不足1m,碳酸盐岩上覆地层具二元结构,细砂层直接覆盖在岩溶发育的碳酸盐岩之上。

第四系全新统孔隙承压水、碳酸盐岩裂隙岩溶水之间存在较大的水头差,使碳酸盐岩上覆的细砂易渗流失稳。

2)人为因素

武汉至深圳高速公路(武汉至嘉鱼段)当时正在进行桩基施工,采用先反循环后冲击成孔的施工方式作业。在施工过程中,一方面部分钻孔揭露了下部岩溶(溶洞、溶隙),使上部第四系全新统孔隙承压水与下部岩溶水直接贯通,缩短了孔隙承压水补给下部岩溶水的渗透路径,增加了钻孔处地下水水力梯度;另一方面在冲击成孔过程中,循环液的利用进一步增加了钻孔处地下水水力梯度,导致施工钻孔处水力梯度大于细砂层渗透破坏临界值,形成岩溶地面塌陷。

在 8-1 号桩基处发生塌陷过程中，上部的粉质黏土有一个向下的挤压作用，使原来溶洞中充填的地下水沿着岩溶裂隙运移，在沿途产生冲击作用，使原来闭合和填充的岩溶裂隙张开，在水力梯度的作用下，上覆的细砂就顺着这些张开岩溶裂隙运移，在钻孔外围产生新的岩溶地面塌陷。

综上所述，虽然特定的地质环境条件是本次岩溶地面塌陷产生的内在因素，但工程建设施工(桩基施工)则是主要诱发因素。

发展趋势预测：根据该工程勘查资料，该区下伏基岩为碳酸盐岩地层，岩溶发育，顶板较薄，容易遭受破坏，上覆地层为典型的二元结构(上部为黏性土，下部为细砂)。在振动、人工荷载、循环液和地下水等共同作用下，细砂有可能进一步向溶洞中运移，从而形成新的塌陷，存在岩溶地面塌陷隐患。

二、软土地面沉降及对城市安全的影响

(一)主要危害

地面沉降造成的危害主要有如下方面。

(1)对房屋建筑的危害：采用桩基础的建筑物，主体结构安全，可以正常使用；部分采用天然基础的房屋建筑，局部墙体开裂，需要进行维修；采用桩基的建筑物与采用天然基础的附属建筑物之间，因两者的差异沉降，引发连接处开裂、错台，影响使用，需要及时处理。

(2)对市政工程的危害：部分市政道路因地面沉降，导致路面起伏较大，影响车辆通行。

(3)对地下管线的危害：因地面不均匀沉降，地下水管、燃气管道等各类管线存在断裂的可能，有安全隐患。部分小区的进户给水、排水等管线出现接头脱落现象。

为降低地面沉降造成的危害，市城建委制定出台了《武汉市深厚软土区域市政与建筑工程地面沉降防控技术导则》。导则规定，长江、汉江一级阶地，当场区内填土、软土及含软黏性土互层土总厚度大于或等于 8m 时，应划分为地面沉降重点防控区；一级阶地上述地层厚度小于 8m 及高阶地湖积区上述土层总厚度大于 5m 的场地可划分为地面沉降一般防控区。

(二)成因分析

经过对地面沉降的长期观测和研究，国内对地面沉降的主要原因已取得较为一致的认识。归纳起来有地质构造、气候等自然因素，也有人类工程活动的人为因素。可以肯定的是，人类工程活动是主要原因之一，既可导致地面沉降，又可加剧地面沉降，主要表现为以下几个方面。

(1)大量抽取液体资源(地下水、石油等)、地下气体(天然气、沼气等)活动是造成大幅度、急剧地面沉降的最主要原因。

(2)采掘地下团体矿藏(如沉积型煤矿、铁矿等)形成的大范围采空区及地下工程(隧道、防空洞等)是导致地面下沉变形的原因之一。

(3)地面上的人为振动作用(大型机械、机动车辆及爆破等引起的地面振动即动载荷)在一定条件下也可引起土体的压密变形。

(4)重大建筑物、蓄水工程(如水库)对地基施加的静荷载，使地基土体发生压密下沉变形。

(5)由于在建筑工程如深基坑开挖和隧道盾构施工中对地基处理不当造成的地面沉降。

具体到武汉市最近 2～3 年来陆续发生的以后湖地区为代表的地面沉降，地下水水位下降是主要外因，场地地表以下存在较厚的填土及软土是主要内因。而造成地下水水位下降的主要因素有：一是近几年，武汉段长江洪峰减少，洪峰水位降低，且高水位维持时间较短，大量减少了长江水的水量补给；二是近几年超深基坑(开挖深度进入砂层)相继开工，深井降水措施造成上层滞水流失、水位下降，引发地表

填土及软土的固结沉降；三是近年来武汉地区降雨量也有所减少，地下水水位随之降低。

然而，关于地下水水位下降与地面沉降的关系问题，范士凯大师通过多年的工勘实践认为：其一，降水引起的地面沉降，主要发生在第四纪全新世含水层中；其二，超固结的“老黏土”中的含水层（Qp_3及其以前），即使水位降幅很大也很少产生不良影响的地面沉降；其三，真正引起地面沉降的地层是被疏干的含水层及其相邻欠固结、可释水的部分地层即压缩层；其四，降水引起地面破坏性沉降的主要因素是沉降差，它由地下水降落漏斗的水力坡度和含水层厚度的明显变化（相变）两方面因素所决定。而降水引起的“固结沉降”和含水层未疏干而发生渗透破坏（流土、管涌、突涌）引起的地面沉陷、开裂是两种性质截然不同的变形现象，因为降水引起的“固结沉降”发生时具有缓变性、相对均匀性和可定量性，且渗透破坏不是固结沉降，流砂、管涌、突涌是含水层未被疏干的条件下开挖产生的涌水、冒砂，地下水土流失造成地面大量沉陷，伴随地表开裂，其影响范围可达数十米至上百米。

（三）典型实例

1. 后湖地区建筑物地面沉降（编号：25）

历史上整个后湖地区均为湖滩，普遍隐埋一层一般厚 10m 左右、最厚可达 30 余米的淤泥质黏土或淤泥。由于近代人类填塘围垸活动，使湖泊周围沼泽地带的淤泥质软土裸露地表或被人工填土所掩盖。该土层具有天然含水量高、孔隙比大、压缩性高、强度低、渗透系数小的特点，具有触变性、高压缩性和流变性等工程地质特征。高层建筑物的不断加载、超深基坑降水工程手段的实施以及大气降水补给的减少导致地下水位降低后，极易引发软土地面沉降等地质灾害。

世纪家园小区，由于与其相距不远的基坑降水不当，多栋住宅楼几乎在同一时期出现沉降速率加快、不均匀沉降加速、沉降缝拉开及女儿墙开裂等现象。具体表现为楼体斜歪、墙面开裂、地下管网被拗弯、地基下沉等。特别是 2013 年以来附近地铁施工过程中由于大量抽取地下水而使沉降量明显增大。目前门面房台阶一般下沉 7.5～20cm，最大 30cm（图 7-14）；有户居民家中客厅见 4m×4m×0.15m 大小、形似脚盆的凹陷坑一个（图 7-15）。

图 7-14　小区门面房台阶下沉现象

图 7-15　小区居民室内下沉现象

2. 白沙洲大桥路基不均匀沉降

由于多层建筑以软土为天然地基持力层，或建筑物、道路的软土地基处理不当，造成建筑物沉降长期不稳定，沉降过大（有的超过 1000mm）；或造成建筑物差异沉降过大，甚至导致上部结构破坏；或造成路基不均匀沉降，如 2003 年 11 月，白沙洲长江公路大桥汉阳连接线近 4km 的路面，由于软土处理不当，公路建成仅一年多，路基即发生不均匀沉降，导致路面起伏不平，出现大量裂缝，先后 3 次治理，每次耗资几千万元，效果并不明显，不但造成了很大的经济损失，还损害了武汉市城市形象。

3. 汉口三眼桥地面沉降

汉口三眼桥桥苑新村 18 层住宅楼，下伏软土埋深 10m，厚达 1m。采用桩基，由于基坑开挖未按方案实施，造成工程桩大量倾斜，240 根桩偏位 300mm 以上，个别达 1.7m，最终导致桩基整体失稳，并形成部分三类桩，将地下室底板抬高 2m，埋深达不到规范要求，削弱建筑物整体稳定性，又在歪桩上接桩，竖向荷载形成分量，导致严重倾斜，楼顶部倾斜位移达 2884mm。最后于 1995 年 12 月 26 日实施爆破拆除，直接损失达 1000 万元。

4. 东西湖区府河大堤地面沉降(编号:57)

东西湖区软土压缩变形导致的地面沉降或滑移问题历来比较突出，府河大堤东西湖区段，由于地表 1～2m 以下分布有厚 3～9m 的淤泥，筑堤过程中即开始滑裂深陷，经多次中心压土仍不能稳定，反复出现边填边滑边沉的状况，后采取裂缝抽槽隔渗、堤下抛石镇脚、并加做戗台或摩擦脚等工程地质手段，使淤泥挤尽，方才得以稳定。现今府河右岸连续分布有东流港、赵家赛湖、杨石径(图 7-16)和小泥湖等险段多处，情况大体相似，险情得以排除，且防范措施到位、石料储备充足。茅庙集一带水泥路面出现的规律性裂缝也是这一地质灾害的客观反映(图 7-17)。

图 7-16　府河大堤杨石径险段

图 7-17　茅庙集一带公路裂缝

三、滑坡及对城市安全的影响

(一)主要危害

滑坡的危害性体现在以下 6 个方面：①破坏线性工程；②危害房屋建筑；③桥梁墩台推移，隧道明洞摧毁；④造成行车事故，人身伤亡严重；⑤中断交通运输，影响国计民生；⑥增加基建投资，提高维修费用。

(二)成因分析

1. 滑坡的形成条件

(1)地形地貌。坡度为 10°～45°，下陡中缓上陡，上部成马蹄形的环状坡形且汇水面积较大时为产生滑坡的有利地形；江、河、湖(水库)、沟的岸坡，前缘开阔的山坡、铁路、公路和工程建筑物边坡等均为易产生滑坡的地貌部位。

(2)岩土类型。在岩土层中,必须具有受水构造、聚水条件和软弱面等,才可能形成滑坡。通常情况下,结构松软、抗剪强度和抗风化能力较低,在水的作用下其性质易发生变化的岩土体如松散覆盖层、红黏土、页岩、泥岩等及软硬相间的岩层所构成的斜坡易发生滑坡。

(3)地质构造。斜坡上的岩土体只有被各种构造面切割分离成不连续状态时才可能具备向下移动的条件,同时构造面又为降雨等进入斜坡提供了通道。因此各种节理、裂隙、层理、岩性界面、断层发育的斜坡,特别是当平行和垂直斜坡的陡倾构造面及顺坡缓倾的构造面发育时,最易发生滑坡。

(4)水文地质条件。地下水活动可以软化岩土体,降低其强度,并产生动水压力和孔隙水压力,潜蚀岩土体,增大容重,对透水岩石产生浮托力等。

(5)内外营力和人为作用的影响。现今的地壳活动构造带和人类工程活动频繁地区是滑坡多发区,诱发滑坡的外界因素主要有地震、降雨;地表水的冲刷浸泡、河流对斜坡坡脚的不断冲刷;不合理的人类活动如开挖坡脚、坡体堆载、爆破、水库蓄(泄)水、矿山开采等。

综上所述,滑坡的形成与地形地貌、地层岩性、地质构造、大气降雨及人类工程活动有关。滑坡的自然诱发因素以降雨为主,人类活动中采矿、切坡是主要的人为诱发因素。

武汉都市发展区内滑坡主要发育在地形坡度大于25°的地域,较集中地分布在地形坡度为30°~40°的地段。岩性上以土体、矿渣滑坡为主,岩滑次之。

2. 滑坡发生的时间规律

(1)同时性。有些滑坡受诱发因素作用后立即活动,如与地震、强降雨、开挖、爆破等同时发生。

(2)滞后性。有些滑坡的发生时间稍晚于诱发因素的作用时间,该类滑坡多发生在暴雨、大雨和长时间降雨之后,滞后时间的长短与滑坡体的岩性、结构及降雨量的大小有关。滑坡体越松散、裂隙越发育、降雨量越大,则滞后时间越短。

(3)人为因素诱发滑坡的滞后时间长短与人类活动强度大小及滑坡体原先稳定程度有关。

(三)典型实例

1. 江夏区庙山开发区花山矿区滑坡与崩塌(编号:81)

该矿区为停采的大型采石场,出露地层岩性为:上—中泥盆统云台观组($D_{2-3}y$)中厚层—厚层石英砂岩,中志留统坟头组(S_1f)灰绿色粉砂质泥岩,两者呈平行不整合接触关系。碎裂状石英砂岩块度一般0.07m×0.05m×0.04m(长×宽×高,下同),控制结构面为三组节理和层理,节理倾角介于50°~86°之间。该顺坡向滑坡体沿岩层面或平行不整合界面滑动,层理倾角较陡,约41°;松散破碎的岩块与其上覆的薄层碎石红土处于失稳状态(图7-18~图7-20),遭遇强降雨等恶劣天气时可诱发滑坡地质灾害。

受该滑坡威胁的对象为花山大道,该隐患点已列为2015年市级监测点,治理工程的招、投标工作已经就绪。

图7-18　花山矿区滑坡与崩塌地质灾害隐患点全景

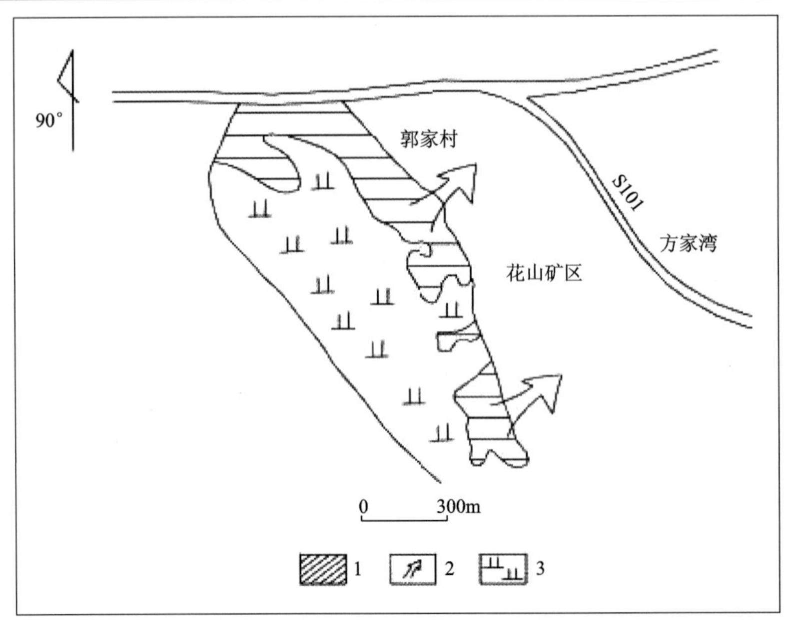

图 7-19　花山矿区滑坡与崩塌平面示意图

1. 采矿区；2. 滑动和崩落方向；3. 绿地

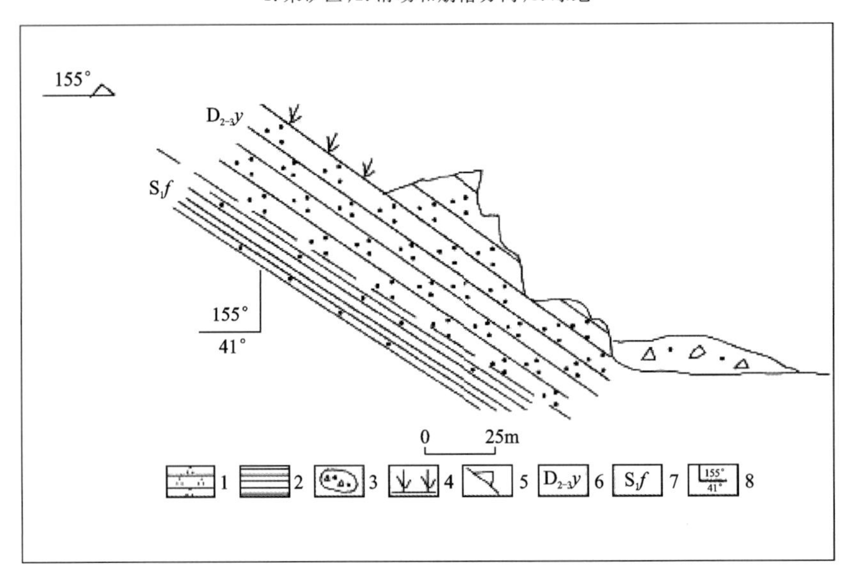

图 7-20　花山矿区滑坡与崩塌剖面图

1. 石英砂岩；2. 砂质页岩；3. 堆积体；4. 复垦区；5. 危岩体；

6. 云台观组；7. 坟头组；8. 地层产状

2. 新洲区 S109 省道残坡积层滑坡（编号:65-1）

该土质滑坡位于新洲区阳逻街淘金山村 S109 省道西侧，长 45m、宽约 10m、厚 15m，体积约 6750m^3，为小型规模。滑坡体由上白垩统—古新统公安寨组(K_2E_1g)残坡积层松散岩、土体构成，公安寨组基岩为紫红色含砾泥质粉砂岩夹灰—灰绿色含粉砂细粒长石砂岩条带，条带一般宽约 8～15cm，最宽可达 25cm，层理产状均在 95°～115°∠15°～20°之间波动。此处公安寨组红色岩层中发育舒缓波状开阔褶皱，两翼产状由南往北依次为 190°∠15°、30°∠23°、270°∠30°。公路切坡和大气降雨是滑坡的主要诱发因素。该滑坡体滑动面光滑，呈折线形，与地层产状倾向相反，倾角高出 10°左右，面上可见较为清晰的擦痕。在向下滑动的过程中，受到公路路基的阻碍，于是在前缘形成了隆起的小丘，鼓丘高 1.7m、长 9m、宽 5m(图 7-21～图 7-23)。受该滑坡威胁的对象为 S109 省道，目前已经治理。

图 7-21　S109 省道残坡积层滑坡鼓丘与滑动面

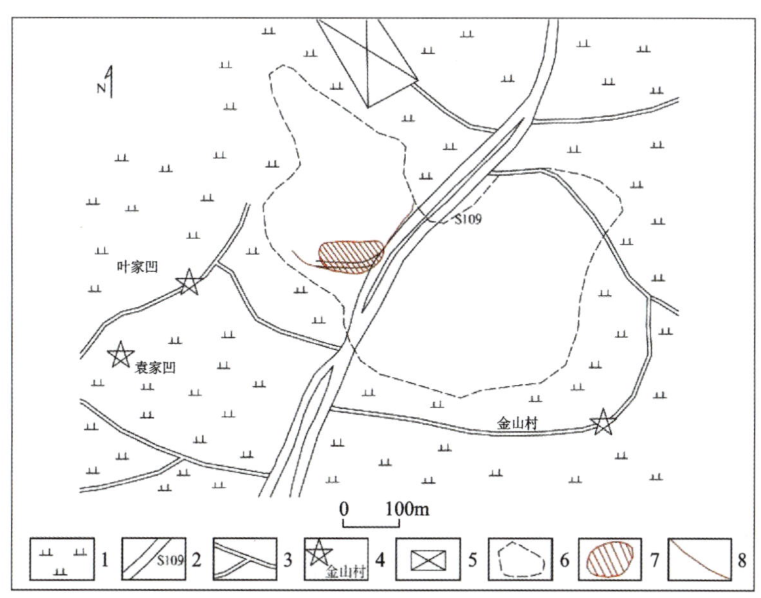

图 7-22　S109 省道土质滑坡平面示意图

1. 农田；2. 公路；3. 乡间路；4. 村庄；5. 厂区；6. 开挖范围；7. 滑坡体　8. 岩质陡坡

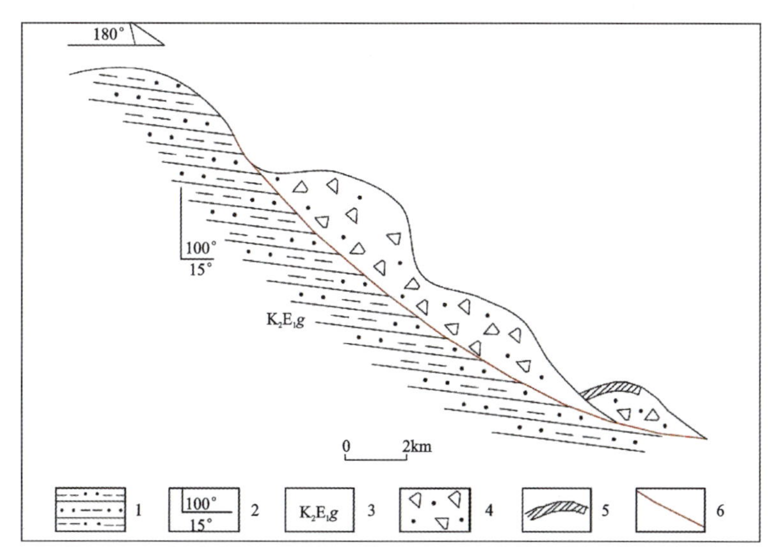

图 7-23　S109 省道土质滑坡剖面图

1. 泥质粉砂岩；2. 地层产状；3. 公安寨组；4. 滑坡堆积体；5. 破坏的道路；6. 滑面

四、崩塌及对城市安全的影响

(一)主要危害

崩塌是山区常见的不良地质现象,不仅破坏生态环境,使建筑物甚至整个居民点遭到毁坏,威胁人民的生命财产安全,而且常导致交通中断,给国民经济造成巨大损失,因而备受关注。

(二)成因分析

1. 崩塌发生条件和发育因素

崩塌可分为自然型、采矿型及切坡型三大类。崩塌的形成既有特定的环境地质条件,也有诱发、激发的动力因素促使,大气降雨是崩塌产生的一个重要激发因素。

(1)地形地貌。有利地形为坡角大于45°的高陡斜坡、孤立山嘴或为凹形陡坡,凹凸不平的山坡表面的突出部位也有可能发生崩塌;有利地貌部位是江、河、湖(水库)、沟的岸坡及各种陡崖、山坡、铁路、公路边坡、工程建筑物边坡及其他各种人工边坡。

(2)岩土体类型。一般形成陡峻山坡的岩石多为坚硬而性脆的岩石,如厚层灰岩、石英砂岩、砾岩等。松散土层或软弱岩石往往形成小型坠落和剥落。

(3)地质构造。岩质反向斜坡的稳定程度大于顺向斜坡,倾角越大、破碎程度越高,斜坡的稳定性越差。处于地震活动带上的断层,对斜坡的稳定性产生不良影响。坡体中各种构造面形成的裂隙越发育,越易产生崩塌。通常情况下,岩石节理的发育程度是决定坡体稳定性的主要因素之一。

(4)地震。一般烈度在7度以上的地震都会诱发大量崩塌。

(5)降雨。特别是大雨、暴雨和长时间的连续降雨,使地表水渗入坡体,软化岩土体及其中的软弱面,产生孔隙水压力等,从而诱发崩塌。

(6)地表水的冲刷和浸泡,削弱坡体支撑或软化岩土体,降低坡体强度,也会诱发崩塌。

(7)不合理的人类活动。如开挖坡脚、地下采空、水库蓄水、泄洪泄水等改变坡体原始平衡状态的人类活动,均会诱发崩塌。调查区内矿产开采活动在改革开放之初较为兴盛,有露采、地下开采两种方式,露天采矿形成陡立临空面,地下开采则形成空区效应,在一定的构造、岩性条件下,促成崩塌。

2. 崩塌发生的时间规律

(1)强降雨、长时间降雨过程中或稍后时段。

(2)强烈地震时。震级6级以上,在震中区常有集中暴发。

(3)开挖坡脚过程之中或之后的一段时间里。

(4)水库蓄水初期及河流洪峰期。

(5)强烈的机械震动及大爆破之后。

(三)典型实例

江夏区纸坊街亚鑫水泥厂灵山矿区小型崩塌点(编号:85)为正在开采的大型采石场,出露地层岩性为:中二叠统栖霞组(P_2q)深灰色中厚—厚层块状含碳灰岩,层厚0.5～1m,岩体块度一般为0.2m×0.12m×0.1m,破碎强烈。采矿边坡为碳酸盐岩质顺向斜坡,地形坡度大于75°,堆积体坡面形态为凹形,控制结构面为2组节理和层理,倾角介于50°～70°之间;高悬于开采断面上的巨大岩块和滚落于山坡上的巨石处于高度失稳状态(图7-24～图7-26),遭遇暴雨、大风等恶劣天气时可诱发崩塌地质灾害。

受威胁的对象有从事采矿的工人 32 名和机械设备 11 台套。目前该隐患点已列为 2015 年市级监测点，工程治理工作有待逐步展开。

图 7-24　灵山矿区崩塌地质灾害隐患点全景

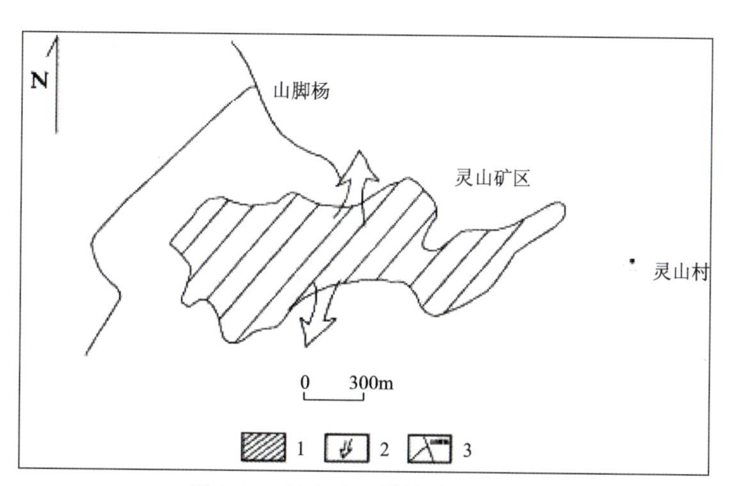

图 7-25　灵山矿区崩塌平面示意图

1. 采矿区；2. 崩塌方向；3. 道路及地名

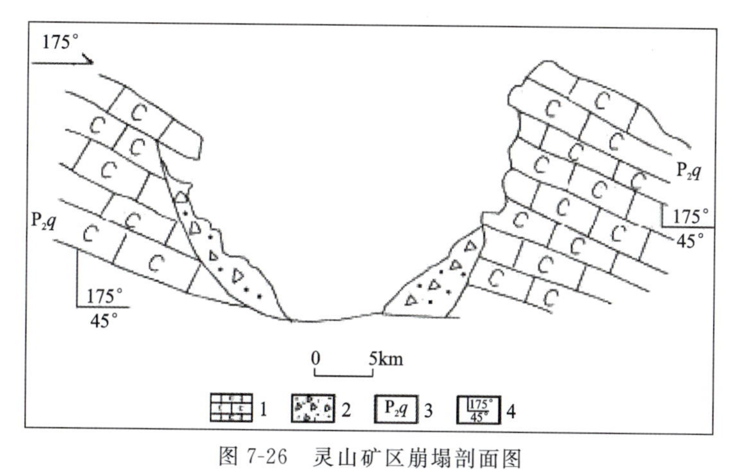

图 7-26　灵山矿区崩塌剖面图

1. 含碳灰岩；2. 崩塌堆积体；3. 中二叠统栖霞组；4. 地层产状

第四节　地质灾害防治

一、地质灾害防治原则与目标

（一）面临的形势与挑战

“十三五”期间，是武汉建设国家中心城市的关键阶段，是长江新城、长江主轴、东湖绿心的建设起步阶段，也是经济发展转轨、城市功能转换、生态环境转变的关键阶段，在新的形势下，地质灾害防治工作将面临更加严峻的挑战。

1. 地质灾害整体呈易发频发态势，灾情逐年加重

根据气象部门对未来气候趋势的分析，“十三五”期间，武汉市极端强降雨天气增多，同时随着城市建设加速，各类工程活动对地质环境影响增大。在自然因素与人类工程活动的共同影响下，地质灾害总体呈现发生频次增多、分布范围扩大的趋势。

2. 岩溶地面塌陷灾害隐患重大，分布范围扩大

2011年之前，地面塌陷多集中发育于白沙洲条带(L3)、汉南条带(L6)的一级阶地。“十二五”期间，白沙洲条带(L3)一级阶地塌陷屡屡复发；汉南条带(L6)金水闸周边也再次塌陷；大桥条带(L2)、沌口条带(L4)、军山条带(L5)、法泗条带(L7)上也相继发生新的塌陷，地面塌陷总体发生频率、分布范围均呈增大趋势，对人民生命财产的威胁也更加严重。随着人类工程活动的强度不断增加，特别是杨泗港快速通道、轨道交通11号线、金口线等经过可溶岩分布区的工程建设，可能会令岩溶塌陷的发生强度更为剧烈。

3. 软土地面沉降问题突出，影响日益增大

近年来，武汉中心城区深厚软土分布区内建(构)筑物和市政道路地面沉降地质灾害频发，严重威胁城市安全。伴随着武汉市轨道交通的建设以及地下空间安全利用研究试点城市工作的开展，地面沉降问题将日益突出，必须予以高度重视，加强研究与防治工作。

4. 中心城区老边坡屡次发生险情，防治任务繁重

武汉市低山丘陵、残丘地带散布，汉阳、武昌、纸坊、纱帽等老城区居民建房时多紧靠山体，切坡集中修建，边坡防护措施极为简易，加之年代久远逐渐失效，在强降雨等因素作用下，变形失稳现象时有发生。特别是武昌区、洪山区及青山区的蛇山、胭脂山、洪山、狮子山、营盘山一带，2016年汛期集中发生了16处边坡变形，影响重大。在城市建设与旧城区改造的过程中，虽然已经开展了部分搬迁避让、工程治理与山体恢复措施，但整体治理投入有限，仍需加强边坡调查、监测及治理工作。

5. 矿山地质生态环境遭受破坏，恢复治理仍待加强

武汉市矿山在为经济建设提供资源、动力的同时，也引发了矿山地质环境问题。由于前期矿山的无序开采，严重破坏了矿山地质环境条件，因采矿活动及矿碴堆积体而形成的地质灾害数量较多，影响城市景观，与山水园林城市、国家森林城市建设不协调。近年来陆续开展了一些矿山地质环境治理项目，也取得了较显著的效果，但总体治理面积有限。因此，整治、恢复矿山生态环境，遏制矿山环境恶化任务仍较繁重。

6. 工程活动引发地质灾害较多，多规融合成为重点

武汉市经济建设步伐不断加快，随着道路改造、轨道交通、城际铁路、地下空间开发等各类建设项目实施，人类工程活动愈来愈强烈，自然的地质环境被改造、破坏，地质灾害也随之不断产生。因而协调地质灾害防治与城市建设、交通发展、土地利用的关系，构建地质灾害防治规划与国民经济、城镇体系、基础设施、资源环境等各项规划相互融合的体系，保障城市建设科学、合理地开展，避免人为引发地质灾害，成为地质灾害防治工作的重点。

7. 地质灾害防治工作十分艰巨，经费渠道仍需拓宽

各级财政地质灾害防治专项资金为地质灾害防治工作起到了积极的促进作用，为预防灾害发生、减少灾害损失发挥了应有的作用，但目前地质灾害防治资金投入渠道单一，亟待建立以政府投入为主、社会各界多渠道支持的地质灾害防治经费筹措机制。

（二）指导思想

武汉都市发展区因人类工程活动引发的地质灾害占较大比例，基于此点，地质灾害防治的指导思想应是有计划、有步骤、有针对性地开展预警、预防和治理，防止地质灾害的发生，约束不当的经济工程活动，合理开发矿产资源，保护地质环境，保障人民生命和财产安全，减少地质灾害造成的损失。同时武汉都市发展区总面积达 3 469.02km^2，地质灾害点散布全区，防治工作涉及面广，靠单部门、纯技术力量难以完成，必须动员全社会的力量，提高全民的防灾减灾意识。

武汉都市发展区地质灾害防治，应紧扣《武汉市地质灾害防治规划（2016～2020 年）》，其根本的指导思想应全面贯彻党的十八大和十八届三中、四中、五中、六中全会精神，深入学习贯彻习近平总书记系列重要讲话精神，紧紧围绕统筹推进“五位一体”总体布局和协调推进“四个全面”战略布局，牢固树立创新、协调、绿色、开放、共享的发展理念，紧密结合武汉市经济社会发展新常态，建设更加高效的地质灾害防治体系，充分依靠科技进步和管理创新，加强统筹协调，提高防治效率，全面提升地质灾害防治能力，最大限度地避免和减少地质灾害造成的人员伤亡和财产损失。

（三）防治原则

1. 以人为本，预防为主

牢固树立以人为本理念，将保障人民群众生命财产安全作为地质灾害防治工作的出发点和落脚点，强化隐患调查排查和易发区地质灾害危险性评估，提高预警的准确性和时效性，建立完善“四位一体”网格化管理体系，增强全民防灾减灾意识，提升公众自救互救技能，做到切实减少人员伤亡和财产损失。

2. 分级分类，属地管理

在市政府的统一领导下，各级政府对本辖区内的地质灾害防治工作负责，国土部门负责组织、协调、指导和监督，专业技术单位提供技术支撑服务，相关部门密切配合，各司其职。对人类工程活动引发的地质灾害明确责任单位，坚持谁引发、谁治理；对于自然因素造成的地质灾害，在划分事权和财权的基础上，由各级财政列入预算安排治理。

3. 统筹部署,突出重点

结合武汉市国民经济和社会发展,合理部署地质灾害调查评价、监测预警、综合治理、应急防治和基层防灾能力建设任务,突出重点、分清主次,力争以最少的经济投入达到最大的减灾效益,服务社会经济发展大局。

4. 依法依规,科学减灾

加强地质灾害防治法律法规、标准规范体系建设,充分认识地质灾害突发性、隐蔽性、破坏性和动态变化性特点,强化基础研究,把握其发生变化规律,促进高新技术的应用和推广,科学防灾减灾。充分发挥武汉地区产学研优势,坚持技术创新,加强新理论、新技术的推广与应用,提高地质灾害防治效率、能力和水平。

5. 协调融合,多规合一

地质灾害防治规划应与全国、湖北省地质灾害防治"十三五"规划紧密对接,并与武汉市地质环境、矿产资源等地质矿产规划协调统一,划定的地质灾害易发区及防治区应作为城市用地评价的主要内容,纳入武汉市规划一张图,为城市建设、土地利用、经济产业布局等规划提供依据。

(四)防治目标

以最大限度避免和减少人员伤亡及财产损失为目标,尽心尽力维护群众权益,全面构建覆盖全市的"四位一体"地质灾害防治网格化管理体系;全面完成地质灾害防治高标准"十有县"建设,完善提升以群测群防为基础的群专结合监测网络,基本完成重大地质灾害隐患的工程治理。全面加强地质灾害调查评价、监测预警、综合治理和应急体系建设四大工程,全面提升基层地质灾害防御能力,初步建成与社会经济发展相匹配的地质灾害防治体系,最大程度地减轻地质灾害对生态环境的影响,促进经济和社会可持续发展,率先全面建成小康社会,为建设国家中心城市、复兴大武汉奠定坚实的基础。

二、地质灾害防治措施

地质灾害防治关系到人民群众的生命财产安全,关系到经济社会全面协调可持续发展。目前,我国地质灾害防治工作进入了规范化、法制化轨道,大幅度提高了全社会防灾减灾意识,"群测群防、群专结合"是中国地质灾害防治工作的重要特色。

(一)岩溶地面塌陷

由前面介绍的调查资料可知,武汉都市发展区的岩溶地面塌陷成因类型中,人类工程活动诱发是主导因素。因此岩溶地面塌陷的防治要从控水、工程加固和非工程性措施3个方面着手。

1. 一般防治措施

1)控水措施

要避免或减少地面塌陷的产生,根本的办法是减少岩溶充填物和第四系松散土层地下水侵蚀、搬运。

(1)地表水防水措施。

在潜在的塌陷区周围修建排水沟,防止地表水进入塌陷区,减少向地下的渗入量。在地势低洼、洪水严重的地区围堤筑坝，防止洪水灌入岩溶孔洞。

(2)地下水控水措施。

根据水资源条件规划地下水开采层位、开采强度和开采时间，合理开采地下水。在浅部岩溶发育并有洞口或裂隙与覆盖层相连通的地区开采地下水时，应主要开采深层地下水，将浅层水封住，这样可以避免地面塌陷的产生。

开采地下水时，要加强动态观测工作，以此合理指导开采地下水，避免产生岩溶地面塌陷。必要时进行人工回灌，控制地下水水位的频繁升降，保持岩溶水的承压状态。在地下水主要径流带修建堵水帷幕，减少区域地下水补给。

2)工程加固措施

(1)清除填堵法。

常用于相对较浅的塌陷坑或埋藏浅的土洞。首先清除其中的松土，填入块石、碎石形成反滤层，其上覆盖黏土并夯实。对于重要建筑物，一般需要将坑底与基岩面的通道堵塞，可先开挖后回填混凝土或设置钢筋混凝土板，也可灌浆处理。

(2)跨越法。

用于比较深、大的塌陷坑或土洞。对于大塌陷坑，当开挖回填有困难时，一般采用梁板跨越，将两端支撑在坚固岩土体上的方法。对建筑物地基而言，可采用梁式基础、拱形结构，或以刚性大的平板基础跨越、遮盖溶洞，避免塌陷发生。对道路路基而言，可选择塌陷坑直径较小的部位，采用整体网格垫层的措施进行整治。若覆盖层塌陷的周围基岩稳定性良好，也可采用桩基栈桥方式使道路通过。

(3)强夯法。

在土体厚度较小、地形平坦的情况下，采用强夯砸实覆盖层的方法消除土洞，提高土层的强度。通常利用 10～12t 的夯锤对土体进行强力夯实，可压密塌陷后松软的上层或洞内的回填土，提高土体强度，同时消除隐伏土洞和松软带，这是一种预防与治理相结合的措施。

(4)钻孔充气法。

随着地下水水位的下降，溶洞空腔内的水气压力产生变化，经常出现气爆塌陷或冲爆塌陷，因此在查明地下岩溶通道的情况下，将钻孔深入到基岩面下溶洞的适当深度，设置各种岩溶管道的通气调压装置，破坏真空腔的岩溶封闭条件，平衡其水、气压力，减少发生冲爆塌陷的机会。

(5)灌注填充法。

在溶洞埋藏较深时，通过钻孔灌注水泥砂浆填充岩溶孔洞或缝隙，从而隔断地下水水流通道，达到加固建筑物地基的目的。

(6)深基础法。

对于一些深度较大，跨越结构无能为力的土洞、塌陷，通常采用桩基工程，将荷载传递到基岩上。

(7)旋喷加固法。

在浅部用旋喷桩形成“硬壳层”，在其上再设置筏板基础。“硬壳层”厚度根据具体地质条件和建筑物的设计而定，一般 10～20m 即可。

3)非工程性防治措施

(1)开展岩溶地面塌陷风险评价。

当前岩溶地面塌陷评价只局限于分析其主要影响因素和由模型试验获得的临界条件进行潜在塌陷危险性分区，这对岩溶地面塌陷防治决策而言是远远不够的。因此，在岩溶地面塌陷评价中，需开展环境地质学、土木工程学、地理学、城市规划与社会经济学等多领域、多学科协作，对潜在塌陷的危险性、生态系统的敏感性、经济与社会结构的脆弱性进行综合分析，才能达到对岩溶地面塌陷进行风险评价的目的。

(2)开展岩溶地面塌陷试验研究。

开展室内模拟试验，确定在不同条件下岩溶地面塌陷发育的机理、主要影响因素以及塌陷发育的临界条件，进一步揭示岩溶地面塌陷发育的内在规律，为岩溶地面塌陷防治提供理论依据。

(3)增强防灾意识，建立防灾体系。

广泛宣传岩溶地面塌陷灾害给人民生命财产带来的危害和损失，加强岩溶地面塌陷成因和发展趋势的科普宣传。在国土规划、城市建设和资源开发之前，要充分论证工程环境效应，预防人为地质灾害的发生。

建立防治岩溶地面塌陷灾害的信息系统和决策系统。在此基础上，按轻重缓急对岩溶地面塌陷灾害开展分级、分期的整治计划。同时，充分运用现代科学技术手段，积极推广岩溶地面塌陷灾害综合勘查、评价、预测预报和防治的新技术与新方法，逐步建立岩溶地面塌陷灾害的评估体系及监测预报网络。

防治对策一定要针对塌陷机理和类型，如土洞型塌陷主要针对土洞(探测土洞位置、填灌土洞)；潜蚀-液化、漏失型塌陷主要针对岩溶空洞和通道(探测溶洞位置规模、覆盖帷幕、溶洞注浆)；真空吸蚀型塌陷主要针对岩溶地下水水位变动(限制抽水、设置通气增压孔)。并提出了切合武汉市实际的6条防治措施：①绕避、回填；②桩基或桩基托换；③填灌土洞(指土洞型塌陷，不需填灌溶洞)；④岩面铺盖帷幕(指潜蚀液化型塌陷)；⑤灌浆堵塞溶洞及通道(指潜蚀-液化型塌陷)；⑥限量抽水和设增压排气孔(指真空吸蚀型塌陷)。

2. 武汉地区防治要点

本章第二节的岩溶地面塌陷部分将武汉地区的碳酸盐岩分布以及岩溶地层结构分别划分为6个条带和5种类型(Ⅰ—Ⅴ型)，为长江勘测规划设计研究有限责任公司罗小杰团队近年的研究新成果，并在结构类型划分的基础上，划分出了武汉地区岩溶地质灾害的高危险区(Ⅰ型)、中等危险区(Ⅱ、Ⅲ型)和低危险区(Ⅳ、Ⅴ型)3个区。约1100km^{2}的碳酸盐岩分布范围内，主要为低危险区，占比接近90%；高危险区仅为3.6%；中等危险区为4.5%。高危险区仅局限分布于白沙洲条带(L3)和汉南条带(L6)，6个灰岩条带均以低危险区为主，对工程建设有利。

1)高危险区

高危险区(Ⅰ型地质结构)是武汉地区岩溶地质灾害防治的重点。对于高危险区建设工程，当建基面以下存在粉细砂层时，防治岩溶地质灾害可采取如下措施：①在粉细砂层中灌注水泥浆，控制沙粒的自由度，避免沙粒流动；②在碳酸盐岩面上方的粉细砂层中设置厚度不小于3m的水泥土垫层，阻止粉细砂向碳酸盐岩地层中漏失；③在碳酸盐岩面以下5m范围内的碳酸盐岩中灌浆，用以堵塞碳酸盐岩中的粉细砂流失通道；④当粉细砂层厚度不大时，可以考虑予以挖除。采取①～③项措施时，应注意适当加大处理的宽度或采取其他措施，防止相邻地带地面塌陷对本工程带来不利影响。

在高危险区，应全面禁止在碳酸盐岩中抽取地下水，防止地下水向下渗流而导致粉细砂加速向碳酸盐岩地层中流失，从而避免岩溶地质灾害的发生。

在高危险区进行钻探施工发生岩溶地面塌陷的事故屡见不鲜，甚至会发生钻机掩埋事件。在高危险区钻探施工时，首先，要防止钻探过程中的岩溶地面塌陷，一般跟管钻进至基岩中2～3m可有效防止粉细砂随着钻进而漏失；其次，在钻探施工结束后要及时按照“以土还土、以砂还砂、以砼还岩”的原则封孔。

2)中等危险区

在自然条件下，中等危险区的Ⅱ型和Ⅲ型地质结构一般不会出现由于粉细砂漏失而产生地面塌陷现象。但是，当中部的老黏土层或红层的连续性遭受破坏时，上部粉细砂可能沿存在的通道漏失到碳酸盐岩地层中，将会产生岩溶地质灾害。因此，中等危险区岩溶地质灾害防治原则主要是保持中部老黏土层或红层的连续性。

工程建设中，最易破坏中部老黏土层或红层连续性的活动是钻探施工。工程勘察钻孔及各类先导孔未严密封堵时，残留的孔洞连通粉细砂和下伏碳酸盐岩地层，给上部粉细砂的漏失提供了通道，从而导致岩溶地质灾害的发生。

3)低危险区

低危险区的Ⅳ型和Ⅴ型两类地质结构中老黏土层和红层厚度较大，工程地质性能较好，一般不会产生岩溶地面塌陷问题。

武汉主城区土洞很少发育，由土洞引发的岩溶地质灾害迄今尚未见诸报道。这可能是由于主城区Ⅱ型和Ⅳ型地质结构分布区岩溶裂隙水具承压性，承压水头一般为6～18m，土/岩界面附近地下水水位变化较小，不具备土洞形成的地下水活动条件，土洞一般不发育，由土洞坍塌引起地面塌陷的可能性很小。

但是，在武汉新城区，尤其是局部碳酸盐岩出露地带，土/岩界面埋深较浅，岩溶裂隙水不具承压性，土/岩界面处地下水水位升降频繁，可能形成土洞。因此，在Ⅱ型和Ⅳ型地质结构分布区，岩溶地质灾害防治时应注意土洞存在的可能性，必要时应采取工程措施。

总之，如果坚持以上各区的防治原则，前期勘察工作扎实、工程处理措施到位，此类地质灾害一定会是可防可控的。

(二)软土地面沉降

大量实践表明，限制地下水开采或向含水层人工注水，可以控制或减缓地面沉降，表明地表沉降具有可控制性。具体的控制与防治措施如下。

1. 加强宣传，增强防灾意识

不断提高全民的防灾减灾意识，依法严格管理地下水资源，要合理开采利用地下水资源。

2. 限制或减少地下水开采量

可用地表水代替地下水资源；以人工制冷设备代替地下水资源；实行一水多用，充分综合利用地下水。

3. 采用地表水人工补给地下水

可借鉴华东某些大城市经验，采用“冬灌夏用”，大量人工补给地下水，使水位大幅回升，常年沉降转化为“冬升夏沉”。

4. 调整地下水开采层次

地面沉降的主要原因是地下水的集中开采(开采时间集中、地区集中、层次集中)导致地下水水位的急剧变化，因此适当调整地下水的开采层和合理支配开采时间，可以有效地控制地面沉降。

5. 工程施工中的防范措施

按照《武汉市深厚软土区域市政与建筑工程地面沉降防控技术导则》(武汉市城市建设委员会2015年1月8日颁布)中规定的设计与施工要求，在重点防控区内采取适宜的技术措施进行地基加固处理；对于开挖深度进入砂层的超深基坑，要采取严密的降水措施。

关于地基的加固措施，常用的大致可归结为土质改良、换填土和补强法。

1)土质改良法

土质改良法指利用机械、电化学等手段增加地基土的密度或使地基土固结的方法。如用砂井、砂垫层、真空预压、电渗法、强夯法等排除软土地基中的水分以增大软土的密度；或用石灰桩、拌合法、旋喷注浆法等使软土固结以改善土的性质。

2）换填法

换填法即利用强度较高的土置换软土。

3）补强法

补强法是采用薄膜、绳网、板桩等约束地基土的方法，如铺网法、板桩围截法等。

在道路建设中，对软土地基也必须进行加固处理，主要采用砂井、砂垫层、生石灰桩、换填土、旋喷注浆、电渗排水、侧向约束和反压护道等方法。

（三）滑坡

1. 防治原则

滑坡的治理费用昂贵，为减少滑坡发生后的被动治理，必须坚持预防为主、治理为辅、防治结合的基本原则。对于滑坡的预防，主要考虑3个方面：①防止古老滑坡复活；②防止已活动的滑坡发生大滑坡；③防止滑坡易发区、段发生滑坡。

2. 工程措施

工程选线、选址时应充分重视工程地质勘察工作，尽量避开大型滑坡和多个滑坡连续分布的地段，以及开挖后可能发生滑坡的地段。对那些避让不开、预防不了或事先认识不足、在施工开挖后才出现的滑坡，只能进行治理。

1）排水工程

由于水是滑坡发生和发展的重要影响因素，因此排水工程是任何一个滑坡防治工程不可缺少的部分，具有施工简单、见效快的特点。

（1）地表排水。

把滑坡周围水流截住，使其不流入滑坡区，将滑坡区内的坡面水流及地下水尽快排出滑坡区。主要是设置截水沟、排水明渠及疏通自然沟等，形成一个统一的排水网络。

（2）地下排水。

通过截断补给滑带的地下水源，降低地下水水位，减少水对滑带土强度的影响，从而增加滑坡的稳定性。对于地下水发育的滑坡，地下排水工程是滑坡治理的主体工程之一。常用措施有节水盲沟、节水盲（隧）洞、支撑盲沟、仰斜孔群、垂直孔群等。

2）减重和反压工程

减重是在滑坡体的上部牵引段和部分主滑段中存在剩余下滑力的部分挖除一部分岩土体，以减小滑体质量和滑坡推力的工程措施。减重是经常应用的滑坡治理措施之一，既可作为应急治理措施，也可作为永久治理措施。

反压是在滑坡体的前缘抗滑段及其以外堆填土石以增加抗滑力的一种工程措施。

3）支挡工程

抗滑支挡工程，主要包括抗滑挡土墙、抗滑桩、预应力锚索抗滑桩、预应力锚索框架等，由于它们能迅速恢复和增加滑坡的抗滑力使滑坡稳定而被广泛应用，特别是对工程滑坡的预防和治理效果较好。

4）滑带土的改良

滑带土的改良指通过采用各种方法来改变滑带土的性质，提高其强度，增加滑坡的抗滑力，从而稳定滑坡。主要措施有滑带灌浆（水泥浆和化学浆）、滑带土焙烧法（$T>800℃$）、滑带爆破等。

由于滑坡地质环境多样、成因复杂，因此对滑坡的治理必须因地制宜，综合应用上述措施，才能保证滑坡长久稳定。

（四）崩塌

1. 防治原则

崩塌一般突然发生，治理起来也比较困难，所以一般应采取预防为主的原则。在工程选线、选址时，对可能发生大、中型崩塌的地段，应尽量避开。若完全避开有困难，则应离崩塌影响范围一定的距离，以减少防治工程量。对可能发生小型崩塌的地段，可根据地质条件，在避开和防治工程之间进行经济技术因素比较。

2. 防治措施

1)排水

布置排水工程，对水进行拦截疏导，防止水渗流入岩土体而加剧岩土体的破坏失稳。

2)削坡

崩塌岩土体的体积和数量不大，岩石的破坏程度不严重时，可采用全部清除并放缓边坡的措施。

3)坡面加固

为防止风化发展，可以在坡面喷浆或将坡面铺砌覆盖。发生崩塌的高边坡，可采用边坡锚固方法。

4)拦截防御

岩土体严重破碎，经常发生落石地段，可以采用柔性防护系统或拦石墙等措施。

5)危岩支顶

边坡上局部悬空的较完整岩体也可能成为危岩，对其可以采用钢筋混凝土立柱、浆砌片石支顶或柔性防护系统的措施。

（五）不稳定斜坡

视不稳定斜坡最有可能向滑坡，或崩塌，或崩塌与滑坡集合体演化之趋势，而分别比照不同灾种的防治措施，总之促进斜坡稳定性提高、减少防治工程量、经济效益好的措施就是切实可行的措施。

三、地质灾害防治区划分与评价

（一）分区原则

武汉都市发展区地质灾害防治区划的指导思想是：在综合分析现有地质灾害的分布规律、规模、形成条件、稳定性、危害程度及易发程度和地质环境条件等的基础上进行防治分区。根据各区内地质灾害所处的地理位置重要程度、规模大小、危害等级，结合区内经济建设状况和经济建设发展规划，拟定出需要重点防治的区段和灾害点，并提出地质灾害防治分期区划及适宜地方财力的防治措施，力争取得最好的防灾减灾效果，将地质灾害损失程度降到最低。

基于上述指导思想，武汉都市发展区地质灾害防治分区采用以下二级分区原则。

一级分区：依据地质灾害形成的地质环境条件、易发区特征，结合当地经济与社会发展规划，综合分析，划分出重点防治区。本次按国土资源部 2006 年 4 月颁布的《县(市)地质灾害调查与区划基本要求》实施细则(修订稿)要求进行划分。

二级分区：在一级分区的基础上，针对区内地质灾害的危害性、稳定性确定重点防治点和一般防治点。

（二）防治分区的划分方法

按照集中连片兼顾行政区划界线的原则结合地质灾害的分布现状及危险性程度，划分出来的重点防治区、次重点防治区和一般防治区的面积分别为 300.87km^2、355.22km^{2}和 2 812.93km^2，占全区总面积的 8.67%、10.24%和 81.09%。在分区基础上，依据上述标准，采用定性分析的方法划分出 4 个重点防治亚区和 6 个次重点防治亚区。

（三）分区评价

1. 岩溶地面塌陷重点防治亚区（A1）

1）汉阳鹦鹉洲—武昌白沙洲沿江两岸岩溶地面塌陷重点防治亚区（A1）

本区既为岩溶地面塌陷地质灾害高易发区，又是软土分布区。包括汉阳区中南轧钢厂、武昌区陆家街、洪山区青菱乡烽火村一带，面积为 56.92km^2。至今主城区内已发生的岩溶地面塌陷点几乎全部集中在此区域内，由于城区内人类工程活动强烈，易引发岩溶地面塌陷地质灾害，威胁区内人民群众生命财产及建筑设施安全。

本区为繁华的主城区，随着武汉市城市建设的迅速发展，城区内高层建筑物日益增多，且愈加密集，从 2006 年中大长江紫都小区、2009 年白沙洲大道高架桥和 2015 年汉阳鹦鹉大道锦绣长江小区等处桩基施工引发岩溶地面塌陷来看，在该区进行桩基勘察与施工，存在引发岩溶地面塌陷危及人民群众的生命安全、堵塞道路的巨大风险，相关建设主管部门应当予以高度重视，重点对地面塌陷灾害进行监测预警，严禁开采地下水，加强对区内工程建设项目防灾工作的指导和监控。

区内分布的地质灾害点共 25 处，其中岩溶地面塌陷 22 处、软土地面沉降 2 处（武昌陆羽茶社和省人民医院）、滑坡 1 处（武昌积玉桥凤凰山）。本区重点防治的灾害类型为岩溶地面塌陷。其中一般防治点 14 个，重点防治点 8 个，集中分布于武昌区白沙洲、洪山区青菱乡和汉阳区鹦鹉洲一带。

2）汉南区纱帽街岩溶地面塌陷重点防治亚区（A1）

该区位于汉南区长江干堤西侧，地面标高 22.55～23.50m，属长江一级阶地地貌单元，面积为0.71km^2。地表砂土层厚 25m 以上，直接与下伏下三叠统大冶组（T_1d）泥灰岩及隐晶—微粒灰岩接触，易发生潜蚀、渗流液化漏失型岩溶地面塌陷，划归为此类地质灾害的高易发区。

区内共发育地质灾害 2 处，其中岩溶地面塌陷和滑坡各 1 处，稳定性评价均为较差，前者具高危险性，后者具低危险性。该亚区均为重点防治点，已纳入 2015 年市级地质灾害隐患点监测范围。

2. 软土地面沉降重点防治亚区（A2）

该区分布于汉口后湖地区，包含江汉、江岸两个行政区，具体为汉西路以东、三环线与沿江大道之间的河湖一级阶地，面积为 41.13km^2。土体结构中分布有厚度大于 5m 的软土层，为软土地面沉降地质灾害高易发区。排查显示，区内既有房屋建筑已发生沉降开裂 148 处，完整涵盖了按《武汉市深厚软土区域市政与建筑工程地面沉降防控技术导则》基本规定圈出的重点防控区。

本区为主城区，道路与房屋建筑密集，近年来随着轨道交通的迅猛发展，需要进行深基坑支护、基坑降水等措施来稳定开挖后的人工边坡的地下工地日益增多，易引发地面沉降地质灾害，影响区内建筑设施安全和人民群众生活的幸福指数。

3. 崩塌与滑坡重点防治亚区（A3）

该区位于江夏区，采矿业较为发达，以地质灾害高、中易发区为主，包括江夏区纸坊、郑店、乌龙泉等部分区域，面积为 37.46km^2，平原、低丘垄岗地貌相间，平原区高程在 25m 左右，低丘区高程在 60～

272m之间，岗地高程在50～60m之间。区内分布有覆盖型碳酸盐岩，且有乌龙泉矿业基地，主要开采石炭系—二叠系灰岩、白云岩，采石场较多，人类工程活动强烈，较易引发崩塌、滑坡等地质灾害。

区内共发育地质灾害16处，其中岩溶地面塌陷1处，滑坡（不稳定斜坡）10处，崩塌5处；稳定性差的灾害点4处，稳定性较差的灾害点11处，稳定性好的灾害点1处。本区灾害已造成13人死亡，直接经济损失2194万元，威胁1992人，威胁资产7158万元。

区内一般防治点12个，重点防治点4个，重点防治点分别为江夏青龙山林场八分山黑沟矿区滑坡、纸坊街亚鑫水泥厂灵山矿区崩塌、庙山开发区花山矿区崩塌（滑坡）和乌龙泉街武钢尾矿库等。

4. 岩溶地面塌陷次重点防治亚区（B1）

该区分布于东西湖区与黄陂区交界处的黄花涝至麦家湖一带、东西湖区慈惠农场沿汉阳大道至龟山，市开发区汤湖以南至硃山湖东南丘陵的长江左岸地区、江夏区汤逊湖以西星光大道及汉南区兴城大道，为地质灾害中等易发区。该区第四系覆盖层为全新统冲积相砂土，下伏基岩主要为大冶组中—厚层白云质灰岩，岩溶发育，具备发生岩溶地面塌陷的有利条件，但该区人类活动相较中心城区为弱，因此纳入次重点防治区。该区今后的工作重点为：加强地面塌陷灾害的监测预警，对区内工程建设项目进行严格把关，同时控制地下水的开采。目前区内分布有5处滑坡、1处不稳定斜坡、2处岩溶地面塌陷隐患点。其中汉阳区二环线龙阳大道、江夏大道澎湖湾小区岩溶地面塌陷点及龟山处滑坡点为市级地灾隐患监测点。

5. 软土地面沉降次重点防治亚区（B2）

该区位于府河入江口的盘龙湖至汉口江滩一带，为地质灾害中等易发区。该区地下分布有3～9m厚的淤泥质软土，地下水类型主要为松散岩类孔隙承压水，水量丰富，受人类活动影响易发生地面沉降。今后该区的工作重点为：建立长期监测点，组建地质灾害群测群防系统，采用宏观简易监测与微观仪器监测相结合的方法，对地下水水位、建筑物开裂变形等进行监测，监测资料定期上报汇交区国土资源主管部门，由区人民政府和区国土资源分局联合制定防灾预案，便于在发现异常及险情时能快速有效地采取相应的防灾措施。

6. 崩塌与滑坡次重点防治亚区（B3）

该区主要位于武昌区、东湖新技术开发区、蔡甸区及江夏区的丘陵，属地质灾害中等易发区。区内不稳定斜坡较多，其中几处位于武昌中心城区地带及风景区内，人口较密集，今后该区的工作重点为：科学指导在山坡上切坡建房、修路等工程活动，加强地质灾害隐患监测的工作，加强矿山生态环境治理恢复工作。目前区内分布有岩溶地面塌陷1处，崩塌3处，滑坡3处，不稳定斜坡6处，花山街白羊村采石场滑坡等4处为高危险性、不稳定灾害点。其中东湖新技术开发区花山及白羊山采石场等处为市级地灾隐患监测点。

7. 地质灾害一般防治区（C）

该区位于除去重点、次重点防治区之外的其他区域，基本囊括了武汉地区所有的地貌单元，平原、岗地、丘陵均涉及，地层岩性以第四系全新统湖冲积相黏土和砂质黏土、黏土质砂及中更新统洪冲积相砂质黏土为主。人类工程活动多为公路修建、工程建筑等，在合理控制工程施工强度及注意边坡保护的情况下，发生地质灾害的可能性较低。局部有淤泥质软土分布，有发生地面沉降的可能；还有部分位置存在隐伏岩溶条带，可能会发生岩溶地面塌陷。另外在江夏、蔡甸、东湖新技术开发区等地的丘陵区有发生崩塌滑坡的隐患。目前区内共有岩溶地面塌陷灾害点及隐患点3处、地面沉降隐患点1处、滑坡点3处、崩塌点4处、不稳定斜坡点8处，其中青山区矶头山公园等3处为市级地灾隐患监测点。今后该区的工作重点为加强重点区域的监测，建立群专结合网络，完善应急响应系统，降低灾害发生的可能。

第八章 城市地质环境评价方法

第一节 建设用地适宜性评价方法

一、概述

据《城市用地分类与规划建设用地标准》(GB 50137—2011)第2.0.1条款规定,城乡用地包括建设用地与非建设用地。建设用地分为城乡居民点建设用地、区域交通设施用地、区域公用设施用地、特殊用地、采矿用地等。城市必须拥有健全的生命支撑系统和安全保障系统,其中建设用地的安全性是城市建设者和管理者必须首要考虑的问题。实际上,威胁着我国城市安全的事件时有发生。例如,2010年8月7日22时许,甘南藏族自治州舟曲县突降强降雨,县城北面的罗家峪、三眼峪泥石流下泄,造成县城由北向南5km长、500m宽,约250m^{2}区域被夷为平地,遇难1481人。我国目前正处于城市大规模建设时期,旧城改造、新城区选址中关于城市安全的问题正越来越引起关注。建设用地选址是一个非常复杂的问题,涉及到工程地质、水文气象、地形地貌、地质灾害、人为影响等多个方面的因素,到目前为止没有一个广泛认同的评价方法。建设用地适宜性评判中,存在评定指标体系不全面、系统性差、评判过程较主观、缺乏基础数据和科学依据等问题。另外,评判过程较为复杂,不利于在实际工程中应用。

根据《城乡用地评定标准》(CJJ 132—2009)第3.0.3条款规定,建设用地适宜性等级类别分为Ⅰ、Ⅱ、Ⅲ、Ⅳ这4个等级,分别对应适宜建设用地、可建设用地、不宜建设用地、不可建设用地。从场地稳定性、场地工程建设适宜性、工程措施程度和人为影响因素的限制程度这4个方面来看,它们的主要特征见表8-1。

表8-1 不同等级类别建设用地的主要特点

类别	主要特征			
	场地稳定性	场地工程建设适宜性	工程措施程度	人为影响因素的限制程度
Ⅰ级	稳定	适宜	不需要或稍微处理	可忽略不计
Ⅱ级	稳定性较差	较适宜	需简单处理	一般影响
Ⅲ级	稳定性差	适宜性差	特定处理	较重影响
Ⅳ级	不稳定	不适宜	无法处理	严重影响

须特别说明的是,被评判为Ⅲ级不宜建设用地的地段,一般情况下可以作为建设用地,但要采取必

要的工程措施，将增加额外的工程费用。事实上，武汉有多处评判为不宜建设用地的地段，如地面标高低于设防水位 1.0m、岩溶强发育区域等，也作为建设用地，建筑物也可确保安全。但是，若评判为不可建设用地，即Ⅳ级用地，一般以避让为原则。

根据《城乡用地评定标准》(CJJ 132—2009)第 3.0.2 条款规定，城乡用地评定区必须划分评定单元，单元必须以下列界限划分：①现状建成区用地、评定区界线；②地貌单元、工程地质单元分区及水系界线；③洪水淹没线，强震区、活动性断裂、不良地质现象的影响范围界线；④各类保护区、控制区范围界线。

根据国家标准，下面介绍建设用地评判指标体系和模糊综合评判技术，以及在 GIS 开发平台上实现评判功能的详细过程。

二、模糊综合评判一般方法

模糊综合评判方法主要涉及到以下 8 个步骤：

(1)确定评判目标等级。例如，建设用地适宜性目标集 $V=\{\text{Ⅰ},\text{Ⅱ},\text{Ⅲ},\text{Ⅳ}\}$={适宜建设用地，可建设用地，不宜建设用地，不可建设用地}。

(2)根据评判等级划分，确定评语集 $V=\{v_1,v_2,\cdots,v_m\}$，是一个 m 维向量。

(3)确定评判指标集 $X=\{X_1,X_2,\cdots,X_n\}$，是一个 n 维向量。

(4)确定指标标准分度值矩阵 $\boldsymbol{c}$，

$$\boldsymbol{c}=\begin{bmatrix} c_{11} & c_{12} & \cdots & c_{1m} \\ c_{21} & c_{22} & \cdots & c_{2m} \\ \vdots & \vdots & \vdots & \vdots \\ c_{n1} & c_{n2} & \cdots & c_{nm} \end{bmatrix}$$，其中第二行至 n 行元素值与同列的第一行元素分度值相同。

(5)隶属函数的确定。

根据某一参评指标的实际分值 x_i，确定其隶属度 u_{ij}($0\leqslant u_{ij}\leqslant 1, i=1,2,\cdots,n;\ j=1,2,\cdots,m$)。$u_{ij}$ 越大，表明该指标属于某一等级程度越大。若 $u_{ij}=0$，则不属于该等级；$u_{ij}=1$，则完全属于该等级。计算隶属度 u_{ij} 的方法很多，以线性函数应用得最为广泛。u_{ij} 由下列线性函数确定(以列为序)：

$$u_{ij}=\begin{cases} 1 & x_1 \\ \dfrac{c_{12}-x_i}{c_{12}-c_{11}} & c_{11}<x_i<c_{12} \\ 0 & x_i>c_{12} \end{cases} \tag{8-1}$$

式(8-1)中，$i=1,2,\cdots,n$。

$$\begin{cases} 0 & x_i\leqslant c_{m-1}x_1\geqslant c_{m+1} \\ \dfrac{x_i-c_{m-1}}{c_n-c_{m-1}} & c_{m-1}<x_i<c_n \\ \dfrac{c_{m+1}-x_i}{c_{m+1}-c_n} & c_{m+1}>x_i\geqslant c_n \end{cases} \tag{8-2}$$

式(8-2)中，$i=1,2,\cdots,n;\ j=1,2,\cdots,m-1$。

$$\begin{cases} 0 & x_i \leqslant c_{m-1} \\ \dfrac{x_i - c_{m-1}}{c_{nm} - c_{m-1}} & c_{nm-1} < x_i < c_{nm} \\ 1 & x_i \geqslant c_{nm} \end{cases} \tag{8-3}$$

式(8-3)中，$i=1,2,\cdots,n$。

(6)建立模糊关系矩阵。

由式(8-1)至式(8-3)，确定所有指标的隶属度，由此建立模糊关系矩阵 $\boldsymbol{R}$：

$$\boldsymbol{R}=\begin{pmatrix} u_{11} & u_{12} & \cdots & u_{1m} \\ u_{21} & u_{22} & \cdots & u_{2m} \\ \vdots & \vdots & \vdots & \vdots \\ u_{n1} & u_{n2} & \cdots & u_{nm} \end{pmatrix}$$

(7)确定权重集 $\boldsymbol{W}$。

每个选定的指标因目的不同，反映问题的程度不同，它们之间的重要性存在差异。因此，须确定指标的权重向量，$\boldsymbol{W}=\{w_1,w_2,\cdots,w_n\}$，且 $\sum w_i=1$。确定权重的方法很多，目前有两种方法被广为接受：一是根据专家意见和经验综合确定；二是由 AHP 法确定，即层次分析法，下面将作详细的介绍。

(8)确定评判结论。

根据模糊运算，得到评判向量 $\boldsymbol{B}=\boldsymbol{W}\times\boldsymbol{R}$。

式中，$\boldsymbol{W}$ 是第(7)步确定的权重向量；$\boldsymbol{R}$ 为第(6)步确定的模糊关系矩阵；× 为模糊运算。

根据评判向量 $\boldsymbol{B}$ 计算值，按最大隶属原则，按向量 $\boldsymbol{B}$ 中最大元素值 $b_j(1\leqslant j\leqslant m)$ 对应的位置确定判定评估结果。

层次分析法(Analytic Hierarchy Process，简写为 AHP)是由美国运筹学家托马斯·塞蒂(T. L. Saaty)于 20 世纪 70 年代中期提出的一种以定性与定量相结合、系统化、层次化分析问题的方法，广泛应用于复杂系统的分析与决策，特别适用于那些难于完全用定量进行分析的复杂问题。如生产者面对消费者的各种喜好、研究单位合理地选择科研课题、评价影视作品的水平、学生的综合评价、员工绩效评判等。用层次分析法确定指标权重的基本步骤如下。

(1)构造指标的对比较矩阵。

对所考虑的诸指标，用成对比较法和 1～9 比较尺度构成对比较矩阵。若指标过多时(譬如多于 9 个)，宜进一步分解出子系统。Saaty 等提出的 1～9 尺度，见表 8-2。

表 8-2　1～9 尺度的含义

尺度 a_{ij}	含义
1	a 指标与 b 指标重要性相同
3	a 指标与 b 指标相比略重要
5	a 指标与 b 指标相比重要
7	a 指标与 b 指标相比重要得多
9	a 指标与 b 指标相比极其重要
2,4,6,8	a 指标与 b 指标相比在上述两个相邻等级之间

例如，“地形”中，包含有“冲沟”“地面坡度”“地面高程”3 个指标，它们之间的相对重要性是不同的。例如，“冲沟”比“地面坡度”和“地面高程”都重要一些。根据专家经验、评分确定这种定量关系，见表 8-3。

表 8-3　关于地形的专家评分

指标	冲沟	地面坡度	地面高程
冲沟	1	3	7
地面坡度	1/3	1	7
地面高程	1/7	1/7	1

由表 8-3，得到以下对比较矩阵 **M**：

$$\boldsymbol{M}=\begin{pmatrix}1 & 3 & 7\\ 1/3 & 1 & 7\\ 1/7 & 1/7 & 1\end{pmatrix}$$

(2)矩阵运算，确定权重。

矩阵中每一个元素除以该元素所在列的元素之和，得到标准矩阵。计算标准矩阵中各行元素之和，得到一个新的向量，该向量元素除以矩阵维数 n，得到一个 n 维向量 **W**。

根据以上 **M** 矩阵，得到标准矩阵：$\begin{pmatrix}0.68 & 0.72 & 0.47\\ 0.22 & 0.24 & 0.47\\ 0.1 & 0.03 & 0.07\end{pmatrix}$，计算该矩阵每行之和，得到一个新向量，该向量除以 3，得到“地形”权重向量 $\boldsymbol{W}=\begin{pmatrix}0.62\\ 0.31\\ 0.07\end{pmatrix}$。因此，由 **M** 矩阵确定的“地形”3 个指标中，“冲沟”“地面坡度”“地面高程”权重依次递减，相对重要性也依次降低。

(3)一致性检验。

由 **W** 与 **M** 相乘，得到一个向量。该向量中每一个元素除以 **W** 中对应的元素，然后累加所有元素，计算平均值 **A**。由下式确定一致性指数：

$$\mathrm{CI}=\frac{A-n}{n-1}$$

一致性比率 CR 由下式确定：

$$\mathrm{CR}=\frac{\mathrm{CI}}{\mathrm{RI}}$$

式中，RI 为总随机矩阵的一致性指数，由表 8-4 确定。

表 8-4　一致性指标 RI

指标数 n	1	2	3	4	5	6	7	8	9	10	11
RI	0	0	0.58	0.9	1.12	1.24	1.32	1.41	1.45	1.49	1.51

一致性检验如下：

$$\begin{pmatrix}1 & 3 & 7\\ 1/3 & 1 & 7\\ 1/7 & 1/7 & 1\end{pmatrix}\times\begin{pmatrix}0.62\\ 0.31\\ 0.07\end{pmatrix}=\begin{pmatrix}2.0\\ 1.0\\ 0.2\end{pmatrix}$$

于是，有：

$\begin{pmatrix}2/0.62\\ 1/0.31\\ 0.2/0.07\end{pmatrix}=\begin{pmatrix}3.2\\ 3.0\\ 3.0\end{pmatrix}$，$A=(3.2+3.0+3.0)/3=3.1$，$\mathrm{CI}=0.05$，查表 8-4，$n=3$，$\mathrm{RI}=0.58$，于是 $\mathrm{CR}=0.05/0.58=0.08<10\%$，满足一致性检验要求。因此，第(2)步中确定的权重向量 **W** 是合理的。

目前网上有免费软件，可自动完成以上计算。

三、建设用地适宜性模糊综合评判方法

建设用地适宜性评价中，涉及到多个指标，指标之间存在着明显的层次关系。同一类指标可归纳成一个子系统（如“工程地质”），另一类（如“水文气象”）可组成另一子系统。这种情况下，须进行多级模糊综合评判。

按指标的属性，将评判指标系统 X 划分为 k 个子系统，记作 $Y_1,Y_2,\cdots,Y_k$，对任一评判子集 Y_i，应满足 $\bigcup_{i=1}^{k} Y_i = X, Y_i \cap Y_j = \varphi(i \neq j)$。按照前面介绍的模糊综合评判一般方法的 8 个步骤，对每一个子系统，分别得到对应的评判向量 $\boldsymbol{B}_i$。然后将所有 $\boldsymbol{B}_i(i=1,2,\cdots,k)$ 组成一个二级评判矩阵：

$$\boldsymbol{R}_2 = \begin{pmatrix} b_{11} & b_{12} & \cdots & b_{1m} \\ b_{21} & b_{22} & \cdots & b_{2m} \\ \vdots & \vdots & \vdots & \vdots \\ b_{k1} & b_{k2} & \cdots & b_{km} \end{pmatrix}$$

以上矩阵中，将评判子集 Y_i 看作一个指标。同样，根据前面介绍的步骤(7)，确定 $X=(Y_1,Y_2,\cdots Y_k)$ 指标的权重向量 $\boldsymbol{W}$。然后按第(8)步，进行模糊运算，就可以得到二级评判结果。

重复以上过程，可以进行三级或以上级的模糊综合评判。

《城乡用地评定标准》(CJJ 132—2009)第 4.1.2 条款中规定了城乡用地评定单元评定指标体系，如图 8-1 所示。该指标体系分特殊指标和基本指标两种，其中包括主导指标、必须采用的指标、应采用的指标和宜采用的指标 4 种类型，可根据滨海、平原、高原、丘陵山地地形地貌选择。三级指标共涉及 36 个指标，有 10 个平行的子系统；二级指标包括工程地质、地形、水文气象、自然生态、人为影响这 5 个指标，有 2 个平行的子系统；一级指标包括特殊指标和基本指标 2 个。

武汉都市发展区属于冲积-剥蚀堆积平原地貌，商业区主要集中在长江、汉江一级阶地，属堆积平原地貌。不同的用地范围，其地形地貌、地质环境特征、人为影响等有很大差别。例如，剥蚀丘陵区部分区域不存在地表水或地下水，有些地区不存在断层、岩溶等不良地质条件。另外，武汉不存在灾害性天气，发生泥石流的概率很小。对不同的评判区域，所选择的评判指标也应该有所不同。

模糊综合评判中，为了确保所选指标的权威性和指标体系的完整性，使建立的评价模型能适用于多种不同的城市地质条件，确保评价结果具有可比性，建设用地适宜性模糊评判中采用图 8-1 所示的评定指标体系。

在模糊综合评判分析和计算中，对不存在的指标进行特殊处理(例如，基本指标取适宜级、特殊指标按不影响级考虑)。对不存在指标进行处理后，它们将不影响最终评判结果。下面按基本指标、特殊指标和一级评判 3 个部分分别介绍建设用地适宜性的模糊评判过程。

（一）基本指标

根据《城乡用地评定标准》(CJJ 132—2009)规范中附录 F，基本指标适宜性评价分成 4 个等级，评价集合 $V=\{$不适宜，适宜性差，较适宜，适宜$\}$，其分度值 $C=\{1,3,6,10\}$，如表 8-5 所示。

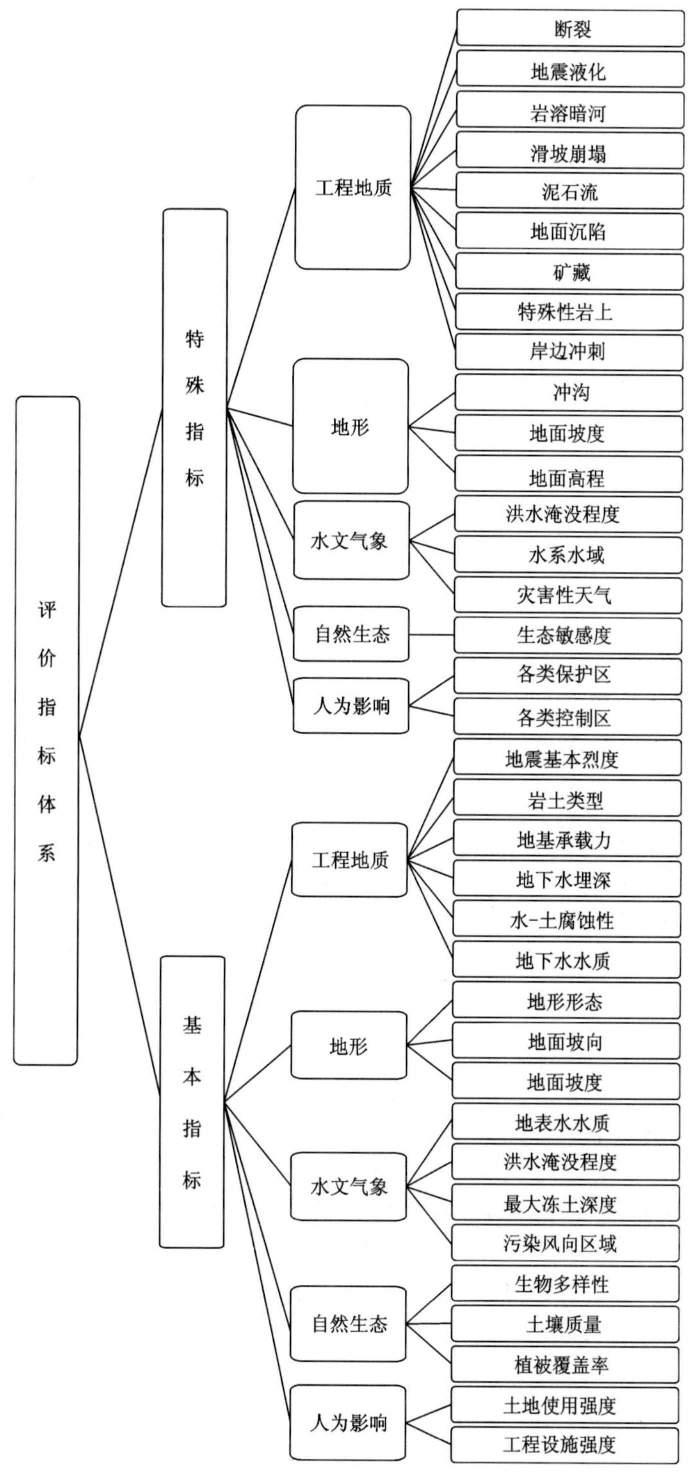

图 8-1 城乡用地评定指标体系

表 8-5　基本指标的定量标准

二级指标		三级指标	定量标准			
名称	权重		不适宜级（1 分）	适宜性差级（3 分）	较适宜级（6 分）	适宜级（10 分）
工程地质	0.3	地震基本烈度	＞Ⅸ度区	Ⅸ度区	Ⅶ、Ⅷ度区	≤Ⅵ度区
		岩土类型	淤泥，深厚填土，松散饱和粉细砂	极软岩石，粉土	较软岩石，密实砂土，硬塑黏性土	较硬、坚硬岩石，卵石，砾石，中密砂土
		地基承载力（kPa）	＜70	120	200	＞250
		地下水埋深（m）	＜1.0	1.5	2.5	≥3.0
		土-水腐蚀性	严重腐蚀	强腐蚀	中等腐蚀	弱腐蚀
		地下水水质	Ⅴ类	Ⅳ类	Ⅲ类	Ⅰ、Ⅱ类
地形	0.2	地形形态	非常复杂地形；地形破碎，很不完整	复杂地形；地形分割较严重，不完整	比较复杂地形；地形较完整	简单地形；地形完整
		地面坡向	北	西北、东北	东、西	南、东南、西南
		地面坡度（%）	≥50	25～＜50	＞10～＜25	≤10
水文气象	0.24	地表水水质	五级	四级	三级	一、二级
		洪水淹没程度	场地标高低于设防洪标高 1.0m 及以上	场地标高低于防洪标高 0.5m～＜1.0m	场地标高低于防洪标高 0.5m 以上	场地标高高于设防标高
		最大冻土深度（m）	＞3.5	3.0	2.0	≤1.0
		污染风向区域	高污染可能区位	较高污染可能区位	低污染可能区位	无污染可能区位
自然生态	0.18	生物多样性	稀少单一	一般	较丰富	丰富
		土壤质量	Ⅰ类	Ⅱ类	Ⅲ类	低于Ⅲ类
		植被覆盖率（%）	＜10	25	35	＞45
人为影响	0.08	土地使用强度	高	较高	一般	低
		工程设施强度	设施密度大；对用地分割强	设施密度较大；对用地分割较强	设施密度较小；对用地分割较小	设施密度小；对用地无分割

二级指标共5个平行子系统：①工程地质；②地形；③水文气象；④自然生态；⑤人为影响。以下分别介绍三级指标的评判过程。

该级评判中包含有5个平行三级评判系统。分度值 $\boldsymbol{C}=\{1,3,6,10\}$。根据式(8-1)～式(8-3)，对任一参评指标的实际值 x_i，其隶属度由以下线性隶属函数确定：

$$u_{11}=\begin{cases}1 & x_i\leqslant 1\\ \dfrac{3-x_i}{2} & 1<x_i\leqslant 3\\ 0 & x_i>3\end{cases} \tag{8-4}$$

$$u_{12}=\begin{cases}0 & x_i\leqslant 1, x_i\geqslant 6\\ \dfrac{x_i-1}{2} & 1<x_i<3\\ \dfrac{6-x_i}{3} & 6>x_i\geqslant 3\end{cases} \tag{8-5}$$

$$u_{13}=\begin{cases}0 & x_i\leqslant 3, x_i\geqslant 10\\ \dfrac{x_i-3}{3} & 3<x_i<6\\ \dfrac{10-x_i}{4} & 10>x_i\geqslant 6\end{cases} \tag{8-6}$$

$$u_{14}=\begin{cases}0 & x_i\leqslant 6\\ \dfrac{x_i-6}{4} & 6<x_i<10\\ 1 & x_i\geqslant 10\end{cases} \tag{8-7}$$

图8-1指标体系中，“工程地质”子系统包括6个参评指标，对任一参评因素的实际值 $x_i(i=1,2,\cdots,6)$，由式(8-4)至式(8-7)，分别计算 x_i 隶属度，建立模糊关系矩阵 $\boldsymbol{R}_1$。

$$\boldsymbol{R}_1=\begin{bmatrix}u_{11} & u_{12} & \cdots & u_{14}\\ u_{21} & u_{22} & \cdots & u_{24}\\ \vdots & \vdots & \vdots & \vdots\\ u_1 & u_2 & \cdots & u_4\end{bmatrix}$$

权重向量 $\boldsymbol{W}_1$ 采用《城乡用地评定标准》(CJJ 132—2009)中第50页表2中推荐的值，$\boldsymbol{W}_1=\{0.15,0.2,0.3,0.2,0.1,0.05\}$。由 $\boldsymbol{W}_1$ 与 $\boldsymbol{R}_1$ 进行模糊运算，得到工程地质评判向量 $\boldsymbol{B}_1$。

对有些需要插值确定分位值的指标，须进行插值运算。例如，对“地下水埋深”指标，若地下水埋深2m，由图8-2得到分位值4.5，然后由线性隶属度函数确定隶属向量 $\boldsymbol{u}_4=\{0,0.5,0.5,0\}$。

“地形”子系统包括3个指标。同理，对任一参评指标实际值 x_i，由式(8-4)～式(8-7)确定隶属度，由此确定模糊关系矩阵 $\boldsymbol{R}_2$，是一个3×4维矩阵。

“地形”子系统权重向量采用《城乡用地评定标准》(CJJ 132—2009)中第50页表2中推荐的值，$\boldsymbol{W}_2=\{0.25,0.15,0.6\}$，由 $\boldsymbol{W}_2$ 与 $\boldsymbol{R}_2$ 进行模糊运算，得到地形评判的向量 $\boldsymbol{B}_2$。

“水文气象”子系统包括4个参评指标。同理，对任一 $x_i(i=1,2,3,4)$，由式(8-4)～式(8-7)，确定隶属度，由此确定模糊关系矩阵 $\boldsymbol{R}_3$，是一个4×4维方阵。其权重向量采用《城乡用地评定标准》(CJJ 132—2009)中第50页表2中推荐的值，$\boldsymbol{W}_3=\{0.06,0.55,0.25,0.14\}$，由 $\boldsymbol{A}_3$ 与 $\boldsymbol{R}_3$ 进行模糊运算得到 $\boldsymbol{B}_3$，评判水文气象对适宜性影响向量。

对“最大冻土深度”指标，武汉取值为小于或等于1.0m。

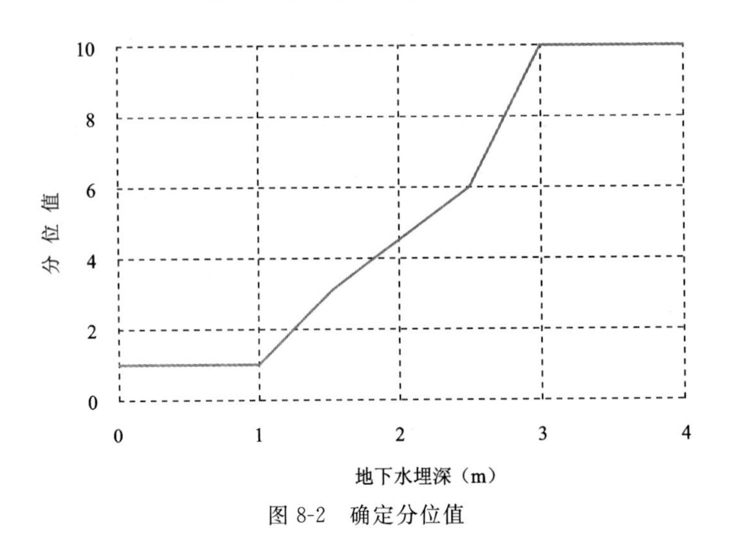

图 8-2　确定分位值

“自然生态”子系统共有 3 个评判指标，与“地形”子系统类似，由式(8-4)～式(8-7)，得到 3×4 维的 $\boldsymbol{R}$ 隶属度矩阵 $\boldsymbol{R}_4$。其权重向量 $\boldsymbol{W}_4$ 采用《城乡用地评定标准》(CJJ 132—2009)中第 50 页表 2 中推荐的值，$\boldsymbol{W}_4=\{0.35,0.2,0.45\}$，由 $\boldsymbol{W}_4$ 与 $\boldsymbol{R}_4$ 进行模糊运算，得到用于评判自然生态对用地适宜性影响的向量 $\boldsymbol{B}_4$。

“人为影响”子系统中有两个指标。同理，由式(8-4)～式(8-7)，得到模糊关系矩阵 $\boldsymbol{R}_5$，是一个 2×4 维方阵，其权重向量 $\boldsymbol{W}_5$ 采用《城乡用地评定标准》(CJJ 132—2009)中第 50 页表 2 中推荐的值，$\boldsymbol{W}_5=\{0.45,0.55\}$，由 $\boldsymbol{W}_5$ 与 $\boldsymbol{R}_5$ 进行模糊运算，得到评判向量 $\boldsymbol{B}_5$。

由以上 5 个子系统得到的评判向量 $\boldsymbol{B}_i(i=1,2,3,4,5)$，可得到基本指标的二级评判矩阵 $\boldsymbol{R}^{(2)}$。由下式决定：

$$\boldsymbol{R}^{(2)}=\begin{pmatrix}\boldsymbol{B}_1\\\boldsymbol{B}_2\\\boldsymbol{B}_3\\\boldsymbol{B}_4\\\boldsymbol{B}_5\end{pmatrix}=\begin{pmatrix}b_{11} & b_{12} & \cdots & b_{14}\\ b_{21} & b_{22} & \cdots & b_{24}\\ \vdots & \vdots & \vdots & \vdots\\ b_{51} & b_{52} & \cdots & b_{54}\end{pmatrix}$$

基本指标子系统中，二级影响指标包括工程地质、地形、水文气象、自然生态、人为影响 5 个指标，它们的权重采用《城乡用地评定标准》(CJJ 132—2009)中第 50 页表 2 中推荐的值，$\boldsymbol{W}^{(2)}=\{0.3,0.2,0.24,0.18,0.08\}$，由 $\boldsymbol{W}^{(2)}$ 与 $\boldsymbol{R}^{(2)}$ 进行模糊运算，得到用于基本指标评判用地适宜性的向量 $\boldsymbol{BB}^{(2)}$。对评价等级集合 $V=\{$不适宜，适宜性差，较适宜，适宜$\}$，按照最大隶属度原则，确定基本指标体系的模糊综合评判用地适宜性。

(二)特殊指标

根据《城乡用地评定标准》附录 E，结合武汉城区的特点，将特殊指标影响评价集分成 4 个等级，评价集 $V=\{$严重影响，较重影响，一般影响，无影响$\}$，其分度值 $\boldsymbol{C}=\{10,5,2,0\}$。与基本指标类似，特殊指标中二级指标共 5 个子平行评判系统：①工程地质；②地形；③水文气象；④自然生态；⑤人为影响，但影响因素完全不同，定量标准如表 8-6 所示。以下分别介绍评判过程。

表 8-6　特殊指标的定量标准

二级指标	三级指标	定量标准		
		严重影响级(10 分)	较重影响级(5 分)	一般影响级(2 分)
工程地质	断裂	强烈全新活动断裂；发震断裂	中等、微弱全新活动断裂；构造性地裂	非全新活动断裂
	地震液化	—	严重液化	中等、轻微液化
	岩溶暗河	—	强发育	较发育
	滑坡崩塌	不稳定滑坡、崩塌区	基本稳定滑坡、崩塌区	稳定滑坡、崩塌区
	泥石流	I_1、II_1 类泥石流沟谷	I_2、II_2 类泥石流沟谷	I_3、II_3 类泥石流沟谷
	地面沉陷	—	强烈	较强烈
	矿藏	极具开采价值	较具开采价值	—
	特殊性岩土	年剂量当量限值大于 50mSv/a 的放射性岩土	年剂量当量限值为 1～50mSv/a 的放射性岩土	年剂量当量限值小于 1mSv/a 的放射性岩土
		—	多年冻土	强烈湿陷性土、强膨胀性
	岸边冲刷	—	岸边改变，宽度大于 10m	冲刷变形宽度大于 3m，小于等于 10m
地形	冲沟	—	有强扩展性	有扩展性
	地面坡度	≥100%	50%～<100%	25%～<50%
	地面高程	—	海拔大于 4000m	海拔为>3000m～4000m
水文气象	洪水淹没程度	场地标高低于设防洪(潮)标高 1.5m 及以上	场地标高低于设防洪(潮)标高 1.0m～<1.5m	场地标高低于设防洪(潮)标高 0.5m～<1.0m
	水系水域	跨区域防洪标准行洪、泄洪的水系水域	区域防洪标准蓄滞洪的水系水域；城乡防洪标准行洪、泄洪的水系水域	城乡防洪标准蓄滞洪的水系水域
	灾害性天气	—	影响严重的风口、雷击区	—
自然生态	生态敏感度	湿地、绿洲、草地、原始森林等具有特殊生态价值的原生态区	自然和人工生态基础优势区	自然和人工生态基础良好区
人为影响	各类保护区	自然保护区的核心区、缓冲区	自然保护区的实验区	自然保护区的外围保护地带
		基本农田保护区范围	耕地	—
		水工程保护范围	水源地的一级保护区	水源地二级保护区
	各类控制区	生态敏感区控制范围	—	—
		文物保护单位、历史文化街区的保护范围	文物保护单位、历史文化街区的建设控制地带	文物保护单位、历史文化街区的环境协调区
		—	风景名胜区	风景名胜区外围保护地带
		军事禁区	军事禁区外围的安全控制区范围，军事管理区	军事禁区的缓冲区；军事设施区
		—	区域高压电力、管道运输走廊、铁路、高速公路等交通走廊	微波通道、飞机场净空限制区

表 8-6 中，二级评判子系统包含有 5 个平行三级评判子系统。分度标准向量 $\boldsymbol{C}=\{10,5,2,0\}$。同理，对任一参评指标的实际值 x_i 隶属度，由以下线性隶属函数确定：

$$u_{11}=\begin{cases}1 & x_i\geqslant 10\\ \dfrac{x_i-5}{5} & 5\leqslant x_i<10\\ 0 & x_i<5\end{cases} \tag{8-8}$$

$$u_{12}=\begin{cases}0 & x_i\leqslant 2,x_i\geqslant 10\\ \dfrac{10-x_i}{5} & 5\leqslant x_i<10\\ \dfrac{x_i-2}{3} & 5>x_i\geqslant 2\end{cases} \tag{8-9}$$

$$u_{13}=\begin{cases}0 & x_i\leqslant 0,x_i\geqslant 5\\ \dfrac{5-x_i}{3} & 2\leqslant x_i<5\\ \dfrac{x_i}{2} & 2>x_i\geqslant 0\end{cases} \tag{8-10}$$

$$u_{14}=\begin{cases}1 & x_i\leqslant 0\\ \dfrac{2-x_i}{2} & 0<x_i<2\\ 0 & x_i>2\end{cases} \tag{8-11}$$

“工程地质”子系统中包括 9 个参评指标，对任一指标的实际值 x_i，其隶属度由式(8-8)～式(8-11)确定。建立模糊关系矩阵 $\boldsymbol{R}_1$。

$$\boldsymbol{R}_1=\begin{pmatrix}u_{11} & u_{12} & \cdots & u_{14}\\ u_{21} & u_{22} & \cdots & u_{24}\\ \vdots & \vdots & \vdots & \vdots\\ u_{91} & u_{92} & \cdots & u_{94}\end{pmatrix}$$

“工程地质”中的 9 个指标中，它们之间的相对重要性是不同的。由专家经验确定这种相对重要性的定量关系，如表 8-7 所示。

表 8-7　关于“工程地质”指标的相对重要性调查表

指标	断裂	地震液化	嵌溶暗河	滑坡崩塌	泥石流	地面沉陷	矿藏	特殊性土	岸边冲刷
断裂	1	7	7	7	7	8	9	9	9
地震液化	1/7	1	1	1	1	2	5	5	5
岩溶暗河	1/7	1	1	1	1	1	5	5	5
滑坡崩塌	1/7	1	1	1	1	2	5	5	5
泥石流	1/7	1	1	1	1	2	5	5	5
地面沉陷	1/8	1/2	1	1/2	1/2	1	5	5	5
矿藏	1/9	1/5	1/5	1/5	1/5	1/5	1	1	1
特殊性岩土	1/9	1/5	1/5	1/5	1/5	1/5	1	1	1
岸边冲刷	1/9	1/5	1/5	1/5	1/5	1/5	1	1	1

由表 8-7,得到以下用于层次分析法的比较矩阵：

$$\begin{pmatrix} 1 & 7 & 7 & 7 & 7 & 8 & 9 & 9 & 9 \\ \frac{1}{7} & 1 & 1 & 1 & 1 & 2 & 5 & 5 & 5 \\ \frac{1}{7} & 1 & 1 & 1 & 1 & 1 & 5 & 5 & 5 \\ \frac{1}{7} & 1 & 1 & 1 & 1 & 2 & 5 & 5 & 5 \\ \frac{1}{7} & 1 & 1 & 1 & 1 & 2 & 5 & 5 & 5 \\ \frac{1}{8} & \frac{1}{2} & 1 & \frac{1}{2} & \frac{1}{2} & 1 & 5 & 5 & 5 \\ \frac{1}{9} & \frac{1}{5} & \frac{1}{5} & \frac{1}{5} & \frac{1}{5} & \frac{1}{5} & 1 & 1 & 1 \\ \frac{1}{9} & \frac{1}{5} & \frac{1}{5} & \frac{1}{5} & \frac{1}{5} & \frac{1}{5} & 1 & 1 & 1 \\ \frac{1}{9} & \frac{1}{5} & \frac{1}{5} & \frac{1}{5} & \frac{1}{5} & \frac{1}{5} & 1 & 1 & 1 \end{pmatrix}$$

根据前面介绍的 AHP 法的 3 个步骤,计算确定权重：$\boldsymbol{W}_1=\{0.444,0.103,0.096,0.103,0.103,0.081,0.024,0.024,0.024\}$。一致性率检验,CR＝0.031 6＜10％,$\boldsymbol{W}_1$值符合要求。由$\boldsymbol{W}_1$与$\boldsymbol{R}_1$进行模糊运算,得到“工程地质”评判向量$\boldsymbol{B}_1$。

武汉市没有全新活动断裂,因此在模糊运算中,断裂按非全新活动考虑;岩溶暗河,按较发育考虑;武汉市不存在泥石流,按不受影响考虑。

“地形”子系统包括 3 个指标。同理,对任一参评指标实际值 x_i,由式(8-8)～式(8-11)式,可确定隶属度,由此确定模糊关系矩阵$\boldsymbol{R}_2$,是一个 3×4 维矩阵。指标之间的相对重要性是不同的,由专家经验确定这种定量关系,如表 8-8 所示。

表 8-8　关于“地形”指标的相对重要性调查表

指标	冲沟	地面坡度	地面高程
冲沟	1	3	7
地面坡度	1/3	1	7
地面高程	1/7	1/7	1

由表 8-8,得到以下比较矩阵：

$$\begin{pmatrix} 1 & 3 & 7 \\ \frac{1}{3} & 1 & 7 \\ \frac{1}{7} & \frac{1}{7} & 1 \end{pmatrix}$$

根据 AHP 法,计算确定权重$\boldsymbol{W}_2=\{0.62,0.31,0.07\}$。一致性率检验,CR＝0.08＜10％,$\boldsymbol{W}_2$值符合一致性率检验要求。由$\boldsymbol{W}_2$与$\boldsymbol{R}_2$进行模糊运算,得到“地形”评判的向量$\boldsymbol{B}_2$。

“水文气象”子系统包括 3 个指标。同理,对任一参评因素实际值 x_i,由式(8-8)～式(8-11),可确定隶属度,由此确定模糊关系矩阵$\boldsymbol{R}_3$,是一个 3×4 维矩阵。

“水文气象”子系统中 3 个指标之间的相对重要性不同,由专家经验确定这种定量关系,如表 8-9 所示。

表 8-9　关于“水文气象”指标的相对重要性调查表

指标	洪水淹没程度	水系水域	灾害性天气
洪水淹没程度	1	5	4
水系水域	1/5	1	1/5
灾害性天气	1/4	5	1

将表 8-9 中的数据用矩阵表示为：

$$\begin{pmatrix} 1 & 5 & 4 \\ \frac{1}{5} & 1 & \frac{1}{5} \\ \frac{1}{4} & 5 & 1 \end{pmatrix}$$

这就是用于层次分析法的对比关系矩阵。根据 AHP 法，计算确定权重，$\boldsymbol{W}_3=\{0.64,0.09,0.27\}$。一致性率检验，CR＝0.01＜10％，$\boldsymbol{W}_3$ 值符合要求。由 $\boldsymbol{W}_3$ 与 $\boldsymbol{R}_3$ 进行模糊运算，得到“地形”评判的向量 $\boldsymbol{B}_3$。武汉不存在灾害性天气，在模糊运算中默认为不受影响。

“自然生态”中仅有一个评判指标，据公式(8-8)～式(8-11)，得到 1×4 维的 $\boldsymbol{R}$ 隶属度矩阵 $\boldsymbol{R}_4$，即可认为是影响的向量 $\boldsymbol{B}_4$。

“人为影响”子系统中共有两个指标，由公式(8-8)～式(8-11)，得到模糊关系矩阵 $\boldsymbol{R}_5$，是一个 2×4 维矩阵。权重向量 $\boldsymbol{W}_5$ 由专家经验确定，$\boldsymbol{W}_5=\{0.5,0.5\}$，由 $\boldsymbol{R}_5$ 与 $\boldsymbol{W}_5$ 运算，得到“人为影响”评判向量 $\boldsymbol{B}_5$。

综合以上分析，得到特殊指标的二级评判矩阵 $\boldsymbol{R}^{(2)}$，由下式决定：

$$\boldsymbol{R}^{(2)}=\begin{pmatrix} \boldsymbol{B}_1 \\ \boldsymbol{B}_2 \\ \boldsymbol{B}_3 \\ \boldsymbol{B}_4 \\ \boldsymbol{B}_5 \end{pmatrix}=\begin{pmatrix} b_{11} & b_{12} & \cdots & b_{14} \\ b_{21} & b_{22} & \cdots & b_{24} \\ \vdots & \vdots & \vdots & \vdots \\ b_{51} & b_{52} & \cdots & b_{54} \end{pmatrix}$$

二级指标子系统中，涉及到工程地质、地形、水文气象、自然生态、人为影响 5 个指标，它们的权重采用《城乡用地评定标准》(CJJ 132—2009)中第 50 页表 2 中推荐的值，$\boldsymbol{W}^{(2)}=\{0.3,0.2,0.24,0.18,0.08\}$。由 $\boldsymbol{R}^{(2)}$ 与 $\boldsymbol{W}^{(2)}$ 进行模糊运算，可得特殊指标评判影响性的向量 $\boldsymbol{SB}^{(2)}$。根据评价目标向量 $\boldsymbol{V}$＝{严重影响，较重影响，一般影响，无影响}，按照最大隶属度原则，确定根据特殊指标的影响程度。

（三）一级评判

对建设用地单元，根据前面二级、三级模糊计算，可以分别确定由基本指标评判的适宜性、特殊指标确定的影响等级。综合这两者评判结果，最后确定用地评定单元的建设适宜性，其评判标准如表 8-10 所示。

表 8-10　综合评定用地单元适宜性

特殊指标＼基本指标	不适宜级	适宜性差级	较适宜级	适宜级
无影响	Ⅲ	Ⅱ	Ⅰ	Ⅰ
一般影响级	Ⅲ	Ⅲ	Ⅱ	Ⅱ
较重影响级	Ⅳ	Ⅳ	Ⅲ	Ⅲ
严重影响级	Ⅳ	Ⅳ	Ⅳ	Ⅳ

四、基本数据和信息

图 8-1 中三级指标包括“断层”“地震液化”等 36 个指标。对所选定的任一区域进行模糊综合评判过程中，须给定该区域这些指标的指标值。须说明的是，对部分所选区域，由于信息和数据有限，或指标不存在(如有些区域中不存在“断层”或“地震液化”等指标)，36 个指标中部分指标值无法确定。在模糊综合评判分析和计算中，对无法给定指标值的指标须进行特殊处理。例如，对基本指标中无法确定指标值的指标，将该指标值默认为“适宜级”，分值取 10 分；对特殊指标中无法确定指标值的指标，将不考虑该指标的影响，取分值为 0 分。模糊综合评判中，主要依据以下数据库中的数据和地质图件。

(一)数据库

利用数据记录集(CAdoRecordSet)，可以从 Access 相关表格中读取模糊综合评判必需的数据。

(二)图件系列

分析中所需要的图件有武汉都市发展区地理图、都市发展区地图、工程地质图、地质构造图、地质灾害易发程度分区图、土壤质量图等。

五、软件开发

MapGIS K9 是 GIS 数据中心集成开发的商用平台，该软件包括了插件 TDE 开发功能。采用插件实现二次开发功能，做到即插即用。MapGIS K9 TDE 插件可以直接添加到系统中，独自完成功能的扩展，不会影响到系统中的其他功能。TDE 插件以.rpk 为后缀名输出，输出到系统执行目录下，系统在启动的时候会自动加载后缀名为.rpk 的文件，然后调用插件的标准接口，将插件对象进行初始化，同时完成插件加载到各插件管理器中的操作，这样框架就可以将插件管理起来了。其中插件主要定义了 registerFunctions 和 onExecute 两个接口，registerFunctions 接口实现插件功能的注册，onExecute 则完成插件功能的调用，插件最后还要完成 dllStartPlugin 和 dllStopPlugin 两个显示导出接口，一个用来初始化插件对象，一个则用来销毁插件对象。

前面介绍的建设用地适宜性模糊综合评判方法，采用 VC＋＋语言，可以在 Microsoft Visual Studio 开发平台上用一个类 CFuzzyDecision 来实现。将该类转化成一个插件 Landuse，就可以实现与开发平台 MapGIS K9 TDE 交互作用。

模糊综合评判中需要的一般数据，从 Access 数据库中获取，通过对数据记录集(CAdoRecordSet)的操作实现，而图元信息是针对 MapGIS 数据对象的操作，通过获取队形，进而获取查询的图元信息。

Landuse 插件中，在消息响应函数 OnNotifyMessage(long nMsgID, WPARAM wParam, LPARAM lParam)中实现数据和图元的获取，代码如下：

```
long CTestplug::OnNotifyMessage(long nMsgID,WPARAM wParam,LPARAM lParam)
{
    if(nMsgID = = WM_LAYER_QUERY_TEST_FUC)
    {
        // 获取交互范围
        RegList            regList;
        RegDots            reg;    // 存储拉框的范围,是一个点序列
        G2DToolMng::GetSinglonPtr()- > GetRegList(&regList);
        if(regList.empty() || regList[0].size()< = 2)
        {
        return 0;
        }
        reg= regList[0];
        /////////
        string strSql= "select BoreNoID,CoorX,CoorY from GC_Z_ZKJB_P";
        CAdoRecordSet rst;
        CString      strTmp= "";
        long         lRes= 0;
        double  dXMin= MAX_DOUBLE;
        double  dXMax= MIN_DOUBLE;
        double  dYMin= MAX_DOUBLE;
        double  dYMax= MIN_DOUBLE;
        for(long i= 0; i< reg.size(); i+ + )
        {
            dXMin= min(dXMin,reg[i].x);
            dXMax= max(dXMax,reg[i].x);
            dYMin= min(dYMin,reg[i].y);
            dYMax= max(dYMax,reg[i].y);
        }
        CString strWhere= "";
        strWhere.Format(" where CoorX> % f and CoorX< % f and CoorY> % f and CoorY< % f ",
dXMin,dXMax,dYMin,dYMax);
        strSql= strSql+ (string)strWhere;
        lRes= CGeoComFucMng::GetSinglonPtr()- > GetRstBySQL(strSql,&rst,"");
        if(lRes= = 0)
        {
            AfxMessageBox(_T("所选区域地质信息太少,无法评判。"));
            return 1;
        }
        ////
        m_raSpecial121= 3; ////获取数据库中数据
        string strID= "select BoreNoID,YeHuaRate from GC_F_STYH_P";
        CAdoRecordSet rstID;
        CString      strTemp1= "",strDeg= "";
        long longID= 0;
        longID= CGeoComFucMng::GetSinglonPtr()- > GetRstBySQL(strID,&rstID,"");
        //////
```

```
        //
        if(lRes> 0 && rst.Open((char* )(LPCSTR)strSql.c_str()))
        {
            rst.MoveFirst();
            while(! rst.IsEOF())
            {
                rst.GetCollect((long)0,strTmp);
                //
                if(longID > 0)
                {
                    rstID.MoveFirst();
                    while(! rstID.IsEOF())
                    {
                        rstID.GetCollect((long)0,strTemp1);
                        rstID.GetCollect((long)1,strDeg);
                        //
                        if(strTmp= = strTemp1)
                        {
                            if(atof(strDeg)= = 1.0||atof(strDeg)= = 2.0)
                                m_raSpecial121= 2;
                            else
                            {
                                m_raSpecial121= 1;
                                AfxMessageBox(_T("存在严重液化土层。根据《城乡建设用地标准》
(CJJ 132—2009)第.1.5条判定为不宜建设用地,Ⅲ类。"));
                                return 1;
                            }
                            break;
                        }
                        rstID.MoveNext();
                    }
                }
                if(m_raSpecial121= = 1 || m_raSpecial121= = 2)
                    break;
                //
                rst.MoveNext();
            }
////////
            rstID.Close();
            rst.Close();
//////////////////////////////////////////////
        }

        // 获取 MapGIS 图元信息
        vector< CRelMapGISInfo> GisInfoList;
        vector< ClsStruct>   clsObjList;
        getGisInfoListByOpenEle(GisInfoList,1);
```

```
        CGeoComFucApp::GetSinglonPtr()->GetAllClsInfo(clsObjList,GisInfoList,reg);
///////////
        m_raSpecial111=3;/////断裂
        long i;
        for(i=0; i<clsObjList.size(); i++)
        {
            if(strcmp(clsObjList[i].clsName,"断裂.WL")==0)
            {
                m_raSpecial111=2;///////按非全新活动断裂考虑。武汉市没有全新活动断裂。
                break;
            }
        }
//////////
        m_raSpecial131=3;///岩溶暗河
        for(i=0; i<clsObjList.size(); i++)
        {
            if((strcmp(clsObjList[i].clsName,"古河道.WP")==0) ||(strcmp(clsObjList[i].
clsName,"碳酸盐岩分布.WP")==0))
            {
                m_raSpecial131=2;////岩溶暗河,按较发育考虑。
                break;
            }
        }
......
}
```

在MapGIS K9平台上,利用Landuse插件,对任意一选定的区域,根据该区域中的数据和信息进行模糊综合评判,用户就可以得到评判结论。

六、实际应用

软件使用中,下拉框选择评定区域范围或用地单元时,尽可能使该评定范围或用地单元内评判指标值是一致或接近的,若能属于同一地质单元则较好,或符合《城乡用地评定标准》(CJJ 132—2009)第3.0.2条款的规定。

若所选区域范围太小,或只涉及到很少指标的地质信息和数据,而大部分指标的指标值无法确定时,模糊综合评判计算和分析则主要是依据默认指标值进行的,得到的评判结果不一定能反映真实的城市地质环境条件。

评判过程中,采用生态优先原则。例如,水域被认定为受保护的区域,默认为不可建设用地(Ⅳ类)。根据《城乡用地评定标准》第5.1.5条款,特殊指标中,若某一指标出现表8-6中“严重影响级”,必评定为“不可建设用地”;若某一指标出现“较严重影响级”,必评定为“不宜建设用地”;若某一指标出现“一般影响级”,必评定为“可建设用地”。若所选用地范围内出现这些情形,则不必进行模糊综合评判,直接进行评定。

从武汉都市发展区范围总体评判结果来看,除了地面坡度大于或等于100%、洪水潜在严重淹没区、不稳定滑坡、强发育岩溶区等局部区域属于不可建设用地(Ⅳ类)外,其余均可作为建设用地,其中绝大部分为宜建设用地(Ⅰ类)。

模糊综合评判方法也可以用于城市轨道交通建设规划地质灾害危险性评估中的用地适宜性分析，评判结果与规范中推荐方法得到的结论有较好的一致性。

第二节　地质环境质量评价

一、概述

地质环境质量的优劣取决于自然地质环境的稳定性、抗干扰和破坏能力、承受污染的能力等。引起地质环境改变的原因主要来自两个方面：一方面是人类活动，另一方面是自然本身的一些因素。人类的生存、社会经济的发展依赖于地质环境条件。良好的地质环境利于城市的发展和居民生活水平的提高。相反，地质环境质量差的地区，它将阻碍城市的发展。作为经济相对发达的武汉都市发展区，人类活动较强，主要表现在城市化进程加快、立体交通线路成网、矿山比比皆是、地下水资源过量开采、工业"三废"总量排放增加、农药化肥施用加大等各个方面。它们正悄无声息地改变着我们生存的地质环境，造成各种环境地质问题不断出现，地质灾害也时有发生。就目前引起城市地质环境发生变化的原因来看，人类活动是主因。人类活动常常首先使质量最差的某个（或某一些）因素受到破坏，从而引起地质环境条件的变化。

我国目前正处于大规模基础建设时期，人类活动对地质环境影响较大，地质环境的调查和评价是当前城市环境地质学研究的热点之一。对地质环境质量的评定和变化趋势的预测，可为地质环境保护、地质灾害防治提供决策依据。评价方法有综合评判法、概率统计法、分级聚类法等。地质环境质量评价的基本内容是要反映环境地质问题形成、发育的地质环境背景，如岩土体类型、地质构造、地貌、水文地质要素等，反映人类工程-经济活动的类型、规模和影响历史、强度及产生的问题，重点反映各种环境地质问题的发育特征、分布规律以及类型、规模、成因、危害现状和发展趋势等。评价原则是以地质环境条件的好坏为评价基础，环境地质问题的多寡及地质灾害的严重程度是评价分区的基本要素，在全面综合考虑这些因素前提下作出地质环境质量分区评价，为提出地质灾害防治对策打下基础。评价工作的落脚点是环境地质图的编制，图中所附的分区说明表应简要说明区、亚区和重要地段的主要环境地质问题的现状、发展趋势，并评价各区（段）的可持续开发利用程度。下面采用综合指数评价法和基于GIS矢量单元评价法对武汉都市发展区地质环境质量进行评价，然后通过对比优化评价结果。

二、综合指数评价法

综合指数评价法（M1）是将地质环境系统分解为几个子系统，对各个子系统分别选取有代表性的评价指标，并将其表现程度进行等级划分，给出归一化指标；将同一子系统内各评价指标的指标值按权重进行叠加，得出一个子系统评价总指标；再将各子系统评价总指标按权重叠加，得出每个评价单元的地质环境质量指数；然后综合分析各单元的指数情况，进行全区地质环境质量的总体评价。

评价工作包括评价单元划定、评价指标的选择及权重确定、评价指标等级划分及数据提取、评价计算、结果分析和图件输出几个方面的内容。在进行地质环境质量评价时，抛开自然边界，将之划分成数量众多但形状和大小都相同的网格单元。网格单元大小为1km×1km，全区共分为3703个。

评价指标体系是由若干个单项评价指标组成的有机整体，它反映了地质环境评价与预测的目标和要求，而且要做到全面、合理、科学和实用，并能为有关人员和部门所接受。依据这些基本原则，分别选取地质环境背景条件(A)、区域环境地质问题与地质灾害(B)和人类工程活动强度(C)作为评价的子系统。各子系统下面再分若干单项评价指标。结合武汉都市发展区的地质环境特征,拟选取的基本评价指标体系见表8-11。

表8-11　地质环境质量评价基本指标体系表

子系统	评价项目(因子)	评价项目等级数据提取
地质环境背景条件(A)	1.地形地貌	按地形切割强度(单位面积内沟谷网密度或相对高差)分级
	2.构造活动性	按区域新构造活动及构造形迹发育强度分级
	3.岩土体工程性状	岩体按硬岩、次硬岩、较软岩、软岩,土体按硬密土、中密土、松散土、软土(特殊土)划分
	4.水文气象	按年降水量及年温差强度分级
	5.植被	按植被覆盖率分级
区域环境地质问题与地质灾害(B)	1.岩溶地面塌陷	按危害程度及塌陷规模、密度比例分级
	2.地面沉降	按危害程度及地面沉降规模比例分级
	3.滑坡	按危害程度及滑坡规模、密度比例分级
	4.崩塌	按危害程度及崩塌规模、密度比例分级
	5.不稳定斜坡	按危害程度及斜坡规模、密度比例分级
	6.河湖崩岸	按危害程度及影响长度、面积的比例分级
	7.土壤污染	按危害程度及污染面积比例、质量等级分级
	8.水污染	按危害程度及污染面积比例、质量等级分级
	9.地下水降落漏斗	按危害程度及影响面积的比例分级
	10.城市固体废弃物(含垃圾场)	按危害程度及污染面积比例分级
人类工程活动强度(C)	1.城建工程	按城镇建设用地比例或人口的密度分级
	2.交通工程	按公路、铁路密度分级
	3.矿山工程	按矿山占地比例或矿山分布密度分级
	4.水利工程	按水库蓄水淹没面积的比例或堤防工程密度分级
	5.农垦活动	按开垦地坡度及相应面积比例分级

区域环境地质问题与地质灾害(B)的表现(发育)程度是地质环境质量的直接指标,地质环境背景条件(A)和人类工程活动强度(C)是孕育和促进(触发)环境地质问题与地质灾害发生的潜在条件。后两者可以弥补(B)子系统调查揭露不全的缺陷,并有助于预测。因此在地质环境质量评价体系中,以(B)子系统为主,(A)、(C)子系统为辅。

在各子系统之间的权重划分中,一般采取(B)子系统为0.6～0.8,(A)、(C)子系统各占0.1～0.2。调查研究程度高的地区,(B)权值取高值,反之取低值。每个评价单元通常只取其中表现较强烈的前5个指标参与评价计算。

为了概略地反映武汉都市发展区地质环境质量的优劣和主要环境地质问题,采用综合指数评价二级分区的方法。

一级分区:以地质环境质量为基础,反映地质环境质量优劣。

二级分区：在一级分区的基础上，反映主要环境地质问题和人类活动方式。

根据调查区的实际情况，参与地质环境质量评价的优选指标确定为：地形地貌、岩土体结构及岩性、地下水资源量、地下水环境质量、土壤环境质量和地质灾害易发程度等。根据表 8-12 所列项目进行质量分级（一般 3～4 级），并赋予评判指数，圈出各级质量等级，然后采用微分面积叠加法计算出综合质量指数，据表 8-13 划分地质环境质量等级。

表 8-12　地质环境质量评价因子分级指数一览表

评价项目（因子）	地质环境质量要素及分级	评判指数
地形地貌	岗状平原地形地貌	1
	河湖阶地地形地貌	3
	构造剥蚀残丘和低丘陵地形地貌	5
岩土体结构及类型	层状—厚层状岩石、砂砾石及一般黏土	1
	一般土层下伏岩溶发育地层	3
	薄层—片状岩土或软弱岩层、淤泥、人工填土	5
地下水资源量	丰富（单井涌水量大于 $1000m^3/d$）	0.5
	中等（单井涌水量介于 $500\sim1000m^3/d$ 之间）	1
	贫乏（单井涌水量小于 $500m^3/d$）	3
	无水	5
地下水环境质量（水质）	Ⅰ、Ⅱ、Ⅲ类水	1
	Ⅳ类水	3
	Ⅴ类水	5
土壤环境质量	未污染	0.5
	中度污染	1
	严重污染	3
	极度污染	5
地质灾害易发程度分区	非易发区	0.5
	低易发区	1
	中易发区	3
	高易发区	5

表 8-13　地质环境质量级别划分及综合指数表

地质环境质量级别	综合质量指数
地质环境质量较好	≤12
地质环境质量中等	12～25
地质环境质量较差	≥25

依据以上地质灾害综合危险性指数计算值标准，利用 MapGIS 软件区属性赋参数功能，大体圈划出地质灾害高、中、低、非易发区，以色块加以区分。将武汉都市发展区划分为较好、中等和较差 3 个环境地质区，网格化分区如图 8-3 所示。各自面积占比如图 8-4 所示。

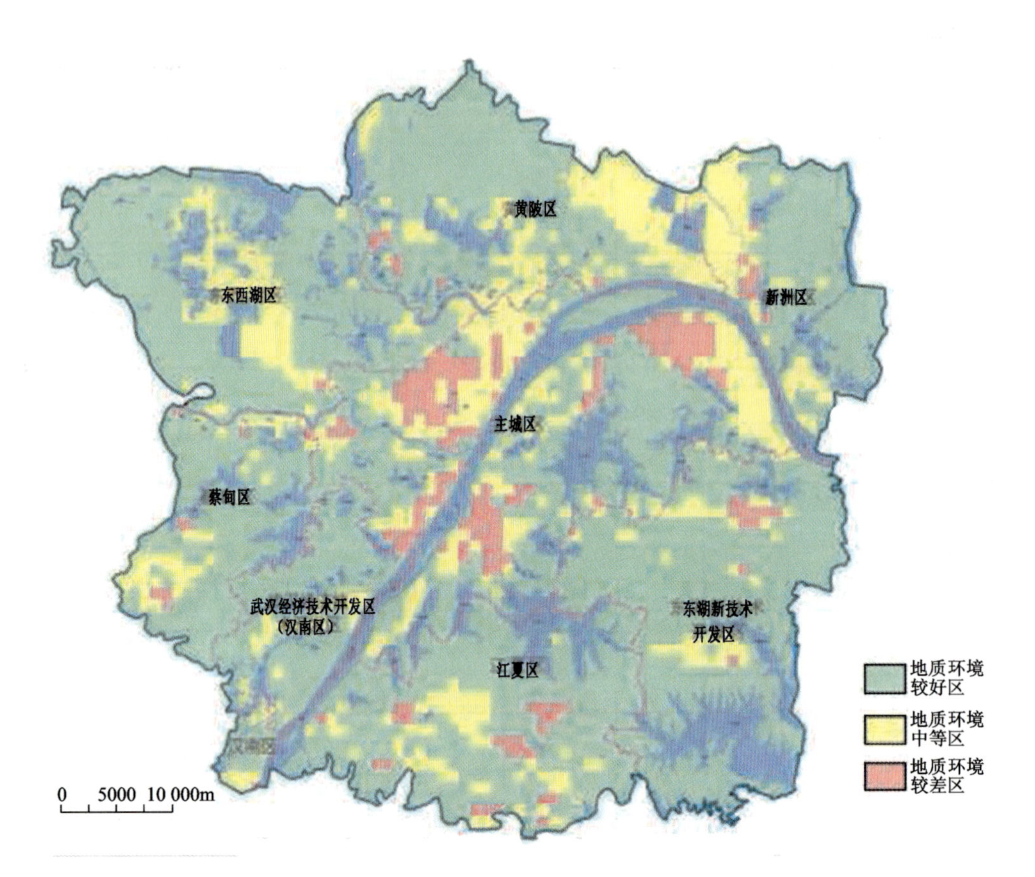

图 8-3　武汉都市发展区地质环境分区网格图（M1）

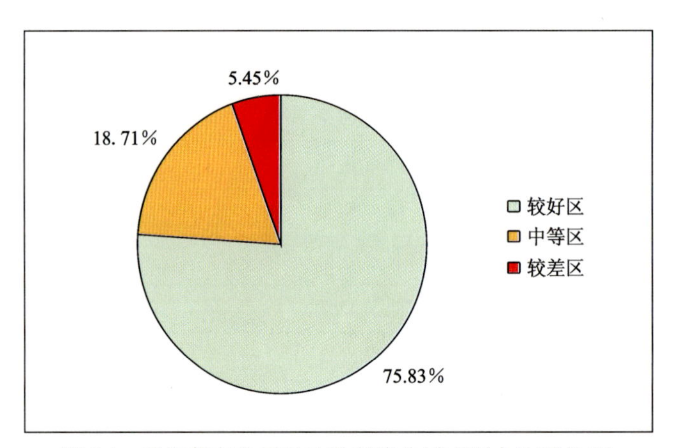

图 8-4　武汉都市发展区地质环境分区面积占比图（M1）

三、基于 GIS 矢量单元评价法

地质环境分区评价，是基于对原生地质环境条件和次生环境地质问题的综合评价手段。一个地区的地质环境条件越复杂，牵涉的环境地质问题越多且强度大，则说明该地区的地质环境质量越差，反之亦然。为此，武汉都市发展区地质环境质量评价的原则是：

（1）以已经发生或可能发生的环境地质问题及其强度作为评价的基础。

（2）地质环境质量是由各子系统的质量组成的，各子系统的质量好坏会直接影响到评价单元的总体质量。

(3)各子系统的环境地质问题多少、强度大小直接影响整体地质环境质量的好坏，但各子系统的质量对整体地质环境质量的贡献不一，它们的大小取决于对地质环境质量的影响程度。通过建立评价指标体系，计算各指标权重，然后加权叠加。

(4)根据环境地质问题的现状，对评价结果进行必要的人工干预和矫正。

以往的环境地质定量评价分析方法多为基于栅格运算的模糊综合评价法，是将矢量数据人为地划分为若干标准的栅格单元进行分析，评价单元的误差除了原始录入的矢量数据的误差外，在矢量数据划分为栅格时也会引入误差，评价的结果往往不够精确，需要反复调整来确定。因此，为了提高评价的精度，本次拟采用基于 GIS 矢量单元法进行评价，即直接在单一要素矢量图的基础上进行多层空间数据的叠加运算，得到的评价单元，表现为实际的空间属性边界，按照以下步骤进行：

(1)根据评价目的，确定影响评价对象的因子要素，建立多层次评价指标体系。

(2)权系数的确定。权系数采用层次分析法确定，根据选定的指标，确定相互重要性，建立判断矩阵，计算指标权重。

(3)运用 GIS 软件作为分析工具，根据基础资料数据编制各个指标矢量图，并对各指标的矢量图进行必要的处理。

(4)对各指标图进行矢量空间叠加运算，运用模糊综合评价法，将得出的叠加图进行聚类处理，得到综合评价图。

矢量单元评价方法(M2)的具体步骤如下。

1. 建立评价体系

目前武汉市都市发展区内存在的环境地质问题主要涉及到岩溶地面塌陷、地面沉降、崩塌、滑坡、不稳定斜坡、河湖塌岸、表层土壤污染、地表水污染、地下水污染和地下水降落漏斗、城市固废、大气污染等方方面面，分别对应于地质灾害、土环境、水环境和大气环境等 4 个子系统，其中环境地质问题中的地质灾害子系统可直接利用地灾易发程度分区成果，表层土壤污染直接利用地球化学调查分项的土壤质量评价成果。据此，建立评价指标体系如图 8-5 所示。

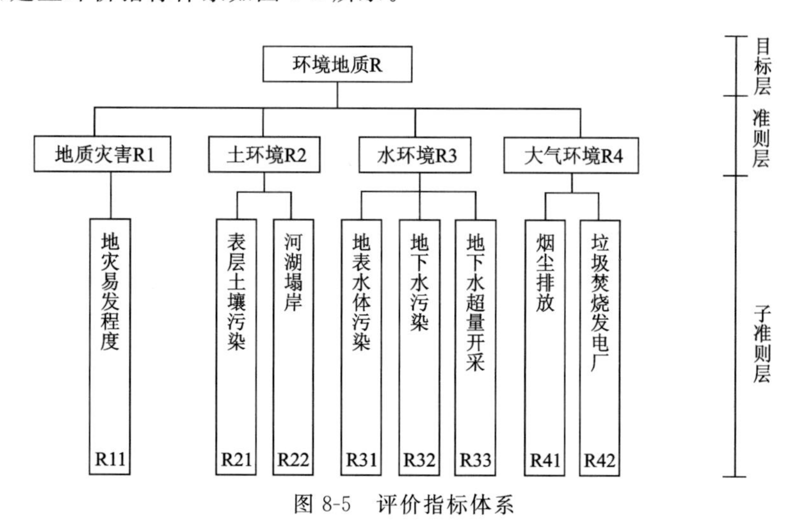

图 8-5　评价指标体系

2. 构建评价指标的比较矩阵

根据地质环境影响因素分析，由专家经验确定指标之间相对重要性的定量关系(以列为序)，如表 8-14所示。

表 8-14　比较矩阵表

R	R11	R21	R22	R31	R32	R33	R41	R42
R11	1	2	5	3	5	5	7	2
R21	1/2	1	5	2	3	4	1/2	2
R22	1/5	1/5	1	1/4	1/3	1/4	1/3	1/4
R31	1/3	2	5	1	2	3	5	1
R32	1/3	1/2	5	2	1	3	5	1/3
R33	1/5	1/3	4	1/3	1/2	1	3	1/3
R41	1/7	1/5	1/3	1/4	1/4	1/3	1	1/5
R42	1/2	2	5	3	4	4	7	1

3. 计算权重

根据表 8-14,确定用于层次分析法的子准则层的比较矩阵,计算 8 个指标的权重。计算结果见表8-15。

表 8-15　指标权重计算结果

地灾易发程度(R11)	表层土壤污染(R21)	河湖塌岸(R22)	地表水体污染(R31)	地下水污染(R32)	地下水超量开采(R33)	烟尘排放(R41)	垃圾焚烧发电厂(R42)
0.193 4	0.168 9	0.060 4	0.122 3	0.122 2	0.100 4	0.073 6	0.158 8

4. 基本指标等级划分

采用信息量法及模糊评价法,对基本指标等级进行划分,结果见表 8-16。

表 8-16　环境地质指标的基本指标等级划分

准则层指标	子准则层指标	基本风险因素的等级划分		
		较差区	中等区	较好区
		0.5	0.3	0.1
地质灾害	地灾易发程度	易发区	中等易发区	低、非易发区
土环境	表层土壤污染	极度及重度污染	中度污染	轻微污染、无污染
	河湖塌岸	塌岸密集	塌岸中等密集	塌岸少或无
水环境	地表水体污染	劣Ⅴ、Ⅴ类	Ⅳ类	Ⅲ类及以上
	地下水污染	Ⅴ类	Ⅳ类	Ⅲ类及以上
	地下水超量开采	超量开采区	次超量开采区	正常开采区
大气环境	烟尘排放	>10 处/平方千米	5～10 处/平方千米	0～5 处/平方千米
	垃圾焚烧发电厂	发电厂周边 1～2km	发电厂周边 2～4km	发电厂周边大于 4km

5. 质量等级确定

定义“环境地质问题 R”为一概率事件,概率分布服从伯努利概型。针对选取的 8 个指标,每一次环境地质问题出现的概率计算，都相当于进行了 8 次伯努利试验，每次试验结果只有两种——“有”和“无”，取出现“环境地质问题”的概率 P_i 依次为 0.50、0.30、0.10。建立环境地质问题的概率计算模型：

$$P(\mathrm{R})=1-(1-P_i)^n$$

式中，$P(\mathrm{R})$ 为区域内某地点出现环境地质问题的概率，8 个指标中至少有 1 个环境地质问题出现；P_i 是出现地质环境问题的概率，依次为 0.50、0.30、0.10；n 为伯努利试验的次数，$n=8$。

对地质环境问题概率的等级划分：

对于较差区，$P(\mathrm{R})=1-(1-P_1)^8=1-(1-0.50)^8=99.61\%$；

对于中等区，$P(\mathrm{R})=1-(1-P_2)^8=1-(1-0.30)^8=94.24\%$；

对于较好区，$P(\mathrm{R})=1-(1-P_3)^8=1-(1-0.10)^8=56.95\%$。

对以上 3 种临界情况的概率进行调整，最终确定地质环境问题概率等级标准如下：

较差区，$P(\mathrm{R})\in[0.95,1.00)$；

中等区，$P(\mathrm{R})\in[0.57,0.95)$；

较好区，$P(\mathrm{R})\in[0.1,0.57)$。

6. 矢量图的编制及叠加分析

根据各指标权重及环境地质问题概率，编制矢量图件并赋属性，然后利用 MapGIS 软件的空间分析功能进行“区对区相交分析”。根据叠加结果，再进行聚类处理后成图。

7. 叠加矢量图的矫正

结合环境地质问题现状，经过图面验证及矫正后按照集中连片的原则编制环境地质图。

所有参与评价指标如图 8-6 所示。将武汉都市发展区划分为较好、中等和较差 3 个环境地质区，网格化如图 8-7 所示，面积比如图 8-8 所示。

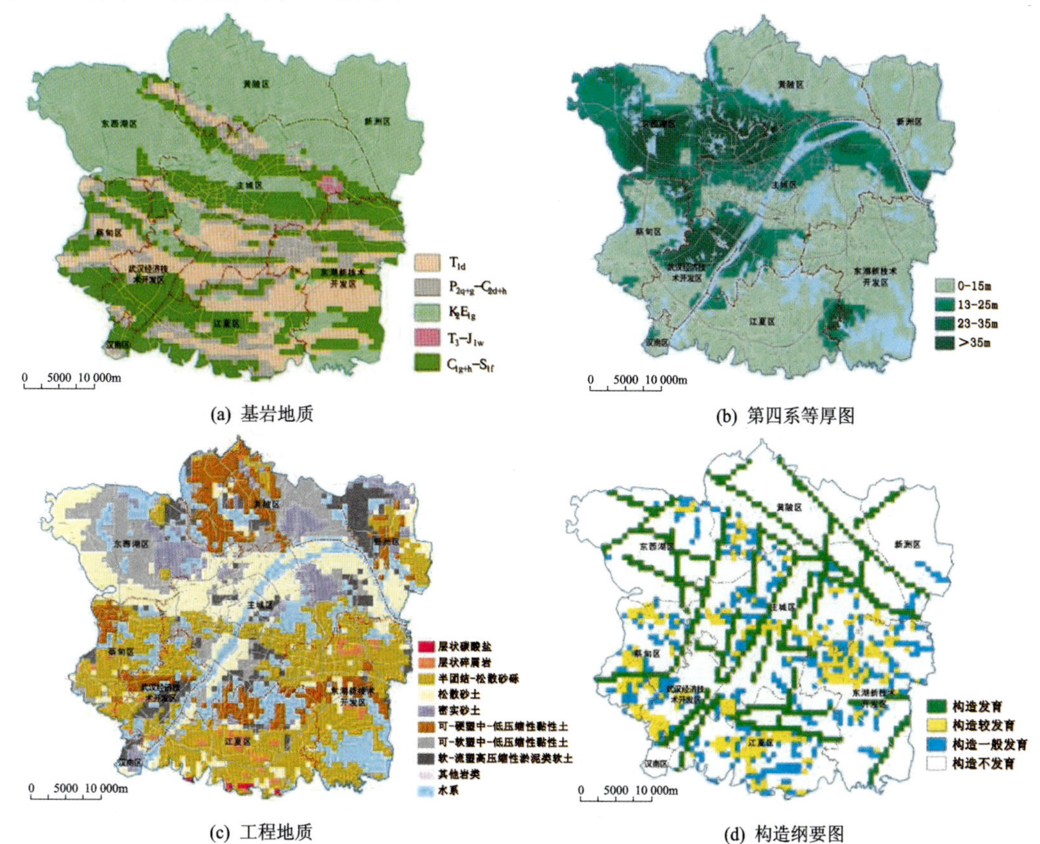

(a) 基岩地质　　(b) 第四系等厚图

(c) 工程地质　　(d) 构造纲要图

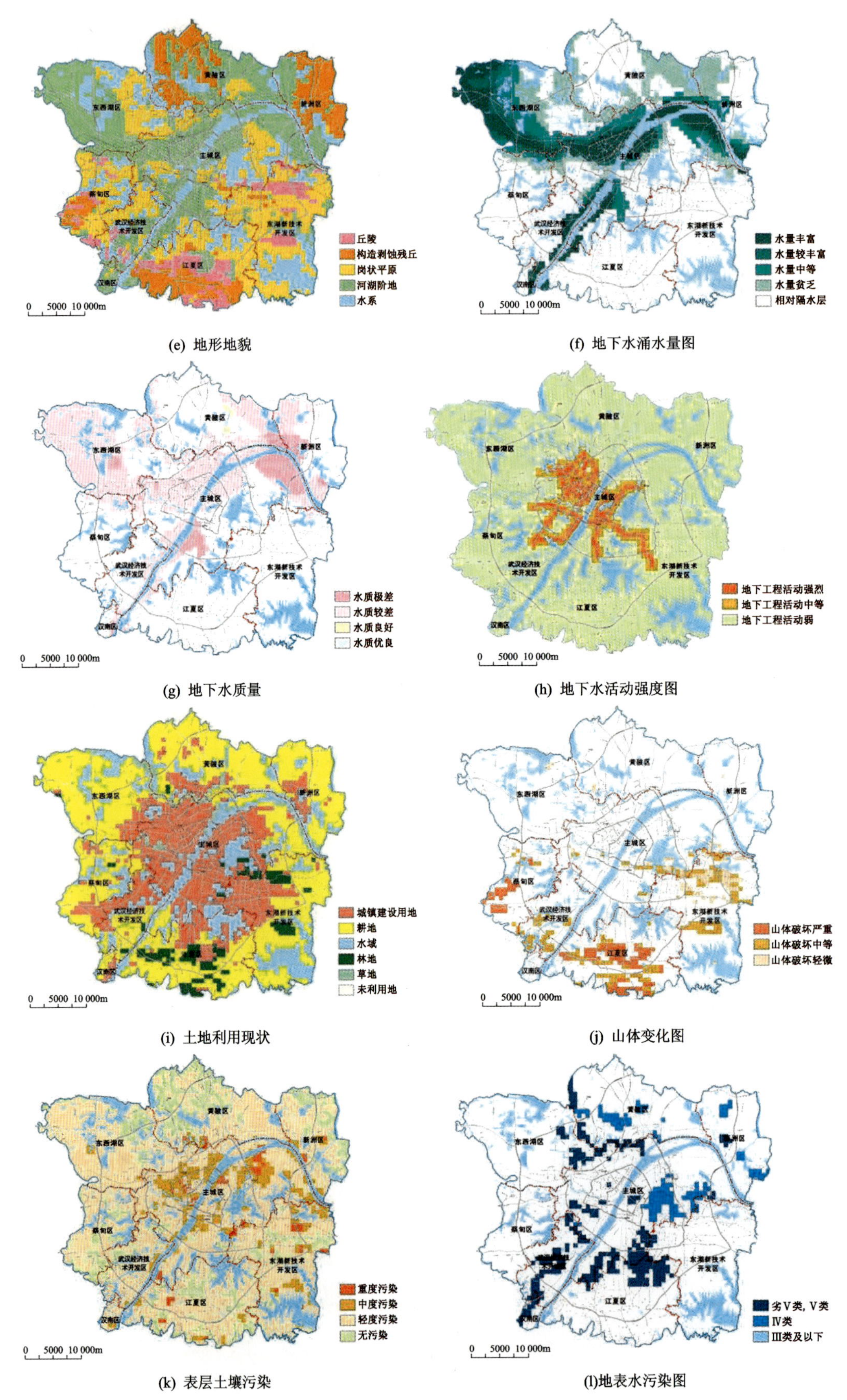

(e) 地形地貌

(f) 地下水涌水量图

(g) 地下水质量

(h) 地下水活动强度图

(i) 土地利用现状

(j) 山体变化图

(k) 表层土壤污染

(l)地表水污染图

图 8-6 地质环境质量评价选用指标汇总图

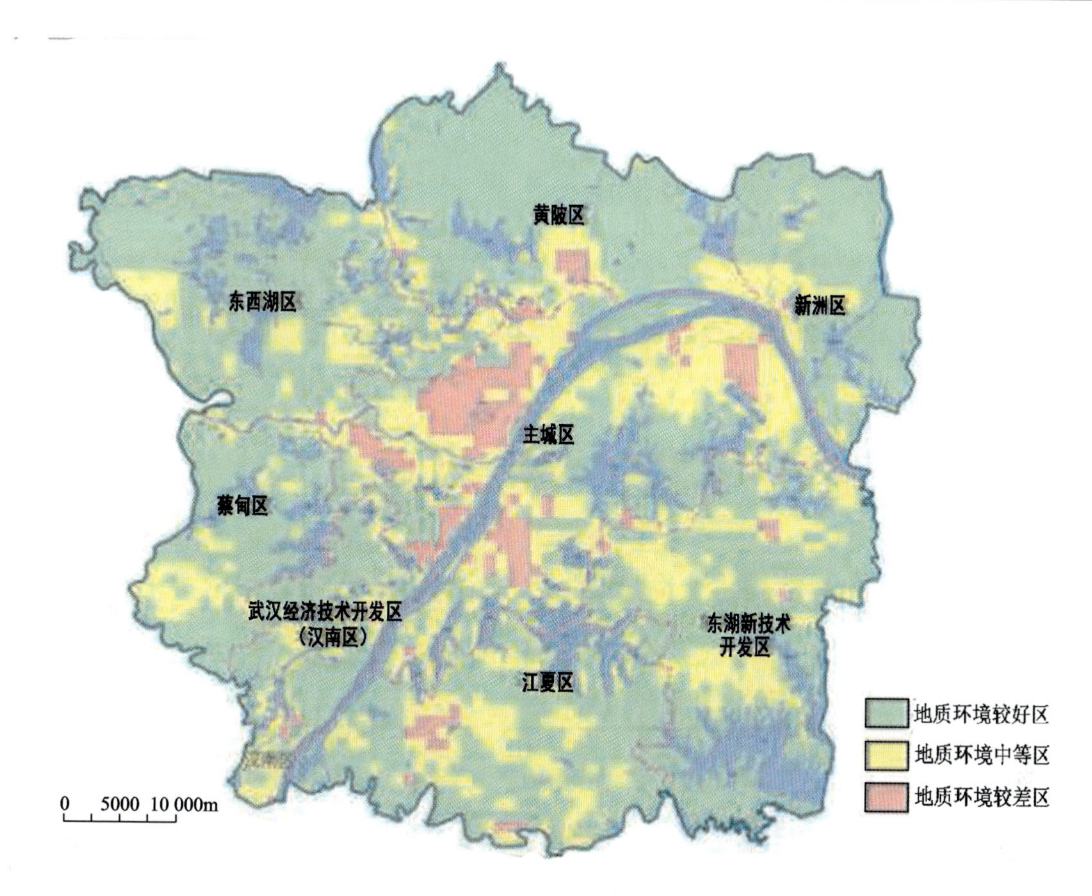

图 8-7　武汉都市发展区地质环境质量分区网格图(M2)

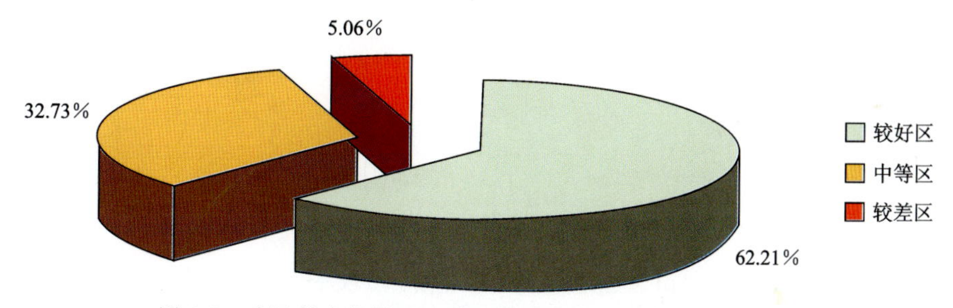

图 8-8　武汉都市发展区地质环境质量分区面积占比图(M2)

四、地质环境质量总体评价

对比发现，综合指数评价法（第一种，M1）的评价指标侧重于地形地貌、岩土体结构和地下水资源量等环境地质背景条件，而矢量单元评价法（第二种，M2）的评价指标则侧重于地质灾害易发程度、土壤、水体和大气污染风险要素，虽然地质环境质量较好区、中等区和较差区的分布面积不十分接近，尤其是中等区的面积差距较大，但相对敏感的地质环境质量较差区分布位置和范围的吻合度最高（表 8-17），说明两种评价方法都抓住了重点：地质环境质量的好坏不仅取决于自然的地质环境背景条件，也与人类的工程活动息息相关。

表 8-17　地质环境质量评价方法结果对比表

方法	较好区		中等区		较差区	
	M1	M2	M1	M2	M1	M2
面积(km^2)	2 630.68	2 158.19	649.22	1 135.28	189.12	175.55
占比(%)	75.83	62.21	18.71	32.73	5.45	5.06

综合考虑两种方法的评价结论，优化的地质环境分区图编制方法为：以矢量单元法作出的地质环境分区网格图为基础，充分考虑地形地貌单元和岩土体结构类型，按照集中连片的原则，将网格化色块图概化勾绘出较好、中等和较差三级区域，如图 8-9 所示。中等和较差区又各自细分为 5 个亚区。亚区划分以突出主要环境地质问题为前提，地质环境问题直接参与亚区命名。

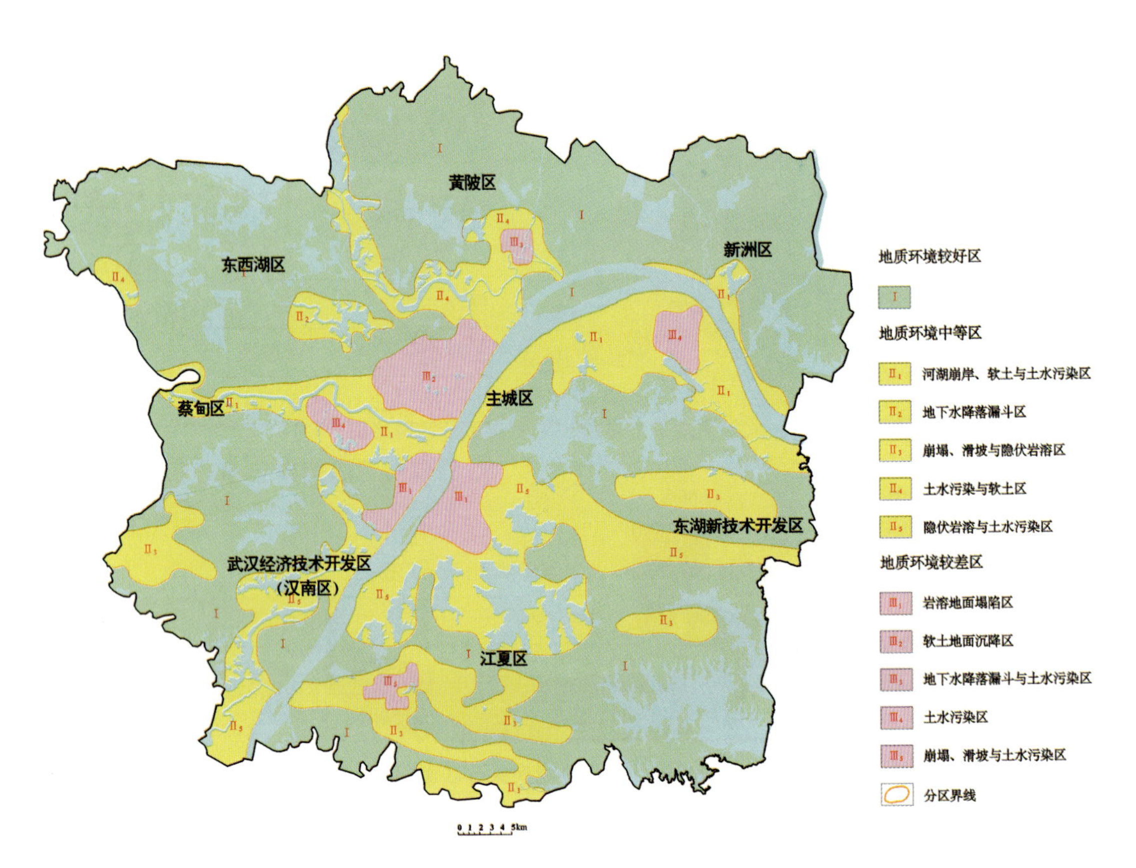

图 8-9　武汉都市发展区地质环境质量分区图

最终评价结果为：地质环境质量较好区、中等区和较差区的面积分别为 2 252.72km^2、1 038.13km^2、178.17km^2，分别占全区总面积的 64.94%、29.92%和 5.14%(图 8-10，表 8-18)。

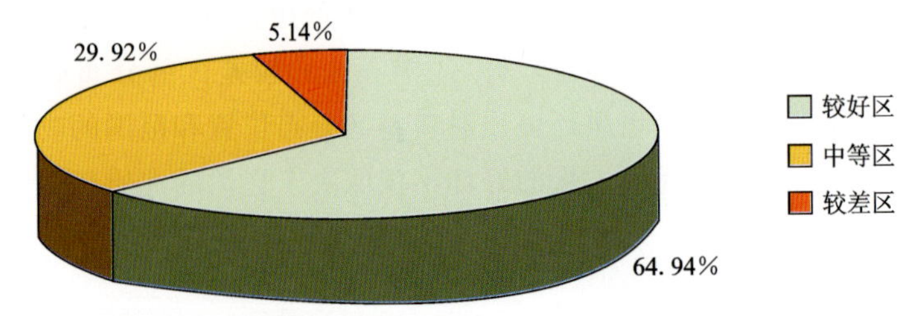

图 8-10　武汉都市发展区地质环境质量分区面积占比图

表 8-18　武汉都市发展区地质环境质量分区评价结果表

环境地质区	环境地质亚区			面积（km^2）	分布位置
区名	编号	亚区名	编号		
地质环境质量较好区	Ⅰ	地质环境质量较好亚区	Ⅰ	2 252.72	除去中等区和较差区之外的其他广阔区域，主要有东西湖区、黄陂区和新洲区大部分
地质环境质量中等区	Ⅱ	河湖崩岸、软土与水土污染地质环境质量中等亚区	Ⅱ$_1$	262.35	汉江两岸和长江右岸青山区、新洲区阳逻街道
		地下水降落漏斗地质环境质量中等亚区	Ⅱ$_2$	29.50	东西湖啤酒厂周边
		崩塌、滑坡与隐伏岩溶地质环境质量中等亚区	Ⅱ$_3$	233.97	新城区丘陵区矿产开采地段
		水土污染与软土地质环境质量中等亚区	Ⅱ$_4$	129.21	东西湖区新沟街道和府河流域
		隐伏岩溶与水土污染地质环境质量中等亚区	Ⅱ$_5$	383.10	武汉市南部白沙洲和沌口 2 个隐伏岩溶条带的主体部分
地质环境质量较差区	Ⅲ	岩溶地面塌陷地质环境质量较差亚区	Ⅲ$_1$	56.93	鹦鹉洲—白沙洲之间沿江一级阶地
		软土地面沉降地质环境质量较差亚区	Ⅲ$_2$	65.59	汉口火车站至后湖地区
		地下水降落漏斗与水土污染地质环境质量较差亚区	Ⅲ$_3$	8.30	黄陂区滠口街道
		水土污染地质环境质量较差亚区	Ⅲ$_4$	35.94	汉阳区锅顶山和青山区星火两座垃圾焚烧发电厂周边
		崩塌、滑坡与水土污染地质环境质量较差亚区	Ⅲ$_5$	11.31	江夏区长山口垃圾焚烧发电厂和卫生填埋场周边

第三节　地下空间开发利用适宜性评价

一、概述

地下空间开发利用适宜性评价是一个复杂问题，受很多因素影响，而且这些因素中很多还没有成熟的理论方法来对其影响程度予以量化，或者根本不可能定量化。因而，无法找到一个精确的定量化理论体系来对地下空间开发利用适宜性进行评价。目前，国内外常用的评价方法有层次分析法、模糊综合评判法、神经网络法、灰色理论、突变理论、蚁群算法、遗传算法等。其中，层次分析法和模糊综合评判法最为成熟，且已在国内很多城市得到成功应用，如北京、上海、广州、深圳和天津等。

二、评价指标体系

目前国内外地下空间开发利用适宜性评价方法一般考虑地形地貌、岩土体特性、水文地质条件、构造地质以及环境地质与地质灾害（注：滑坡、崩塌分布于新洲、黄陂、江夏、蔡甸、洪山、汉阳等区内采石场、山丘等地形起伏、高差较大地段，均位于主城区外，地下空间评价时可以不予考虑）等方面，本专题结合武汉市实际情况，对这5个方面的影响因素进行了细化，建立了样本参数层，这些因素构成了地下空间开发利用适宜性地质评价体系；同时考虑已有地面、地下空间利用现状和规划情况，建立地下空间开发利用适宜性建设现状评价体系，综合考虑地质评价体系和建设现状评价体系，最终实现武汉市地下空间开发利用适宜性体系的构建。

由于以上因素影响指标层次不同，且影响程度也存在差异，故需分层次分别建立其评价指标体系，图8-11和图8-12分别为0～30m（0～10m为浅层，10～30m为次浅层）和30～50m（深层）层次的地下空间开发利用适宜性评价指标体系。

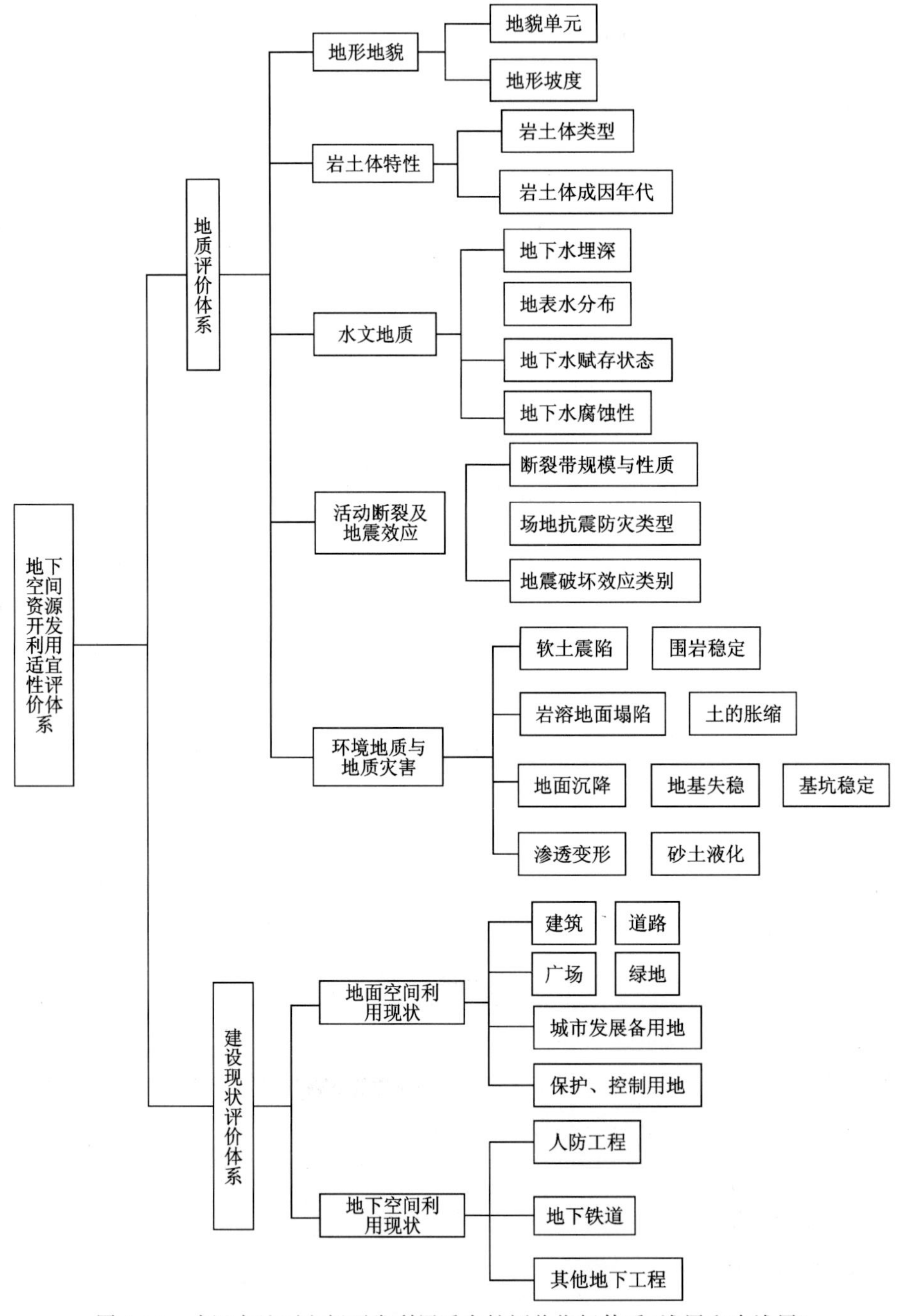

图8-11　武汉市地下空间开发利用适宜性评价指标体系（浅层和次浅层）

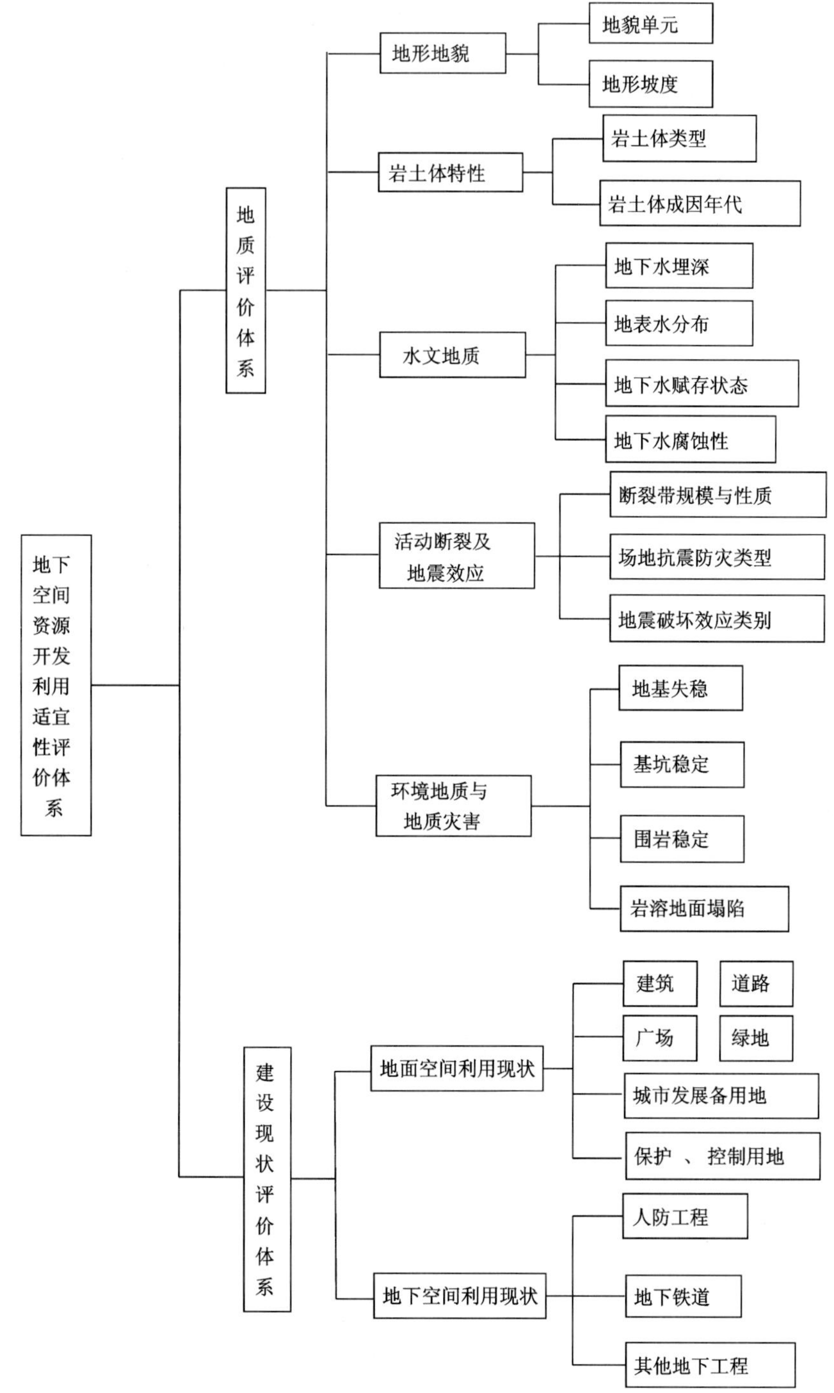

图 8-12　武汉市地下空间开发利用适宜性评价指标体系(深层)

三、指标量化分析

1. 隶属度

有些指标的隶属度不能直接计算,一般根据经验进行取值。依据武汉市工程地质条件,相关因素指标隶属度分析如下,见表 8-19～表 8-26。

表 8-19　地貌单元类型对地下空间开发适宜性指标量化表

地貌单元类型	模糊综合评判法				层次分析法
	隶属度优	隶属度良	隶属度中	隶属度差	指标定量化值
湖积平原			0.2	0.8	**0.07**
湖积冲积平原		0.2	0.2	0.6	**0.20**
冲积平原		0.4	0.2	0.4	**0.33**
丘间冲积谷地		0.5	0.3	0.2	**0.43**
低岗地	0.4	0.2	0.4		**0.67**
高岗地	0.6	0.2	0.2		**0.80**
丘陵	0.8	0.2			**0.93**

表 8-20　地形坡度对地下空间开发适宜性指标量化表

地形	模糊综合评判法				层次分析法
	隶属度优	隶属度良	隶属度中	隶属度差	指标定量化值
丘陵		0.2	0.2	0.6	**0.20**
岗状	0.1	0.4	0.4	0.1	**0.50**
平坦状	0.6	0.2	0.2		**0.80**

表 8-21　岩土体类型对地下空间开发适宜性指标量化表

岩土体类型	模糊综合评判法				层次分析法
	隶属度优	隶属度良	隶属度中	隶属度差	指标定量化值
第四系全新统		0.2	0.2	0.6	**0.20**
第四系上更新统	0.3	0.3	0.4		**0.63**
第四系下更新统	0.6	0.2	0.2		**0.80**
碎屑岩岩组	0.8	0.2			**0.93**

表 8-22　地下水埋深对地下空间开发适宜性指标量化表

地下水埋深	模糊综合评判法				层次分析法
	隶属度优	隶属度良	隶属度中	隶属度差	指标定量化值
0～5m			0.2	0.8	**0.07**
5～10m		0.2	0.2	0.6	**0.20**
10～15m		0.4	0.2	0.4	**0.33**
15～20m		0.5	0.3	0.2	**0.43**
20～25m	0.4	0.2	0.4		**0.67**
>25m	0.6	0.2	0.2		**0.80**

表 8-23　断层与断裂破碎带对地下空间开发适宜性指标量化表

断层	模糊综合评判法				层次分析法
	隶属度优	隶属度良	隶属度中	隶属度差	指标定量化值
大断裂影响区			0.2	0.8	**0.07**
小断裂影响区		0.2	0.4	0.4	**0.27**
褶皱影响区	0.2	0.4	0.4		**0.60**
其他区域	1.0				**1.00**

表 8-24　场地抗震防灾类型对地下空间开发适宜性指标量化表

场地抗震防灾类型	模糊综合评判法				层次分析法
	隶属度优	隶属度良	隶属度中	隶属度差	指标定量化值
Ⅰ类	0.8	0.2			**0.93**
$Ⅱ_1$类	0.4	0.4	0.2		**0.73**
$Ⅱ_2$类	0.2	0.2	0.6		**0.53**
$Ⅲ_1$类		0.2	0.4	0.4	**0.27**
$Ⅲ_2$类			0.2	0.8	**0.07**

表 8-25　地震破坏效应类别对地下空间开发适宜性指标量化表

地震破坏效应类别	模糊综合评判法				层次分析法
	隶属度优	隶属度良	隶属度中	隶属度差	指标定量化值
Ⅰ	0.8	0.2			**0.93**
Ⅱ	0.6	0.2	0.2		**0.80**
$Ⅲ_1$	0.2	0.4	0.4		**0.60**
$Ⅲ_2$		0.2	0.4	0.4	**0.27**
$Ⅲ_3$		0.2	0.2	0.6	**0.20**
$Ⅲ_4$			0.2	0.8	**0.07**

表 8-26　已有建筑分布对地下空间开发适宜性指标量化表

已有建筑分布	模糊综合评判法				层次分析法
	隶属度优	隶属度良	隶属度中	隶属度差	指标定量化值
Ⅰ		0.2	0.2	0.6	**0.20**
Ⅱ		0.4	0.2	0.4	**0.33**
Ⅲ		0.4	0.4	0.2	**0.40**
Ⅳ		0.6	0.2	0.2	**0.47**
Ⅴ		0.5	0.5		**0.50**

续表 8-26

已有建筑分布	模糊综合评判法				层次分析法
	隶属度优	隶属度良	隶属度中	隶属度差	指标定量化值
Ⅵ	0.2	0.2	0.6		**0.53**
Ⅶ	0.4	0.4	0.2		**0.73**
Ⅷ	0.6	0.2	0.2		**0.80**
Ⅸ	0.8	0.2			**0.93**

2. 权重

根据指标体系最低级的样本参数层对地下空间开发利用的影响程度，根据经验或专家打分法确定各样本参数层的权重。主要考虑不同层次各指标的影响程度，总体而言，浅层地下空间开发利用评价时，基础地质分区所占权重比较大；而从次浅层到深层，岩土体分布厚度及其可能引发的环境地质与地质灾害问题所占权重逐渐增大。以此为指导思想，确定了各级指标体系的相应权重，见表 8-27～表 8-39。

表 8-27　适宜性评价一级指标体系判断矩阵及一致性检验(浅层)

一级指标	地质指标(A1)	建设现状指标(A2)	按行相乘	开 n 次方	权重 W_i
地质指标(A1)	1	4	4.000 0	2.000 0	0.800 0
建设现状指标(A2)	1/4	1	0.250 0	0.500 0	0.200 0
$\lambda_{max}=2.000$;CI=0.000;RI=0.00;CR=0.0<0.1。					

表 8-28　适宜性评价一级指标体系判断矩阵及一致性检验(次浅层)

一级指标	地质指标(A1)	建设现状指标(A2)	按行相乘	开 n 次方	权重 W_i
地质指标(A1)	1	7	4.000 0	2.000 0	0.875 0
建设现状指标(A2)	1/7	1	0.250 0	0.500 0	0.125 0
$\lambda_{max}=2.514$;CI=0.514 3;RI=0.00;CR=0.0<0.1。					

表 8-29　适宜性评价一级指标体系判断矩阵及一致性检验(深层)

一级指标	地质指标(A1)	建设现状指标(A2)	按行相乘	开 n 次方	权重 W_i
地质指标(A1)	1	9	4.000 0	2.000 0	0.900 0
建设现状指标(A2)	1/9	1	0.250 0	0.500 0	0.100 0
$\lambda_{max}=2.889$;CI=0.889;RI=0.00;CR=0.0<0.1。					

表 8-30　地质指标体系判断矩阵及一致性检验(浅层)

地质评价体系(A)	地形地貌(B1)	岩土体特性(B2)	水文地质(B3)	活动断裂及地震效应(B4)	环境地质与地质灾害(B5)	权重 W_i
地形地貌(B1)	1	1/2	1/5	1/2	1/5	0.066 8
岩土体特性(B2)	2	1	1/3	1/2	1/3	0.108 2
水文地质(B3)	5	3	1	1	4	0.380 8
活动断裂及地震效应(B4)	2	2	1	1	1/2	0.192 9
环境地质与地质灾害(B5)	5	3	1/4	2	1	0.251 2
λ_{max}=5.414 0;CI=0.103 5;RI=1.12;CR=0.092 4<0.1。						

表 8-31　地质指标体系判断矩阵及一致性检验(次浅层)

地质评价体系(A)	地形地貌(B1)	岩土体特性(B2)	水文地质(B3)	活动断裂及地震效应(B4)	环境地质与地质灾害(B5)	权重 W_i
地形地貌(B1)	1	1	1/4	1/5	1/4	0.067 7
岩土体特性(B2)	1	1	1/4	1/5	1/3	0.071 7
水文地质(B3)	4	4	1	1	1	0.283 3
活动断裂及地震效应(B4)	5	5	1	1	1	0.309 8
环境地质与地质灾害(B5)	4	3	1	1	1	0.267 5
λ_{max}=5.023 1;CI=0.005 8;RI=1.12;CR=0.005 2<0.1。						

表 8-32　地质指标体系判断矩阵及一致性检验(深层)

地质评价体系(A)	地形地貌(B1)	岩土体特性(B2)	水文地质(B3)	活动断裂及地震效应(B4)	环境地质与地质灾害(B5)	权重 W_i
地形地貌(B1)	1	1	1/5	1/6	1/5	0.051 7
岩土体特性(B2)	1	1	1/4	1/6	1/4	0.056 5
水文地质(B3)	5	4	1	1/5	1/4	0.140 7
活动断裂及地震效应(B4)	6	6	5	1	2	0.456 8
环境地质与地质灾害(B5)	5	4	4	1/2	1	0.294 3
λ_{max}=5.327 1;CI=0.081 8;RI=1.12;CR=0.073 0< 0.1。						

表 8-33 地形地貌判断矩阵及一致性检验

地形地貌(B1)	地貌单元(C1)	地面坡度(C2)	权重 W_i
地貌单元(C1)	1	5	0.833 3
地形坡度(C2)	1/5	1	0.166 7
浅层和次浅层:$\lambda_{max}=2$;CI=0;RI=0;CR=0<0.1。			
深层:$\lambda_{max}=4.0628$;CI=0.020 9;RI=0.90;CR=0.023 2<0.1。			

表 8-34 活动断裂及地震效应判断矩阵及一致性检验(深层)

活动断裂及地震效应(B4)	断裂带规模与性质(C10)	建设场地类别(C11)	场地抗震地段(C12)	权重 W_i
断裂带规模与性质(C10)	1	4	2	0.571 4
建设场地类别(C11)	1/4	1	1/2	0.142 9
场地抗震地段(C12)	1/2	2	1	0.285 7
$\lambda_{max}=3$;CI=0.0;RI=0.0;CR=0.0<0.1。				

表 8-35 环境地质与地质灾害判断矩阵及一致性检验(浅层和次浅层)

环境地质与地质灾害(B5)	软土震陷(C13)	围岩稳定(C14)	岩溶地面塌陷(C15)	土的胀缩(C16)	地面沉降(C17)	地基失稳(C18)	基坑稳定(C19)	渗透变形(C20)	砂土液化(C21)	权重 W_i
软土震陷(C13)	1	2	1/4	2	1/4	1/3	1/4	3	1	0.068 6
围岩稳定(C14)	1/2	1	1/3	1	1/3	1/2	1/3	1/2	1/2	0.047 6
岩溶地面塌陷(C15)	4	3	1	3	1/2	1	1/2	2	2	0.139 1
土的胀缩(C16)	1/2	1	1/3	1	1/3	1/5	1/2	1/2	1/3	0.043 0
地面沉降(C17)	4	3	2	3	1	2	3	4	2	0.230 9
地基失稳(C18)	3	2	1	5	1/2	1	1	4	3	0.166 3
基坑稳定(C19)	4	3	2	2	1/3	1	1	5	2	0.164 1
渗透变形(C20)	1/3	2	1/2	2	1/4	1/4	1/5	1	1/4	0.047 0
砂土液化(C21)	1	2	1/2	3	1/2	1/3	1/2	4	1	0.093 4
$\lambda_{max}=9.7145$;CI=0.089;RI=1.45;CR=0.062<0.1。										

表 8-36　环境地质与地质灾害判断矩阵及一致性检验(深层)

环境地质与地质灾害(B5)	地基失稳(C13)	围岩稳定(C14)	岩溶地面塌陷(C15)	基坑稳定(C16)	权重 W_i
地基失稳(C13)	1	2	1/4	2	0.212
围岩稳定(C14)	1/2	1	1/3	1	0.135
岩溶地面塌陷(C15)	4	3	1	3	0.518
基坑稳定(C16)	1/2	1	1/3	1	0.135
$\lambda_{max}=4.122$;CI=0.041;RI=0.9;CR=0.045<0.1。					

表 8-37　地质评价指标权重汇总表(浅层)

指标层 \ 权重	地形地貌(B1)	岩土体特性(B2)	水文地质(B3)	活动断裂及地震效应(B4)	环境地质与地质灾害(B5)	指标综合权重 W_i
	0.066 8	**0.108 2**	**0.380 8**	**0.192 9**	**0.251 2**	
地貌单元(C1)	0.833 3					0.055 7
地形坡度(C2)	0.166 7					0.011 1
岩土体类型(C3)		0.108 2				0.108 2
地下水埋深(C7)			0.380 8			0.380 8
断裂带规模与性质(C10)				0.571 4		0.110 2
建设场地类别(C11)				0.142 9		0.027 6
场地抗震地段(C12)				0.285 7		0.055 1
软土震陷(C13)					0.068 6	0.017 2
围岩稳定(C14)					0.047 6	0.012 0
岩溶地面塌陷(C15)					0.139 1	0.034 9
土的胀缩(C16)					0.043 0	0.010 8
地面沉降(C17)					0.230 9	0.058 0
地基失稳(C18)					0.166 3	0.041 8
基坑稳定(C19)					0.164 1	0.041 2
渗透变形(C20)					0.047 0	0.011 8
砂土液化(C21)					0.093 4	0.023 5
CI=0.030 4;RI=0.811 3;CR=0.034 5<0.1。						

表 8-38　地质评价指标权重汇总表(次浅层)

权重 指标层	地形地貌(B1)	岩土体特性(B2)	水文地质(B3)	活动断裂及地震效应(B4)	环境地质与地质灾害(B5)	指标综合权重 W_i
	0.067 7	0.071 7	0.283 3	0.309 8	0.267 5	(i=1,…,5)
地貌单元(C1)	0.833 3					0.056 4
地形坡度(C2)	0.166 7					0.011 3
岩土体类型(C3)		0.071 7				0.071 7
地下水埋深(C7)			0.283 3			0.283 3
断裂带规模与性质(C10)				0.571 4		0.109 3
建设场地类别(C11)				0.142 9		0.027 3
场地抗震地段(C12)				0.285 7		0.054 6
软土震陷(C13)					0.068 6	0.025 5
围岩稳定(C14)					0.047 6	0.017 7
岩溶地面塌陷(C15)					0.139 1	0.051 8
土的胀缩(C16)					0.043 0	0.016 0
地面沉降(C17)					0.230 9	0.086 0
地基失稳(C18)					0.166 3	0.061 9
基坑稳定(C19)					0.164 1	0.061 1
渗透变形(C20)					0.047 0	0.017 5
砂土液化(C21)					0.093 4	0.034 8
CI=0.029 8;RI=0.948 5;CR=0.034 5< 0.1。						

表 8-39　地质评价指标权重汇总表(深层)

权重 指标层	地形地貌(B1)	岩土体特性(B2)	水文地质(B3)	活动断裂及地震效应(B4)	环境地质与地质灾害(B5)	指标综合权重 W_i
	0.051 7	0.056 5	0.140 7	0.456 8	0.294 3	(i=1,…,5)
地貌单元(C1)	0.833 3					0.043 1
地面坡度(C2)	0.166 7					0.008 6
岩土体类型(C3)		0.056 5				0.056 5
地下水埋深(C7)			0.140 7			0.140 7
断裂带规模与性质(C10)				0.571 4		0.261 0
场地抗震防灾类型(C11)				0.142 9		0.065 3

续表 8-39

权重 / 指标层	地形地貌(B1)	岩土体特性(B2)	水文地质(B3)	活动断裂及地震效应(B4)	环境地质与地质灾害(B5)	指标综合权重 W_i
	0.051 7	0.056 5	0.140 7	0.456 8	0.294 3	(i=1,…,5)
地震破坏效应类别(C12)				0.285 7		0.130 5
地基失稳(C13)					0.211 5	0.062 3
围岩稳定(C14)					0.135 2	0.039 8
岩溶地面塌陷(C15)					0.518 1	0.152 5
基坑稳定(C16)					0.135 2	0.039 8
CI=0.014 9;RI=0.771 0;CR=0.021 6<0.1。						

四、评判标准

对于环境地质与地质灾害问题，根据上述评价原理或公式对各指标进行分析，但由于不同指标计算值的物理意义存在区别，因而数量级别上差异较大，在采用层次分析法或模糊综合评判法进行综合评价前，必须对所有指标评价值进行归一化，在此基础上才能叠加计算，继而才能开展分区评价，根据评判指标值对工程地质问题的影响关系，可分为正相关和负相关，相应标定化模式如图 8-13 所示。

对于地形地貌、岩土体特性、活动断裂及地震效应、水文地质以及开发现状等指标，无法进行定量化。这些指标根据相应问题划分单元，考虑不同单元对地下空间开发利用的影响程度和特征，根据经验直接赋予隶属度值或标定化值。

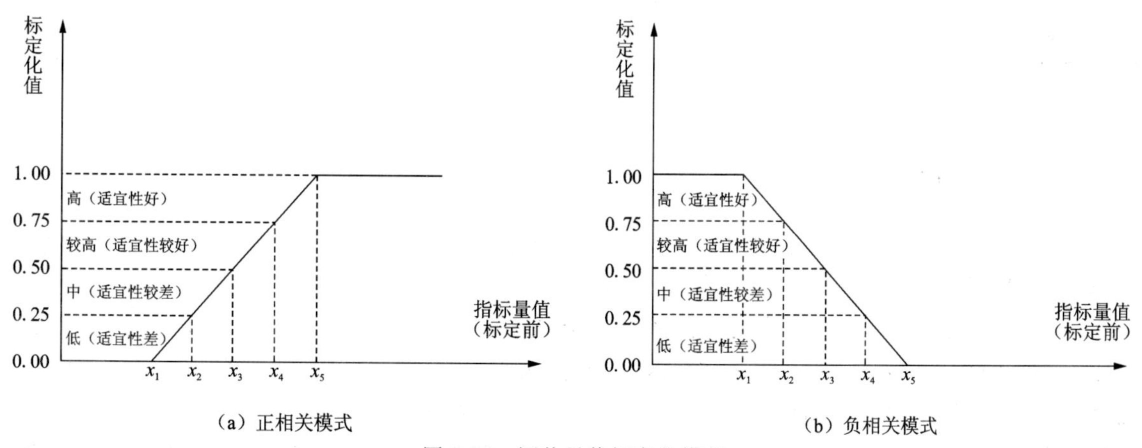

图 8-13　评价量值标定化模式

1. 正相关模式标定化公式

$$u=\begin{cases}0 & (x<x_1)\\ \dfrac{x-x_1}{x_5-x_1} & (x_1\leqslant x<x_5)\\ 1 & (x\geqslant x_5)\end{cases}$$

2. 负相关模式标定化公式

$$u=\begin{cases}1 & (x<x_1)\\ \dfrac{x_5-x}{x_5-x_1} & (x_1\leqslant x<x_5)\\ 0 & (x\geqslant x_5)\end{cases}$$

式中的 x_1、x_2、x_3、x_4 和 x_5，根据工程地质问题和分布层次不同，按实际情况分别选取，根据各工程地质问题评价值与标定化值之间的关系，地面沉降、围岩稳定和渗透变形归为正相关模型，其他均为负相关模型，各工程地质问题评价值标定化界限值取值情况见表 8-40，进而可按图 8-13 分成 4 个等级，即严重性程度低(0.75～1.00)、严重性程度中等(0.50～0.75)、严重性程度较高(0.25～0.50)和严重性程度高(0.00～0.25)。

表 8-40　环境地质与地质灾害归一化界限值取值表

界限值 / 地质问题	相关类型	浅层		次浅层		深层	
		下限值 x_1	上限值 x_5	下限值 x_1	上限值 x_5	下限值 x_1	上限值 x_5
地面沉降	负相关	0	3	0	3		
围岩稳定	负相关	90	210	90	210	90	190
软土震陷	正相关	40	120	50	120		
砂土液化	正相关	－3	3	3	6		
地基失稳	正相关	0	140	0	200	0	200
渗透变形	负相关	0	25	0	8		
基坑稳定	正相关	3	20	10	60	5	30

五、总体评判

武汉市地下空间开发利用分 3 个层次进行适宜性评价，即浅层(0～10m)、次浅层(10～30m)和深层(30～50m)，工程地质问题评价相应地也按照这 3 个层次分别进行评价。不同层次地下空间开发利用可能遇到的工程地质问题不同，其中，浅层和次浅层在地下空间开发过程中可能遇到的主要工程地质问题包括砂土液化、软土震陷、地面沉降、渗透变形、地基失稳、岩溶地面塌陷、土的胀缩、基坑稳定和围岩稳定等，深层在地下空间开发过程中可能遇到的主要工程地质问题包括地基失稳、基坑稳定、岩溶地面塌陷和围岩稳定。

地下空间适宜性评价依据主要来源于武汉市城市地质调查数据库。其中，浅层和次浅层最多可利用钻孔 4000 余个，大部分环境地质与地质灾害问题浅层可利用钻孔 2000 余个，次浅层 1717 个，深层利用钻孔 171 个；同时收集整理了武汉市地貌单元分布图、武汉市地势略图、武汉市水文地质图、武汉市构造纲要图、武汉市隐伏碳酸盐岩分布略图和武汉市城市用地分级图等基础图件。基于以上数据和资料，以前文所建立的评价指标体系为指导，采用层次分析法和模糊综合评判法，依托 MapGIS 平台开发了武汉市地下空间开发利用适宜性评价子系统，完成了武汉市地下空间开发利用适宜性评价分区。

（一）层次分析法评价

1. 浅层（0～10m）

浅层评价结果表明，适宜性差的区域分布面积很少，受工程地质问题和构造地质问题综合控制，主要分布于汉口长丰广场—中山公园、时代美博城靠近长江一侧、徐东和天兴洲一带，面积为 9.14km²，约占评价区域总面积的 1.48%；适宜性较差区域有一定范围，较集中，面积为 133.13km²，约占总面积的 21.52%，主要分布于汉口、武昌和青山区的长江两岸，受地质灾害问题影响较大，同时，汉阳中南轧钢厂和武昌烽火村一带也有分布，主要受岩溶影响；适宜性较好区域的分布面积远大于适宜性好的区域分布面积，面积为 128.67km²，约占评价区域总面积的 20.79%，适宜性好的区域主要分布于武昌东湖风景区—严西湖周边、主城区南侧和汉阳杨家岭一带，其他区域也有零星分布；以上区域之外，均为适宜性较好的区域，面积约 347.75km²，约占评价区域总面积的 56.21%。

2. 次浅层（10～30m）

次浅层评价结果与浅层评价规律类似，适宜性差的区域分布面积很少，受工程地质问题和构造地质问题综合控制，主要分布于中山公园、徐东、天兴洲和青山新村一带，面积为 14.49km²，约占评价区总面积的 2.34%；适宜性较差区域有一定范围，较集中，面积为 152.39km²，约占评价区总面积的 24.63%，主要分布于汉口、武昌和青山区的长江两岸，受地质灾害问题影响较大，同时，汉阳中南轧钢厂和武昌烽火村一带也有分布，主要受岩溶影响；适宜性较好的区域分布面积远大于适宜性好的区域分布面积，面积为 333.83km²，约占评价区总面积的 53.96%，适宜性好的区域主要分布于武昌东湖风景区—严西湖周边、主城区南侧和汉阳杨家岭一带；以上区域之外，均为适宜性较好的区域，面积约 117.98km²，约占评价区总面积的 19.07%。

3. 深层（30～50m）

深层评价结果表明，构造作用和岩溶地面塌陷对评价结果影响较大，适宜性较好和适宜性好的区域分布规律与浅层和次浅层类似，但分布范围更广，适宜性较好区域面积约 400.28km²，约占评价区总面积的 64.70%；适宜性好的区域面积约 110.25km²，约占评价区总面积的 17.82%；适宜性差和适宜性较差的区域小，且分布零散，适宜性差的区域主要分布于解放公园、中山公园、中南轧钢厂、烽火村、凤凰新村、天兴洲以及青山区新村和北湖东侧群联村一带，面积约 13.13km²，约占评价区总面积的 2.12%；适宜性较差区域分布于汉阳与武昌行政交界处的长江两岸，受岩溶地面塌陷控制，同时也受构造作用控制，汉阳区解放公园—中山公园—时代美博城一带和天兴洲也为适宜性较差区域，受较差的第四系土层性质影响，青山长山咀—群联村和新村一带也为适宜性较差区域，面积约 95.03km²，约占评价区总面积的 15.36%。

（二）模糊综合评判法评价

1. 浅层（0～10m）

与层次分析法评价结果对比表明，模糊综合评判法评价大部分区域属于适宜性好区域，面积为 412.58km²，约占评价区域总面积的 66.69%；其次是适宜性较好的区域，主要分布于武昌徐东、汉口江汉区靠近长江的区域和北湖东北侧一带，面积约 108.68km²，约占评价区域总面积的 17.57%；适宜性较差的区域主要分布于中山公园—长丰公园—沙湖北侧，竹叶山西南侧—解放公园—余家头、天兴洲、青山区建设乡—魏家湾—新村和北湖东侧一带，适宜性较差的区域面积为 54.28km²，约占总面积的

8.77%;适宜性差的区域分布零散,主要受岩溶地面塌陷控制,如汉阳中南轧钢厂、武昌青菱乡—烽火村—陆家嘴、沙湖、汉口杨湾、长丰广场、百步亭—淌湖村—后湖村—西流湾—双桥村、青山凤凰新村、新村、群联村一带,面积为 43.15km²,约占总面积的 6.97%。

2. 次浅层 (10~30m)

与层次分析法评价结果对比表明,模糊综合评判法评价的适宜性差和适宜性好的区域分布面积要大。其中,适宜性差的区域面积为 53.04km²,约占武汉市主城区总面积的 8.57%,主要分布于汉阳—武昌长江两岸较大区域,主要受岩溶地面塌陷控制,同时汉阳—武昌长江两岸中南轧钢厂、陆家嘴和宝安花园一带也有分布;适宜性较差的区域分布面积为 122.3km²,约占评价区总面积的 19.77%,主要分布于汉口东北侧、天兴洲和青山区东侧、汉阳—武昌长江两岸的中南轧钢厂—陆家嘴—阮家巷—紫都花园—烽火村—青菱乡一带,其他区域也有零星分布;其他区域绝大部分为适宜性好的区域,面积为 393.79km²,约占评价区总面积的 63.65%;适宜性较好的区域面积约为 49.56km²,约占评价区总面积的 8.01%。

3. 深层 (30~50m)

与层次分析法评价结果对比表明,层次分析法评价的适宜性好和适宜性较好的区域,模糊综合评判法基本上均为适宜性好,区域面积约 482.27km²,约占评价区总面积的 77.98%;适宜性较好的区域主要位于构造影响带以及汉阳—武昌长江两岸中南轧钢厂—陆家嘴一带,汉口也有零星分布,面积约 65.73km²,约占评价区总面积的 10.60%;适宜性较差区域面积约 60.04km²,约占评价区总面积的 9.70%,基本分布于受构造作用影响的区域,同时青山区东北侧也有部分区域;适宜性差区域面积约 10.65km²,约占评价区总面积的 1.72%,主要分布于江汉区长丰广场—中山公园、解放公园和青山区新村一带。

(三)适宜性分区

层次分析法和模糊综合评判法对比分析表明,两种方法计算结果存在一定差别,这与两种方法计算原理有关。层次分析法在计算过程中,不管各因素影响程度轻重,对总评价结果均有贡献,贡献程度与其量化值和权重均有关;而模糊综合评判法在计算过程中,若某因素的综合影响值大于其他因素时,最终评价结果将会只保留该因素的评价结果,其他因素的贡献完全被忽略。可见,两种方法的计算结果分别代表了两种评价思想,其中模糊综合评判法的评价结果趋向于突出重要影响因素的贡献,而层次分析法侧重于各因素的综合影响。

两种方法评价结果表明,总体而言,江汉区、武昌徐东和青菱乡、青山区长江沿岸一带地下空间开发利用适宜性较差或差。汉阳—武昌的中南轧钢厂—陆家嘴—青菱乡一带主要受岩溶地面塌陷影响,江汉区—武昌沙湖和徐东、青山区沿江一带,浅层和次浅层主要受软弱土影响,深层则主要受构造地质作用控制。

武汉市主城区地下空间开发利用适宜性研究以服务于武汉城市规划、建设和管理为目标,其研究不是专门针对某一区域的深入分析,目的是为城市规划和城市建设提供科学依据或指导。两种方法评价结果虽然存在一定差异,但都从不同角度反映了地下空间开发利用中可能遇到的问题,建议综合层次分析法和模糊综合评判法,以安全为前提,将评价严重的作为参考,武汉市主城区重要地段统计结果见表 8-41,评价分区图见图 8-14~图 8-19。

表 8-41　武汉市主城区重要地段地下空间适宜性分区统计表

地块名称 \ 适宜性分区		地下空间利用地质适宜性分区		
		浅层(0～10m)	次浅层(10～30m)	深层(30～50m)
汉口	航空路片区	Ⅲ	Ⅲ	Ⅱ、Ⅲ
	王家墩片区	Ⅲ、Ⅳ	Ⅲ	Ⅱ
	汉口站	Ⅲ、Ⅳ	Ⅱ、Ⅲ	Ⅱ、Ⅲ
	谌家矶组团片区	Ⅱ	Ⅱ、Ⅲ	Ⅱ、Ⅲ
	后湖片区	Ⅱ、Ⅲ	Ⅱ、Ⅲ	Ⅱ、Ⅲ
	二七片区	Ⅲ、Ⅳ	Ⅲ	Ⅱ
	古田片区	Ⅱ、Ⅲ、Ⅳ	Ⅱ	Ⅱ
	王家巷片区	Ⅲ、Ⅳ	Ⅲ	Ⅱ、Ⅲ
	江汉路片区	Ⅱ、Ⅲ	Ⅲ、Ⅳ	Ⅱ、Ⅲ、Ⅳ
	一元路片区	Ⅲ	Ⅲ、Ⅳ	Ⅱ、Ⅲ
武昌	水果湖片区	Ⅱ、Ⅲ	Ⅱ、Ⅲ	Ⅱ、Ⅲ
	鲁巷片区	Ⅰ、Ⅱ	Ⅰ、Ⅱ	Ⅰ、Ⅱ
	武昌站	Ⅱ、Ⅲ	Ⅰ、Ⅱ、Ⅲ	Ⅰ、Ⅱ、Ⅳ
	徐东片区	Ⅲ、Ⅳ	Ⅲ、Ⅳ	Ⅱ
	蛇山片区	Ⅰ、Ⅱ	Ⅱ、Ⅲ	Ⅱ、Ⅲ
	珞瑜片区	Ⅰ、Ⅱ、Ⅲ	Ⅰ、Ⅱ	Ⅱ、Ⅲ
	南湖片区	Ⅱ、Ⅲ	Ⅰ、Ⅱ、Ⅲ	Ⅰ、Ⅱ、Ⅲ
	青菱片区	Ⅱ、Ⅲ	Ⅱ、Ⅲ	Ⅰ、Ⅱ、Ⅲ、Ⅳ
	积玉桥片区	Ⅱ、Ⅲ	Ⅱ、Ⅲ	Ⅱ、Ⅲ
汉阳	钟家村片区	Ⅰ、Ⅱ	Ⅱ、Ⅲ	Ⅰ、Ⅱ、Ⅲ
	四新片区	Ⅰ、Ⅱ	Ⅰ、Ⅱ、Ⅲ	Ⅰ、Ⅱ
	沌口片区	Ⅰ、Ⅱ	Ⅱ	Ⅱ
	武汉国际博览中心	Ⅰ、Ⅱ、Ⅲ	Ⅱ、Ⅲ	Ⅱ、Ⅲ、Ⅳ
青山	杨春湖片区	Ⅰ、Ⅱ	Ⅱ、Ⅲ	Ⅱ、Ⅲ、Ⅳ
	武汉站	Ⅰ、Ⅱ	Ⅱ	Ⅰ、Ⅱ
	青山片区	Ⅰ、Ⅱ、Ⅲ	Ⅱ、Ⅲ、Ⅳ	Ⅱ、Ⅲ、Ⅳ
	杨园片区	Ⅱ、Ⅲ	Ⅲ	Ⅱ、Ⅲ

备注：Ⅰ.适宜性好；Ⅱ.适宜性较好；Ⅲ.适宜性较差；Ⅳ.适宜性差。

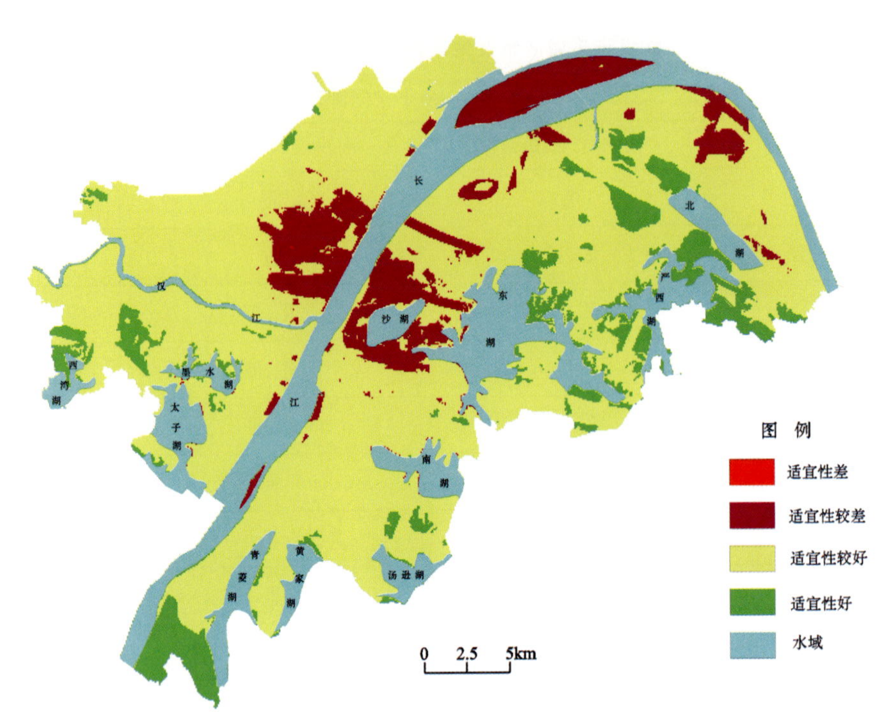

图 8-14　浅层地下空间开发适宜性分区图(层次分析法)

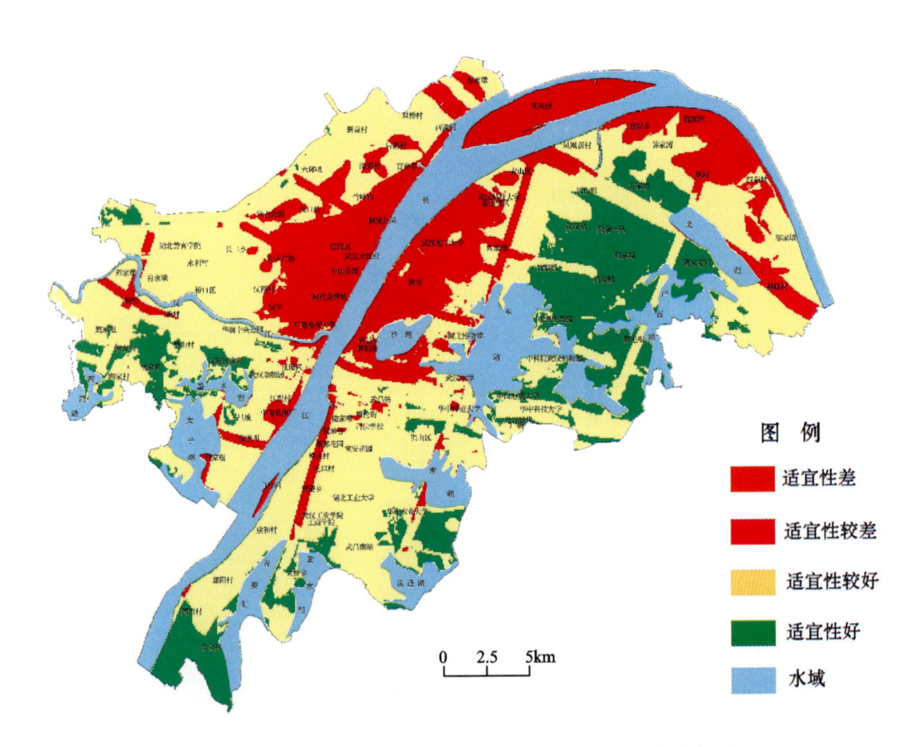

图 8-15　次浅层地下空间开发适宜性分区图(层次分析法)

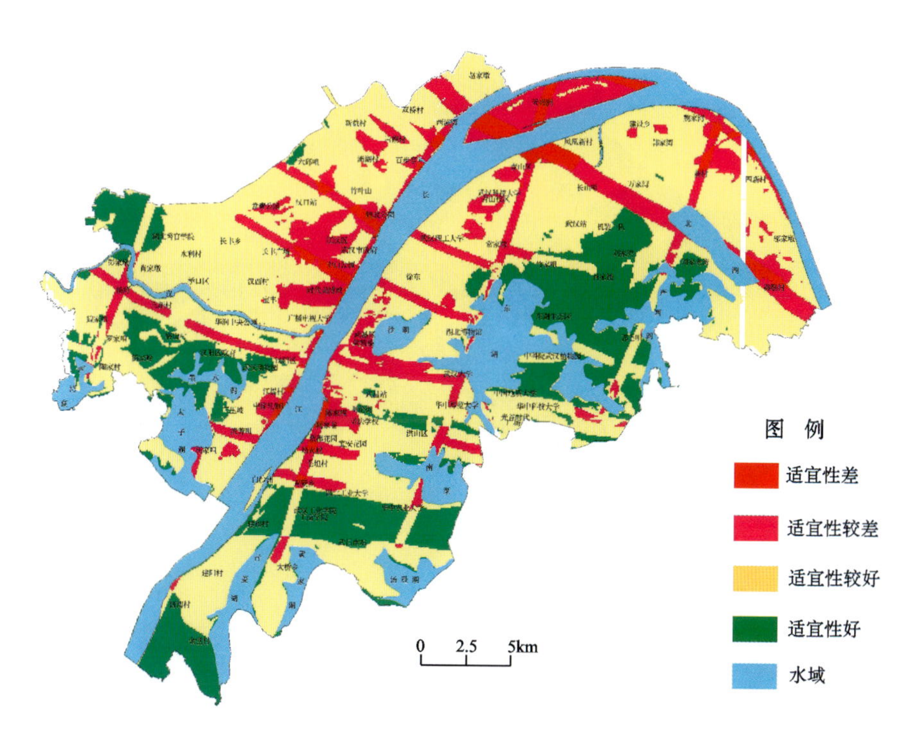

图 8-16　深层地下空间开发适宜性分区图(层次分析法)

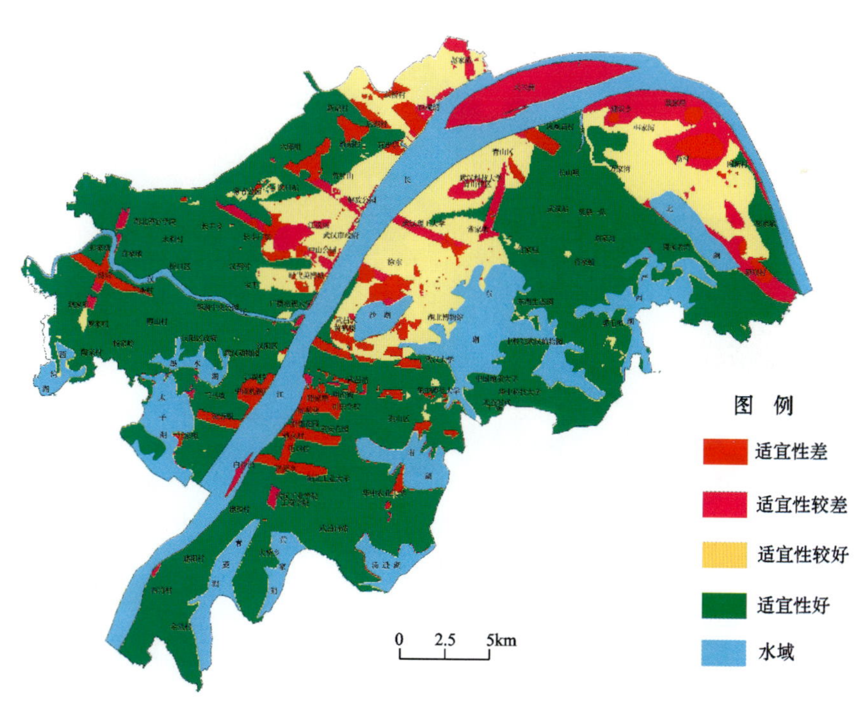

图 8-17　浅层地下空间开发适宜性分区图(模糊综合评判法)

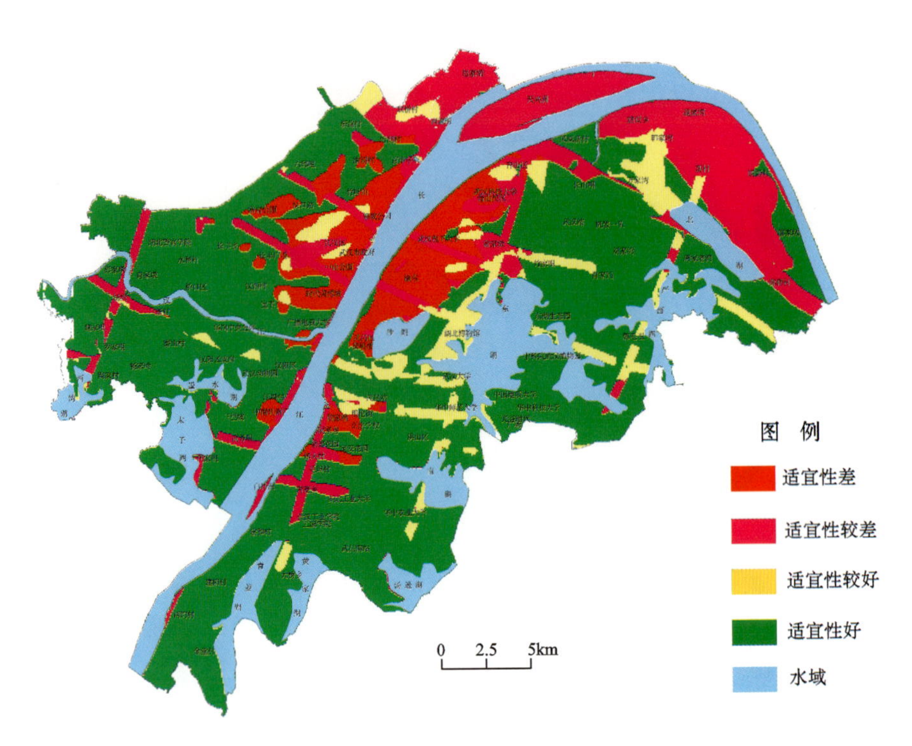

图 8-18 次浅层地下空间开发适宜性分区图(模糊综合评判法)

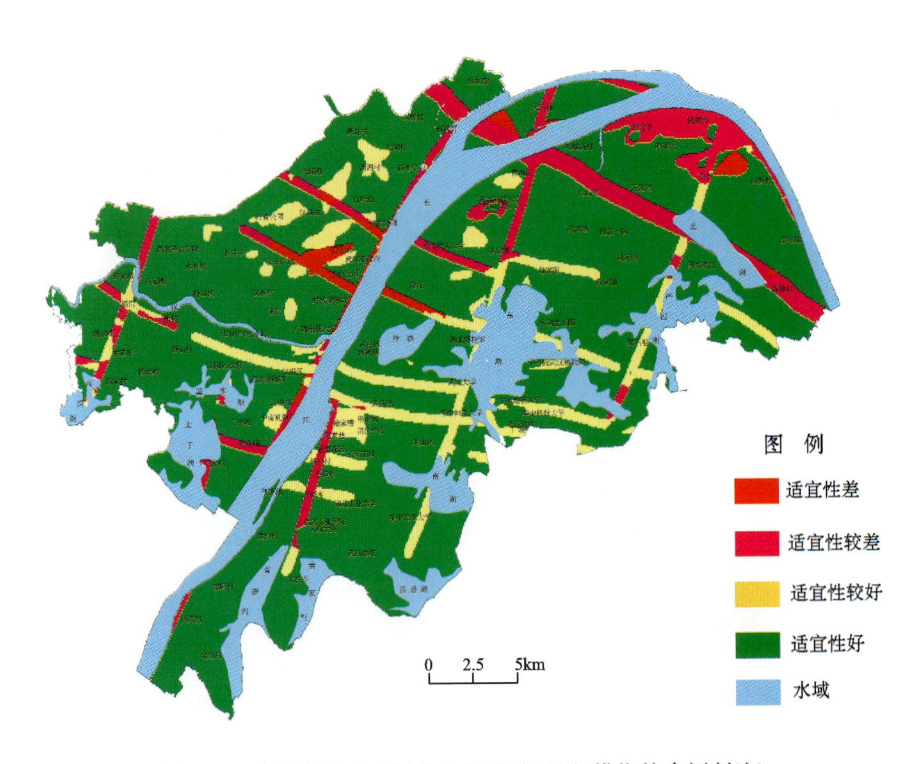

图 8-19 深层地下空间开发适宜性分区图(模糊综合评判法)

第四节　岩溶塌陷风险评价

一、评价方法

武汉市地质灾害既具有自然属性，同时又具有社会经济属性。地质灾害的自然属性由地质灾害发生过程的地质过程和机理来体现，由地质灾害的地质环境、地形地貌环境、水文地质环境、自然气候特征等构成，主要反映地质灾害发生的可能性大小、空间规模、发展演化过程。地质灾害的社会属性，也即地质灾害所造成的损失与后果，包括人员伤亡、财产损失、环境的破坏、经济活动的中断和对社会的冲击等。武汉市开展地质灾害风险研究的主要目的是基于对地质灾害的调查、发生机理研究，实现地质灾害风险评价，进而建立高效、合理的地质灾害管理体制，运用法律、行政、经济、技术等手段，实现减灾社会化、科学化、信息化，调动全社会力量，最大限度地减轻灾害损失，促进社会经济可持续发展，实现真正意义上的武汉市地质灾害风险管理。地质灾害风险管理应贯穿于各项减灾措施中，其主要内容包括地质灾害调查与勘查管理、监测预报管理、灾情评估管理、防治工程施工管理以及制定减灾规划与减灾法规、推行减灾技术、合理使用减灾资金等方面的管理。地质灾害调查与勘查、监测与预报是实现地质灾害管理动态化和有效减轻灾害损失的重要手段，灾情评估管理是地质灾害减灾工作的基础。及时进行地质灾害灾情信息收集与统计，积极开展灾情评估与灾害预测预报，可使各级政府和社会职能部门准确掌握地质灾害灾情现状和发展趋势，以便作出果断决策，采取确实可行的减灾对策。

武汉市地质灾害风险管理体系的构建应与武汉市地质环境、地质灾害发育程度、经济发展程度等协调一致。综合国内外地质灾害风险管理既有经验，结合武汉市减灾防治工作的实际情况，从技术层面构建地质灾害风险管理体系，提出减灾防灾立法-地质灾害机理研究-地质灾害预测评价-地质灾害风险分析决策-应急预案为一体的风险管理体系，流程图见图 8-20。该体系在空间上涵盖了武汉市的地质灾害背景，从构成要素上涵盖了从自然因子到社会因子、从制度制定到公众行为等多种要素。武汉市地质灾害风险评价体系建立的最终目的是实现灾害风险管理与应急处置的有效实施，以保证对灾害风险的控制并最低限度减少人员伤亡和经济损失。在针对某高危险区进行风险预警和应急处置的工作时，要面临两个关键问题：一个是对武汉市灾害的风险级别或者灾害险情级别、灾害预警级别的界定与判断；另一个是符合武汉市实际情况的灾害应急处置工作程序。前者涉及到地质灾害预警预报的专业知识，需要地质灾害领域专家来完成，其结论是政府决策部门进行灾害应急处置的重要依据；后者涉及到符合武汉市政治与经济条件，需要相关政府部门来完成。

在地质灾害分类及其影响因素分类的基础上，根据预测评价目标和内涵的不同，可采用层次分析的方法，建立相应的评价指标体系。根据地质灾害的预测评价范围、精度的不同，可将地质灾害空间预测指标体系的最高层次——目标层划分为三大类——区域、地段及灾害点预测(图 8-21)。针对不同的预测对象，进行相应的影响因素分析，初步确定出对预测评价有影响的因素，如地质环境因素、动力环境因素、人类工程经济活动因素等，构造出指标体系的一级指标层。对于不同的预测目标，指标选择的侧重点不同，具体到某一区时，其基础指标要进行一定的取舍和细化，预测成功的关键在于因素筛选和因素权重赋值。影响武汉地区的灾害发育特征的因素很多，在前述评价指标体系的基础上，项目运用了信息量法和层次分析方法对预测信息进行了敏感度分析。已有资料表明地形地貌、岩土类型、地质结构、土地利用情况、人类工程活动等对灾害发生有不同程度的影响，其中影响最大的是岩土类型、地形地貌、水文地质条件、地质构造及人类工程活动强度等。

针对武汉市地质灾害风险评价的范围及精度不同，采用的评价方法及思路有所不同。

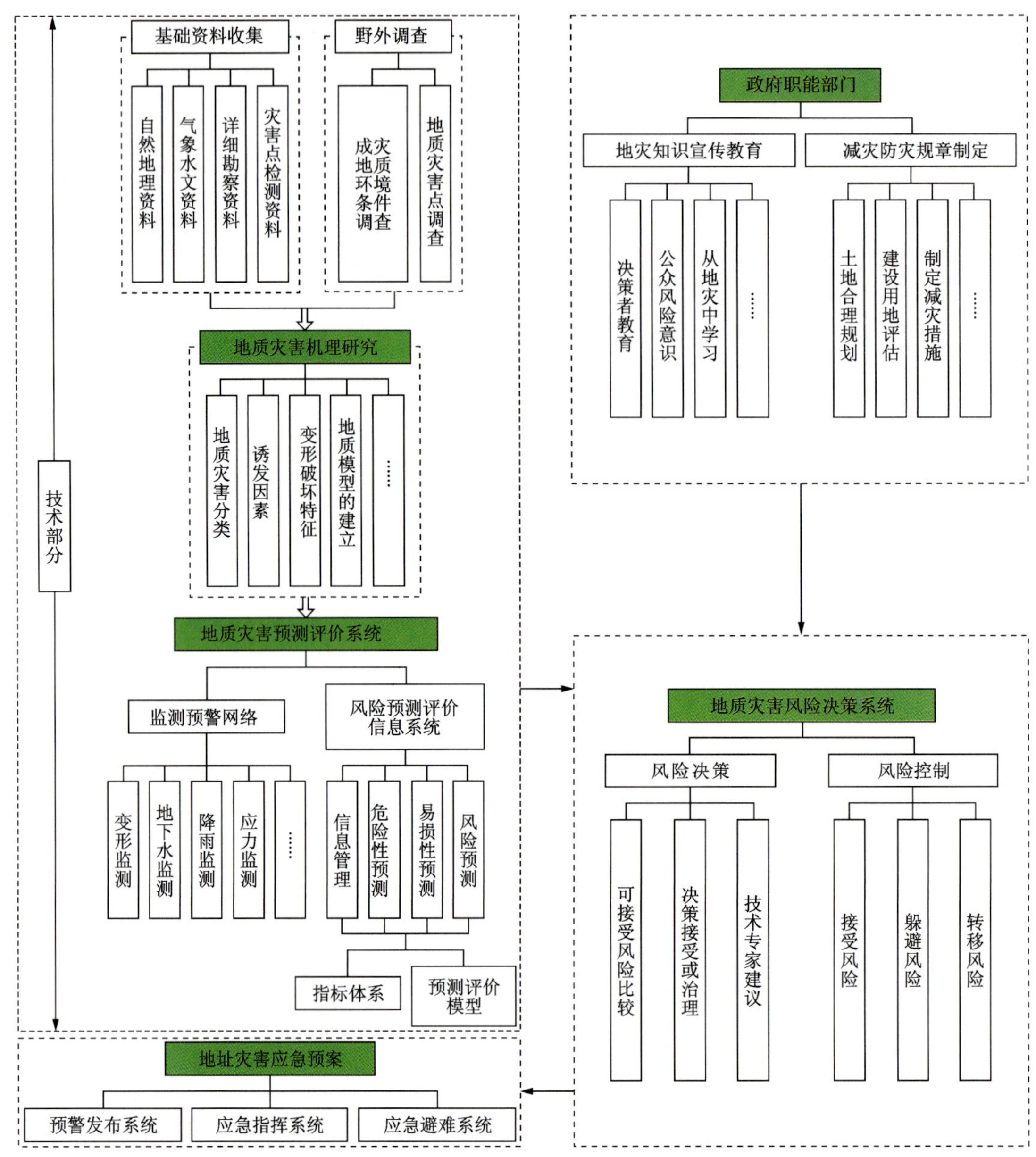

图 8-20　武汉市地质灾害风险评价与管理体系

1. 区域地质灾害风险区划研究

在武汉城市区域范围内(1∶50 000),分析区域地质灾害发育规律、致灾机理,研究建立风险评估指标体系,建立灾害空间易损性与危险性预测指标体系和地质灾害数据库,建立风险分析模型。

2. 重点地段地质灾害风险识别研究

在重点地段内,研究以地质灾害风险评估为目的的地段单元的划分方法;研究确定地段地域的灾害危险性,确定灾害发生的影响因子、致灾机理、影响范围等;研究重要设施、人口密集区、重要建筑区、厂区等在不同工况条件下可能遭受的各类地质灾害风险。

3. 重要灾害点地质灾害风险识别研究

在研究地质灾害发生机理的基础上,深入揭示重点单体地质灾害点的风险问题,研究单体灾害点的

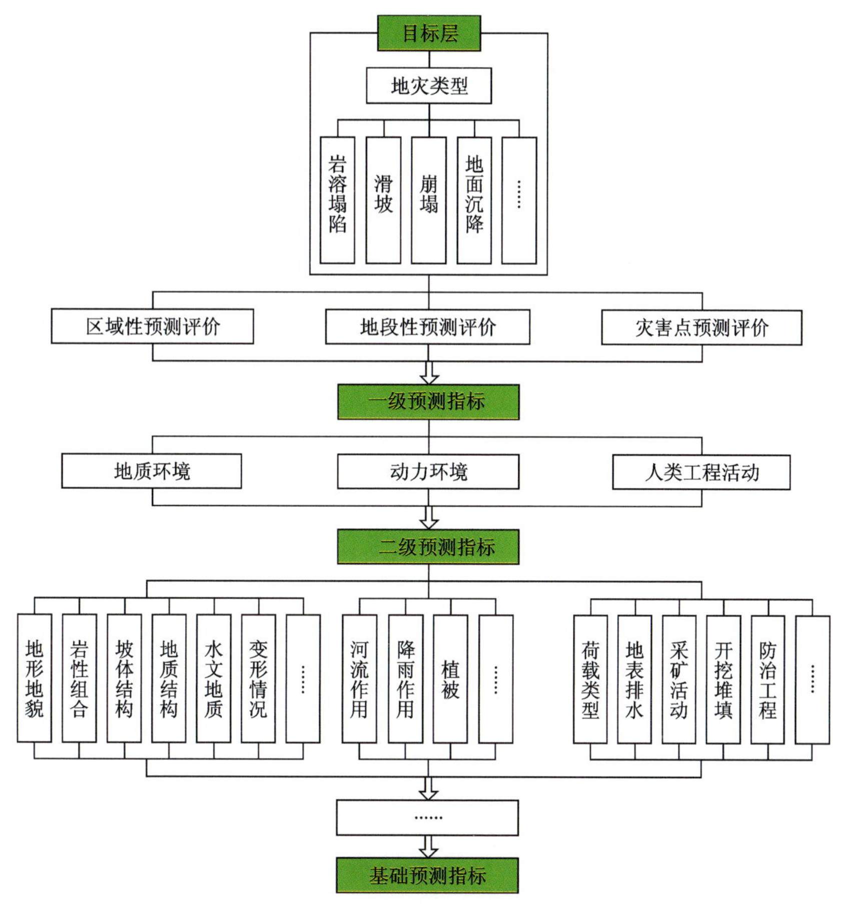

图 8-21　地质灾害空间预测评价指标体系结构层次图

风险分析与评价方法，研究野外调查中对灾害点的稳定性现状及发展趋势评判方法。

4. 地质灾害风险评价方法研究

选用适用于武汉市的风险评价方法与评价模型建立武汉城市区域地质灾害风险评价系统，研究能确定武汉城市地质灾害致灾因子的方法，确定武汉城市区域危险性评价方法，研究承灾体易损性分析方法及武汉城市风险计算方法。本项目主要采用层次分析法、二值证据权模型以及模糊熵权评判等评价模型。

在评价单元多因素叠加图得出的综合评价信息大小的基础上，将信息评价值划分 4 个数据段，分别对应于低危险区、较低危险区、较高危险区和高危险区，最终得到地质灾害危险性分区图和易损性分区图，综合得到地质灾害风险性分区图。

地灾风险评价等级判别则依据如下风险性计算公式：

$$R=H\times V$$

式中，R 为地质灾害风险性；H 为地质灾害危险性；V 为地质灾害易损性。

在进行地质灾害风险评价时，可以使用矩阵判别形式(图 8-22)，对地灾风险评价等级进行划分。

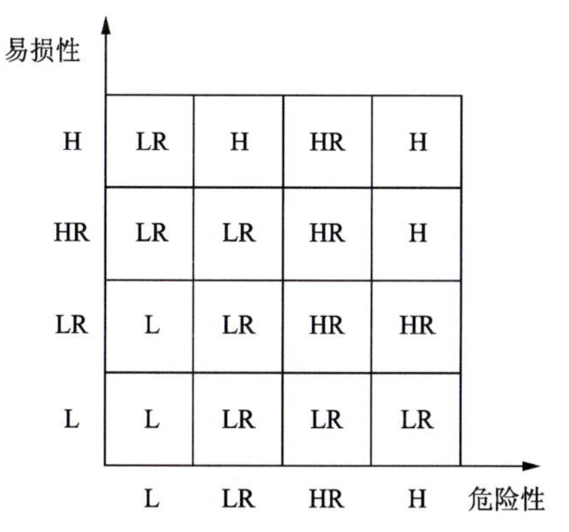

图 8-22　风险强度等级判别矩阵
(H. 高风险性；HR. 较高风险性；LR. 较低风险性；L. 低风险性)

根据武汉市地质灾害风险评价的体系步骤，武汉市地质灾害风险防治对策也将从全市区域、重要地段和重要灾害点 3 个层次来进行。

二、岩溶塌陷风险评价方法

城市岩溶地面塌陷危险性评价工作，首先是开展城市岩溶地质调查工作。岩溶地质调查工作的目的在于查明岩溶的发育规律，各种岩溶形态的规模、密度、空间分布规律及其洞内的充填情况，可溶岩顶部上覆岩土体的厚度、空间分布及其工程性质，地表水、地下水的循环交替规律等。岩溶地质勘察方法包括工程地质测绘、工程物探、工程钻探、触探、长期监测等。其中工程物探又包括高密度多极电法勘探、地质雷达、浅层地震、高精度磁法、声波透视、重力勘探等方法。在岩溶地质调查工作的基础上，对城市岩溶的发育规律、岩溶地面塌陷的发育规律及其影响因素进行分析。在此基础上，对岩溶地面塌陷的影响因素进行分类、分级，建立评价模型进行城市岩溶地面塌陷危险性评价。城市岩溶地面塌陷危险性评价系统的核心有两个：一个为评价模型的建立及计算，一个为对多源数据的管理。

岩溶地面塌陷的风险性评价分为危险性评价、易损性评价和风险性评价。将易损性定义为“在给定的自然、社会和经济空间内，由于突发的自然灾害过程而可能导致的潜在损失”。根据地质灾害的主要灾害对象，一般从社会、资源和经济 3 个方面进行易损性评价。

以下将利用层次分析法对上覆盖层为二元结构、上覆盖层为黏土层时的危险性和易损性的指标权重进行计算。

1. 上覆盖层为二元结构

依据专家评判意见，通过层次分析法，综合得出一级指标的判断矩阵，计算岩溶地面塌陷一级、二级指标因子的权重和易损性指标权重，如表 8-42～表 8-48 所示。

表 8-42　岩溶地面塌陷危险性评价一级指标权重计算

岩溶地面塌陷	地形地貌(A)	岩溶条件(B)	地质构造(C)	水文地质条件(D)	人类工程活动(E)	权重 W_i
地形地貌(A)	1	1/5	5	1/3	1/2	0.103
岩溶条件(B)	5	1	7	2	3	0.429
地质构造(C)	1/5	1/7	1	1/7	1/5	0.035
水文地质条件(D)	3	1/2	7	1	2	0.270
人类工程活动(E)	2	1/3	5	1/2	1	0.163
CI=0.041 8;RI=1.12;CR=0.037 3<0.1(通过一致性检验)。						

表 8-43　二级指标权重计算——地形地貌

地形地貌(A)	上覆盖层厚度(A1)	覆盖层结构(A2)	权重 W_i
上覆盖层厚度(A1)	1	3	0.750 0
覆盖层结构(A2)	1/3	1	0.250 0

表 8-44　二级指标权重计算——岩溶条件

岩溶条件(B)	碳酸盐岩分布(B1)	岩溶发育程度(B2)	权重 W_i
碳酸盐岩分布(B1)	1	3	0.750 0
岩溶发育程度(B2)	1/3	1	0.250 0

表 8-45　二级指标权重计算——地质构造

地质构造(C)	断裂带分布(C1)	褶皱分布(C2)	权重 W_i
断裂带分布(C1)	1	3	0.750 0
褶皱分布(C2)	1/3	1	0.250 0

表 8-46　二级指标权重计算——水文地质条件

水文地质条件(D)	地下水水力梯度(D1)	涌水量(D2)	地下水类型(D3)	距长江水系距离(D4)	权重 W_i
地下水水力梯度(D1)	1	1/5	1/2	1/3	0.088 2
涌水量(D2)	5	1	3	2	0.483 2
地下水类型(D3)	2	1/3	1	1/2	0.156 9
距长江水系距离(D4)	3	1/2	2	1	0.271 7

表 8-47　二级指标权重计算——人类工程活动

人类工程活动(E)	钻孔扰动(E1)	地下水开采(E2)	权重 W_i
钻孔扰动(E1)	1	1/3	0.250 0
地下水开采(E2)	3	1	0.750 0

表 8-48　岩溶地面塌陷危险性——二级指标权重最终结果

权重 指标层	地形地貌(A)	岩溶条件(B)	地质构造(C)	水文地质条件(D)	人类工程活动(E)	指标综合权重 W_i
	0.103	0.429	0.035	0.270	0.163	(i=1,…,12)
上覆盖层厚度(A1)	0.750 0					0.077 25
覆盖层结构(A2)	0.250 0					0.025 75
碳酸盐岩分布(B1)		0.750 0				0.321 75
岩溶发育程度(B2)		0.250 0				0.107 25
断裂带分布(C1)			0.750 0			0.026 25
褶皱分布(C2)			0.250 0			0.008 75
地下水水力坡度(D1)				0.088 2		0.023 814
涌水量(D2)				0.483 2		0.130 464
地下水类型(D3)				0.156 9		0.042 363
距长江水系的距离(D4)				0.271 7		0.073 359
地下水开采(E1)					0.750 0	0.122 25
钻孔扰动(E2)					0.250 0	0.040 75

2. 上覆盖层为黏土层

依据专家评判意见，通过层次分析法，综合得出一级指标的判断矩阵，计算岩溶地面塌陷一级、二级指标因子的权重和易损性指标权重，如表8-49～表8-57所示。

表8-49　一级指标权重计算

岩溶地面塌陷	上覆盖层(A)	岩溶条件(B)	地质构造(C)	水文地质条件(D)	人类工程活动(E)	降雨(F)	权重 W_i
上覆盖层(A)	1	1/5	5	3	1/3	3	0.136 3
岩溶条件(B)	5	1	9	5	2	7	0.434 4
地质构造(C)	1/5	1/9	1	1/3	1/7	1/2	0.032 3
水文地质条件(D)	1/3	1/5	3	1	1/3	2	0.081 1
人类工程活动(E)	3	1/2	7	3	1	5	0.263 7
降雨(F)	1/3	1/7	2	1/2	1/5	1	0.052 2
CI=0.040 1;RI=1.24;CR=0.0323<0.1(通过一致性检验)。							

表8-50　二级指标权重计算——上覆盖层

上覆盖层(A)	盖层厚度(A1)	盖层结构(A2)	盖层岩性(A3)	权重 W_i
盖层厚度(A1)	1	3	5	0.637 0
盖层结构(A2)	1/3	1	3	0.258 3
盖层岩性(A3)	1/5	1/3	1	0.104 7

表8-51　二级指标权重计算——岩溶条件

地层岩性(B)	碳酸盐岩分布(B1)	岩溶发育程度(B2)	权重 W_i
碳酸盐岩分布(B1)	1	3	0.750 0
岩溶发育程度(B2)	1/3	1	0.250 0

表8-52　二级指标权重计算——地质构造

地质构造(C)	断裂带分布(C1)	褶皱分布(C2)	权重 W_i
断裂带分布(C1)	1	3	0.750 0
褶皱分布(C2)	1/3	1	0.250 0

表8-53　二级指标权重计算——水文地质条件

水文地质条件(D)	地下水水位(D1)	地下水类型(D2)	水动力条件(D3)	权重 W_i
地下水水位(D1)	1	3	5	0.637 0
地下水类型(D2)	1/3	1	3	0.258 3
水动力条件(D3)	1/5	1/3	1	0.104 7

表 8-54　二级指标权重计算——人类工程活动

人类工程活动(E)	地下开挖(E1)	钻孔扰动(E2)	抽排水(E3)	爆破和工程震动(E4)	工程荷载(E5)	权重 W_i
地下开挖(E1)	1	1/3	1/5	3	1/7	0.065 9
钻孔扰动(E2)	3	1	1/3	4	1/5	0.128 3
抽排水(E3)	5	3	1	6	1/3	0.264 9
爆破和工程震动(E4)	1/3	1/4	1/6	1	1/7	0.038 7
工程荷载(E5)	7	5	3	7	1	0.502 2

表 8-55　二级指标权重计算——降雨

降雨(F)	年降雨量(F1)	月降雨量(F2)	日降雨量(F3)	权重 W_i
年降雨量(F1)	1	1/3	1/5	0.109 5
月降雨量(F2)	3	1	1/2	0.309 0
日降雨量(F3)	5	2	1	0.581 6

表 8-56　二级指标权重最终结果

权重 / 指标层	上覆盖层(A)	岩溶条件(B)	地质构造(C)	水文地质条件(D)	人类工程活动(E)	降雨(F)	指标综合权重 W_i
	0.136 3	0.434 4	0.032 3	0.081 1	0.263 7	0.052 2	(i=1,…,5)
盖层厚度(A1)	0.637 0						0.086 8
盖层结构(A2)	0.258 3						0.035 2
盖层岩性(A3)	0.104 7						0.014 3
碳酸盐岩分布(B1)		0.750 0					0.325 8
岩溶发育程度(B2)		0.250 0					0.108 6
断裂带分布(C1)			0.750 0				0.024 2
褶皱分布(C2)			0.250 0				0.008 1
地下水水位(D1)				0.637 0			0.051 7
地下水类型(D2)				0.258 3			0.020 9
水动力条件(D3)				0.104 7			0.008 5
地下开挖(E1)					0.065 9		0.017 4
钻孔扰动(E2)					0.128 3		0.033 8
抽排水(E3)					0.264 9		0.069 8
爆破和工程震动(E4)					0.038 7		0.010 2
工程荷载(E5)					0.502 2		0.132 4

续表 8-56

权重 / 指标层	上覆盖层(A)	岩溶条件(B)	地质构造(C)	水文地质条件(D)	人类工程活动(E)	降雨(F)	指标综合权重 W_i
	0.136 3	0.434 4	0.032 3	0.081 1	0.263 7	0.052 2	(i=1,…,5)
年降雨量(F1)						0.109 5	0.005 7
月降雨量(F2)						0.309 0	0.016 1
日降雨量(F3)						0.581 6	0.030 4

表 8-57　建筑物易损性影响因子权重

权重 / 指标层	指标权重 W_i
结构类型(V1)	0.287
距溶洞的距离(V2)	0.183
密度(V3)	0.203
新旧程度(V4)	0.189
层数(V5)	0.138

风险评价指标体系如图 8-23 所示。

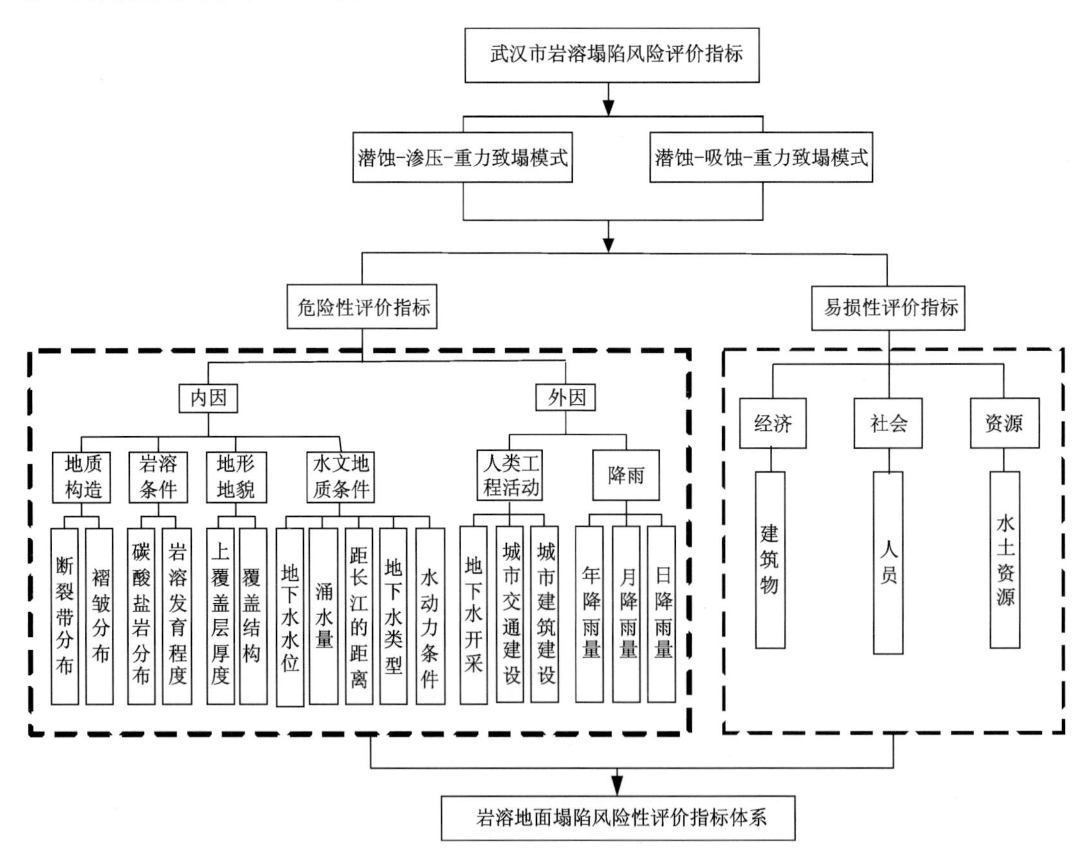

图 8-23　武汉市岩溶地面塌陷风险评价指标体系

下面的岩溶地面塌陷危险性评价中，涉及的因子包含：地层岩性(岩溶条件)、地质构造、水文地质条件、人类工程活动。根据收集的资料及已有的武汉市地质灾害空间数据库，结合专家的意见和工程建设的实际经验，将武汉市岩溶地面塌陷影响因素按照表 8-58 进行危险性等级划分，并依据隶属度函数得到各评价指标的隶属度。

表 8-58　武汉市岩溶地面塌陷危险性评价指标分级标准

评价指标	高（Ⅰ级）	较高（Ⅱ级）	较低（Ⅲ级）	低（Ⅳ级）
上覆盖层厚度（A1）	＜30m	30～42m	42～51m	＞51m
覆盖层结构（A2）	一级阶地，由全新统冲积黏性土、粉土、粉细砂及砂砾石组成	二级阶地，地层由上更新统的黏性土与砂性土组成	剥蚀堆积平原区，地层主要为中更新统黏性土（老黏土）	其他区域，主要由志留系砂页岩、泥盆系石英砂岩和二叠系硅质岩组成
碳酸盐岩分布（B1）	三叠系和石炭系灰岩（T、C）	下二叠统灰岩（P）	新近系、白垩系、古近系（N、K、E）	其他（D、S 等）
岩溶发育程度（B2）	强（溶洞发育且埋深浅）	较强（溶洞发育但埋藏深）	较弱（少量发育有溶蚀裂隙）	弱（无岩溶发育现象）
断裂带分布（C1）	＜100m	100～300m	300～500m	＞500m
地下水水力坡度（D1）	＞0.5	0.25～0.5	0.1～0.25	0～0.1
涌水量（D2）	＞1000m^3/d	500～1000 m^3/d	100～500 m^3/d	＜100 m^3/d
地下水类型（D3）	碳酸盐岩裂隙岩溶水	碎屑岩类裂隙水	碎屑岩类裂隙孔隙水	松散岩类孔隙水
距长江水系的距离（D4）	＜100m	100～200m	200～400m	＞400m
地下水开采（E1）	＜100m	100～300 m	300～500 m	＞500 m
钻孔扰动（E2）	＞10 层	7～10 层	3～7 层	1～3 层

将研究区划分为实际大小为 50m×50m 的栅格，依据危险性二级模糊熵权理论，得出每个栅格的危险性评价等级，最后得到研究区岩溶地面塌陷的危险性区划图。

以某个栅格的危险性等级计算为例。假设此栅格实际取值为{36m，一级阶地，C，较强，211m，0.20，525m^3/d，碳酸盐岩裂隙岩溶水，165m，424m，5 层，砖结构，28m，0.8，5 成，5 层}。故危险性影响因素各因子的具体情况是{36m，一级阶地，C，较强，211m，0.20，525m^3/d，碳酸盐岩裂隙岩溶水，165m，424m，5 层}。

首先，对第二层指标开展危险性评价，具体步骤如下：

$$\boldsymbol{A}=\boldsymbol{W}_{A_i}\cdot\boldsymbol{R}_A=(0.396,0.604)\begin{bmatrix}0&1&0&0\\1&0&0&0\end{bmatrix}=(0.604,0.396,0,0)$$

上式的 $\boldsymbol{W}_{A_i}$ 为 $\boldsymbol{A}$ 所包含的评价指标的权重向量，$\boldsymbol{R}_A$ 为 A 所包含的评价指标的判断矩阵。同理可得：

$$\boldsymbol{B}=(0.44,0.56,0,0)$$

$$\boldsymbol{C}=(0,1,0,0)$$

$$\boldsymbol{D}=(0.219,0.613,0.168,0)$$

$$\boldsymbol{E}=(0,0,1,0)$$

其次，对第一层评价指标开展危险性评价

$$\boldsymbol{B}'=\boldsymbol{W}_i\cdot\boldsymbol{R}_i=(0.103,0.429,0.035,0.270,0.163)\begin{bmatrix}0.604 & 0.396 & 0 & 0\\ 0.44 & 0.56 & 0 & 0\\ 0 & 1 & 0 & 0\\ 0.219 & 0.613 & 0.168 & 0\\ 0 & 0 & 1 & 0\end{bmatrix}$$

$$=(0.310,0.482,0.208,0)$$

根据最大隶属度原则，$\boldsymbol{B}'$内的数值最大是0.482，对应于评价语集中的Ⅱ级，因此可以判定此单元栅格的危险性评价结果为较高危险区，很容易产生岩溶地面塌陷灾害。

在整个典型区域岩溶地面塌陷的危险性评价中，部分单因子图件如图8-24～图8-28所示。

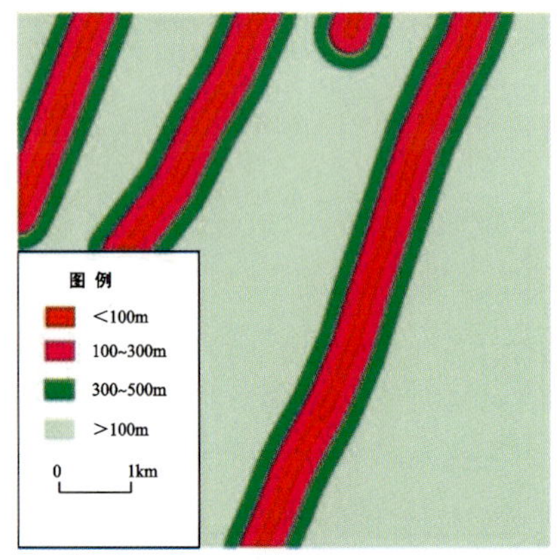

图8-24　典型区构造带影响范围缓冲图

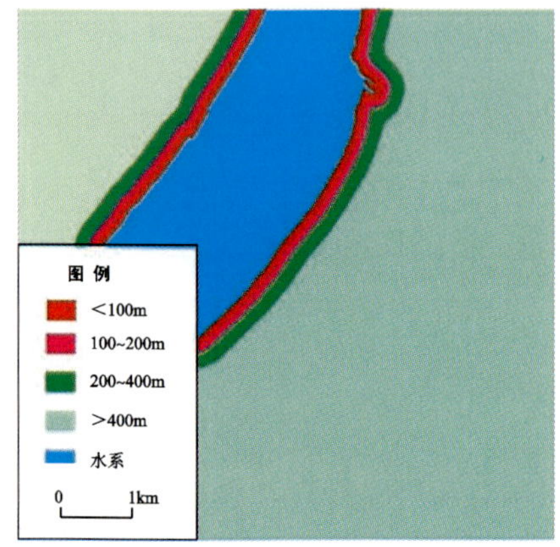

图8-25　典型区长江水系影响范围缓冲图

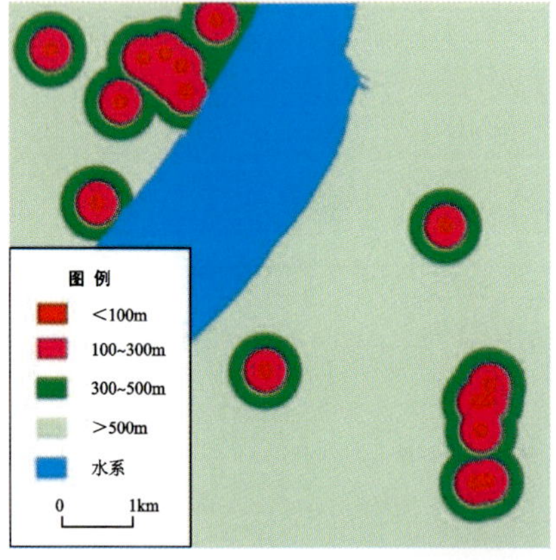

图8-26　典型区抽水井影响范围缓冲图

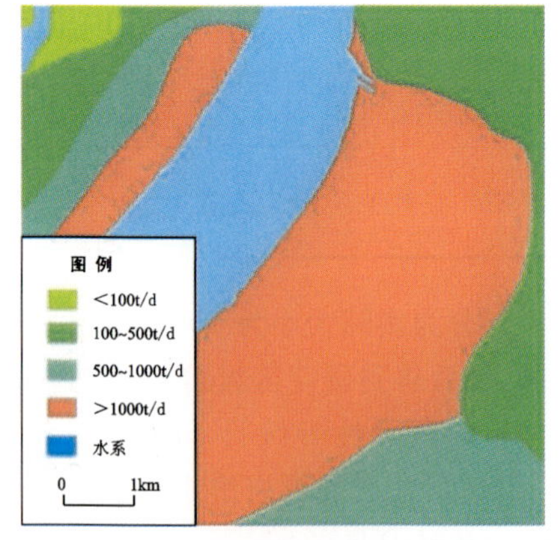

图8-27　典型岩溶区涌水量图

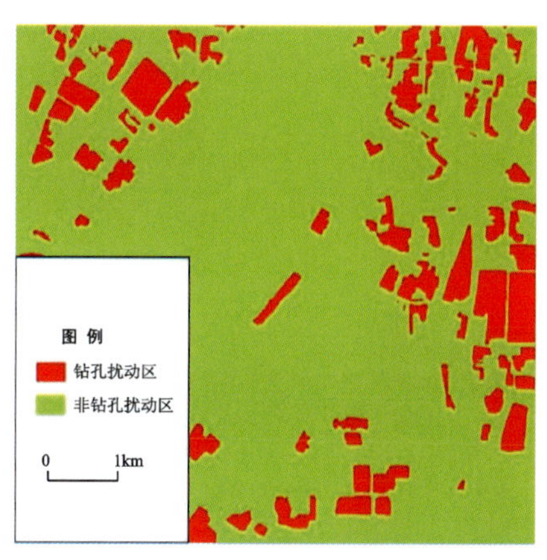

图 8-28　典型岩溶区钻孔扰动区分析图

易损性评价因子包含：结构类型、建筑物距溶洞的距离、建筑物密度、新旧程度和建筑物的层数。根据收集的资料及已有的武汉市地质灾害空间数据库，结合专家的意见和工程建设的实际经验，将武汉市建筑物易损性评价指标按照表 8-59 进行易损性性等级划分，并依据隶属度函数式得到易损性评价指标因素的隶属度，选取一级模糊熵权评判方法进行易损性评价。

表 8-59　武汉市岩溶地面塌陷易损性评价指标分级标准

评价指标	高（Ⅰ级）	较高（Ⅱ级）	较低（Ⅲ级）	低（Ⅳ级）
结构类型（V1）	简易结构	砖结构	钢筋混凝土结构	钢结构
距溶洞的距离（V2）	<50	50～150	150～400	>400
密度（V3）	0.75～1	0.5～0.75	0.25～0.5	0～0.25
新旧程度（V4）	1～3 成	4～6 成	7～9 成	10 成
层数（V5）	1～3 层	3～7 层	7～10 层	>10 层

同样，以上述危险性等级计算栅格为例，栅格实际取值是{36m，一级阶地，C，较强，211m，0.20，525m^3/d，碳酸盐岩裂隙岩溶水，165m，424m，5 层，砖结构，28m，0.8，5 成，5 层}。故栅格易损性评价指标实际取值为{砖结构，28m，0.8，5 成，5 层}。

选用一级模糊熵权评判法对建筑物的易损性进行评价的过程如下：

$$\boldsymbol{B}'=\boldsymbol{W}\cdot\boldsymbol{R}=(0.287,0.183,0.203,0.189,0.138)\begin{bmatrix}0&1&0&0\\1&0&0&0\\1&0&0&0\\0&1&0&0\\0&1&0&0\end{bmatrix}$$

$$=(0.386,0.614,0,0)$$

根据最大隶属度原则，评判结果 $\boldsymbol{B}'$ 内的最高值是 0.614，对应于评价语集中的Ⅱ级，因此可以判定此单元栅格的评价结果是较高易损性区，若发生岩溶地面塌陷灾害，会造成较高等级的损失。

在整个典型区域的岩溶地面塌陷建筑物易损性评价中，部分单因子图件如图 8-29～图 8-31 所示。

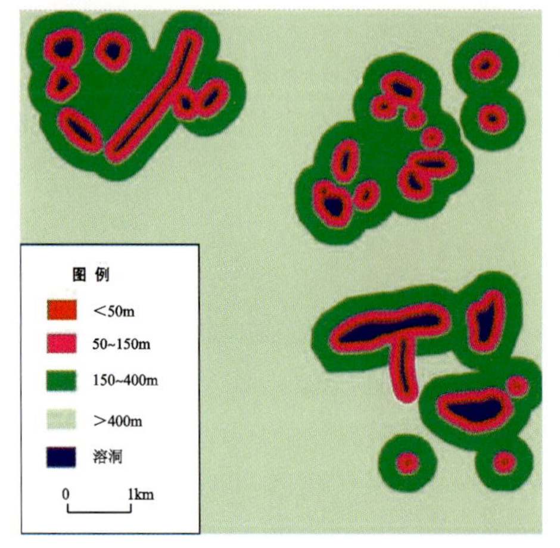

图 8-29　典型岩溶区溶洞影响范围缓冲图

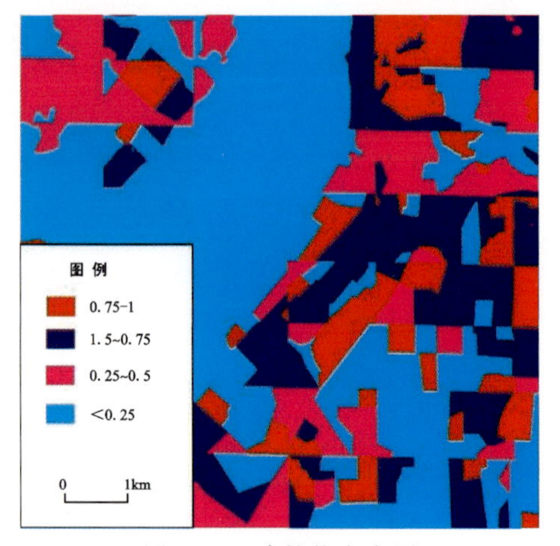

图 8-30　建筑物密度图

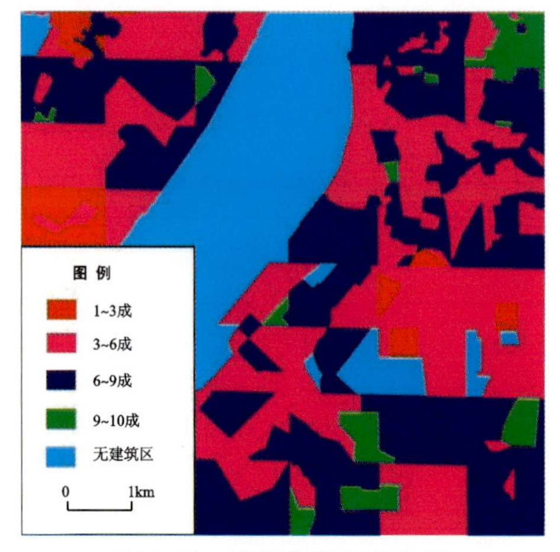

图 8-31　建筑物新旧程度图

基于 MapGIS 系统二次开发，同样选取栅格实际大小为 50m×50m，使用之前求得的易损性指标因素权重值和隶属度矩阵，对建筑物易损性指标进行模糊熵权评判计算，得出武汉市岩溶地面塌陷典型研究区的易损性四级评价结果如图 8-32 所示。易损性评价结果表明，烽火村一带属于高易损性区域，鹦鹉洲、陆家街和司法学校一带属于较高易损性区域。

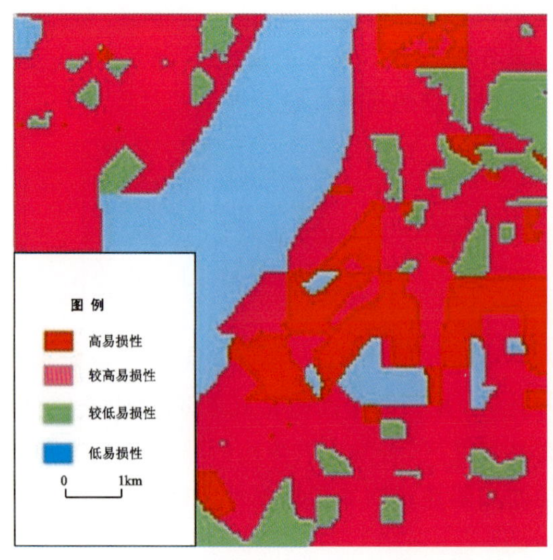

图 8-32　建筑物易损性评价区划图

将危险性和易损性结果评价进行叠加，根据风险等级划分矩阵，得出每个栅格的风险等级，最后综合得到研究区的风险区划图。以上述栅格为例，栅格实际取值是{36m，一级阶地，C，较强，211m，0.20，525m³/d，碳酸盐岩裂隙岩溶水，165m，424m，5层，砖结构，28m，0.8，5成，5层}。栅格的危险性评价结果为Ⅱ级(HR)，易损性评价结果为Ⅱ级(HR)，根据等级划分矩阵可知，此栅格的风险等级为Ⅱ级(HR)。基于MapGIS二次开发系统，得到武汉市典型区内岩溶地面塌陷的风险评价区划结果如图8-33所示。

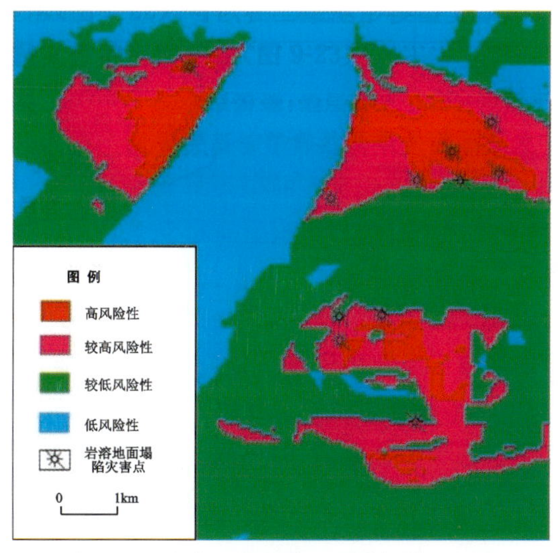

图8-33 岩溶地面塌陷区风险评价区划图

第九章 智慧武汉·地质信息管理与服务平台

信息系统建设对城市地下水资源与地质环境保护、城市规划与建设、土地利用、地质灾害防治等多个方面发挥着越来越重要的作用，是城市地质工作的重要组成部分。基于GIS技术、数据库技术、三维可视化技术、决策支持技术及计算机网络技术的城市地质信息系统的开发引起了广泛的关注。智慧武汉·地质信息管理与服务平台从武汉城市地质调查工作的实际需求出发，实现基础地理、基础地质、工程地质、水文地质、环境地质、地质资源、遥感地质、地球物理、地球化学等多专业、多学科的地质数据输入、管理、可视化及其分析评价的城市三维地质信息平台。该平台地质信息共享，可对地质调查范围内城市地质及相关数据的有效管理，对城市地质及相关数据的可视化处理和专业分析及面向地质类技术单位、政府部门、社会公众提供基于地质相关数据、图形等的基础信息的服务。本章从智慧武汉·地质信息管理与服务平台的构架、数据的组织管理、专业版的主要功能这3个角度，逐一介绍，供地质类信息系统开发参考。

第一节 平台架构

一、总体架构

智慧武汉·地质信息管理与服务平台作为一个庞大的集成平台，是一个集成的数字化工作环境，面向城市地质工作提供信息支撑平台，满足不同层次用户应用的需求。主要由1个“数据中心”、4个“专业系统”(“专业版”平台)、2个“服务平台”(政务版、公众版)，即1+4+2，平台组织情况见图9-1。

1. 数据中心

数据库按类型和功能分为：文件数据库、基础数据库、成果数据库、服务数据库。数据库数据可分为：原始数据、基础数据、成果数据、模型数据和服务数据。原始数据存放在文件数据库中，基础数据存放在基础数据库中，成果数据和模型数据存放在成果数据库中，服务数据存放在服务数据库中。数据库内数据管理均按专题数据分为九大类：基础地理、基础地质、工程地质、水文地质、环境地质、地质资源、遥感地质、地球物理、地球化学。数据中心集中建设，集成管理地质调查各类数据，实现安全、备份机制，为平台建设各系统提供多源、异构、海量数据。

2. 专业系统(简称“专业版”)

以C/S(Client/Server，即客户端/服务器)模式研制开发，分地质数据检查建库系统、地质数据管理维护系统、分析评价辅助决策系统、三维可视化系统4个系统。地质数据检查建库系统是平台数据的入口，是平台其他系统的基础，进行专门设计，从系统开发角度可减少平台设计开发的耦合度。从使用角

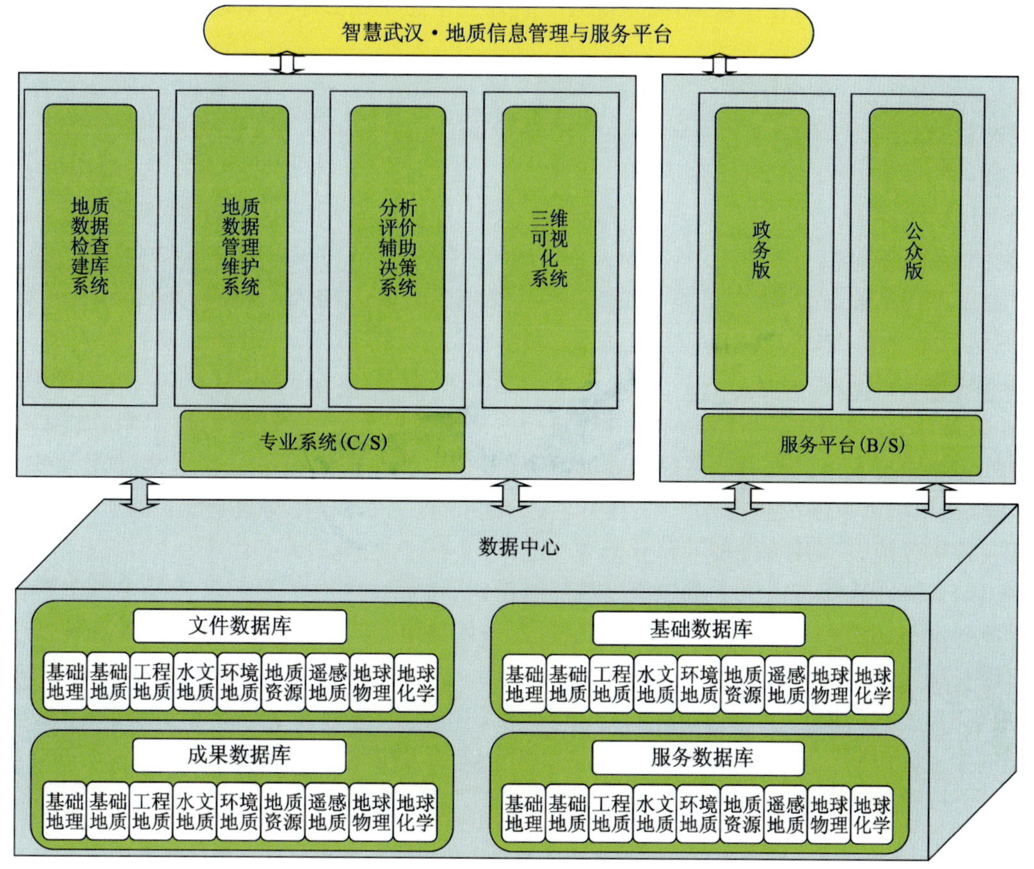

图 9-1　平台组织结构图

度，直接为数据检查、入库和处理服务，使数据建库小组成员不用面对平台其他复杂的功能，便于提高工作效率。地质数据管理维护系统是平台数据管理、更新维护的系统，管理的对象既包括平台数据，用户的数据权限和功能权限，还包括对整个平台数据访问和使用的记录和监管，是平台系统管理的中枢。数据分析评价与辅助决策系统不仅能提供常规的二维专题成果图的浏览、查询，也能实现平台涉及的最复杂的专业计算模型、分析评价的功能。该系统是平台专业性最强的部分，是平台专业分析评价的核心，其核心用户是专业技术人员，也为政府部门提供一些辅助决策功能。三维可视化系统是平台从二维数据提升到三维数据和三维展示分析的基础，平台二维、三维一体化就体现在该系统之中，实现根据勘察钻孔进行自动三维建模的功能，提供人工交互三维建模的功能，实现复杂三维模型的管理、展示和空间分析，实现地上地下三维模型的一体化管理和展示，实现三维隧道漫游等可视化模拟，是整个平台的亮点之一。

3. 服务平台

以 B/S(Browser/Server，即浏览器/服务器)模式研制开发，分为地质信息共享服务平台政务版(简称“政务版”)、地质信息共享服务平台公众版(简称“公众版”)。地质信息共享服务平台同“专业版”4 个系统的部署不同，是部署在浏览器端，安装运行是最简单方便的，面向的用户也是最广泛的。由于面向的用户的多样性，该系统后台可配置多种版本的系统界面和功能，供专门用户使用，包括面向政府部门的“政务版”、面向普通市民的“公众版”。“政务版”提供经过专业处理的专题地质图件浏览、查询、报表和轻量化的分析评价的功能，使用户尽量少接触专业性强的成果，直接用易于理解和使用的成果图和分析结果，为政府部门辅助决策提供技术支撑。“公众版”提供给普通市民地质科普、行业动态，非涉密地质数据浏览、查询，该系统是市民地质科普教育的基地，可提高市民对武汉地质信息的了解程度，提高市民对地质灾害防灾减灾的能力和意识，该系统是平台地质信息广泛分享的基础。

二、平台部署

平台采用 C/S(Client/Server，客户端/服务器)、B/S(Browser/Server，浏览器/服务器)混合结构搭建，结构见图 9-2。平台由数据中心、局域网 C/S 结构、公网 B/S 结构和专网 B/S 结构 4 部分组成，为不同的用户提供不同的数据服务。“数据中心”建在武汉市测绘研究院内，设置专用机房，由专门人员维护。“局域网 C/S 结构”部署在武汉市国土资源和规划局局域网，服务于地质专业技术人员。“WWW 服务”由武汉市测绘研究院发布，根据用户权限和功能需求，服务于“公网 B/S”和“专网 B/S”用户。

“专业版”系统运行于武汉市国土资源和规划局内部局域网中，为局域网内地质专业技术单位提供服务或为外部地质技术单位提供地质信息咨询服务，整个系统包括数据库服务器、数据库备份服务器、网络路由器、交换机以及各级终端客户机，为专业人员提供数据服务，并利用系统功能实现数据的浏览、查询、出图、分析评价、三维建模、展示和分析等功能。

“政务版”部署在武汉市国土资源和规划局局域网内，也可接入政务专网。武汉市国土资源和规划局相关业务处室、分局、区局、二级单位等可以通过市局局域网访问“政务版”平台，政府其他部门可通过政务专网进行访问。

“公众版”部署在公网上，目前挂接在武汉市测绘研究院门户网站(www. whkc. com. cn)上，通过“公众版”链接进行访问。后期争取将“公众版”加挂于武汉市国土资源和规划局主页(www. wpl. gov. cn)上，争取为更多的武汉市民服务。

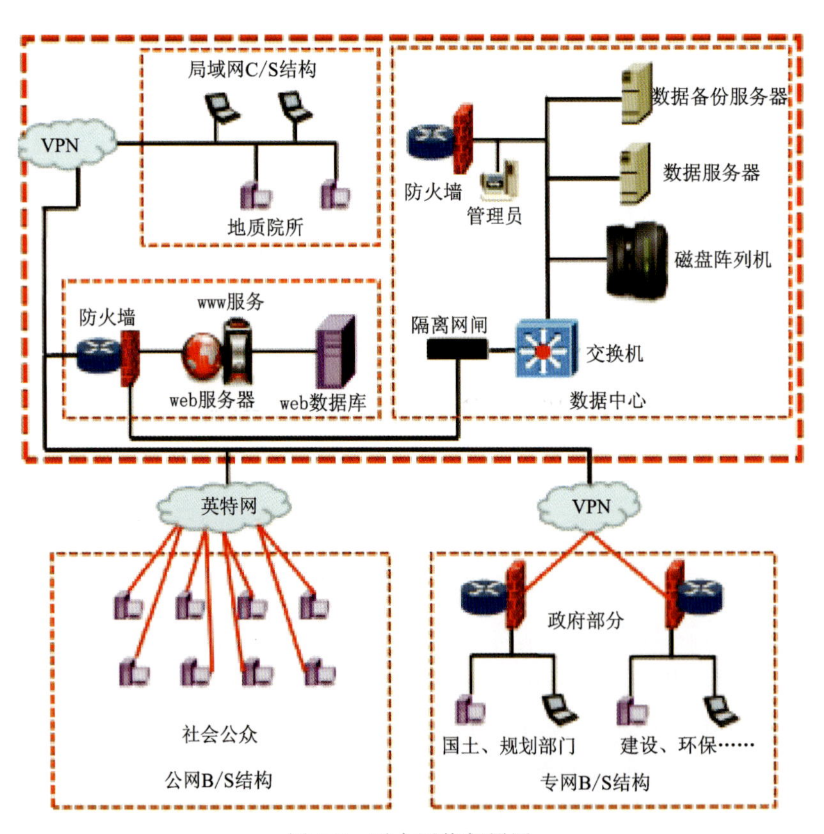

图 9-2　平台网络部署图

三、服务对象

“平台”用户主要分为三大类：地质院所等技术单位、政府相关部门（国土、规划、建设、人防、环保、交通等）、社会公众。为满足“平台”用户的不同需求，分别设计了平台“专业版”“政务版”“公众版”。各类用户均被授予不同的权限，查询和调用不同级别和内容的数据，使用平台不同用户模板定制的功能，满足不同用户的需求。对“平台”主要用户功能进行分解，如图 9-3 所示。

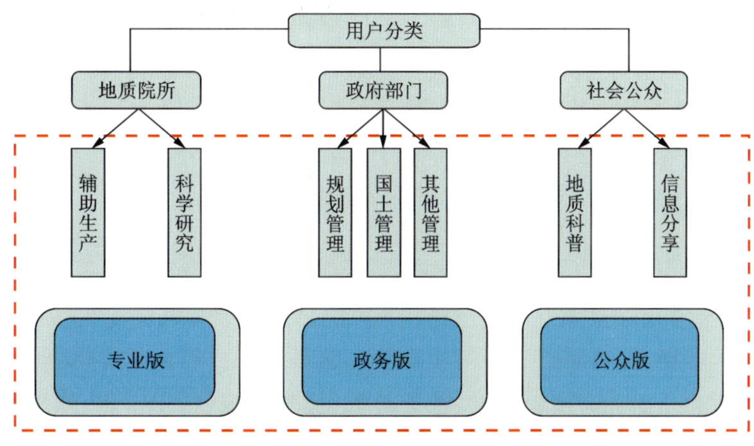

图 9-3　“平台”用户功能关系图

1. 地质院所等技术单位

该类用户为地质行业企事业单位、地质领域科研院所等，“专业版”为其提供服务。主要功能包括查询地质基础数据、三维模型数据以及使用系统专业分析功能开展具体的地质技术工作。该系统提供了多样化查询、统计、报表生成，多种数据格式间的相互转换等功能，并在此基础上实现综合分析评价及多专业应用。

2. 政府部门

该类用户为不同区域的政府相关管理部门（国土、规划、建设、人防、环保、交通等），地质信息共享服务平台“政务版”为其提供服务。平台功能综合考虑城市规划、土地利用规划、建设工程地质灾害情况监管、矿产资源、地下水资源等环境管理方面的要求，并根据城市规划和建设的实际运行情况，为制定城市用地规划编制、建设工程地质灾害危险性评估与治理、矿山环境整治、地下空间开发利用等提供辅助决策支持，以利于实现城市规划的前瞻性、规避建设风险、构筑武汉市防灾减灾体系、有效利用地下空间等。因此，系统以查询和统计功能为主，提供基于网络化、虚拟现实、智能化的地质信息服务和快速反应平台，为城市规划、建设和管理提供决策支持。

3. 社会公众

该类用户为一般社会公众，以地质信息共享服务平台公众版提供稳定、快捷、全天候的地质信息服务，体现地质系统的社会化公益服务价值。

第二节　数据中心

一、总体建设

(一)建设实施

收集地质调查历史数据和外业地质数据,进行分析和研究。考虑地质调查数据具有多源、异构和海量的3个特征,进行数据库设计。将所有涉及的数据按照预定义的标准和规范置于统一管理之下,使平台的建设有一个标准化和规范化的数据基础,并基于此实现定量的分析和准确的统计。在标准研究编制完成后,严格按照数据标准要求,进行数据建库、三维建模等工作。

(二)数据层次与结构

1. 数据分类

平台的数据按类型和功能分为原始数据、基础数据、成果数据、模型数据、服务数据;每一类数据按专题数据可分为:基础地理、基础地质、工程地质、水文地质、环境地质、地质资源、遥感地质、地球物理、地球化学;按数据格式主要有MapGIS、ArcGIS、CAD、msi、DEM、DOM、OBJ、3DSMAX、JPEG、MDB、ACCDB、PDF、XLS、WORD、PPT、txt、DAT、AVI、WMS、WFS等数据(表9-1)。

表9-1　数据详细格式分类表

序号	数据库分类	数据格式
1	原始数据	MapGIS、ArcGIS、CAD、JPEG、XLS、txt、DAT、AVI
2	基础数据	MDB、ACCDB、XLS、txt、DAT
3	成果数据	MapGIS、ArcGIS
4	模型数据	DEM、DOM、OBJ、3DSMAX
5	服务数据	TDF、HDF、WMS、WFS

2. 数据库层次及关系

五大类数据库之间的层次见图9-4。

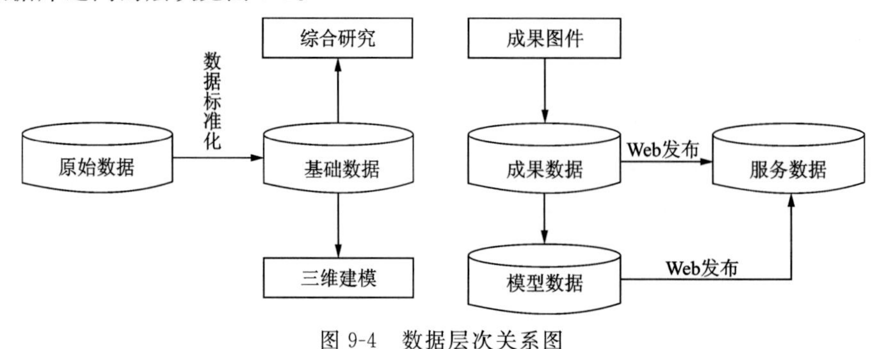

图9-4　数据层次关系图

原始数据层：是指各类钻孔（井）卡片中的野外现场描述、深井档案、各种测试数据、动态监测数据以及地球物理、地球化学勘查中获取的原始资料。

基础数据层：是指平台进行常规分析评价、三维建模所使用的专题基础数据的集合，包括基础地质、工程地质、水文地质、环境地质、地质资源、遥感地质、地球物理、地球化学等数据，按数据类型分有矢量图形、属性数据表、栅格数据、影像数据、文本数据。

成果数据层：是指系统生成的各类成果资料的数据集合，包括有关专业的成果图件、评价结果等的数据集合，按数据类型分有矢量图形、数据表、图片数据、视频数据等。

模型数据层：三维模型包括各类三维建模、切割等分析后形成的三维模型，三维模型数据基于基础数据和成果数据构建，三维模型数据可以导出为 OBJ 等格式，以便能被其他程序所用。

服务数据层：以成果数据库和模型数据库为基础，对成果图件进行切片处理、发布，或者直接把二维矢量格的成果图件和三维模型数据发布。

（三）数据处理流程

数据按以下流程进行处理（图 9-5）：

（1）将收集到的各种原始勘查资料入库。

（2）按照国家标准、行业标准或部门标准进行标准化处理，将处理后的数据作为后续分析评价的基础存入基础数据库中。

（3）利用钻孔资料、地质图、地形图、剖面图等多源信息进行三维地质模型的构建。

（4）提取分析评价需要的二维基础数据和三维地质模型数据，并在模型数据库中评价模型的支持下，进行综合分析评价，生成的分析评价结果存入成果资料数据库。

（5）将模型数据、成果数据等进行共享与发布服务。

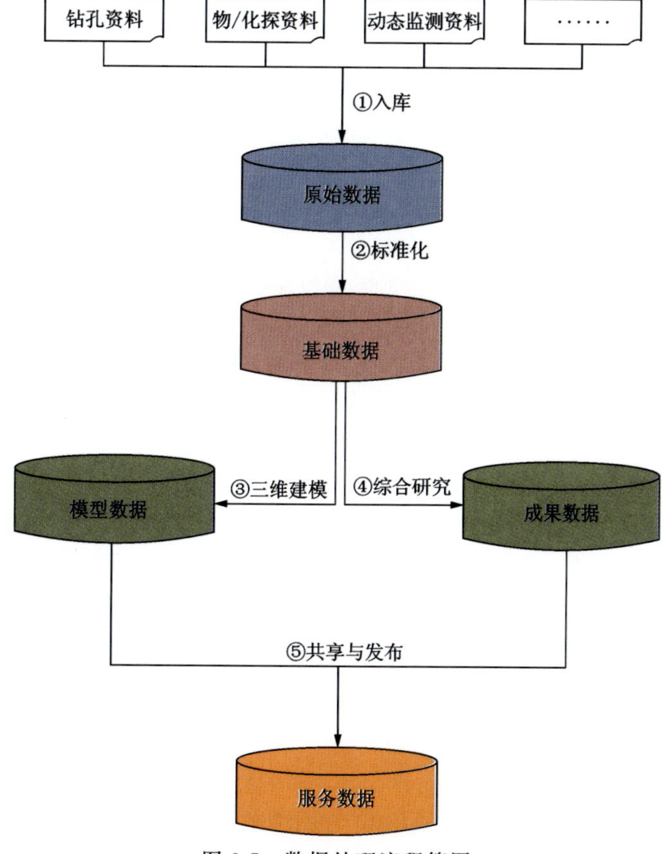

图 9-5　数据处理流程简图

二、数据标准

为了便于管理地质调查数据，方便地质数据的挖掘与利用，特研制一套适用于本次地质调查的数据标准，使平台所涉及的所有数据置于统一的标准管理之下。数据标准是数据标准化和规范化的基础，是检查各承担单位汇交数据的依据。

以武汉市城市地质调查中的各类数据为基础，在数据整理、编码与命名规则、数据结构以及城市地质评价等方面进行实施，对城市基础地质、水文地质、工程地质、环境地质、地质资源、地球物理、地球化学、遥感地质等多专业的地质信息和成果进行集成和综合，在信息管理、更新维护、检索查询、分析评价、成果显示和三维地质模拟的基础上，进行各类表综合研究编制。

(一)命名及编码规则

1. 类型

在城市地质数据库建设和三维模型建立中，要求进行统一的编码和命名。本要求参照了有关标准，结合城市地质调查的特点，制定城市数据库建设的统一命名和编码规则，包括图层命名、数据库与表的命名，索引编码以及分类编码等。

2. 图层命名

图层是基于地质、地理等图形数据的基本管理单元，图层划分分别以点、线、面为形式。为保证图形信息及相关属性信息的独立性，防止图层名重复出现，图层名的编码结构如图 9-6 所示。

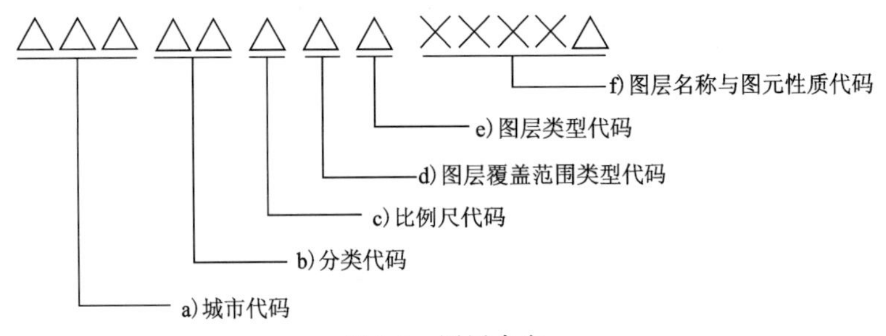

图 9-6　图层命名

图层命名采用 13 位字符，分别定义为：

a)城市代码，字符，占三位，按《中华人民共和国行政区划代码 》(GB/T 2260—2007)中的规定执行，标准中直辖市为两位字符代码，在后位补 0。对于单个城市建库该项可省略，数据汇交与数据交流应添加上此项，此次调查该项省略。

b)数据分类代码，字符，占两位，参照地质数据分类 0 填写，见表 9-2。

c)比列尺代码，字符，占一位，参照表 9-3 填写。可省，在说明里指明(比例尺 1∶100 万～1∶500 的代码采用《国家基本比例尺地形图分幅和编号》(GB/T 13989—2012)国家标准代码，小于 1∶100 万比例尺代码为扩充代码内容)。

d)图层覆盖范围类型代码，参照表 9-4 填写。对于单个城市建库该项可省略，数据汇交与数据交流应添加上此项，此次调查该项省略。

e)图层类型代码见表 9-5。

f)图层名称与图元性质代码，占 5 位，第 5 位为图元性质代码，参照表 9-6 填写。前 4 位为图层名称。

本次城市地质调查图层表保留字段为：b)、e)、f)。

表 9-2　专题数据分类代码表

字符代码	图层性质
DL	基础地理
JC	基础地质
GC	工程地质
SW	水文地质
HJ	环境地质
ZY	地质资源
DW	地球物理
DH	地球化学
YG	遥感地质

表 9-3　比例尺代码

字符代码	比例尺
A	1∶100 万
B	1∶50 万
C	1∶25 万
D	1∶10 万
E	1∶5 万
F	1∶2.5 万
G	1∶1 万
H	1∶5000
I	1∶2000
J	1∶1000
K	1∶500
U	1∶600 万
V	1∶500 万
W	1∶400 万
X	1∶250 万
Y	1∶200 万
R	1∶20 万
O	未分

表 9-4　覆盖范围类型代码表

字符代码	覆盖范围类型
A	标准图幅
B	国家
C	省级市
D	地级市
E	县
F	流域
G	成矿带
H	大地构造单元
I	经济区
J	任意区域
Z	世界政区

表 9-5　图层或表类型代码表

字符代码	图层性质
Z	基础数据主表
F	基础数据辅表
C	成果数据表

表 9-6　图元性质代码表

字符代码	图层性质
P	点图元
L	线图元
A	面图元

(二)城市地质数据分类与模型

1. 原则

城市地质数据涵盖了地质调查中所涉及到的所有类型的数据源,包括基础地质、工程地质、水文地质、环境地质、地质资源、地球物理、地球化学勘查以及遥感地质数据等。数据的类型依据城市地质调查研究目的可按照勘查方法和学科进行分类,并按照数据分类建立数据库和数据应用模型。

2. 城市地质数据分类

城市地质数据的分类一方面考虑到现行地学数据来源、特征和勘查方法,另一方面需要综合考虑城市信息系统建设和城市三维地质模型的构建与应用,参照有关国土资源分类标准和城市地质调查信息管理与应用的需求,将各类数据按三级分类。另外,将本次地质调查数据表分为图层主表、图层子表和成果图层表数据,其中城市地质数据分类表如表 9-7 所示,图层表划分如表 9-8 所示,属性表划分如表

9-9所示，成果表划分如表 9-10 所示。

表 9-7　城市地质数据分类表

一级分类	二级分类	三级分类
基础地理(DL)	地形图	等高线
		高程数据
		地物控制点
	地理图	行政区
		居民地
		交通
		水系
		重大工程
基础地质(JC)	区域地质	地层
		构造
		火山岩
		侵入岩
		变质岩
	基岩地质	基岩深度
		基岩地层
		基底构造
		区域地壳稳定性
	第四纪地质	沉积格架
		构造格架
		特殊地层
		剖面测量
		沉积特征
	地质工程	基岩地质钻孔
		第四纪地质钻孔
		标准层信息
工程地质(GC)	工程地质调查	调查分布
		工程点分布
		工程地质剖面
	工程勘探	工程地质钻孔
		浅部工程

续表 9-7

一级分类	二级分类	三级分类
工程地质(GC)	实(试)验	动力静力点分布
		原位测试
		土工实验
	特殊岩土体	岩体工程
		土体工程
		岩溶分布
	地震	地震烈度
水文地质(SW)	水文地质调查	调查分布
		水文点分布
		水文地质剖面
	水文地质条件	水资源类型
		含水层位
		地下水水质
		地下水水量
		地下水渗透性
	地下水监测	监测设施
		动态观测
	水文工程	水文工程钻孔
		浅井工程
环境地质(HJ)	环境地质调查	调查分布
		环境监控分布
	水污染	地表水污染
		地下水污染
	环境污染	土壤污染区
		矿山污染
		垃圾堆放分布
	地质灾害	岩溶
		崩塌
		滑坡
		泥石流
		地面沉降
		不稳定斜坡
		河流冲蚀塌岸

续表 9-7

一级分类	二级分类	三级分类
地质资源(ZY)	地下空间资源	地下空间利用现状
	土地资源	土地利用
	矿产资源	固体矿产
		矿泉水
	水资源	地热
		地表水
		地下水
		泉
	浅层地热能	土体
		岩体
		地表水
		地下水
	资源勘查工程	地热钻孔
		能源钻孔
		固体矿产钻孔
	地质景观	地质地貌景观
		化石木
		其他地质遗迹
地球物理(DW)	地球物理勘查	物探勘查分布
		重力
		磁法
		电法
		地震
		地球物理测井
		放射性
地球化学(DH)	地球化学勘查	采样分布
		水系沉积物
		湖泊沉积物
		土壤测量
		岩石测量
		水地球化学
		土壤地球化学
		生物地球化学

续表 9-7

一级分类	二级分类	三级分类
遥感地质(YG)	遥感地质	航天遥感
		航空遥感
		遥感解译

表 9-8　城市地质调查基础数据图层划分与代码表

序号	图层名称	图层代码	图元性质	图层说明
基础地理(DL)				
1	等高线	DL_Z_DGXZ_L	线元	
2	地物控制点	DL_Z_DWKZ_P	点元	三角点及高程控制点
3	地貌分区	DL_Z_DMFQ_A	面元	
4	行政区域	DL_Z_XZQY_A	面元	
5	行政界线	DL_Z_XZJX_L	线元	
6	居民地	DL_Z_JUMD_P	点元	
7	城镇区域	DL_Z_CZQY_A	面元	
8	交通	DL_Z_JTNG_L	线元	
9	河流	DL_Z_HELU_L	线元	
10	湖泊与水体	DL_Z_HPST_A	面元	
11	重要建筑	DL_Z_ZYJZ_P	点元	
基础地质(JC)				
12	第四纪地质钻孔基本信息	JC_Z_SJZK_P	点元	
13	第四纪古气候	JC_Z_SJGQ_P	点元	
14	第四纪古人类遗迹	JC_Z_SJYJ_P	点元	
15	第四纪资源	JC_Z_SJZY_P	点元	
16	第四纪地质事件	JC_Z_SJSJ_P	点元	
17	新构造	JC_Z_XXGZ_L	线元	
18	岩石薄片采样	JC_Z_YSBP_P	点元	
19	同位素年代学测试	JC_Z_TWSN_P	点元	
20	古地磁测试	JC_Z_GDCC_P	点元	
21	宏体化石	JC_Z_HTHS_P	点元	
22	孢粉组合	JC_Z_BFZH_P	点元	
23	微体组合	JC_Z_WTZH_P	点元	
24	重矿物组合	JC_Z_ZKZH_P	点元	
25	黏土矿物	JC_Z_NTKW_P	点元	
26	样品	JC_Z_JYYP_P	点元	

续表 9-8

序号	图层名称	图层代码	图元性质	图层说明
工程地质(GC)				
27	工程地质调查工作精度	GC_Z_DCJD_A	面元	
28	工程地质钻孔基本信息	GC_Z_ZKJB_P	点元	
29	动静力点分布	GC_Z_DJLD_P	点元	
30	载荷试验点基本信息	GC_Z_JZSY_P	点元	
31	浅井工程基本信息	GC_Z_QJGC_P	点元	
32	探槽工程基本信息	GC_Z_TCGC_P	点元	
33	岩体工程基本信息	GC_Z_YTGC_P	点元	
34	土体工程基本信息	GC_Z_TTGC_P	点元	
水文地质(SW)				
35	水文地质调查工作精度	SW_Z_DCJD_A	面元	
36	水文地质调查点基本信息	SW_Z_DCJB_P	点元	
37	水文地质钻孔基本信息	SW_Z_ZKJB_P	点元	
38	第四纪地层调查基本信息	SW_Z_SJJB_P	点元	
39	基岩点调查基本信息	SW_Z_JYJB_P	点元	
40	机民井调查基本信息	SW_Z_JMJB_P	点元	
41	地面塌陷调查基本信息	SW_Z_DMTX_P	点元	
42	地质构造调查基本信息	SW_Z_DZGZ_P	点元	
43	泉水及地下暗河调查基本信息	SW_Z_QSAH_P	点元	
44	微地貌调查基本信息	SW_Z_WDMJ_P	点元	
45	井泉分布信息	SW_Z_JQFB_P	点元	
46	水文地质监测点	SW_Z_SWJC_P	点元	
47	监测孔基础信息	SW_Z_CKJB_P	点元	
48	监测井基本信息	SW_Z_CJJB_P	点元	
49	孔隙水压力测头基本信息	SW_Z_KXSY_P	点元	
50	岩溶水点综合调查基本信息	SW_Z_YRSD_P	点元	
环境地质(HJ)				
51	环境地质调查工作程度	HJ_Z_DCCD_A	面元	
52	环境监控点分布	HJ_Z_JKFB_P	点元	
53	烟尘污染调查点信息	HJ_Z_YCWR_P	点元	
54	粉尘污染调查点信息	HJ_Z_FCWR_P	点元	
55	噪声污染调查点信息	HJ_Z_ZSWR_P	点元	
56	河流污染程度	HJ_Z_HLWR_L	线元	
57	湖泊污染程度	HJ_Z_HPWR_A	面元	
58	污水排放调查点信息	HJ_Z_WRPF_P	点元	
59	地下水污染程度	HJ_Z_DSWR_A	面元	

续表 9-8

序号	图层名称	图层代码	图元性质	图层说明
60	特殊土危害	HJ_Z_TTWH_A	面元	
61	土壤污染区	HJ_Z_TRWR_A	面元	
62	矿山污染程度	HJ_Z_KSWR_P	点元	
63	城市垃圾场调查点信息	HJ_Z_LJDC_P	点元	
64	固体废弃物调查点信息	HJ_Z_GFQW_P	点元	
65	地面沉降监测点	HJ_Z_CJJC_P	点元	
66	地面沉降分层标钻孔基本情况	HJ_Z_FBZK_P	点元	
67	崩塌	HJ_Z_BTJB_P	点元	
68	滑坡	HJ_Z_HPJB_P	点元	
69	泥石流	HJ_Z_NNJB_P	点元	
70	溶洞分布	HJ_Z_RDFB_P	面元	
71	岩溶地面塌陷	HJ_Z_YRTX_P	点元	
72	不稳定斜坡	HJ_Z_BWXP_P	点元	
73	河湖塌岸调查点信息	HJ_Z_HHTA_P	点元	
地质资源(ZY)				
74	城市水源地	ZY_Z_CSSY_P	点元	
75	矿泉水动态监测	ZY_Z_KQDJ_P	点元	
76	矿产调查分布	ZY_Z_KCDC_P	点元	
77	矿产资源基本信息	ZY_Z_KCZY_P	点元	
78	土地利用现状	ZY_Z_LYXZ_A	面元	
79	土地利用规划	ZY_Z_LYGH_A	面元	
80	固体矿产钻孔基本信息	ZY_Z_KCZK_P	点元	
81	固体矿产基本信息	ZY_Z_KCJB_P	点元	
82	地热钻孔基本信息	ZY_Z_DRZK_P	点元	
83	地热资源分布	ZY_Z_DRZY_A	面元	
84	地质景观资源调查点信息	ZY_Z_DZJG_P	点元	
85	第四纪地貌调查点信息	ZY_Z_SJDM_P	点元	
86	化石木存放信息	ZY_Z_HSMC_P	点元	
87	化石木相关砾石层调查信息	ZY_Z_HSLS_P	点元	
地球物理(PW)				
88	地球物理测区信息表	DW_Z_CQXX_A	面元	
89	重力测区信息表	DW_Z_ZLCQ_A	面元	
90	重力异常数据	DW_Z_ZLYC_P	点元	
91	磁法测区信息表	DW_Z_CFCQ_A	面元	
92	航磁原始数据	DW_Z_HCYS_P	点元	

续表 9-8

序号	图层名称	图层代码	图元性质	图层说明
93	地面磁法原始数据	DW_Z_DMCF_P	点元	
94	磁异常基础数据	DW_Z_CYCJ_P	点元	
95	电法测区信息表	DW_Z_DFCQ_A	面元	
96	高密度电法测线数据	DW_Z_GMDF_L	线元	
97	高密度电法数据	DW_Z_GMDF_P	点元	
98	电阻率测深测线数据	DW_Z_DZCS_L	线元	
99	电阻率测深数据	DW_Z_DZCS_P	点元	
100	大地电磁测深(MT)测线数据	DW_Z_DDDC_L	线元	
101	可控源大地电磁测深(CSAMT)测线数据	DW_Z_KKDD_L	线元	
102	地震测区信息表	DW_Z_DZCQ_A	面元	
103	反射地震法测线数据	DW_Z_FSDZ_L	线元	
104	面波法测线数据	DW_Z_MBCX_L	线元	
105	物性测量数据	DW_Z_WXCL_P	点元	
地球化学(DH)				
106	地球化学工作信息	DH_Z_GZXX_A	面元	
107	GPS 定位信息	DH_Z_GPSD_P	点元	
108	水系沉积物采样信息	DH_Z_SXCJ_P	点元	
109	岩石采样分布	DH_Z_YSCY_P	点元	
110	表层土壤采样分布	DH_Z_BTCY_P	点元	
111	深层土壤地球化学采样信息	DH_Z_STCY_P	点元	
112	土壤水平剖面	DH_Z_TSPM_P	点元	
113	土壤垂直剖面	DH_Z_TCPM_P	点元	
114	地表水采样点位分布	DH_Z_BSCD_P	点元	
115	浅层地下水采样点位分布	DH_Z_QSCY_P	点元	
116	表层湖积物采样点位分布	DH_Z_BHCY_P	点元	
117	深层湖泊沉积物采样信息	DH_Z_SHCY_P	点元	
遥感地质(YG)				
118	航空高程点数据	YG_Z_HKGD_P	点元	

表 9-9　属性数据表的划分

序号	属性表名称	属性表代码	属性表性质
1	基岩地质钻孔岩矿物性参数	JC_F_YKWX_P	其他表
2	基岩地质钻孔岩矿鉴定数据	JC_F_YKJD_P	其他表
3	基岩地质钻孔光谱半定量分析	JC_F_YKGP_P	其他表
4	基岩地质钻孔岩石化学分析数据	JC_F_YSHX_P	其他表

续表 9-9

序号	属性表名称	属性表代码	属性表性质
5	基岩地质钻孔岩石分析数据	JC_F_YSFX_P	其他表
6	第四纪地质钻孔分层数据	JC_F_SJFC_P	其他表
7	常量元素分析属性表	JC_F_CLFX_P	其他表
8	金属成矿元素含量分析属性表	JC_F_JSHL_P	其他表
9	微量元素含量测试属性表	JC_F_WLHL_P	其他表
10	古地磁分析属性表	JC_F_GDCF_P	其他表
11	工程地质钻孔地层信息	GC_F_ZKDC_P	其他表
12	工程地质钻孔土样试验	GC_F_ZKTY_P	其他表
13	工程地质钻孔岩样试验	GC_F_ZKYY_P	其他表
14	工程地质粒径级配曲线试验	GC_F_LJJP_P	其他表
15	工程地质固结试验	GC_F_GJSY_P	其他表
16	工程地质高压固结试验	GC_F_GYGJ_P	其他表
17	工程地质三轴压缩试验	GC_F_SZYS_P	其他表
18	工程地质动三轴试验	GC_F_DSZS_P	其他表
19	工程地质静力触探试验	GC_F_JLCT_P	其他表
20	工程地质动力触探试验	GC_F_DLCT_P	其他表
21	工程地质十字板剪切试验	GC_F_SZJQ_P	其他表
22	工程地质标准贯入试验成果	GC_F_BGSY_P	其他表
23	工程地质波速测试	GC_F_BSCS_P	其他表
24	工程地质载荷实验数据表	GC_F_ZHSY_P	其他表
25	工程地质平板载荷实验数据成果表	GC_F_PBZH_P	其他表
26	工程地质砂土液化试验成果	GC_F_STYH_P	其他表
27	工程地质旁压实验	GC_F_PYSY_P	其他表
28	工程地质扁铲侧胀试验成果	GC_F_BCCZ_P	其他表
29	工程地质电阻率测井	GC_F_DZCJ_P	其他表
30	水文地质钻孔地层岩性	SW_F_ZKDC_P	其他表
31	水文地质钻孔电测井数据	SW_F_DCJS_P	其他表
32	水文地质钻孔井结构信息	SW_F_JJGX_P	其他表
33	水文地质钻孔井变径信息	SW_F_JBJX_P	其他表
34	水文地质钻孔水质分析	SW_F_ZKSZ_P	其他表
35	水文地质钻孔土质分析	SW_F_ZKTZ_P	其他表
36	水文地质钻孔抽水试验	SW_F_CSSY_P	其他表
37	水文地质钻孔注水试验	SW_F_ZSSY_P	其他表
38	孔隙水压力动态监测信息表	SW_F_SYDJ_P	其他表

续表 9-9

序号	属性表名称	属性表代码	属性表性质
39	地下水水位动态监测信息表	SW_F_SWDJ_P	其他表
40	地下水水量动态监测信息表	SW_F_SLDJ_P	其他表
41	地下水水温动态监测信息表	SW_F_DSDJ_P	其他表
42	地下水水质动态监测信息表	SW_F_SZDJ_P	其他表
43	饮用水样卫生指标分析	SW_F_YSWS_P	其他表
44	有机物分析	SW_F_YJWF_P	其他表
45	地面沉降监测历年高程表	HJ_F_CJGC_P	其他表
46	地面沉降监测历年高差表	HJ_F_CJNC_P	其他表
47	地面沉降钻孔孔隙水压力测头表	HJ_F_SYCT_P	其他表
48	地面沉降钻孔含水层水位测量表	HJ_F_HSSW_P	其他表
49	地热钻孔地层岩性数据表	ZY_F_DRDC_P	其他表
50	地热钻孔地热利用情况表	ZY_F_DRLY_P	其他表
51	地热钻孔(井)结构表	ZY_F_DRJJ_P	其他表
52	地热钻孔抽水试验表	ZY_F_DRCS_P	其他表
53	地热钻孔抽水试验参数	ZY_F_DRCC_P	其他表
54	地热钻孔水质分析表	ZY_F_DRSZ_P	其他表
55	地热钻孔其他水质分析	ZY_F_DRTS_P	其他表
56	地热钻孔测温数据表	ZY_F_DRCW_P	其他表
57	地热钻孔土分析数据表	ZY_F_DRTF_P	其他表
58	固体矿产钻孔地质特征数据表	ZY_F_GKDZ_P	其他表
59	固体矿产钻孔测试分析数据表	ZY_F_GKCS_P	其他表
60	固体矿产钻孔孔斜表	ZY_F_GKKX_P	其他表
61	固体矿产钻孔岩性详细描述表	ZY_F_GKYX_P	其他表
62	组合样信息表	DH_F_ZHXX_P	其他表
63	水系沉积物分析测试数据表	DH_F_SCCS_P	其他表
64	岩石测量地球化学数据表	DH_F_YSCL_P	其他表
65	表层土壤测量地球化学数据表	DH_F_BCTR_P	其他表
66	深层土壤地球化学分析数据表	DH_F_SCTR_P	其他表
67	土壤水平剖面地球化学分析	DH_F_TSDF_P	其他表
68	土壤垂直剖面地球化学分析	DH_F_TCDF_P	其他表
69	地表水地球化学元素分析数据表	DH_F_BSYS_P	其他表
70	地表水有机物分析	DH_F_BSYJ_P	其他表
71	浅层地下水地球化学元素分析数据表	DH_F_QSYS_P	其他表
72	表层湖泊、近岸海域沉积物地球化学数据表	DH_F_BHCJ_P	其他表
73	深层湖泊沉积物分析数据表	DH_F_SHCJ_P	主表

续表 9-9

序号	属性表名称	属性表代码	属性表性质
74	航空遥感信息表	YG_F_HKYG_P	其他表
75	航空航片信息表	YG_F_HPXX_P	其他表
76	航天遥感信息表	YG_F_HTYG_P	其他表
77	航空航天遥感解译信息表	YG_F_YGJY_P	其他表

表 9-10　成果数据图层划分

序号	图层名称	图层代码	图元性质	图层说明
基础地质成果(JC)				
1	基岩露头	JC_C_JYLT_L	线元	
2	产状点数据	JC_C_CZSJ_P	点元	
3	地质界线	JC_C_DZJX_L	线元	
4	构造单元划分	JC_C_GZDY_L	线元	
5	构造线分布	JC_C_GZXF_L	线元	
6	岩土地层岩性	JC_C_DCYX_A	面元	
7	火山岩分布	JC_C_HSYF_A	面元	
8	侵入岩分布	JC_C_QRYF_A	面元	
9	变质岩分布	JC_C_BZYF_A	面元	
10	基岩分布	JC_C_JYFB_A	面元	
11	基岩等深线	JC_C_JYDS_A	线元	
12	岩石地层单位	JC_C_YSDC_A	面元	
13	松散沉积物	JC_C_SSCJ_A	面元	
14	特殊沉积层	JC_C_TSCJ_A	面元	
15	褶皱分布	JC_C_ZZFB_L	线元	
16	断层分布	JC_C_DCFB_L	线元	
17	其他线状构造	JC_C_QTXZ_L	线元	
18	其他面状构造	JC_C_QTXZ_A	面元	
19	区域地质构造背景	JC_C_QYGZ_A	面元	
20	推测基岩界面深度	JC_C_JYSD_L	线元	
21	基岩剖面	JC_C_JYPM_A	面元	
22	推测第四纪厚度	JC_C_SJHD_L	线元	
23	生物地层划分	JC_C_SWDC_A	面元	
24	密度地层	JC_C_MDDC_A	面元	
25	磁性地层	JC_C_CXDC_A	面元	
26	事件地层	JC_C_SJDC_A	面元	
27	实测地质剖面	JC_C_SCPM_L	线元	

续表 9-10

序号	图层名称	图层代码	图元性质	图层说明
28	区域地壳稳定性	JC_C_DQWD_A	面元	
29	古气候环境分区	JC_C_QHHJ_A	面元	
30	古地貌环境分区	JC_C_DMHJ_A	面元	
31	第四纪剖面图	JC_C_SJPM_A	面元	
32	断裂构造活动性评价图	JC_C_DLGZ_A	线元	
工程地质成果(GC)				
33	工程地质剖面图	GC_C_GCDP_A	面元	
34	工程地质剖面地层线	GC_C_GDDI_L	线元	
35	工程地质剖面断层线	GC_C_GDDU_L	线元	
36	地基土分布特征	GC_C_DTFT_A	面元	
37	工程地质物理特征性质	GC_C_WLTZ_L	线元	
38	地层分布高程等值线图	GC_C_DFGD_L	线元	根据区内不同地层分布情况,等深线
39	工程地质岩组	GC_C_GDYZ_A	面元	
40	地貌分区	GC_C_DMFQ_A	面元	
41	工程地质分区	GC_C_GDFQ_A	面元	
42	古河道分布	GC_C_GHDF_A	面元	
43	碳酸盐岩分布	GC_C_TSYY_A	面元	
44	填湖区分布	GC_C_THFB_A	面元	
45	工程地质主分区界线	GC_C_ZFQJ_L	线元	
46	工程地质亚分区界线	GC_C_YFQJ_L	线元	
47	工程地质地段界线	GC_C_DDJX_L	线元	
48	工程建设适宜性分区	GC_C_GJSF_A	面元	
49	抗震设防建筑场地类别	GC_C_TSYY_A	面元	
50	砂土液化区	GC_C_STYH_A	面元	
51	地面沉降防控区	GC_C_TSYY_A	面元	
52	软土分布等值线(区)	GC_C_RTFB_A	面元	
53	软土分布等值线	GC_C_RTFB_L	线元	
54	砂层顶板埋深等值线(区)	GC_C_SDMD_A	面元	
55	砂层顶板埋深等值线	GC_C_SDMD_L	线元	
56	填土埋深等值线(区)	GC_C_TTMD_A	面元	
57	填土埋深等值线	GC_C_TTMD_L	线元	
水文地质成果(SW)				
58	水文地质钻孔剖面	SW_C_ZKPM_A	面元	
59	水文地质钻孔剖面地层线	SW_C_ZKDC_L	线元	

续表 9-10

序号	图层名称	图层代码	图元性质	图层说明
60	水文地质剖面含水层划分界线	SW_C_HSJX_L	线元	
61	地下含水层分布	SW_C_HSFB_A	面元	
62	含水层高程顶板等值线	SW_C_GDNG_L	线元	
63	含水层高程底板等值线	SW_C_GDID_L	线元	
64	承压水等水压线	SW_C_CYSD_L	线元	
65	地下水化学类型	SW_C_HXLX_A	面元	
66	地下水矿化度	SW_C_SKHD_A	面元	
67	地下水脆弱性分区	SW_C_CRFQ_A	面元	
68	降水入渗系数分区	SW_C_RSXS_A	面元	
69	灌溉入渗系数分区	SW_C_GGXS_A	面元	
70	河流渗漏系数分区	SW_C_HLSL_A	面元	
71	渗透系数分区	SW_C_STXS_A	面元	
72	越流系数分区	SW_C_YLXS_A	面元	
73	释水系数分区	SW_C_SHXS_A	面元	
74	地下水天然补给模数	SW_C_BJMS_A	面元	
75	地下水可开采资源模数	SW_C_KZMS_A	面元	
76	地下水开采现状模数	SW_C_KXMS_A	面元	
77	地下水资源开发利用现状	SW_C_KLXZ_P	点元	
78	地下水开采模数	SW_C_KCMS_A	面元	
79	地下水系统分区	SW_C_XTFQ_A	面元	
80	地下水富水程度评价	SW_C_FSCD_A	面元	
81	地下水资源潜力评价分区	SW_C_QLPJ_A	面元	
82	地下水功能评价分区	SW_C_GNPJ_A	面元	
83	地下水质量分区	SW_C_ZLFQ_A	面元	
84	地下水质量等级	SW_C_ZLDJ_P	点元	
85	地下水等水位线	SW_C_DSWX_L	线元	
86	地表水资源分布	SW_C_DBZF_A	面元	
87	地下水资源可开采量分区	SW_C_DXKC_A	面元	
88	地下水资源分布	SW_C_ZYFQ_A	面元	
89	控制性水点分布	SW_C_KZSD_P	点元	
90	下伏含水岩组顶板埋深及地下水类型	SW_C_DBMS_A	面元	
91	应急地下水源地评价	SW_C_SYPJ_A	面元	
92	应急地下水资源计算成果	SW_C_SYJC_A	面元	
93	应急地下水开采资源	SW_C_KCZY_A	面元	
94	应急地下水资源开采潜力分区	SW_C_ZKQF_A	面元	

续表 9-10

序号	图层名称	图层代码	图元性质	图层说明
95	应急地下水源地现状	SW_C_YDXZ_A	面元	
环境地质成果(HJ)				
96	产状测量	HJ_C_CZCL_P	点元	
97	地质点	HJ_C_DIZD_P	点元	
98	GPS 点	HJ_C_GPSD_P	点元	
99	照片	HJ_C_ZHPN_P	点元	
100	实测剖面	HJ_C_SCPM_L	线元	
101	素描点	HJ_C_SUMD_P	点元	
102	地质界线	HJ_C_DZJX_L	线元	
103	野外路线	HJ_C_YWLX_L	线元	
104	分段地质路线	HJ_C_FDDL_L	线元	
105	线地质要素	HJ_C_DZYS_L	线元	
106	面地质要素	HJ_C_DZYS_A	面元	
107	点地质要素	HJ_C_DZYS_P	点元	
108	地面沉降等值线	HJ_C_DMCJ_L	线元	
109	城市地质环境影响承载力评价	HJ_C_HYCZ_A	面元	
110	元素土壤污染	HJ_C_TRWR_A	面元	
111	各类污染源	HJ_C_GLWR_P	点元	
112	环境地质分区	HJ_C_DZFQ_A	面元	
113	环境污染综合评价	HJ_C_WRPJ_A	面元	
114	历史地质灾害点	HJ_C_DZXZ_P	点元	
115	地质灾害易发程度分区	HJ_C_YFFQ_A	面元	
116	地质灾害防治分区	HJ_C_FZFQ_A	面元	
117	地质灾害现状统计及防治	HJ_C_TJFZ_A	面元	
118	地质灾害防治规划	HJ_C_FZGH_A	面元	
地质资源成果(ZY)				
119	土地适宜性	ZY_C_TDSY_A	面元	
120	土地利用规划	ZY_C_TDLY_A	面元	
121	建筑适宜性	ZY_C_JZSY_A	面元	
122	地下空间开发适宜性分区	ZY_C_DKKS_A	面元	
123	地下空间利用规划	ZY_C_DKLG_A	面元	
124	地质景观分布现状	ZY_C_JGFX_A	面元	
125	地热资源潜力评价分区	ZY_C_DRPJ_A	面元	
126	地埋管地源热泵适宜性分区	ZY_C_DMSY_A	面元	
127	地埋管地源热泵系统潜力评价分区	ZY_C_DMXT_A	面元	

续表 9-10

序号	图层名称	图层代码	图元性质	图层说明
128	地下水地源热泵适宜性分区	ZY_C_DXSY_A	面元	
129	地下水地源热泵系统潜力评价分区	ZY_C_DXXT_A	面元	
130	浅层地温开发利用现状	ZY_C_QDKL_A	面元	
131	矿产资源分布现状	ZY_C_KZFX_A	面元	
地球物理推断成果(DW)				
131	重力布格异常图	DW_C_ZLBG_L	线元	
132	重力异常平面图	DW_C_ZLYC_A	面元	
133	重力求导等值线图	DW_C_ZLQD_L	线元	
134	重力剩余异常等值线图	DW_C_ZLSY_L	线元	
135	重力均衡异常等值线图	DW_C_ZLJY_L	线元	
136	磁法化极等值线	DW_C_CFHJ_L	线元	
137	磁法化极等值面	DW_C_CFHJ_A	面元	
138	磁法求导等值线	DW_C_CFQD_L	线元	
139	磁法求导等值面	DW_C_CFQD_A	面元	
140	磁法延拓等值线	DW_C_CFYT_L	线元	
141	磁法延拓等值面	DW_C_CFYT_A	面元	
142	磁法等值线	DW_C_CFDZ_L	线元	
143	重磁推断浅部构造	DW_C_TDQG_L	线元	
144	重磁推断深部构造	DW_C_TDSG_L	线元	
145	重磁三维反演界面	DW_C_ZCSF_A	面元	
146	重磁断面模拟	DW_C_ZCDM_A	面元	
147	电阻率断面图	DW_C_DZDM_A	面元	
148	电测深推断基岩深度	DW_C_DKTD_L	线元	
149	地震勘探成果推断地质剖面	DW_C_DKTD_L	线元	
150	物探推断线性构造	DW_C_WTXG_L	线元	
151	物探推断地质体	DW_C_WTDZ_L	面元	
152	物探推断基底等深线	DW_C_WTJD_L	线元	
地球化学推断成果(DH)				
153	区域地球化学元素等值线	DH_C_DHDZ_L	线元	用面元表示 L 改为 A，下同
154	区域地球化学元素等值区	DH_C_DHDZ_A	面元	
155	区域地球化学元素异常	DH_C_QDYC_L	线元	
156	区域地球化学元素综合异常	DH_C_QDZY_L	线元	
157	表层土壤地球化学元素等值线	DH_C_BTYD_L	线元	
158	表层土壤地球化学元素异常	DH_C_BTYC_L	线元	

续表 9-10

序号	图层名称	图层代码	图元性质	图层说明
159	表层土壤地球化学元素综合异常	DH_C_BTZC_L	线元	
160	深层土壤地球化学元素等值线	DH_C_STDZ_L	线元	
161	深层土壤地球化学元素异常	DH_C_STYC_L	线元	
162	深层土壤地球化学元素综合异常	DH_C_STZC_L	线元	
163	岩石地球化学元素等值线	DH_C_YDDZ_L	线元	
164	岩石地球化学元素异常	DH_C_YDYC_L	线元	
165	岩石地球化学元素综合异常	DH_C_YDZY_L	线元	
166	水地球化学元素等值线	DH_C_SDDZ_L	线元	
167	水地球化学元素异常	DH_C_SDYC_L	线元	
168	水地球化学元素综合异常	DH_C_SDZY_L	线元	
169	湖泊沉积物地球化学元素等值线	DH_C_HCDZ_L	线元	
170	湖泊沉积物地球化学元素异常	DH_C_HCYC_L	线元	
171	湖泊沉积物地球化学元素综合异常	DH_C_HCZY_L	线元	
172	土壤环境污染地球化学等级	DH_C_THDD_A	面元	
173	土壤生态安全性	DH_C_TSAQ_A	面元	
174	土壤质量分类	DH_C_TZFL_A	面元	
175	土壤营养评价地球化学等级	DH_C_TYDD_A	面元	
176	土壤有益元素丰缺	DH_C_TYFQ_A	面元	
177	土壤有毒有害物质地球化学评价	DH_C_THDP_A	面元	
178	土壤环境质量地球化学分级	DH_C_THDF_A	面元	
179	湖泊沉积物污染地球化学等级	DH_C_HWDD_A	面元	
180	湖泊环境质量地球化学分级	DH_C_HHDF_A	面元	
181	湖泊水质富营养化地球化学评价	DH_C_HSDP_A	面元	
182	地表水环境质量地球化学分级	DH_C_DHDF_A	面元	
183	生态环境安全性地球化学预警	DH_C_SADY_A	面元	
184	大气降尘地球化学特征	DH_C_DJDT_A	面元	
185	浅层地下水环境质量地球化学分级	DH_C_QDDF_A	面元	
186	放射性质量分区	DH_C_FZFQ_A	面元	
187	土壤单元素地球化学等值线区	DH_C_TRDH_A	面元	
188	土壤单元素地球化学等值线	DH_C_TRDH_L	线元	
189	地表水单元素地球化学图	DH_C_BSDH_P	点元	
190	地下水单元素地球化学图	DH_C_DXDH_P	点元	
191	土壤单元素环境地球化学等级图	DH_C_TRHD_P	点元	
192	土壤单元素养分地球化学等级图	DH_C_TRYD_P	点元	
193	土壤单元素养分地球化学等级图	DH_C_TRYD_P	点元	

续表 9-10

序号	图层名称	图层代码	图元性质	图层说明
194	土壤养分综合地球化学等级图	DH_C_TRYD_P	点元	
195	土壤质量地球化学等级	DH_C_TZFL_A	面元	
196	地表水单元素质量评价图	DH_C_TRYD_P	点元	
197	地表水质量综合评价图	DH_C_TRYD_P	点元	
198	地下水单元素质量评价图	DH_C_TRYD_P	点元	
199	地下水质量综合评价图	DH_C_TRYD_P	点元	
200	表层土壤环境质量综合指数分级(区)	DH_C_THZF_A	面元	
201	表层土壤环境质量综合指数分级(线)	DH_C_THZF_L	线元	
202	富硒分布区	DH_C_FXFB_A	面元	
遥感推断成果(YG)				
203	遥感解译地层	YG_C_YGJD_A	面元	
204	遥感解译构造	YG_C_YGJG_L	线元	

3. 城市地质数据库模型

城市地质数据库模型的建立主要是针对城市地质规划部署综合评价应用，尤其是为三维建模的共同理解提供数据应用的基础，一方面可以用来对数据进行存储管理，另一方面是方便对数据进行交换与提取。将城市地质各类数据源设计成适合于管理与应用各种数据结构，建立城市地质数据库和城市地质调查三维评价模型。

城市地质调查数据具有明显的专业分类与从属关系，这种关系体现在各类数据信息之间的关联，通过这种关联建立数据信息之间的层次关系。为了实现各类数据信息的关联，在设计数据表和图形属性表中，采用关键字(主键)实现表与表之间和表与图之间的关联和信息传递。

4. 空间数据与属性的关系

城市地质数据信息在内容上包含了空间数据和属性数据，从空间上，主要体现在以图形数据为主线，通过图元与属性数据的关联，来表达图形数据的实体特征。从关联关系上，描述一空间图元的属性信息可以是一个简单的属性表，也可以是并列的多个属性表。

三、数据库

为了实现武汉城市地质调查收集的海量地质数据、资料入库工作，降低建库难度，提高建库效率，提供多源、异构城市地质数据的一体化组织与管理的基础，开发了一套用于属性数据入库检查、数据编辑和处理等功能，辅助建库人员建立进行数据检查、汇交的数据检查建库系统。数据库建库的过程包括数据检查、数据处理和数据入库 3 个步骤。

(一)数据检查

在数据检查建库系统中，根据武汉城市地质调查数据标准建立一系列对汇交数据进行规范性和准确性检查的检查方案，检查方案主要包括属性值检查和逻辑检查，其中属性值检查包括属性缺失检查、值域范围检查，逻辑检查包括数据重复检查和数据一致性检查，特别对钻孔等将在后期用于三维建模的数据可以通过配置自定义检查方案的方式对其进行特殊的逻辑检查，例如钻孔地层数据需进行顶底板深度检查、钻孔深度与底层深度最大值检查、地层倒序检查等。

（二）数据处理

进行数据检查后，可以切换到数据处理界面对不符合检查标准的数据进行处理。系统会自动将未通过检查的数据列出并标红，用户可以通过下拉菜单选择数据表，并直接对数据进行修改。将修改后的数据再次进行数据检查，直至数据完全通过数据检查系统。

（三）数据入库

1. 过程数据入库

分阶段分批次汇交的数据(包括各类原始数据、中间数据和成果数据)按汇交时间在服务器上按文件数据形式进行存储，进行地质调查所有中间数据和最终成果数据的管理。

2. 属性数据入库

首先，在服务器上的 SQL Server 2008 中新建一个地质调查数据库，在数据库中建立一套与本次地质调查数据标准中对应的数据表；其次，通过平台连接到 SQL Server 数据库，利用平台的地质数据管理维护系统中的数据导入功能，将本次地质调查所有的属性数据导入到 SQL Server 数据库中进行管理。

3. 地质图入库

各专项专题承担单位汇交的成果，每个成果图都有对应的一个工程文件(MPJ)，但是其数据源的存放形式却不统一，为此，将各专项专题提交的成果数据，每个 MPJ 工程文件都建立一个与之对应的 HDF 数据库，为了便于后期对成果数据的更新和维护，HDF 数据库采用如图 9-7 所示命名规则。

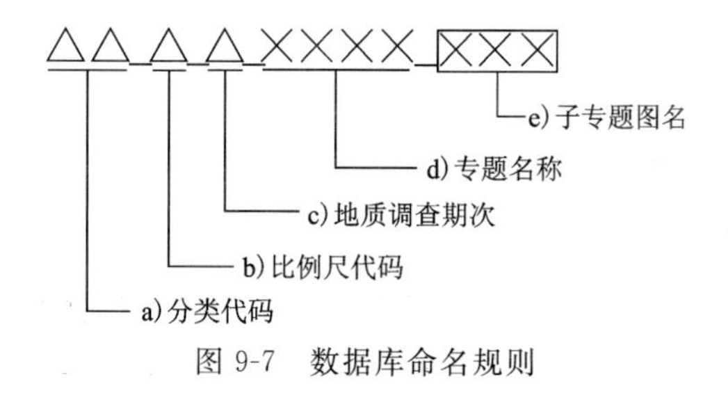

图 9-7　数据库命名规则

（四）更新维护

由于地质调查数据是分阶段分批次提交的，成果数据也在不断地更改和完善，因此，地质数据更新维护是数据中心建设的工作重点之一。为此，本次地质调查数据在分类和存储上充分考虑了数据的更新机制。

1. 属性数据更新

属性数据的更新维护主要利用 SQL Server 2008 自带的数据更新维护功能来完成。当有新数据汇交时(先通过数据检查软件),首先将其作为过程数据存放至服务器上的文件数据库中,然后通过平台连接到 SQL Server 数据库,利用平台的地质数据管理维护系统中的数据导入功能,将新的地质调查属性数据通过追加和替换方式导入到 SQL Server 数据库中,对数据进行更新。

2. 成果图更新

成果图的更新较为复杂,每次更新都需要对 HDF 数据库、文件数据库、SQL Server 数据库和切片数据服务中的数据进行更新。具体方法如下:

当有新的成果数据汇交时,首先将其作为过程数据存放至服务器上的文件数据库中,随后将新汇交的成果数据的 MPJ 工程文件中的图层导入到新的 HDF 数据库中(各个成果图都有对应的 MPJ 工程文件),新的 HDF 数据库命名与更新前的 HDF 数据库名称一样,在名称不变的情况下替换原来的 HDF 数据库(若 MPJ 工程文件中的图层未发生改变,可不用更新对应的 MAP 文档,若图层数量或名称发生变化,要更新对应的 MAP 工程文档),完成 HDF 数据库的更新。同样地,若 MPJ 工程文件中的图层未发生改变,可不用更新对应的 MAP 文档;若图层数量或名称发生变化,要更新对应的 MAP 工程文档并生成一个新的 JPG 图片文件。最后,将最新的 HDF 数据库中的成果数据进行切片,对切片数据进行更新。

第三节 “专业版”系统及功能

智慧武汉·地质信息管理与服务平台包括“专业版”“政务版”和“公众版”3 个系统。其中,“专业版”是平台面向地质院所等用户的专业性较强的系统,包括 4 个子系统,即地质数据检查建库系统、地质数据管理维护系统、分析评价辅助决策系统和三维可视化系统。下面介绍“专业版”的系统结构和基本功能。

一、系统结构

(一)系统层次结构

1. 数据层

数据层由空间数据库引擎和大型商用数据库构成。数据层用于建立空间数据库,存储、管理和维护各类数据,建立并维护空间、非空间索引。空间数据库建立在大型商用数据库 SQL Server 数据库系统基础之上,实现对空间数据的存储、管理、检索和维护。空间数据库引擎建立适应海量数据存储管理的空间数据组织机制和空间索引机制。

2. GIS 平台层

GIS 平台层由 MapGIS 基础平台(含 SDE)、三维景观平台、三维地质建模平台、三维空间数据管理、三维模型运行平台以及元数据管理平台构成。其中 MapGIS 基础平台提供传统二维地理信息系统的分析、处理功能;三维景观平台提供地面三维建模以及地表景观建模的功能;三维地质建模提供通用的三维地质结构建模和三维地质属性建模功能,如三角化、插值、等值线生成、由轮廓线重构面和体等;三维空间数据管理平台提供对三维矢量数据模型和三维栅格数据模型的管理功能;三维模型运行平台提供对三维模型进行三维显示、输出及分析的基本功能；MapGIS 元数据引擎是元数据库管理的核心部分，负责元数据的读取和查询。

3. 基础功能层

基础功能层由通用业务处理平台和数据管理平台构成。其中，通用业务处理平台提供等值线图、钻孔柱状图、剖面图等通用图表生成、编辑的基本功能以及通用查询统计功能；数据管理平台实现对原始数据、基础数据、模型数据、成果数据的管理，包括数据输（导）入、编辑、转换、查询等数据操作功能，同时为业务应用的实现提供数据访问接口。

4. 业务应用层

业务应用层实现各专业的业务逻辑及综合分析评价功能，包括项目管理、数据管理、查询统计、二维分析处理、三维分析处理、地质环境分析评价、报表制作输出、图形编辑输出、系统管理及维护，用于实现基础地质、工程地质、水文地质、环境地质、地球物理、地球化学、地质环境等专题评价业务应用服务。这些业务应用组合成 4 个系统：地质数据检查建库系统、地质数据管理维护系统、分析评价辅助决策系统与三维可视化系统。

系统层次结构如图 9-8 所示。

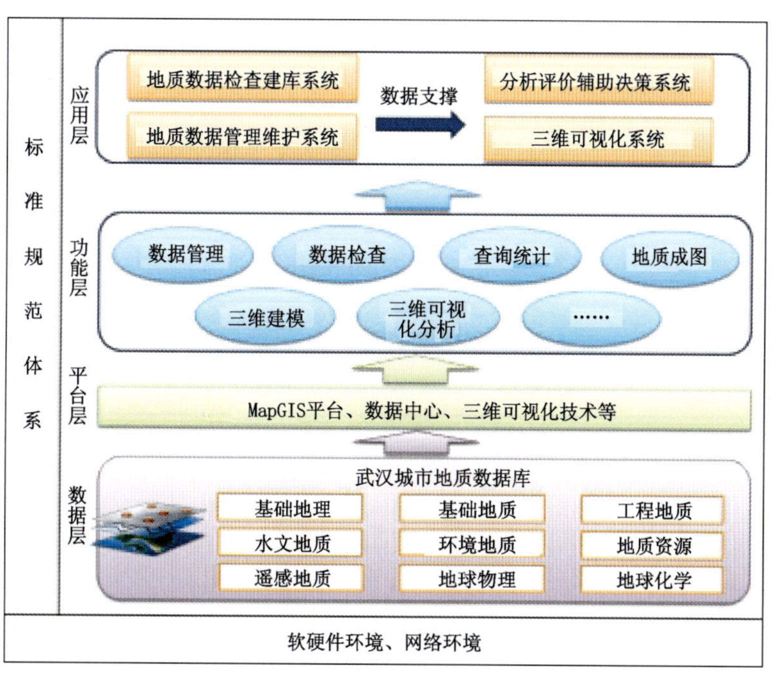

图 9-8　专业版系统层次结构

（二）系统关系

专业版 4 个业务子系统之间以数据为媒介的彼此通讯和相互协作，围绕武汉城市地质数据中心逐步开展，在整个数据中心建设的过程中分别在不同阶段发挥作用，如图 9-9 所示，实现上述子系统之间的有机集成和统一管理（用户权限等），维护其协调运行。

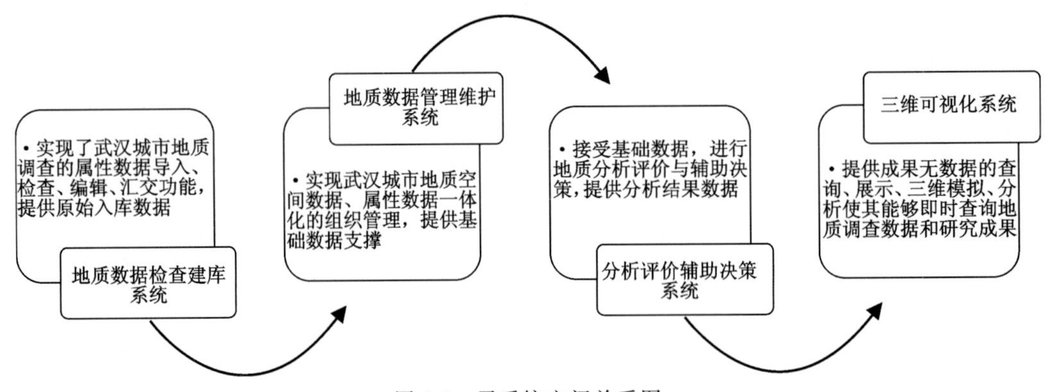

图 9-9　子系统之间关系图

二、主要功能

（一）查询统计分析

1. 数据通用查询和高级查询

查询检索功能提供了采用多种通用的查询范围输入方式如点选、画线、矩形、圆、不规则多边形、行政区域等来指定查询范围（图 9-10），同时运用灵活的查询结果表现方式以及输出方式，能够对各专业的钻孔、物探等数据进行查询统计分析。

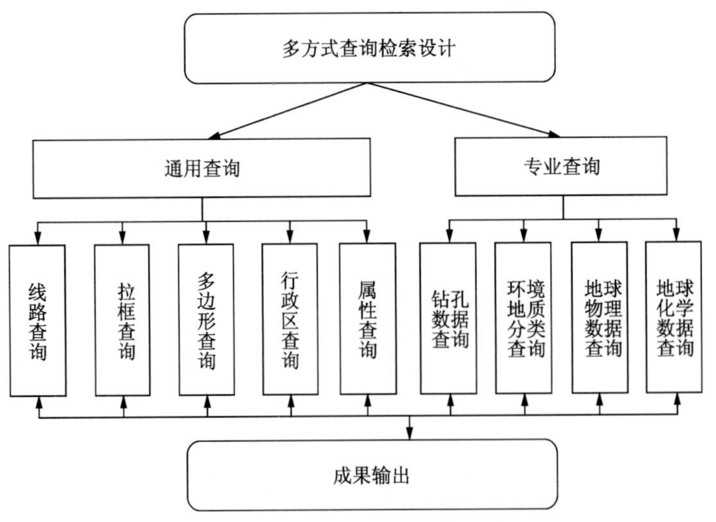

图 9-10　多方式查询检索设计

2. 统计图生成与编辑

统计图生成与编辑功能应实现通过提取数据库中各专业的采样数据、监测数据、实验数据等，系统自动根据数据的特性进行统计计算，并绘制出用户需要的各种类型的统计图，以满足专业出图需求。系统支持的统计图类型包括：散点图、曲线图、二维或三维直方图、二维或三维统计直方图、二维或三维饼图、谱系图以及多套坐标轴合并的综合统计图等。

（二）图层叠加分析

二维图层叠加分析是为了实现显示地理底图、遥感影像等基础地理数据，显示钻孔点位（基岩地质、水文地质、第四纪地质、工程地质）、物探点位、地质灾害点等各专业属性点位数据和本地或者数据库中的图件与文档资料数据等。系统支持对数据库专题图层相互关系设置置底、透明度等显示效果。

1. 地理底图叠加显示

对于同一种比例尺的数据通过指定图库层类的显示比例范围来动态确定是否显示图库层类数据；能够按照放大比例不同在不同比例尺数据之间进行动态切换叠加显示。支持的底图格式包括 MapGIS 文件和 ArcGIS 地图服务。

2. 遥感影像叠加显示

系统提供不同影像库的独立显示，按照放大比例不同在不同分辨率影像数据之间进行动态切换显示（与地理底图类似），与不同比例尺底图进行叠加显示。

3. 专业点位动态叠加显示

系统支持钻孔点位（基岩地质、工程地质、水文地质等专业）、地质灾害点位（地面塌陷等）以及地球化学、地球物理专业点位与地理底图或可与地理底图套合的地质图件的动态叠加显示；能够实时提取数据库中各专业点位坐标动态生成点位图，叠加于底图上进行显示。

4. 专题图件叠加显示

对于专题图件，系统支持将图件叠加在地理底图上显示（适合于各种点位图、等值线图、分区图等，允许多幅成果图件同时叠加在地理底图上显示）；也支持在成果图件视图中独立显示（适合于柱状图、剖面图、测试曲线图等）。

（三）专业成图分析

地质专题图表是对地质数据、地质现象直观表达的一种科学手段，在理论研究、工程施工、城市规划等各个方面都要用到复杂的地质图件、报表。地质图件是地质内容最基本的表示形式，是整个地质工作成果的基础，各种复杂的报表也是辅助专业人员从事研究的重要手段。地质图件生成流程见图 9-11。

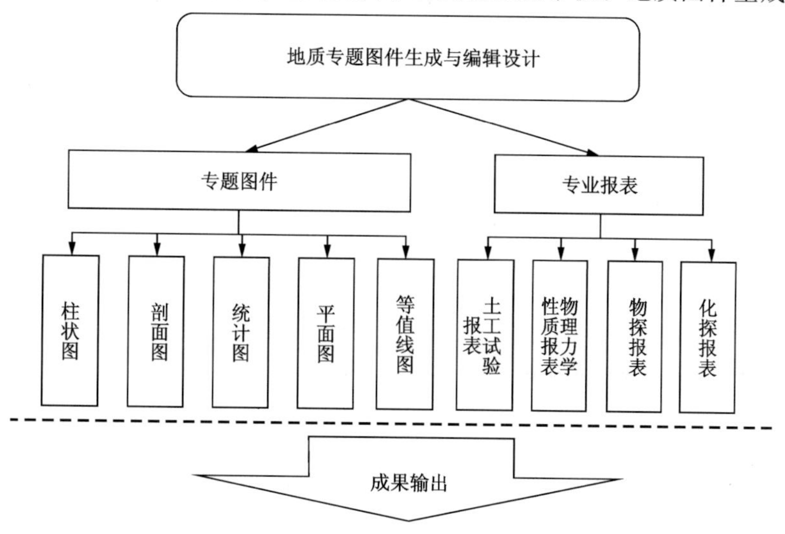

图 9-11　地质图件生成与编辑设计

1. 柱状图生成

系统提供功能由用户选择的钻孔和预先制作好的模板(可以根据数据库快速创建模板),自动生成各专业钻孔柱状图。模板可以进行编辑和保存。结合各专业特点,系统可预定义一些钻孔柱状图模板。

柱状图设计的基本思想是按照图道的概念组织柱状图中的主要元素,即每列数据加上其标题组成一个数据单元。每个图道表示一个样品或一种数据。这样可以灵活地实现柱状图的拼接、组合。将各图道拼接成模板,并将图道和数据库关联,即可灵活实现各专业柱状图绘制。柱状图中图类要素划分可以划分为:标题、图道、图道头、道体、附加表头或表尾等。所生成的柱状图示例见图 9-12。

KC13 钻孔柱状图

工程名称				工程编号		钻孔深度		47.000		
钻孔编号	KC13	横坐标	550653.870	初见水位深度	0.000	稳定水位深度		5.500		
孔口标高	21.300	纵坐标	390704.990	初见水位标高	21.300	稳定水位标高		15.800		
层号	层底埋深	标准分层填充 (1:150)	岩性名称	岩性描述	颜色	密实度	状态	静力触探 0—30	剪切波速 100—800	标贯试验 0—60
1-1	1.900		素填土	由黏性土含少量碎石、植物根茎组成,结构杂乱,遍布于场地,厚薄不均。	褐黄	松散				
2-1-1	3.200		粉质黏土	夹粉土,含铁锰质氧化物、白云母	褐黄		可塑			
2-1-3	5.500		淤泥质粉质黏土	含铁锰质氧化物及少量螺壳,夹中密状态粉土薄层,含铁锰质氧化物、白云母。	深灰		流塑-软塑			
2-1-4	6.900		粉质黏土	其工程特征类似于(2-2)层粉质粘土,呈透镜体分布于(2-5)层中或顶部。	褐黄		可塑			
2-1-3	9.500		淤泥质粉质黏土	含铁锰质氧化物及少量螺壳,夹中密状态粉土薄层,含铁锰质氧化物、白云母。	深灰		流塑-软塑			
2-1-5	23.900		淤泥质粉质粘土夹粉土粉砂	流塑状粉质粘土为主,夹中密状粉土和稍密状粉砂薄层。含白云母。局部分布,厚度变化大。	深灰		可塑			
2-3-2	31.200		粉细砂	砂质一般较纯,局部地段夹有较多的可塑状粉质粘土和中密状粉土薄层。含云母、石英。遍布场地,厚度变化较大。	深灰	中密				
2-3-4	40.600		粉细砂	砂质一般较纯,含云母、石英等,局部地段夹有(3-3a)粉土夹粉砂透镜体薄层,遍布场地,厚度变化较大。	深灰	中密-密实				
4-2-1	47.000		中微风化砂岩	泥质钙质胶结,块状构造,闭合裂隙发育,顶部约0.5~1.0m厚度内裂隙发育较多,岩芯采取率达80~90%以上,完整性较好。	灰		硬塑			
武汉		工程负责人		制图		审核人		日期		

图 9-12　钻孔柱状图示例

2. 剖面图生成

系统根据选点结果提取地质分层数据、属性测试数据等,先生成钻孔柱,根据用户设定的参数,利用 MapGIS 的造线、造区功能,生成地质剖面图。

根据用户选定的钻孔数据和设定的地层连接方式(如尖灭位置等)辅助生成钻孔之间的地质剖面图。钻孔剖面图的生成规则是先连大层,再连小层,最后按地层尖灭的顺序来生成钻孔剖面图。对于较深的钻孔底部的一个或多个地层,如果相邻的钻孔未钻穿该地层,则对该地层采用外推方式,外推距离以图上距离 1cm 为准。

对于生成的剖面图,系统应支持手动添加断层、拖动地层线,或调整地层线,删除地层线等辅助编辑功能。支持使用 MapGIS 的所有图形编辑绘制功能和打印输出,生成的剖面图还支持导入三维后参与三维地质建模,使得三维和二维功能保持统一,完善系统的统一流程。剖面图示例见图 9-13。

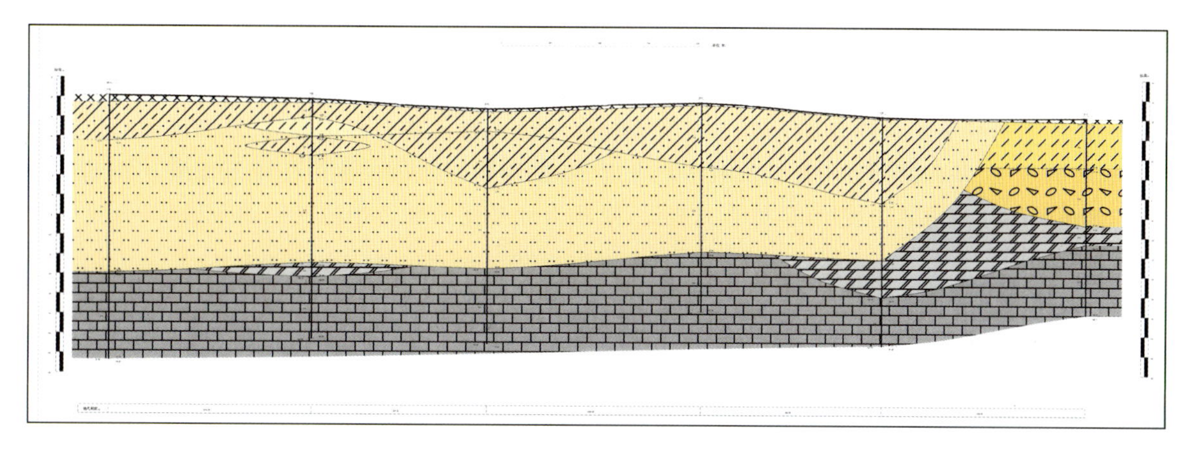

图 9-13　剖面图示例

3. 等值线图生成

生成等值线图的源数据是包含某一属性或者几个属性的离散点,通过将离散点网格化形成规则网,或者直接将离散点三角化形成不规则三角网,设定等值线的坐标范围和等值线层的填充图案、线光滑度、示坡线、标尺、线参数和注记参数等,即可生成指定属性的等值线图。在自动生成等值线图的同时,能够自动剔除区域内某地层缺失区域,生成考虑地层缺失区、其他的空洞区域数据和外边界约束数据等约束条件的等值线。根据数据库中各专业的数值型数据,系统生成钻孔指定层位等厚线图、地球化学异常等值线图、地下水位等深线图等类型的等值线图。

(1)地层等值线图。根据钻孔中地层分层数据自动生成指定范围内的地层等值线图,包括层顶、层底埋深及层厚等值线图。

(2)水文地质、地热等值线图。根据水文地质钻孔及水质分析成果数据、地热监测数据自动生成指定范围内的水文地质、地热等值线图。

(3)地球化学等值线图。根据指定区域内单元素、组合元素生成地球化学异常等值线图。

4. 平面图生成

平面图包括点位图和为分析评价目的生成的分区图,这类图可叠加于地理底图之上进行显示,还可以把生成结果保存为工程文件,自由管理。平面图的数据来源主要为钻孔或采样点的属性数据,可从数据库中直接读取,对于点位图可直接基于点位坐标利用 MapGIS 平台中的造点功能生成点位要素,显示于平面图中;对于工程地质分区图、水文地质平面图和地球化学分区、分类图则需要根据属性数据的分布情况,通过 MapGIS 平台提供的插值、区域追踪方式生成有关的区域边界。

(1)钻孔(井)平面布置图:根据钻孔(井)点位信息自动生成指定范围内的钻孔(井)平面布置图。

(2)第四纪地质平面图:根据第四纪钻孔数据自动生成指定范围内的地层成因、岩相等属性分区图。

(3)工程地质平面图:按照给定的标准根据工程地质钻孔数据自动生成指定范围内的工程地质分

区图。

(4)水文地质平面图:根据水文地质钻孔和水质分析数据自动生成指定范围内的水化学类型图。

(四)专题计算分析

1. 工程地质分析评价计算

1)天然地基承载力计算

结合工程地质专业评价计算需要,开发、集成地基承载力计算功能,主要参考国标《建筑地基基础设计规范》(GB 50007—2010)中推荐的经验公式进行计算。地基承载力计算包含两部分:基础底面压力和修正后的地基承载力特征值。通过从数据库中提取钻孔的试验信息以及用户输入参数两种方式设置计算参数,主要包括地基承载力特征值、基础宽度和埋深的地基承载力修正系数、基础底面以下土的重度、基础底面宽度、基础底面以上土的加权平均重度、基础埋置深度等。然后按规范要求计算基础底面压力和修正后的地基承载力特征值,计算完成后,判断当地基受力层范围内有软弱下卧层时,是否符合对应的验算方程。

2)天然地基沉降量计算

开发、集成了地基沉降量计算功能,主要采用了两个计算参数:地基变形允许值和地基变形计算值。地基变形计算值采用规范中各向同性均质线性变形体理论计算最终变形量。系统根据规范要求,考虑相邻荷载的影响,其值按应力叠加原理,采用角点法自动计算地基变形量。当建筑物地下室基础埋置较深时,将开挖基坑地基土的回弹量参与计算,获得其回弹变形量。最后根据规范中规定的"建筑物的地基变形计算值,不应大于地基变形允许值"的原则判断地基沉降量是否符合要求。

3)桩基承载力分析

提供桩基承载力分析功能,主要参考《建筑桩基技术规范》(JGJ 94—2008)中推荐的经验公式进行计算。对不同类型的桩基和承载力计算,按照规范要求采用不同公式,主要包括桩顶作用效应计算公式、桩基水平/竖向承载力计算公式、对应于不同单桩的竖向极限承载力标准值计算公式等 3 个部分。

计算时所需的参数主要分为工程地质基础数据与经验数据,工程地质基础数据包括勘探孔属性数据、工程地质层的基本数据、土试验数据等,可以从钻孔基本信息表、钻孔地层信息表和土工试验数据表中获取。计算结果为桩基竖向力、竖向承载力设计值,或桩基水平力、水平承载力设计值。

4)砂土液化判别

提供砂土液化判别功能,主要根据地震烈度分区,结合工程地质结构调查获取的浅层砂层空间分布情况、地下水水位情况,根据相关规范选取影响因子等建立评价模型,并在系统中进行评价。最终评价的结果可以生成液化分区图,并提供成果图件编辑和输出功能。

2. 专业扩展计算

将综合评价法与层次分析法与 GIS 强大的空间分析功能相结合,使用 GIS 中空间分析的强大功能,包括空间量算、缓冲区分析、叠加分析、空间插值、统计分类分析等,通用评价模型也因为有了空间分析这一强有力的理论支持而获得更强大的生命力和更广阔的发展空间。

系统从可扩展的模式入手,提供可定义、可扩展的多专业评价模型定义、管理的工具,根据不同专业的应用需求,采取适当分析因子、合理的评价模型,结合空间分析,自动生成各专业的统计图或分区图,辅助地质人员进行分析评价。

3. 专题分析评价集成

武汉城市地质调查工作中包含了地下空间利用适宜性、垃圾场选址适宜性、地灾风险评估等专业评价专题。这些专题根据地质调查成果评价需要,开发研制了相应的专业评价程序。

针对这些专业评价分析程序，平台系统基于 MapGIS 数据中心集成开发平台，提供第三方分析评价程序的集成。数据中心集成开发平台提供一整套功能资源管理办法，通过功能仓库实现对功能的统一管理，容纳了 MapGIS 集成开发平台全部的基础组件群、通用组件群、应用组件群。而对于用户的需求，开发平台提供相应的二次开发接口标准，供用户进行二次开发，开发的功能可以通过搭建业务流程来注册到功能仓库中进行统一管理和调用。

对于已注册到功能仓库中的分析评价业务功能，系统提供数据中心设计工具来构建多种类型的业务应用系统。设计器与功能仓库使用各种格式规范关联。目录树及其节点上的数据和插件的配置遵循 xml 的存储规范；具体的应用菜单和工具条，遵循菜单/工具条的存储规范；两者在设计器中形成一个解决方案。每个解决方案即是一个业务应用系统，如三维可视化系统、分析评价辅助决策系统，包含完整的初始化过程、系统菜单、工具条、弹出菜单、目录系统、界面角色等；通过属性编辑视窗中的关联场景、场景参数、URL、数据类型等属性进行配置。

（五）三维建模

1. 三维自动建模

基于钻孔的层状地质体自动建模思路采用“钻孔＋剖面＋等值线——地层实体”构模的整体建模思路，利用所有地层界面共用的网格模板来构建各个地层面，再根据建模范围和精度（网格间距）要求生成地形网格，从基础数据库中提取钻孔点位和分层信息叠加等值线数据生成地层面强约束点，从剖面中提取有关地层边界线信息，基于地形网格应用这两类数据进行插值计算构造各地层面模型，最后根据地层之间的叠覆关系等地质信息生成地层实体模型。同时，应支持添加地形约束，构建出真实地形地貌单元的地质模型（图 9-14）。而对建立完的地质模型，也支持不断地添加其他约束数据，指定约束数据的影响范围，对地质模型进行反复的重构更新，从而更精确地去表现真实的地质形态。

这种建模方法需在建模范围内整理出一套一致的、宏观上的、具有固定层序的地层划分方案。采用这一方法一般可通过钻孔数据直接建立三维地层模型，对于地质情况比较复杂的区域，如包含夹层、尖灭、透镜体等特殊地质现象的区域，可通过补充剖面、地层平面分布图（用于确定地层边界和地层面起伏变化情况）和设置参数等方式干预建模。

图 9-14　基于钻孔的层状地质体三维建模构建工程地质模型

2. 三维曲面建模

系统研发了通用曲面建模和多曲面建模功能模块，根据历年监测数据或者数值模拟得到的一系列 txt 文本形式或其他格式的数据，根据用户提供的离散点数据直接自动生成三维曲面，可以将模型加上遥感影像或者标注，进行地理位置参照。多个曲面之间还可以进行动态演化模拟。

3. 三维属性建模

地质体三维模型除了要反映地质体结构方面特征（如地层埋深、地层厚度、地层岩性、地质构造等）之外，还应反映与空间有关的特殊地质属性在地质体内的分布，如工程地质中土的物理参数等。地质体结构特征具有突变的特点，而地质体的属性特征则具有渐变的特点，其分布受到地质结构特征的约束和影响。系统地质体属性三维建模数据源是钻孔、井中获取的三维离散采样数据（X 坐标，Y 坐标，Z 坐标，属性值），其主要建模处理过程为选择采样数据、生成样品点、三维网格化、离散数据插值生成体数据等。由于属性模型会受到结构模型的约束和影响，通常应该在结构模型建立的基础上来构建属性模型，并将属性值附加在经过剖分的几何模型网格单元上。

对于属性模型可视化分析提供属性查询、属性值过滤、模型切割等功能。属性值过滤功能支持多种过滤样式：大于（等于）、小于（等于）、等于、不等于、总不过滤等，过滤值的控制支持直接输入及动作条拖动，支持透明效果设置功能。模型剖切功能支持对模型在 X、Y、Z 3 个方向上的动态及静态切割，以供用户从多个角度详细了解属性模型内部属性数据信息，同时支持属性模型切割和切片模型切割。模型透明度设置可供用户从外部观察属性模型内部的信息，对具体的专业模型有各自默认的透明度设置。

4. 三维交互建模

地质剖面图勾勒出了剖面与地下的地质体的交线，直接表现为剖面上长短不一的轮廓线族，这些轮廓线族包括由线段组成的开放轮廓线和由线环组成的闭合轮廓线，它们所代表的是具有不规则边界的地下地质体或地质界面。

由于地质问题的复杂性和多解性，寄希望于计算机能自动建立一切地质体和地质构造的三维模型是不现实的。地质数据分析评价辅助决策系统应提供方便的交互工具，结合三维地质知识，支持用户利用钻孔资料，绘制能表现地质要素的剖面图，并以此为依托，开发建模功能，完成三维地质结构模型的构建。该方法能将地质工作人员对工作区的地质认识完整表现出来。

该方法主要是针对各钻孔分层无法确立从上到下的标准层序，出现断层或其他特殊地质情况，或钻孔数量稀少，自动建模无法反映其地质情况，因而需要使用剖面来反映该地区的地质情况。

这种建模方法也叫作基于单元格的“分区-拼接”的建模，它将复杂模型进行分割，便于观察和操作，也便于分工合作完成大数据量复杂模型构建。“分区-拼接”建模方法采用“分治”的方法将复杂模型进行分割，便于观察和操作，也便于分工合作完成大数据量复杂模型构建。其建模基本思路为：利用建模区域内多条交叉剖面将空间分割成多个单元格，用户建模的最小单元就是一个个单元格，所做工作就是利用单个单元格内一系列闭合轮廓线建立起曲面片，进而确定该单元格内所有地质体的空间几何形态，形成一个单元格地质块，最后将每个单元格的地质块进行合并形成完整的地质体模型。对于非交叉剖面或边界处无法自然封闭的单元格，可以通过手动添加辅助线的方式进行封闭，之后按照封闭单元格相同的方式建模。除剖面数据外，在单元格内的空白区域，如果有钻孔、等值线数据能够揭示地质体或地质构造信息，也可将这些信息在构面过程中加以利用，以提高模型精度。基于单元格的建模方法最为核心的建模工作为建立几何、拓扑一致的地质子面，而这也是建模的难点所在。

5. 三维管线建模

管线建模功能通过用户指定管网中轴线和截面数据来进行模型的建立，系统提供了“管线建模工具”插件，通过向导式设置界面方便用户的管线建模操作。

管网建模工具支持基于 MapGIS 网文件、线文件及指定格式的文本数据来进行管网模型建立，既可基于用户指定的属性字段来进行建模，也可通过用户自行设置的参数来进行模型建立。

系统支持用户自己设定管线的截面、半径、高程值，可选择“自定义管线高程及截面”的方法给管线模型设置统一的高程值、半径值以及统一的截面。根据属性字段进行管线高程和截面信息的设置时，可选用“用户指定属性设置”，在属性字段列表中为管线“高程”“半径”和“厚度值”选用相应的属性字段。有的参数并没有相对应的属性字段，用户可以选中“截面高级设置”，自定义管线的截面形状、半径、厚度值。管网模型信息设置包括对管线的高程、颜色、基本属性进行设置。根据前面管点模型构建依据，对相应的结点设置编辑框，对管线上的结点进行相应设置。根据所选择结点建模依据的不同有自定义结点模型和用户指定属性两种设置方式。管线和结点设置完成后，进行转弯处建模设置，使建立的管线模型更加真实。

6. 三维地形建模

系统根据提供的等高线或高程点数据自动生成三维地形模型，将二维地形数据以三维形式表达，直观地展示地形起伏变化。对地形模型可以修改模型色表参数、添加遥感影像等，并能实现漫游、查询、坡度分析、可视域计算等功能。漫游时可以选择导入路径自动漫游或人机交互漫游，漫游过程中可以实时进行模型分析、计算。

（六）三维分析

“专业版”系统可提供完善的功能对建立的三维地质模型进行三维分析，包括三维模型爆炸分析、模型切割、隧道开挖与漫游、虚拟钻孔开挖及输出、三维地形分析、三维曲面动态演化分析。

1. 模型爆炸分析

三维模型爆炸显示功能要实现将整个模型进行一次爆炸显示的过程，使得模型能够被充分地打散开来，便于用户了解地层里面的细节问题(图 9-15)。系统应提供设置爆炸方式、爆炸距离、爆炸的过程等参数的功能。

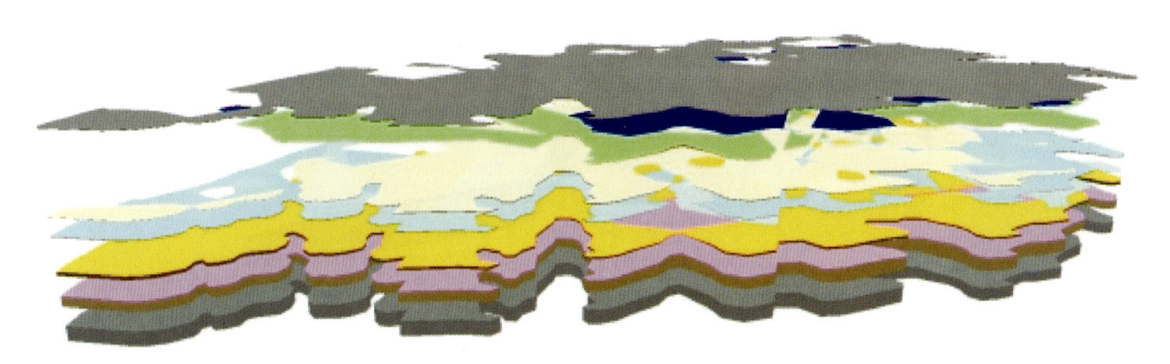

图 9-15　模型爆炸示例

2. 模型切割

1)平面切割

平面切割功能通过调整切割位置在轴线上任意添加平面切割路径，以平面切割模型得到三维剖面，如图 9-16 所示。

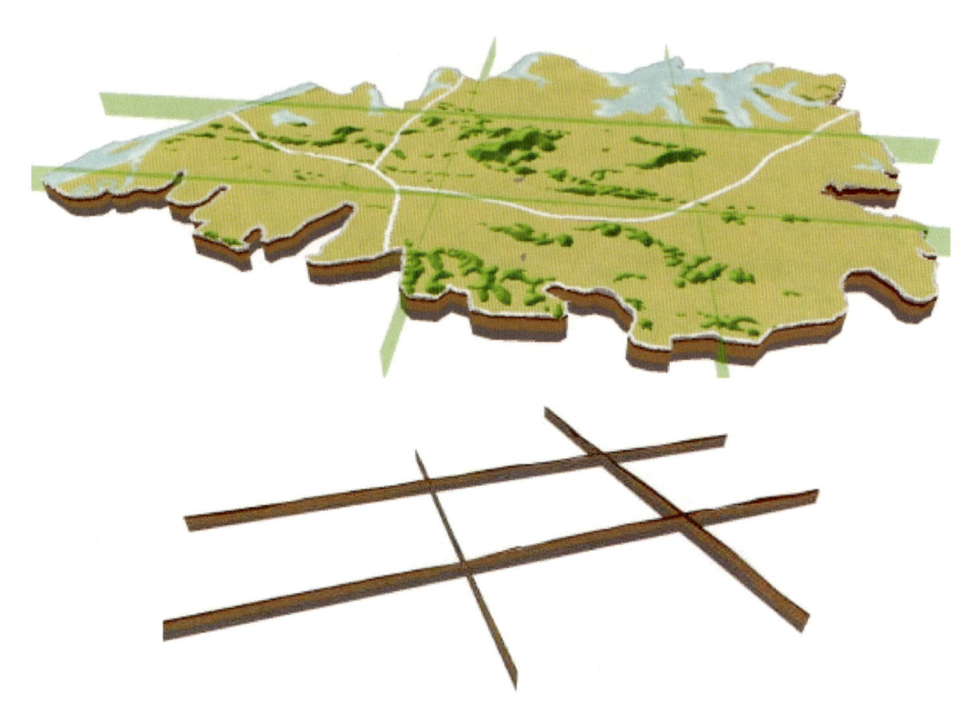

图 9-16　平面剖切示例(上:切割前;下:切割后)

2)任意平面切割

任意平面切割可以在模型上创建任意角度的切割面,支持用户输入任意角度和方向完成切割过程。

3)折线剖切

折线剖切由用户手动任意输入切割路径,或直接导入外部路径文件作为切割的路径,纵向上垂直切割三维模型得到以任意折线作为剖面线的三维剖面,如图 9-17 所示。

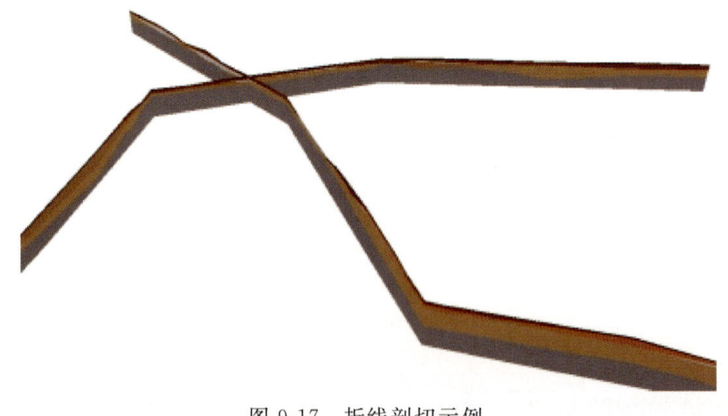

图 9-17　折线剖切示例

4)组合切割

组合切割是在折线切割的基础上提供一个水平切割面的切割功能,由用户手动任意输入切割路径,指定 Z 方向的切割深度,在模型上切割出阶梯状或基坑的效果,如图 9-18 所示。表面路径的输入方式应支持手动输入和外部文件输入。

3. 隧道开挖与漫游

1)隧道虚拟开挖

隧道虚拟开挖功能提供了基于三维地质模型,系统按照用户设定的路径(任意起伏变化)和隧道截

图 9-18　组合剖切示例

面(矩形、圆形、拱形)参数生成隧道模型,通过隧道与地质体的切割,将隧道内地质体挖掉,只保留壁上带有岩性的隧道空腔,然后提供漫游功能支持在隧道中进行飞行漫游查看隧道内地层分布变化情况,如图 9-19 所示。

图 9-19　隧道模拟示例(上:隧道模型;下:隧道漫游)

2)地铁隧道范围投影分析功能

系统提供地铁隧道范围投影分析功能,可以将三维地铁隧道模型投影到指定的地表模型面上,通过颜色和透明度直观地展示地铁隧道范围(图 9-20),辅助专业人员进行地铁隧道模拟设计和分析。

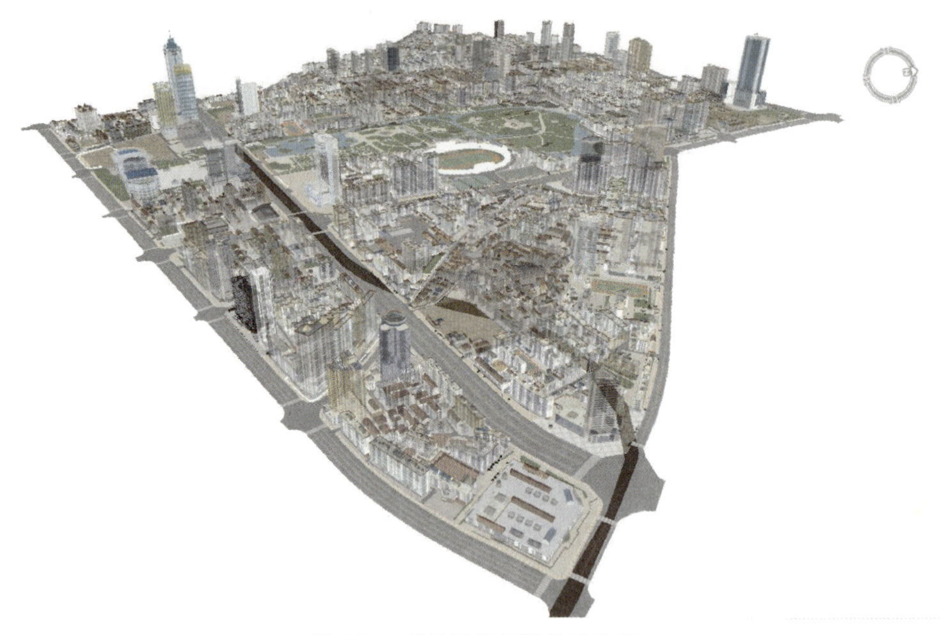

图 9-20　地铁隧道范围投影分析

3)三维漫游

基于地铁隧道三维模型,系统提供三维漫游工具,实现身临其境的三维漫游效果,支持用户选择地上漫游、地下漫游、隧道漫游以及多视图对比漫游等多种方式进行模型的漫游,同时在漫游的过程中可以展示地质调查成果、辅助决策建议等信息。通过这样一种三维可视化流程,提高隧道虚拟开挖的直观性,为加强地质工作辅助决策应用拓宽发展方向。

4. 虚拟钻孔开挖及输出

虚拟钻孔开挖功能实现了在给定待钻探位置坐标及钻探深度后,可以通过分析钻孔遇到的地层结构及属性,结合周围已知钻孔资料,获取三维虚拟钻孔模型,并绘制虚拟钻孔柱状图,如图 9-21 所示。

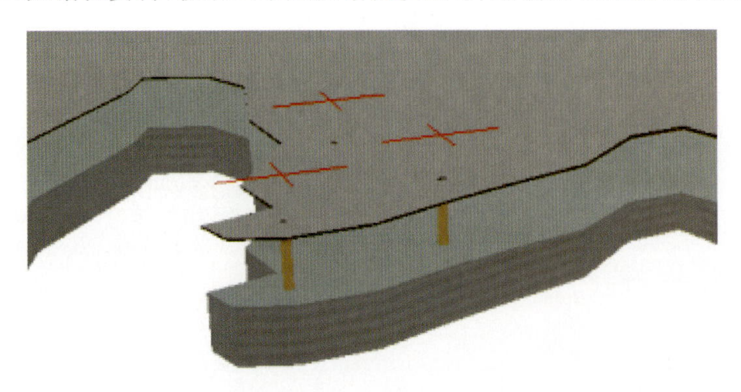

图 9-21　虚拟钻孔示例(图中的钻孔为虚拟孔)

5. 三维地形分析

为了方便、直观地对三维地形模型进行探察和分析,可对模型进行平移、缩放、任意方向拉伸、旋转等交互操作。系统针对地形模型的特点,提供地形参数查询、坡度坡向分析、距离量测、通视性判断、洪水淹没分析、可视域分析、填挖方计算、地形剖切和飞行漫游等功能,实时模拟三维地形变化。

1)三维地形模型显示与查询

系统支持多个图层叠加显示(图 9-22),可以在三维地形模型上添加遥感影像、地理地图、成果图件等二维图件,并且可以查询矢量文件的属性信息(图 9-23)。

图 9-22 二维图件叠加显示

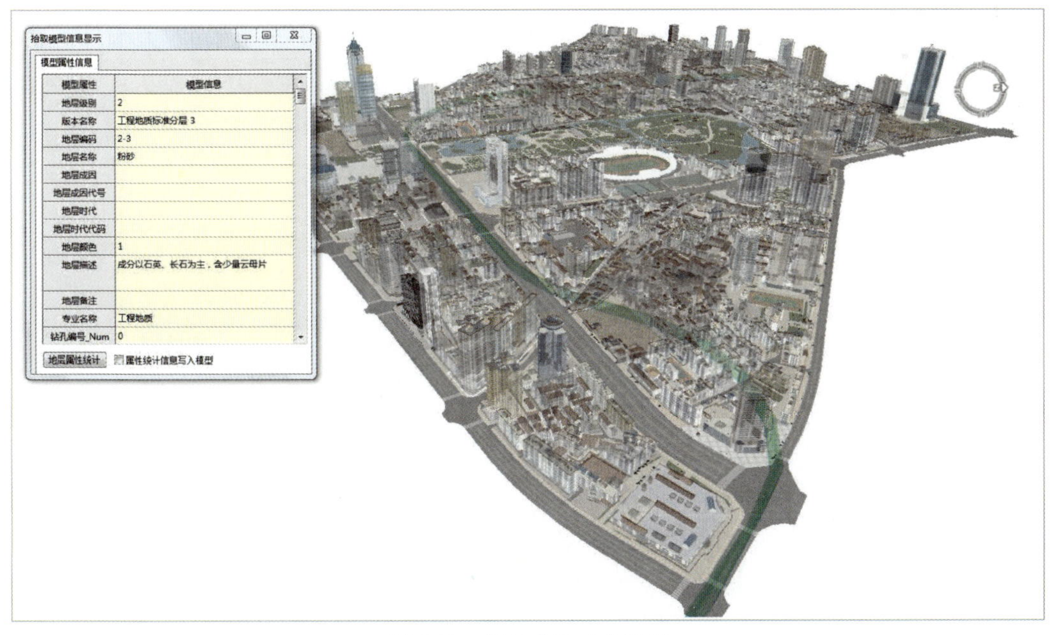

图 9-23 属性信息查询结果

2)地形参数查询

点击地形模型上任意一点可以查询该点地形参数信息,包括横坐标、纵坐标、高程、坡度、坡向等数据。

3)坡度坡向分析

选取某一范围,系统自动计算该区域范围内的地形坡度或坡向值,并显示相应的色表图,如图 9-24 所示。

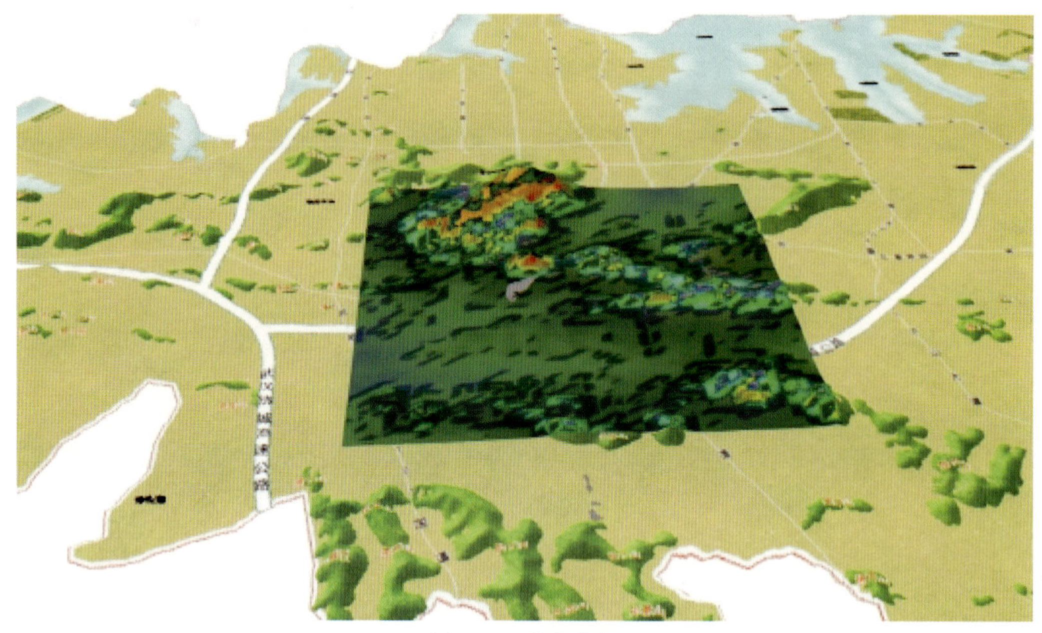

图 9-24　坡度分析

4)距离量测

计算出地形上两点之间沿地形起伏的距离值。

5)通视性判断

在地形上选取观察点和目标点,系统根据观察点同目标点的地形信息,判断计算出这两点是否通视可见,并以三维标注的形式显示,如图 9-25 所示。

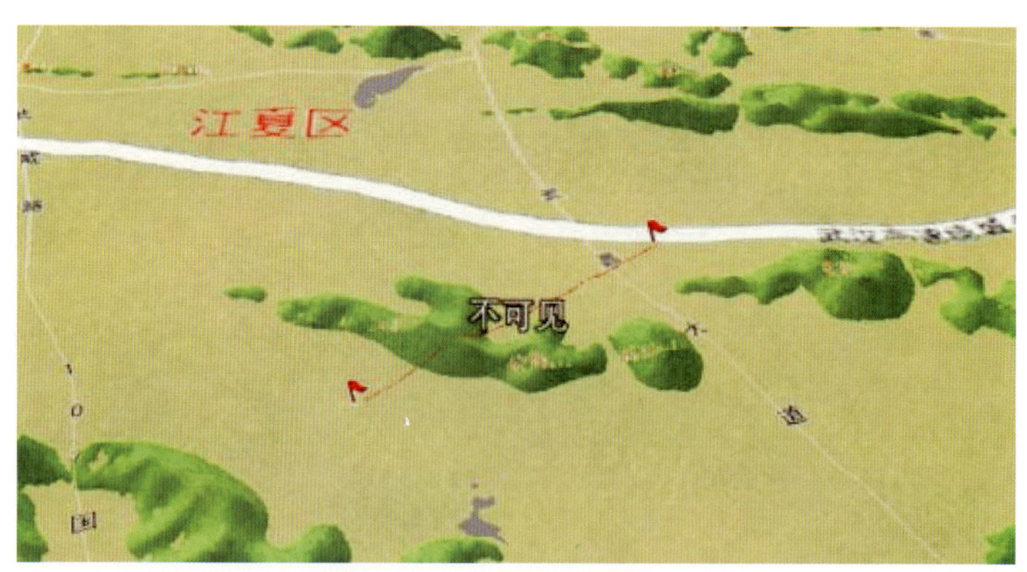

图 9-25　两点通视性判断

6)洪水淹没分析

洪水淹没演示提供了对某一区域发生洪水时的淹没程度的分析功能,通过设置起始点、淹没范围和淹没高度,系统自行计算出在该高度洪水水位时,用默认的蓝色动态显示被洪水淹没的范围(图 9-26)。

图 9-26 洪水淹没分析

7)填挖方分析

填挖方分析提供了对某一区域根据指定平整面高度计算填挖的范围与体积功能,选取填挖方范围,指定高度后,系统自动计算出需要开挖和填充的区域和填挖方体积,并且可以根据滑标拖动确定平面高度,动态显示填挖方区域,如图 9-27 所示。

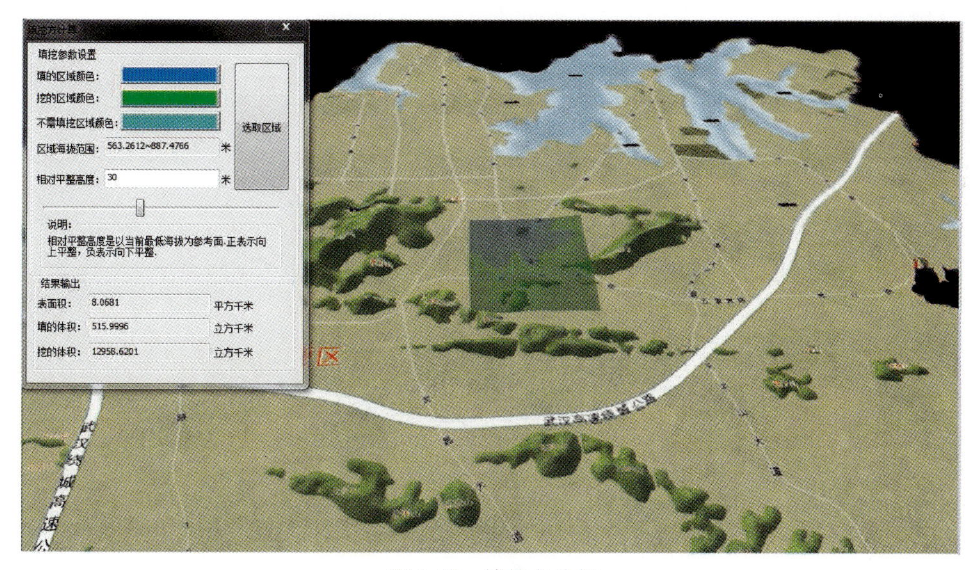

图 9-27 填挖方分析

8)地形剖切

地形剖切分析提供了对地形上某一剖面的分析功能,在地形模型上某一位置点击鼠标左键,移动鼠标选取想要查看的剖面线,系统绘制出该条线段的地形剖面图,显示此处的海拔。

9)飞行漫游

系统提供场景漫游的路径编辑,可以直接在三维场景模型上双击左键获取漫游点的坐标值,生成漫游路径;也可以直接输入或修改漫游点坐标值生成漫游路径。可以依附于地形上或固定在某一高度,根据设置好的路径进行三维漫游,查看分析地形模型。

6. 三维曲面动态演化分析

系统利用丰富的四维时序功能，在原有静态模型显示的基础上，充分挖掘模型在时间维上的表达手段，通过时态演变动态地对模型进行分析，如曲面动态预演功能可以用来进行历年的水位分析等。三维曲面模型动态显示功能可以实现对上面创建的曲面进行从上到下依次演示的功能，每次展现一年的曲面模型，然后换到下一年的模型上去，依次类推，在场景中真实地模拟了曲面动态变化的过程。同样在演示的开始可以对演示过程中的模型形态、模型演示速度、模型重复播放次数以及模型动态插帧帧数进行设置。曲面动态演化过程中可以将地层模型进行透明显示，例如对水位模型进行动态预演，预演时将水位面以下的地层进行特殊标识，可再现不同时间段各地区水位变化的情况。

除了对模拟的多曲面模型进行动态演示外，用户可以得到模型上某点处的水位曲线图，也可以得到多个点的水位曲线图，还可以利用面模式进行动态分析。

主要参考文献

蔡鹤生,周爱国.地质环境质量评价中的专家-层次分析定权法[J].地球科学,1998,23(3):299-302.

陈勇,刘映,杨丽君,等.上海三维城市地质信息系统优化[J].上海国土资源,2010,31(3):23-28.

邓轶,闾国年,韦玉春.基于三维空间要素的城乡建设用地适宜性评定指标体系的构建[J].测绘通报,2009(3):31-33.

方鸿琪,杨闽中.城市工程地质环境与防灾规划[J].中国地质灾害与防治学报,2002,13(1):1-4.

顾丽影,花卫华,李三凤.三维城市地质信息平台[J].地质学刊,2012,36(3):285-290.

胡起生,冯久林,陈婕.关于湖北省农业地质发展与土壤污染防治工作相结合的思考[J].资源环境与工程,2016,30(6):835-838.

湖北省地质矿产局.湖北省区域地质志[M].北京:地质出版社,1982.

黄敏,杨海舟,余萃,等.武汉市土壤重金属积累特征及其污染评价[J].水土保持学报,2010,24(4):135-139.

李安波,闾国年,孟萃萃,等.城市地质空间信息系统研究与建设[J].计算机应用研究,2007,24(3):132-134.

李东林,宋彬,等.地质灾害调查与评价[M].武汉:中国地质大学出版社,2013.

梁和成.城市建设用地地质环境评价与区划[M].武汉:中国地质大学出版社,2010.

梁雨东,刘娟.兰州市城市建设用地适宜性分析研究[J].甘肃科技,2011,27(17):8-11.

刘定一,何叶波,郑宗棋,等.地面塌陷因素重要度分析[J].资源环境与工程,2015,29(2):186-189.

罗小杰.武汉地区浅层岩溶发育特征与岩溶塌陷灾害防治[J].中国岩溶,2013,32(4):419-432.

马振东,张德存,闭向阳,等.武汉沿长江、汉江 Cd 高值带成因初探[J].地质通报,2005,24(8):740-743.

牛千,唐亚明,贾俊.城镇地质灾害风险管理信息系统设计与实现[J].信息通信,2017(8):14-15.

潘懋,李铁锋.灾害地质学[M].北京:北京大学出版社,2012.

邵长宇.武汉白沙洲长江大桥的技术特点[C]//中国土木工程学会桥梁及结构工程学会年会,2000.

申金山,关柯,李峰.城市居住用地适宜性评价方法与应用[J].城市环境与城市生态,1999(2):29-31.

宋姣姣,彭鹏,周国华,等.GIS 支持下的长沙市生态环境敏感性分析[J].中南林业科技大学学报(社会科学版),2017,11(4):21-26.

苏秋克,祁士华,蒋敬业,等.武汉城市湖泊汞的环境地球化学评价[J].地球化学,2006,35(3):265-270.

孙永亮,黄小琴.基于模糊综合评判法的城市建设用地适宜性评价[J].工程与建设,2013(5):583-586.

汤立煌.MapGIS 支持下的武汉城市圈地质环境质量评价[J].资源环境与工程,2006,20(6):

784-789.

唐川. 城市减灾研究综述[J]. 云南地理环境研究,2003,15(3):1-6.

唐阵武,程家丽,岳勇,等. 武汉典型湖泊沉积物中重金属累积特征及其环境风险[J]. 湖泊科学,2009,21(1):61-68.

王家兵. 天津城市发展中的若干环境地质问题[J]. 地质调查与研究,2004,27(3):164-168.

王兰生,王思敬. 城市发展中的地质环境演化与控制[J]. 地质灾害与环境保护,1997(1):90-109.

王思敬. 中国城市发展中的地质环境问题,第四纪研究,1996,16(2):115-122.

魏子新,等. 上海城市地质[M]. 北京:地质出版社,2010.

武汉市国土规划局. 武汉地质矿产志[M]. 武汉:武汉出版社,2008.

杨帆,郝志红,张舜尧,等. 长江武汉段冲积土壤中重金属的环境地球化学特征[J]. 地质学报,2016,90(8):1955-1964.

杨汉东,农生文,蔡述明,等. 武汉东湖沉积物的环境地球化学[J]. 水生生物学报,1994(3):208-214.

杨育文,谢纪海,吴先干,等. 用地适宜性评价方法与城市轨道交通用地适宜性[J]. 城市勘测,2016(6):156-160.

叶斌,程茂吉,张媛明. 城市总体规划城市建设用地适宜性评定探讨[J]. 城市规划,2011(4):41-48.

喻劲松,周国华,马生明,等. 武汉主要湖泊重金属污染的特点研究[J]. 物探化探计算技术,2007(s1):267-272.

张阿根,魏子新. 上海地面沉降研究的过去、现在与未来[J]. 水文地质工程地质,2002,29(5):72-75.

张洪涛. 城市地质工作——国家经济建设和社会发展的重要支撑[J]. 地质通报,2003,22(8):549-550.

张丽君,贾跃明,刘明辉. 国外环境地质研究和工作的主要态势[J]. 水文地质工程地质,1999(6):1-5.

张云霞,杨书畅. 天津三维城市地质信息系统数据库建设技术要求的探讨研究[J]. 国土资源信息化,2011(5):13-17.

郑桂森,卫万顺,于春林,等. 城市地质工作与城市发展关系研究[J]. 城市地质,2016,11(4):2-6.

郑先昌. 基于GIS矢量单元法的城市地质综合评价原理及应用[M]. 武汉:中国地质大学出版社,2014.

中国地质学会城市地质研究会. 中国城市地质[M]. 北京:中国大地出版社,2005.

中华人民共和国国土资源部. DZ/T 0286—2015 地质灾害危险性评估规范[S]. 北京:地质出版社,2015.

中华人民共和国住房和城乡建设部. CJJ 132—2009 城乡用地评定标准[S]. 北京:中国建筑工业出版社,2009.

钟洛加,周衍龙,任津. 基于层次分析法的武汉城市圈地质环境质量评价[J]. 环境科学与技术,2008,31(12):174-178.

Altm A,Filiz Z,Iscen C F. Assessment of seasonal variations of surface water quality characteristics of Porsuk Stream[J]. Environmental Monitoring and Assessment,2009,158,51-65.

Hou Weisheng, Yang Liang,Deng Dongcheng, et al. Assessing quality of urban underground spaces by coupling 3D geological models: The case study of Foshan city,South China[J]. Computers and Geosciences,2016,89,1-11.

Jara-Marini M E,Soto-Jimenez M F,Paez-Osuna F. Bulk and bioavailable heavy metals(Cd,Cu,Pb and Zn) in surface sediments from Mazatlan Harbor(SE Gulf of California)[J]. Bulletin of Environmental Contamination and Toxicology,2008,80,150-153.

Rowe R K. Geotechnical and geoenvironmental engineering handbook[M]. Kluwer Academic Publisher,2001.

Tame C,Cundy A B,Royse K R,et al. Three-dimensional geological modelling of anthropogenic deposits at small urban sites: A case study from Sheepcote Valley,Brighton,UK[J]. Journal of Environmental Management,2013,129,628-634.

Warren R S,Fell P E,Rozsa R,et al. Salt Marsh Restoration in Connecticut: 20 Years of Science and Management[J]. Restoration Ecology,2003,10,497-513.

Zourarah B,Maanan M,Carruesco C,et al. Fifty-year sedimentary record of heavy metal pollution in the lagoon of Oualidia(Moroccan Atlantic coast)[J]. Estuarine,Coastal and Shelf Science,2007,72,359-369.